新工科计算机专业卓越人才培养系列教材

计算机系统结构

微课版

曹强 施展◎编著

人民邮电出版社
北京

图书在版编目（CIP）数据

计算机系统结构. 微课版 / 曹强, 施展编著. -- 北京 : 人民邮电出版社, 2024.5
新工科计算机专业卓越人才培养系列教材
ISBN 978-7-115-63238-8

Ⅰ. ①计… Ⅱ. ①曹… ②施… Ⅲ. ①计算机体系结构－高等学校－教材 Ⅳ. ①TP303

中国国家版本馆CIP数据核字(2023)第232752号

内 容 提 要

本书结构合理、实例丰富，系统地介绍了计算机系统结构基础及工程实现的方法，力求帮助读者建立必要的理论框架，打牢技术基础，让读者能够以量化方式评价和分析现有计算机系统及其部件的性能。

全书共 10 章，包括计算机系统结构概述、计算机指令集、指令流水线、指令级并行处理、内存系统、外存系统、数据级并行、多处理器、数据中心、专用加速器。

本书语言精炼、内容可读性强，既可作为高等院校计算机及相关专业的教材，也可作为计算机系统结构相关技术人员的参考书。

◆ 编　　著　曹　强　施　展
责任编辑　许金霞
责任印制　陈　犇

◆ 人民邮电出版社出版发行　　北京市丰台区成寿寺路 11 号
邮编　100164　　电子邮件　315@ptpress.com.cn
网址　https://www.ptpress.com.cn
三河市兴达印务有限公司印刷

◆ 开本：787×1092　1/16
印张：18　　　　　　2024 年 5 月第 1 版
字数：482 千字　　　2024 年 5 月河北第 1 次印刷

定价：69.80 元

读者服务热线：(010)81055256　印装质量热线：(010)81055316
反盗版热线：(010)81055315
广告经营许可证：京东市监广登字 20170147 号

FOREWORD 前言

亲爱的读者，非常高兴你能翻开本书。当前，各种计算机已经深度融入人类社会生活的方方面面，从无处不在的微型传感器、物联网终端设备，以及普遍使用的移动手机、便携式计算机和台式计算机，到隐于后台的高性能服务器、超级计算机，极大地提高了人类的生产力水平、改善了人类的生活品质。这些计算机具有不同的特性和外观、差异巨大的处理和存储能力，以及不同的应用场景。人们可能充满好奇，为什么巴掌大的手机具有众多神奇的功能，既可以打电话，又可以聊天、拍照、录像、写作、玩游戏、导航，甚至可以进行各种金融交易。它们是如何被设计和制造出来的？如何为其设计新的功能？更为重要的是，面向未来不断涌现的新需求，如何设计出满足新需求的新计算机呢？

为了更好地回答这些问题，首先，我们需要理解现有计算机系统结构，掌握其基本设计原则、思想、方法和概念体系；其次，在确定关键设计目标的基础之上，能够提出相应的解决方案，能够开发出关键的软硬件；最后，能够以量化方式评价和分析现有计算机系统及其部件的性能。要做到这些，我们需要深刻领会现有计算机系统及其关键技术与设计方法。

教和学是相互响应的过程，为了让本书能够更好地帮助读者，与读者达成教和学的共识，下面首先介绍撰写目标，其次阐述撰写思路，最后给出学习建议。

本书旨在为本科生、研究生和对计算机硬件、编译器与操作系统、高性能编程感兴趣的读者全面介绍计算机系统结构，帮助读者建立必要的概念框架和打牢技术基础。本书的编写目标分为3个层次。

基本目标是让读者理解计算机这个人工造物的基本构成和工作原理，更好地了解软件如何与硬件交互，并且了解技术、应用和经济发展如何推动计算机技术的持续发展。高级目标是让读者从下往上、从内到外全面掌握计算机系统结构相关概念，更好地把握计算机特征和运行模式，编写出性能更佳的程序。最终目标是让读者理解不同计算机系统基本结构、设计原则，熟练掌握平衡设计思想、性能分析与评价方法，学会系统地设计复杂计算机，更好地面向未来需求，开发出新颖、高效的计算机。

首先，本书将构建一个清晰、完整、自洽的计算机系统结构概念体系，阐述各种知识点、概念和技术点底层逻辑与设计原则。本书遵循指令处理、数据处理、任务处理从局部到整体的介绍逻辑，具体到计算机如何定义指令（第2章）、如何执行指令（第3章）、如何并行执行指令（第4章）、如何存取数据（第5章、第6章）、如何进行并行处理（第7章、第8章、第9章）。这些内容基本涵盖现有计算机系统结构技术。

其次，在描述具体技术方面，本书旨在让读者知其然并知其所以然，实现整体概念和技术细节相统一、系统设计和应用优化相统一。这也有助于读者思考为什么、是什么和怎么样，构建和探索相关的设计空间，拓展和深化已学到的知识点。本书也努力平衡计算机系统概念和技术实现的关系。前者有形而上学之感，而后者容易一叶障目。本书虽然没有直接安排实验内容，但是每章都有相应的实操训练，后期也计划撰写相应的实验教材，以实现理论和实践的统一。

前言 FOREWORD

本书参考国外经典教材即斯坦福大学约翰 · L.亨尼西（John L. Hennessy）教授和加州大学伯克利分校戴维 · A.帕特森（David A. Patterson）教授合著的《计算机体系结构：量化研究方法》，截至本书完成编写时已经发行第 6 版。该书涵盖面广、内容丰富、细节丰满，是两位教授获得 2017 年图灵奖的关键原因，作为参考书是非常合适的，但对于国内教学而言，很难在 64 学时内将书中内容进行全面讲授。本书充分吸收了《计算机体系结构：量化研究方法》中的概念体系架构、实验数据、事例描述等内容，并提炼骨干、增加内容，同时剔除大量细节技术讨论和实例，让主体更清晰。具体而言，不断完善概念体系，如增加第 6 章；清晰地阐述各关键知识点之间的内在联系，如从电路单元、微架构、流水线到指令集的实现；最后添加国内华为和寒武纪等企业相关技术介绍。

学习是一件辛苦的事情，为了更好地保证学习效果，首先，希望读者带着好奇、兴趣进行学习，也带着耐心和坚持进行学习。其次，在学习过程中，在头脑中构建自己的计算机系统知识思维导图，确定知识点所在的位置。再次，针对具体技术点，在头脑中构造架构和运行过程。最后，希望读者进行实践，检验自己所学。

本书内容基本涵盖了当前计算机系统结构大部分知识内容，根据本科生和研究生两类教学对象的不同需求，可以采用基础（32 学时）或高级（64 学时）教学方案，基础教学方案涵盖所有必要的概念体系和关键技术，自成体系，其建议学时及学习内容如下。

章节	建议学时数基础（高级）	建议学习内容（基础）
第 1 章	4（6）	计算机系统概述、发展趋势、设计原则及性能评价
第 2 章	2（4）	计算机指令集概念、编址和寻址方式、类型及格式
第 3 章	6（6）	指令集实现、指令流水线、流水线冲突、流水线实现
第 4 章	0（8）	指令级并行概念
第 5 章	6（8）	内存系统概述、Cache 机制、Cache 优化、虚拟内存
第 6 章	4（6）	外存系统概述、输入/输出系统、存储可靠性、磁盘阵列
第 7 章	2（6）	数据级并行概念、向量处理器、图形处理单元
第 8 章	4（8）	多处理器概念、互连网络、缓存一致性概念、同步
第 9 章	2（6）	数据中心概述、数据中心的效率与成本
第 10 章	2（6）	专用领域计算加速、深度神经网络加速

对于面向研究生的高级内容方案，每章结合本章附录内容增加了高级技术、量化分析的讲解，整体学时为 64 学时。对于实验部分，可以在 CPU 流水线设计、内存设计、I/O 设计、并行处理 4 部分安排相应的实验。

由于计算机系统结构涉及的知识领域广、理论技术发展快，同时限于编著者水平，书中难免存在不当或疏漏之处，恳请广大读者批评指正。

编著者

2024 年 3 月

CONTENTS 目录

CONTENTS 目录

目录 CONTENTS

1

第 1 章 计算机系统结构概述

人类社会已经进入大数据驱动的智能时代，尤其是近年来由高算力支撑的人工智能不断演进，数据的提取、传输、处理、存储、挖掘及应用不可避免地依赖于各种计算机，包括微型计算装置、物联网设备、移动手机、便携式计算机、台式计算机、服务器、超级计算机和互联网数据中心等。这些计算机在形态、功能、性能等方面具有显著的差异，且会随着部件和应用的发展而不断演进，但它们仍遵循一致性的内在系统构架范式及设计原则。让我们先了解现有计算机系统结构，掌握其基本设计原则、思想、方法和概念体系；然后以量化方式评价和分析现有计算机系统、部件的性能；最后根据应用目标设计并实现合适的解决方案。

1.1 计算机系统

计算机是人工造物，同汽车一样。汽车用于提升人类的移动速度，人类（或者无人驾驶计算机）控制汽车执行一系列机械运动，例如前进、左右转向、后退等。而计算机用于提升人类的计算速度，人类通过计算机软件来控制计算机硬件执行一系列操作，其中硬件是“肉体”，软件是控制“肉体”的“灵魂”，硬件、软件相辅相成。

1.1.1 现代计算机起源和发展过程

人类一直希望能够通过机械方式进行自动计算，算盘就是使用机械方式执行四则运算的。自动计算可以分为模拟计算和数字计算，模拟计算是指使用物理过程模拟特定计算过程；数字计算是指使用数字表示方法进行通用数字计算。本书仅讨论用于进行数字计算的通用数字计算机。

微课视频

很多图书和课程已经介绍过现代计算机的起源和发展历程。查尔斯·巴比奇（Charles Babbage）在 1822 年提出的差分机，是近代自动机械计算机的“先驱”。一般认为，1946 年 2 月美国宾夕法尼亚大学制造出世界上第一台电子数字积分计算机（Electronic Numerical Integrator And Computer，ENIAC），但这种说法很大程度上简化了计算机的诞生过程，事实上在那个时代，有多种类似的计算机被制造出来，例如 1944 年哈佛大学制造的 Mark I。

偶然性体现了必然性。以 ENIAC 为代表的现代数字计算机的诞生是人类不断理解、探索自动计算过程的必然结果。总体而言，其驱动力主要来源于数学和工程两个领域，数学领域中以希尔伯特（Hilbert）、丘奇（Church）和图灵（Turing）为代表的数学家不断探索可计算性问题，可以认为他们是在探索“计算的精神”；工程领域中工程技术人员不断发明计算装置（如差分机、

ENIAC），也就是在构造“计算的肉体”。图灵工作的最初动机来源于数学家希尔伯特提出的定理形式化证明，图灵在 1936 年于论文“论可计算数及其在判定问题上的应用”中提出了一种通用理想计算模型，也就是“图灵机”，用于判定命题的可计算性。图灵机假设有一条无限长的方格纸带，每个方格可以存储一个符号，纸带可以左右移动。该模型等价于有限状态机，包含状态及相应变迁操作，状态通过纸带位置和内容标识，操作就是移动纸带、读或写方格中的符号。图灵证明任意复杂的计算都能通过图灵机把计算过程转化为一系列机械操作，但控制操作的“有限状态机”依赖于所求解的问题。此外，图灵机仅是一种计算过程抽象，并不是物理实现。

在第二次世界大战迫切的军事压力下，需要计算速度更快的自动计算装置，以美国军方为代表的实际应用需求方和资金方，把各个领域的优秀科学家和工程师集中起来联合攻关，希望制造出实际可运行的计算机。1943 年“电子数字积分计算机的研发”项目被启动，这个项目开始并不被看好。1944 年冯・诺依曼（John Von Neumann）开始了解该项目。1945 年和 1946 年冯・诺依曼在《关于离散变量自动电子计算机的草案》和《电子计算机逻辑设计初探》中提出了存储程序和程序控制的思想，力图给出通用计算机的运行模式，程序和运行程序所需要的数据以二进制的形式存放在存储器中。“存储程序”是指将解题的步骤编制成程序，也就是指令流；而“程序控制”则是指计算机中的控制器逐条取出存储器中的指令，结合计算机当前状态，控制各功能部件进行相应的操作，对数据进行加工处理。这种计算机结构称为冯・诺依曼体系结构，包括运算器、控制器、存储器、输入设备和输出设备五大部件。运算器与控制器又合称为中央处理器（Central Processing Unit，CPU）；存储器用于保存 CPU 需要使用的数据，包括程序和其他数据；输入设备和输出设备统称为输入/输出设备，有时也称为外部设备，通过总线或者特殊线缆与 CPU 相连。图 1.1 所示为冯・诺依曼体系结构。冯・诺依曼体系结构是现代计算机系统的抽象结构，描述了计算机指令流和数据流的基本处理过程。冯・诺依曼体系结构的一个特点是计算部件（运算器和控制器）和存储部件（存储器）分离，而输入设备、输出设备扩展了计算部件处理的范围。

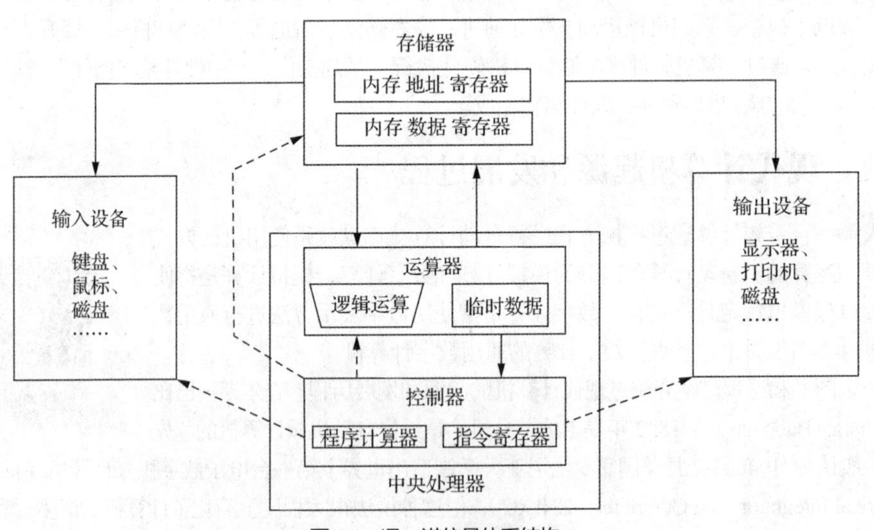

图 1.1　冯・诺依曼体系结构

注意，冯・诺依曼体系结构可以嵌套，即一台计算机可以是更高一级计算机系统的部件——CPU。CPU 虽然在物理上可以是芯片，但内部包含控制器、运算器等，它自己就是一级计算机。对于大规模的计算机，例如计算机集群，它的 CPU 可能是运行整体任务管理软件的服务器或者服务器集群。因此从广义角度讲，计算机系统结构包括从单个 CPU 到各个规模的计算机系统结构，而从狭义角度讲，计算机系统结构主要包括 CPU 的组织结构，也称为计算机体系结构。

本书前 5 章主要关注 CPU，之后会介绍整个计算机系统。

从现代电子计算机的起源来看，计算机技术的高速发展离不开理论科学（软件）、材料科学（器件）、工程科学（硬件）、应用需求（产业）的共同推动。此外，关键技术的突破也离不开长期研究的支持。

电子元件（晶体管）可以抽象为基本数字处理单元，在时间和空间上动态允许或阻挡电子的流动，实现基本数值表示。过去，无论是算盘还是差分机都完全依赖于机械宏观状态。这种抽象使得通用计算机摆脱了对于物理元件行为的严格依赖，但物理元件的进步也不断推动着计算机系统结构的发展。ENIAC 诞生之后的 25 年内，现代处理器采用过多种基本物理元件，首先采用的是真空管，但是其体积、功耗和稳定性限制了其规模增长。1947 年 12 月，美国贝尔实验室的肖克利（Shockley）、巴丁（Bardeen）和布拉顿（Brattain）研制出一种点接触型的锗晶体管，从此晶体管代替了真空管，成为计算机处理器的基本物理元件。而后结合制造工艺和晶体管的集成电路成为基本物理元件，在此期间，计算机性能的年增长率大约为 25%，增长动力主要来自这些基本物理元件。1971 年之后，集成电路等技术与产业化进程相辅相成，超大规模集成电路成为处理器的基本物理元件。50 多年来，晶体管尺寸不断缩小，当前晶体管尺寸为纳米（ns）规模，是十分精细的人工可制造及控制单元。可以认为晶体管是构建复杂计算芯片“城市”的基本“砖石”。随着“砖石”越来越小，而“城市”规模越来越大，现在一个大小约 5cm^2 的处理器芯片内可包含数千亿个晶体管（例如，2021 年 Cerebras WSE-2 深度学习处理器芯片在 46225mm^2 面积上使用了 2.6 万亿个晶体管）。芯片已经成为人类目前较精密、较宏伟的工程造物。

那么如何根据海量的极小、极简元件构造出庞大而复杂的计算机呢？如何不断扩展计算机的计算速度和能力的极限呢？如何把性能日益强劲的硬件转化为多样化的功能应用呢？在这极小和极大之间，需要一套科学理论和工程方法来指导计算机宏伟“城市”的设计和建设。这就是计算机系统结构的原理、方法和技术的研究范畴。此外，计算机工程领域是深度产业化的，芯片、元件、系统可能都涉及很多学科和工业领域，因此也需要深刻理解计算机技术发展和产业之间深度的相互作用关系。

1.1.2　通用计算机系统结构

广泛使用的个人计算机、服务器和工控计算机等都采用通用计算机结构，包括硬件和软件。计算机硬件包括 CPU、主板、主存储器（内存）、外部存储器（外存）和各种输入/输出（Input/Output，I/O）设备。软件采用操作系统管理各种硬件资源，提供抽象层以支撑各种应用程序运行。硬件是软件的物理载体，软件是硬件的功能扩展。

通用计算机系统的核心是 CPU，内存用于保存 CPU 需要的数据，并提供快速存取的功能，数据和指令需要从内存读入 CPU 中，并将结果写回内存。考虑到处理器和内存中的数据在断电后会全部丢失，因此还需使用容量更大的外存持久保存数据。注意，CPU 可以直接通过内存进行寻址和存取，但是需要通过 I/O 程序存取外存中的数据。此外，计算机系统还可以连接很多外部设备，例如通过显卡连接显示器，通过串口设备连接键盘、鼠标等外部慢速 I/O 设备。主板提供计算机内部的“高速公路网”，以连接处理器、内存、外存和 I/O 设备等多种设备。如果服务器包含多个 CPU，则称为多路处理器服务器。CPU 可以包含多个处理器核心（Core），这样的 CPU 可称为多核处理器。

图 1.2 展示了华为 TaiShan 200 服务器系统结构，其采用 2 路华为鲲鹏处理器，每个处理器支持 16 个 8 倍数据速率（Double-Data-Rate Four，DDR4）内存，处理器之间使用 Hydra 高速网络互

连。这种通用计算机系统使用特定型号的主板连接处理器、内存和各种外部设备。处理器通过引脚插到主板套接字（Socket）之中；内存则以双列直插式内存组件（Dual In-line Memory Modules，DIMM）形式插到主板内存槽之中；Hydra 连线、内存总线和外设部件快速互连（Peripheral Component Interconnect express，PCIe）总线是分离的，预先印制在主板之上。而处理器支持 PCIe 总线，可以进一步连接磁盘（RAID 卡）、高速以太网（FlexIO 1）、显卡和其他高速设备（Riser 卡）。基板管理控制器（Baseboard Management Controller，BMC）作为慢速设备管理芯片使用华为 Hi1710，可扩展出视频图形阵列（Video Graphic Array，VGA）接口、管理网口、调试串口等管理接口。主板还配置有不同长度的 PCIe 插槽以方便安装各种 PCIe 设备，并提供内置通用串行总线（Universal Serial Bus，USB）接口、VGA 接口等标准接口，因此不同功能的设备可以通过这些标准接口连接到计算机，能够被操作系统统一管理。此外，每个设备都需要连接到主板，除了硬盘、高性能显卡和加速卡等大功率或者大体积设备之外，很多设备都直接将引脚连接主板，因此，主板提供了通用计算机系统的核心数据交通、供电网络。

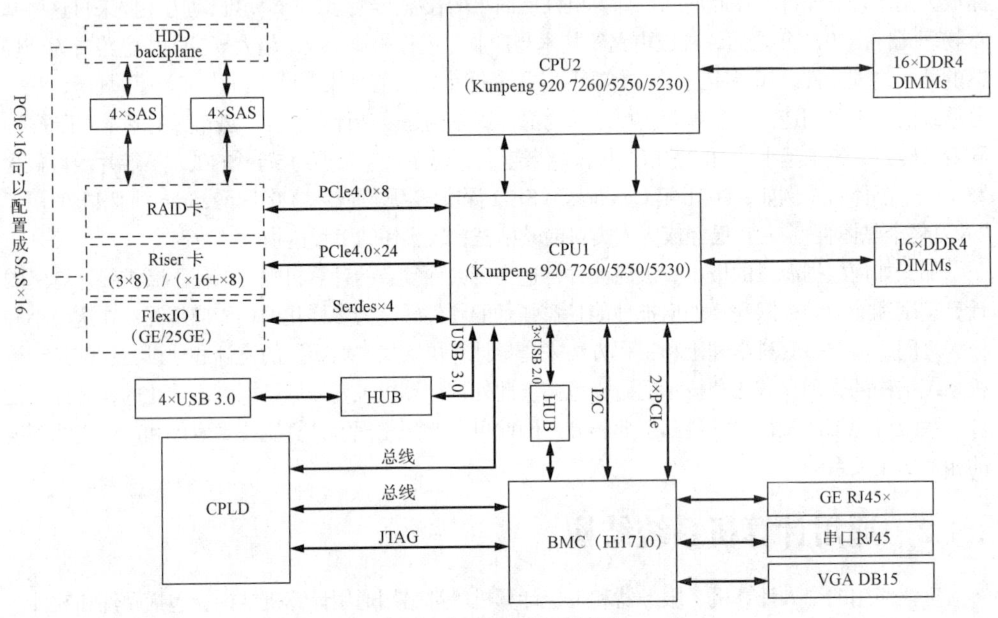

图 1.2 鲲鹏服务器系统结构

1.1.3 计算机系统类型

随着计算机的应用日益广泛，计算机技术、计算机市场和计算机应用场景发生了巨大改变，且针对不同应用领域产生了差异化的计算机。计算机早期专用于国防和科学计算领域，1960 年开始逐渐应用到普通商业领域，IBM 公司提供的软硬件一体化设计的中、大型系列计算机，占据市场主要地位，例如划时代的 IBM 360。20 世纪 70 年代之后，以 Intel 和微软为代表的公司，采用通用微处理器和操作系统，推动个人计算机迅猛发展。更低的价格、更高的性能也刺激了应用需求，促使更大规模的计算机研发、生产和应用，并进一步推动技术迭代和成本降低。这一趋势也促进了多种类型的计算机系统产生。2021 年，全球出货了 13.5 亿部智能手机、3.4 亿台台式计算机和 320 万台服务器。而嵌入式设备有更广阔的市场，嵌入式芯片每年出货可能超过百亿个，其应用范围也很广（从人体内微小芯片到路由器高端芯片）。同样对于服务器而言，也存在高、中、低端产品，如昂贵的大规模并行处理（Massively Parallel Processing，MPP）服务器、NVIDIA公司HGX AI超级计算机。下面简述常用的5类商用计算机，将其主要特性列在表1.1中。

表1.1　5类商用计算机及其主要特性

特性	个人移动设备	台式计算机	服务器	计算机集群	物联网/嵌入式计算机
价格/元	500～10000	500～30000	10000～10000000	100000～1000000000	10～100000
处理器价格/元	100～1000	500～5000	1000～20000	1000～20000	0.1～100
关键设计目标	成本、能耗、性能、响应度	性价比、能耗、图形性能	吞吐率、可用性、可扩展性、能耗	性价比、吞吐率、能耗负载比例	成本、能耗、特定程序性能

1. 个人移动设备

个人移动设备（Personal Mobile Device，PMD）包括手机、平板电脑等，采用多媒体交互式界面，通常面向个人消费群体，成本是首要考虑的因素。PMD通常采用电池供电、被动散热，因此对峰值功率和整体能耗有较高要求。PMD应用程序通常基于Web处理音视频。早期PMD处理器属于嵌入式处理器，但因其市场规模和多媒体交互特性，当前将其独立成一类。PMD需要支持第三方开发的应用程序，因此需要提供通用开发平台和硬件抽象。

交互响应性和高能效是PMD的关键特征。交互响应性意味着应用程序有最长执行时间限制，以保证用户体验。能耗效率将直接影响电池电量和散热能力。

2. 台式计算机

20世纪80年代开始，台式计算机（Desktop Computer）让计算机从高端专业设备变成个人计算设备，至今台式计算机市场仍规模庞大，产品包含千元级的低端笔记本电脑，到万元级的高端工作站。自2008年以来，台式计算机中有一半以上是笔记本电脑。随着个人移动设备（Personal Mobile Device，PMD）取代台式计算机成为主要的个人计算机，台式计算机的销售量逐年下降。台式计算机市场用户追求更高的性价比，用户通常更关心办公性能、图形性能和整机价格。一般而言，最新、最强性能的微处理器通常会首先应用到台式计算机上。

3. 服务器

早期中小型专业计算机都属于服务器（Server），多个终端能够共享一个服务器。台式计算机在20世纪90年代分化出高性能的服务器，取代了传统、更加昂贵的集中式专用计算机，之后服务器逐渐能够支持更大规模、更可靠的存储和计算服务，也逐步取代了传统的专用大型机。由于银行、航空公司等的服务器必须每天24h可靠运行，因此服务器的可用性变得至关重要。

服务器的另一个关键设计目标是可扩展性。服务器需要满足不断增长的业务需求或功能需求，因此需要具有可扩展的计算能力、存储容量和I/O带宽。最后，服务器更重视吞吐量的提升，保证能够为更多的应用或者用户提供质量服务。

4. 计算机集群

随着人类社会信息化程度的加深、移动终端的普及，需要支持千万级并发任务的信息服务设施，用于实现搜索信息、网络社交、视频欣赏和共享、多人游戏、在线购物、智能推荐等大规模应用。任何单一服务器均无法满足这种规模的数据处理需求。

计算机集群（Cluster）是指通过高速局域网连接多台服务器节点，形成一台更大的虚拟计算机。每个节点都运行自己的操作系统，使用网络协议进行通信。可以将数据中心看成更大规模的计算机集群，可以将数以万计的服务器作为一个仓储式计算机（Warehouse-Scale Computer，WSC）。第 9 章将详细介绍这类超大型计算机。性价比和功率对于 WSC 来说至关重要，而整体可用性保障对于 WSC 来说更具有挑战性。WSC 和服务器之间的区别是，WSC 使用冗余、廉价的硬件作为组件，依靠分布式软件系统来保障整体可用性；而服务器依赖于更可靠的部件。此外，WSC 系统规模主要通过商用网络扩展。WSC 与超级计算机相似，集成了大量服务器，具有大容量存储、高可靠性、高互联网带宽等特点。但后者主要执行少量、通信和计算密集、长期运行的大型专用程序，通常具有极高的浮点性能。相比之下，WSC 面向极高并发、数据密集型交互式应用。但采用通用图形处理单元（Graphics Processing Unit，GPU）的新型人工智能数据中心模糊了二者的边界。

5. 物联网/嵌入式计算机

物联网/嵌入式计算机（Internet of Things/Embedded Computer）在生活中无处不在，例如各种智能手环、洗衣机、微波炉、打印机等。物联网（Internet of Things，IoT）设备通常指通过无线网络连接到互联网的嵌入式计算机，结合各种传感器和动力装置，物联网设备（如无线水表）能够收集物理世界的信息，并进行交互处理。

嵌入式计算机具有更高的成本和更大的功率范围。8 位单片机仅需几毛钱，而 64 位网络处理器和汽车处理器可能需要上千元。其芯片功率也有很大的范围，从毫瓦到上百瓦，一些嵌入式计算机能够使用间断性再生能源供电，对功耗有严格要求。另外，物联网设备无处不在，使用量很大，2020 年全球物联网/嵌入式计算机有 150 亿～1000 亿个。

1.1.4 处理器发展趋势

微课视频

自 ENIAC 问世以来，计算机技术在之后的 70 多年里取得了高速发展。今天，千元级手机在处理速度方面都要优于 30 年前处理速度最快的计算机（一台可能上亿元）。这既得益于计算机硬件技术的发展，也得益于计算机系统结构方面的不断创新。整体而言，计算机硬件技术一直都在稳定进步，而计算机系统结构的前进过程相对而言并不稳定。在计算机前 25 年的发展中，这两个方面的进步对计算机性能的提升产生了巨大贡献，使计算机的性能每年提升大约 25%。20 世纪 70 年代后期出现了微处理器。依靠集成电路技术的进步，结合微处理器市场的高速拓展，计算机进入快速发展期。接下来首先介绍作为处理器制造基础的半导体技术的发展，之后介绍处理器的发展，最后介绍微处理器的发展及处理器的发展限制。

1. 半导体技术的发展

半导体器件是集成电路的基石，是计算机硬件基础。任何电子器件在时间和空间上都有物理限制，电子在器件间传输需要时间和能量。具体而言，电子器件都有物理尺寸、响应时间、运行能耗等特性。电子器件尺寸缩减到纳米级就可能引发量子效应，导致结果的不确定性。

集成电路的制造工艺是用特征尺寸，也就是晶体管或连线在平面上的最小尺寸来衡量的。特征尺寸已经从 1971 年的 10μm 下降到 2017 年的 0.016μm；2023 年的产品工艺被称为“3nm”，目前 2nm 的芯片也在研发之中。由于每平方毫米硅片上的晶体管数目是由单个晶体管的表面积大小决定的，因此当特征尺寸线性下降时，器件尺寸在水平方向以平方关系缩小，在垂直方向上也会缩小，晶体管密度将以平方关系上升。器件尺寸在垂直方向上的缩小需要降低工作电压，以保持晶体管的正常工作和可靠性。晶体管性能和特征尺寸之间存在复杂的相互作用关系。总体而言，晶体管性能的提高与特征尺寸的降低呈线性关系。2003 年之前，集成电路技术驱动力可以归为两个经验定律，即摩尔定律（Moore's Law）和登纳德缩放比例（Dennard Scaling）定律。

（1）摩尔定律

Intel 公司创始人之一的戈登·摩尔（Gordon Moore）在 1965 年的最初预测中，称芯片中晶体管密度会每年翻一番；而在 1975 年修订为每两年翻一番。晶体管密度实际每年大约增长 35%，差不多每 4 年翻两番。晶片大小的增长速度要慢一些，每年在 10%～20%。二者综合起来，一个芯片上的晶体管数目每年增长 40%～55%，或者说，每 18～24 个月翻一番。这一趋势整体持续了 50 年左右，但在理论和实践上难以为继。2003 年摩尔定律放缓，当前处理器的性能提升大约比 2003 年的性能提升要慢 20 倍，但晶体管数目还在增长。例如按照摩尔定律，2016 年应有 187 亿个晶体管，但实际上只有 17.5 亿个晶体管，实际增长率为摩尔定律预测的 1/10。图 1.3 展示了微处理器晶体管数目变化的情况。

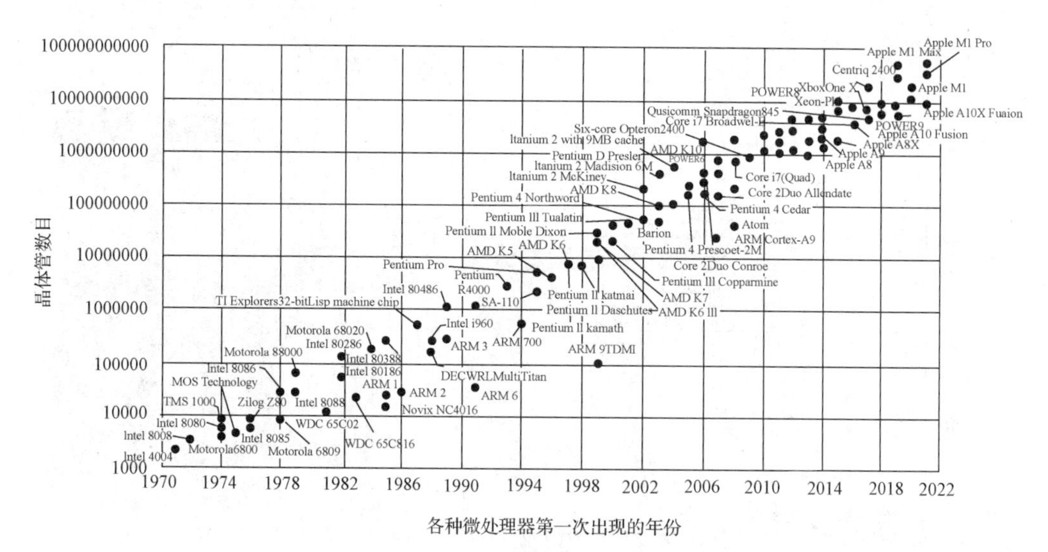

图 1.3　微处理器晶体管数目变化

（2）登纳德缩放比例定律

1974 年罗伯特·登纳德（Robert Dennard）观察到，随着晶体管密度的增加，晶体管尺寸越小，其性能越强，能耗也越低，因此芯片上每平方毫米的能耗几乎保持恒定。每平方毫米硅芯片上晶体管数目的增加使得计算能力随着技术的迭代而不断增强。然而，登纳德缩放比例定律从 2004 年开始大幅放缓，在 2012 年左右接近失效。这意味着，晶体管密度越大，芯片单位面积内晶体管数目越多，但能耗急剧上升。而根据热力学定律，能耗最终都会变成热量，需要及时排出。

登纳德缩放比例定律的失效导致：①晶体管不再是越小就越强、越节能；②处理器频率提升受限；③处理器整体功率受限。整体而言，处理器性能提升变慢，即每 20 年才能翻一番，而不是像 1986 年至 2003 年那样每 1.5 年翻一番。为了保证集成电路的可靠性，不能无限降低电流和电压，这也限制了时钟频率的持续提升。

2. 处理器的发展

为了更好地量化理解计算机处理器性能的发展趋势，图 1.4 给出了 1978 年到 2018 年期间，单处理器的性能增长情况。为了方便评估，使用 1978 年 VAX-11/780 运行标准测试程序作为性能基线，其他处理器性能是它性能的倍数。图 1.4 中单处理器性能增长可以进一步分为 4 个阶段。

（1）第一阶段为 1978 年到 1986 年，单处理器性能年增长率大约为 25%，初期性能增长主要依赖于超大规模集成电路的器件性能提升。20 世纪 80 年代早期，处理器设计者认识到应该将主要精力集中到基本指令的性能提升，而不是设计更复杂的指令拓展应用功能，如复杂指令集计算机（Complex Instruction Set Computer，CISC）。以约翰・L.亨尼西（John L. Hennessy）教授和戴维・A.帕特森（David A. Patterson）为代表的学者逐步认识到，通用处理器设计应该简化和规范化软硬件间的接口，也就是指令集，使得软硬件能够解耦，可以独自发展。这一阶段的标志性事件就是精简指令集计算机（Reduced Instruction Set Computer，RISC）处理器出现。两位教授在仔细研究软硬件的合理分工之后，提出了新 RISC 体系结构。基于 RISC 处理器有更好的产业合作结构和技术发展空间。Intel 的 80x86 指令集虽然诞生于 CISC，并且需要维持指令集不变（保证上层软件兼容性），但也适应这种改变，在内部将 80x86 指令转换为类似于 RISC 的一组微指令，使它能够借鉴 RISC 设计思想。

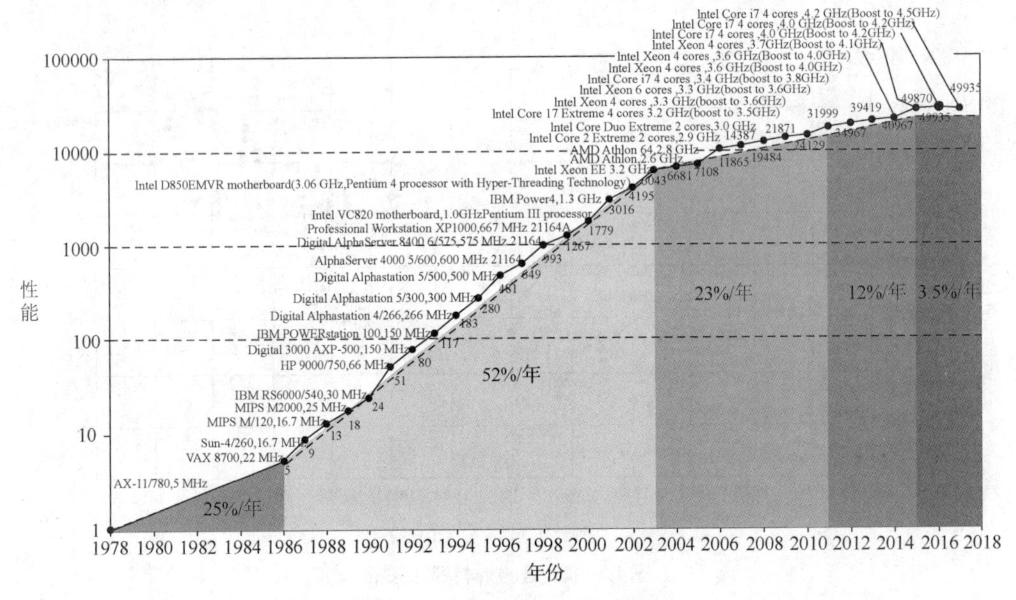

图 1.4 单处理器的性能增长情况

（2）第二个阶段为 1986 年到 2003 年，处理器器件和系统结构技术的共同发展促成了单处理器性能年增长率提升到大约 52%。其中仅依靠器件技术改进的年增长率约为 35%；系统结构技术的改进也导致 7.5 倍的整体性能提升。这些改进包括开发指令级并行（最初通过流水线，后来通过多指令发射）和设计更好的片内缓存机制。20 世纪 90 年代后期，晶体管的数目持续飞速增长，所以转换 x86 体系结构到精简指令结构时的硬件开销可以忽略不计。在低端应用中，比如在手机中，直接采用 RISC 体系结构的先进 RISC 机器（Advanced RISC Machine，ARM）逐渐成为主流。

（3）第三个阶段为 2003 年到 2011 年，单处理器性能年增长率下降到大约 23%。此时单处理器内的指令级并行潜力已经枯竭，而主频也难以提升。

（4）第四阶段为 2011 年到 2018 年，单处理器性能年增长率继续降低（从 12%降到 3.5%）。由于摩尔定律推动晶体管集成度提高的速度也在减慢，功率将进一步限制工作频率，造成单处理器性能年增长率持续降低。

3. 微处理器的发展

计算机技术和产业的发展是相辅相成的。作为计算机的核心部件，微处理器规模化生产带来的成本优势，使得计算机产业和市场规模获得极大的发展，而更大市场规模则进一步推动着计算机技术的发展，并促进了产业分工。例如软硬件接口标准化，能够打破软件和硬件整体紧耦合，微软和 Intel 公司的软硬件开放联盟推动了软硬件分工发展，取代了 IBM 软硬件一体化计算机商业模式。分工发展带来的第一个重大变化是大部分软件开发者几乎不再使用汇编语言进行编程，降低了对目标代码兼容性的要求。第二个重大变化是出现了独立于厂商的标准化操作系统（比如 UNIX 和 Linux），降低了引入新体系结构的成本和风险。这也是市场规模增大后，产业化分工的必然结果。表 1.2 中描述了典型微处理器的结构特点。

表 1.2　典型微处理器的结构特点

微处理器	16 位地址/总线，微码	16 位地址/总线，微码	5 段流水，片上指令和数据缓存，浮点单元	2 路超标量，64 位总线	乱序 3 路超标量	乱序超流水，片上 2 级缓存	多核，乱序，4 路片上缓存，Turbo	多核，大小核设计，Turbo
产品	Intel 80286	Intel 80386	Intel 80486	Intel Pentium	Intel Pentium Pro	Intel Pentium 4	Intel Core i7	Intel Core i9 - 12900K
出货年度	1982	1985	1989	1993	1997	2001	2015	2021
芯片大小 /mm^2	47	43	81	90	308	217	122	208
晶体管数量	13.4 万	27.5 万	120 万	310 万	550 万	4200 万	17.5 亿	220 亿
处理器核数	1	1	1	1	1	1	4	16
引脚数	68	132	168	273	387	423	1400	1700
延迟/clocks	6	5	5	5	10	22	14	10
总线带宽/位	16	32	32	64	64	64	196	196
时钟/MHz	12.5	16	25	66	200	1500	4000	5200
每秒百万指令/MIPS	2	6	25	132	600	4500	64000	100000
延迟/ns	320	313	200	76	50	15	4	3

微处理器的发展重塑了整个计算机产业。

（1）微处理器产业的巨大规模效益，使得专用小型机和大型机被淘汰，当前大型机和超级计算机也都采用大量微处理器。此外，规模效益导致基于特定指令集的软硬件生态在较大程度上限制了其他非主流处理器的发展，这也是国产处理器发展面临的关键挑战。

（2）多样化、性价比高的处理器促使新型计算机的出现。20 世纪 80 年代出现了个人计算机和工作站。在过去 10 年里，智能手机和平板电脑也迅速崛起，已经成为主要的计算平台。此外各种物联网边缘设备也层出不穷。

（3）云-边-端协同处理成为可能。移动计算终端的硬件和能量资源有限，但海量终端需要后端云数据中心集成数万个服务器为一体，这样才能提供足够的计算和存储能力。但是终端产生的所有数据都要经过互联网传输到云数据中心处理，这种模式是低效的，因此可以在云边缘部署服务器进行数据的边缘计算，仅把关键数据传输到云端，以提升整体效率。此外，云端的软件部署也在发生变化，互联网上使用的软件即服务（Software as a Service，SaaS）减少了必须在本地计算机上安装和运行标准软件的过程。

（4）大部分程序员更关注功能、开发效率而不是性能。当前微处理器的性能比 20 年前的超级计算机还要强。自 1978 年以来，硬件性能提高了约 5 万倍，并用 Java、Scala 等高级语言代替了以提高性能为目标的 C 语言和 C++。此外，生产效率更高的 JavaScript 和 Python 之类的脚本语言连同 AngularJS 和 Django 之类的编程框架也日益普及。为了保持生产效率，并努力缩小性能差距，采用即时（Just-in-time）编译器和跟踪编译（Trace-based Compiling）取代传统的静态编译器和链接器。

4. 处理器的发展限制

在微处理器发展的早期，晶体管密度遵循摩尔定律呈指数级增长，微处理器迅速从 4 位发展到 8 位、16 位、32 位乃至 64 位。最近几年，虽然晶体管尺寸减小速度远远达不到摩尔定律的预测，但晶体管总数增长已经足以支持在一个芯片上引入多个处理器，支持更宽的单指令流多数据流（Single Instruction Multiple Datastream，SIMD）单元、猜测执行和缓存中的许多结构创新。

基础元件物理性能的提升速度也在降低。当特征尺寸缩小时，晶体管性能以线性关系提升，而晶体管数目以平方关系增长。集成电路中的连线却不会如此，其延迟难以降低。具体来说，一段连线的信号延迟与其电阻、电容的乘积成正比。当特征尺寸缩小时，连线会变短，但单位长度的电阻和电容的性能都会变差。这几个参数之间的关系很复杂，因为电阻和电容都依赖于工艺的具体细节、连线的几何形状、连线的负载。在过去几年里，连线延迟已经成为大型集成电路的主要设计限制，往往比晶体管开关延迟还要关键。越来越多的时钟周期被消耗在连线延迟上。晶体管尺寸减小也受到诸多物理实现边界的限制。功率甚至比连线延迟还要重要，单处理器整体功率被严格限制。在多种因素的综合作用下，当前单个处理器性能的增强是十分困难的。

此外，当前降低能耗和成本、提高性能的唯一途径是应用定制化。未来微处理器可能针对几个专用领域进行定制，专用处理器在特定应用上有更好的处理效率和性能。本书将在第 10 章介绍领域专用处理器。计算器件提升红利不断减少，各种应用性能提升更多来自软硬件更好的适配，也就是更加依赖于新型计算机系统结构的出现和优化。

1.1.5 关键部件发展

除了处理器，计算机系统整体发展也依赖于关键部件的发展。下面主要介绍内存、外存、网络器件和计算机内部器件的发展情况。

微课视频

1. 内存的发展

内存主要采用动态随机存储器（Dynamic Random Access Memory，DRAM），为处理器提供数据快速存储功能，DRAM 同样采用半导体工艺，也遵循摩尔定律。DRAM 容量增长速度近年来急剧放缓，到 2014 年出货 8GB DRAM 芯片，2019 年才出货 16GB DRAM 芯片，而 24GB DRAM 芯片在 2021 年年底才开始出货，而且看起来 32GB DRAM 芯片很难实现。当然，可以通过三维堆叠的方式进一步提高芯片整体的存储容量，也可能会有其他的新技术器件取代 DRAM 的地位。注意，从表 1.3 中可以看出，高效制造更小型 DRAM 单元的难度持续增大。

表 1.3 DRAM 容量增长速度随时间的变化

序号	年份	DRAM 容量年增长速度	性能增长情况
1	1990	60%	每 3 年翻两番
2	1996	60%	每 3 年翻两番
3	2003	40%~60%	每 2~3 年翻两番
4	2007	40%	每 2 年翻一番
5	2011	20%	每 2~4 年翻一番

DRAM 的发展依赖于内部结构的进化，表 1.4 展示了几种典型 DRAM 模块的特征。

表 1.4 典型 DRAM 模块的特征

内存模块	DRAM	Page Mode DRAM	Fast Page Mode DRAM	Fast Page Mode DRAM	Synchronous DRAM	Double Data Rate SRAM	DDR4 SDRAM	DDR5 SDRAM
位宽/位	16	16	32	64	64	64	64	64
出货年度	1980	1983	1986	1993	1997	2000	2016	2020
单片容量/（Mb/s）	0.06	0.25	1	16	64	256	4096	16396
芯片大小/mm^2	35	45	70	130	170	204	50	75
引脚数/个	16	16	18	20	54	66	134	288
带宽/（MB/s）	13	40	160	267	640	1600	27000	44800
延迟/ns	225	170	125	75	62	52	30	30

2. 外存的发展

外存全称为外部存储器，主要用于持久化保存数据，即使断电，其中的数据也不会丢失。磁盘和半导体闪存（电擦除可编程只读存储器）是目前较为重要的外存，下面简单介绍其发展。第 6 章将进一步介绍外存设备。

半导体闪存是永久性半导体存储器。近 10 年，因为体积小、容量大、性能高等特点，采用闪存的非易失性半导体存储器被普遍使用，尤其是在移动计算装置中。近年来，闪存芯片容量的年增长率为 50%～60%，约每两年翻一番。目前，内存每比特的价格是 DRAM 的 1/8～1/10。闪存单元在 28nm 的尺寸上难以进一步减小，目前主要采用在闪存单元中增加个多信息位或者通过三维堆叠的方式进一步提高整体的存储容量，其存储容量仍存在较大的发展空间。

近 40 年来，磁盘一直是主要的外存，目前人类社会中的绝大多数数据仍存放在磁盘中。对于磁盘而言，容量是非常重要的因素，近 20 年，单磁盘容量大约增加了 1000 倍。在 1990 年之前，其存储容量每年增长约 30%，几乎是 3 年翻一番，1990 年后每年增长 60%，1996 年后，每年容量增长 100%，在 2004 年至 2011 年期间，回落至每年约 40%。近 10 年，磁盘容量增长速度放缓，每年低于 5%。增加磁盘容量的一种方法是在盘内安装更多的盘片。3.5in（1in=0.0254m）的磁盘的深度为 1in（1in=0.0254m），最多可放置 1～2 个盘片。近年也采用叠瓦式磁记录方法，通过把磁道部分重合，提升 2 倍左右的存储容量。另一种方法是使用氦气填充硬盘，使得磁头能够离盘片更近。但是增加存储容量的关键技术是热辅助磁记录（Heat-Assisted Magnetic Recording，HAMR），即通过在各磁盘读写头上安装激光，将 30nm 的光斑加热到 400°C，降低磁畴反转的矫顽力，只是该技术的可靠性尚不清楚。表 1.5 展示了几种典型磁盘的属性。

表 1.5 几种典型磁盘的属性

磁盘	3600r/min	5400r/min	7200r/min	10000r/min	15000r/min	15000r/min	15000r/min
产品	CDC WrenI 94145-36	Seagate ST41600	Seagate ST15150	Seagate ST39102	Seagate ST373453	Seagate ST600MX0062	Seagate ST900MP0126
出货年度	1983	1990	1994	1998	2003	2016	2021
容量/GB	0.03	1.4	4.3	9.1	73.4	600	900

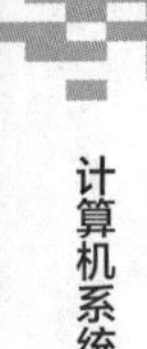

续表

介质尺寸/in	5.25	5.25	3.5	3.0	2.5	2.5	2.5
接口	ST-412	SCSI	SCSI	SCSI	SCSI	SAS	SAS
带宽/（MB/s）	0.6	4	9	24	86	250	300
延迟/μs	48.3	17.1	12.7	8.8	5.7	3.6	2

注：1in=0.0254m。

3. 网络器件的发展

网络器件的性能，尤其是带宽，获得了长足的进步，这也使得基于高速网络的计算机集群得以出现并发展。表 1.6 列出了典型网络器件的特征。

表 1.6 典型网络器件的特征

局域网	以太网	快速以太网	吉比特以太网	10 GB 以太网	100 GB 以太网	400 GB 以太网
IEEE 标准	802.3	803.3u	802.3ab	802.3ac	802.3ba	802.3bs
出货年度	1978	1995	1999	2003	2010	2017
带宽/（MB/s）	10	100	1000	10000	100000	400000
延迟/μs	3000	500	340	190	100	60

4. 计算机内部器件的协同发展

计算机系统的发展需要微处理器、内存和磁盘等器件协同发展。一代计算机系统的生存周期可能只有 3～5 年，设计人员必须考虑系统结构的迭代，必须考虑下一代可能的器件和组件技术。因此器件演进也使计算机系统不断重塑。计算机架构师必须考虑器件性能的发展趋势，从而进行相应的超前设计，保证在出货时，计算机能够和最新器件相配合。图 1.5 所示为计算机主要部件（微处理器、存储器、网络设备和硬盘）在带宽和延迟方面的相对提升和改进。可以看出，微处理器和网络带宽分别增加了 32000、40000 倍，而请求执行时间分别降低至原来的 1/50、1/90；磁盘和存储器的吞吐率则分别增加了 400、2400 倍，但请求执行时间分别降低至原来的 1/8、1/9。

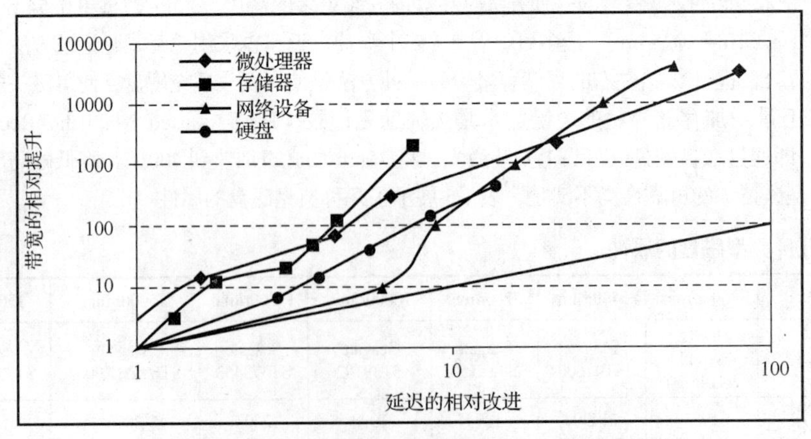

图 1.5 计算机主要部件在带宽和延迟方面的相对提升和改进

1.2　计算机系统结构

微课视频

简要介绍计算机系统、关键部件的发展及趋势之后，本节将给出计算机系统结构的定义。

1.2.1　计算机系统结构定义

钱学森认为系统是由相互作用、相互依赖的若干组成部分结合而成的，具有特定功能的有机整体，而且这个有机整体又是它从属的更大系统的组成部分。从一般系统科学概念出发，将计算机系统结构定义为：满足设计目标要求的计算机软硬部件的系统组织方式。计算机系统结构强调在多个部件的基础之上组织系统满足设计目标要求的方式，设计目标可以是特定功能、峰值性能或者平均性能、最长电池寿命、最低成本等功能及性能指标以及它们的综合。

计算机系统结构（Computer Architecture）和计算机体系结构具有相同的英文名。在过去，狭义的计算机系统结构等同于计算机体系结构，甚至40年前，计算机体系结构一般特指指令集体系架构（Instruction Set Architecture，ISA）。早期计算机的核心部件就是处理器，计算机的设计主要关注处理器的硬件设计和实现，而指令集是计算机中软件系统和硬件系统的“分界线”，这层抽象在计算机系统结构中起到至关重要的作用。因此计算机系统结构强调特定指令集体系架构下的处理器组织和实现方式。但是随着计算机软硬件系统的发展，计算机系统结构不再局限于研究处理器，而是随着计算机类型、功能、形态、实现和应用方式的多样化而不断拓展。计算机系统结构体现更一般的计算机系统研究范畴，因此本书强调计算机系统结构，并与计算机体系结构进行概念区分。

为了保持和通常概念一致，我们把计算机体系结构定义为满足指令集体系架构的一组处理器微架构（Microarchitecture），微架构用来特指处理器的硬件实现方式。同一指令集可以有不同的微架构硬件实现方式，但属于同一处理器体系，这点更符合中文“体系”的含义。因此指令集体系结构和计算机体系结构是计算机系统结构在处理器层次的一种体现。例如，AMD Opteron 和 Intel Core i7 都属于 x86 体系结构，但是它们有不同的流水线和缓存等组织设计（微架构）。计算机体系结构主要针对处理器的组织结构，涵盖指令集架构、微架构以及硬件实现，还包括相应的编译系统。架构师必须设计出满足功能要求的处理器，并达到价格、功耗、性能和可用性等的目标。同一系列的计算机通常支持相同的指令集体系架构，有相似的内部组织方式，但通常有不同的硬件实现细节。例如，Intel Core i7 和 Intel Xeon E7 指令集几乎相同，但有不同的时钟频率、Cache 结构和内存控制器等，Intel Xeon E7 为更高效的服务器处理器。

戴维·A.帕特森从功能和性能的角度来定义计算机系统结构为满足目标要求计算平台的科学和艺术。这种定义更强调工程目标驱动。本书强调计算机系统结构是计算机系统的组织方式，是全面考虑不同规模、不同功能层次的计算机系统设计中个体和整体的组织原则和形式的结果。

处理器的基本物理单元是晶体管，它是计算机系统世界的“原子”或者“砖石”，基于“原子”最终实现处理器芯片，也就是用海量的“砖石”通过组织构建出“摩天大厦”，例如苹果 M1 处理器包含大约 670 亿个晶体管，如何组织这些晶体管存在无限大的设计空间。计算机系统结构通过分层、分模块设计方式，把层间、模块内的设计复杂度控制在一个可接受的范围内，最终实现系统级功能。因此计算机系统结构也研究计算机系统抽象层的设计方法和实现机制。

鉴于部件技术不断发展、应用需求日益多样，因此计算机系统设计师面对的任务是非常复杂的。具体而言，首先需要确定新计算机系统的必要属性和功能；之后需要考虑在成本、可靠性、功耗、安全性等的约束下最大化性能，这依赖于对各个部件的功能、属性和性能等的全面理解；

最后对于实现方式的细节需要充分掌握，可能涉及集成电路、软硬部件、供电和散热等方面的技术。计算机系统设计师需要掌握和熟悉多个计算机工程学科领域（例如编译程序、操作系统、硬件逻辑设计和芯片设计）的知识。

表 1.7 总结了 5 类计算机的系统设计需求。需求定义是工程设计的首要工作，需求可能来自市场，也可能来自支撑现有应用软件的平台。当某种特定应用具有广大市场时，设计专用的新计算设备以提升效率就是值得的，例如开发应用 GPU 加速深度学习。

表 1.7　5 类计算机的系统设计需求

类型	需求特性
应用领域	计算机应用目标
PMD	一系列要求具有实时性能的任务，包括图形、视频和音频；保证能源效率下的交互式性能
台式计算机	一系列要求具有平衡性能的任务，包括视频和音频，强调交互式图形处理能力
服务器	支持数据库和事务处理；增强可靠性和可用性；需要可扩展性
计算机集群	大量独立并发任务的整体吞吐量性能；需要内存纠错能力；负载强度和功耗成比例
嵌入式设备	通常需要支持特定图形、视频或特定应用程序；可能需要功率限制和控制；通常要求实时约束
软件兼容性级别	确定计算机现有软件的数量
编程语言级别	对设计师最灵活；但需要新的编译器
目标和二进制代码	要求指令集是完全相同的，这样灵活性很小，但没有额外软件或程序移植的需要
操作系统需求	支持所选操作系统的必要功能
地址空间大小	非常重要的特性，也许会限制应用
内存管理	现代操作系统必须具备的功能；支持分页或分段机制
保护	不同的操作系统和应用程序需求：包括基于页面、段和虚拟机的保护
标准	市场可能需要某些标准
浮点	格式和算术：IEEE 754 标准，图形的特殊算术或信号处理
I/O 接口	I/O 设备：串行 ATA、串行连接 SCSI、PCIe
操作系统	UNIX、Windows、Linux、CISCO IOS
网络	不同网络的需求：Ethernet、InfiniBand
编程语言	编程语言（标准 C、C++、Java、Fortran）影响指令集

此外，计算机应用和器件技术的发展趋势也决定了关键部件的未来技术特征、成本、寿命。因此计算机系统结构要取得成功，必须能够适应计算机技术的快速变化。毕竟，一种指令集体系结构可能要持续几十年，必须考虑适应器件技术的演进。

1.2.2　计算机系统结构范畴

图 1.6 所示是计算机系统结构研究范畴和整体抽象视图。图 1.6（a）所示是单机系统结构研究范畴，体现在指令流和数据流两条线索上。指令执行的核心是指令流，涉及的研究内容包括：流水线微架构设计、各种冲突（结构、指令和控制）消除或缓解技术、静态和动态指令调度、超标量和多线程，以及分支预测、猜测执行、向量处理、动态编译等。数据流体现在存储层次结构，涉及一般缓存策略和算法、多级缓存、缓存实现、多存储体交叉、虚拟内存、外存 I/O 调度、外存数据管理、可靠性等方面的内容。计算机系统也采用多处理器结构，图 1.6（b）所示是基于高速互连网络的多处理器研究范畴，这部分涉及数据缓存一致性、数据共享和同步机制、网络拓扑

结构和通信寻径等方面的内容。事实上，多计算机集群和仓储式计算机是更大规模、更高层次融合的分布式计算机系统，其拓扑结构类似于图 1.6（b）所示结构，后面章节会进行具体介绍。

为了帮助大家更好地记忆，给出单处理器计算机系统整体抽象视图，即图 1.7（c）。指令和数据不断从存储层（寄存器缓存-内存-外存）进入处理器。处理器内部处理单元控制流水线从存储中取指令译码、读数据，然后计算，最后把结果写回存储层。图 1.6（c）中的右图使用圆环代表处理器中周而复始的指令流，使用双向箭头代表不断输入和写回的数据流。大家可以想象指令和数据在圆环和存储层中不断流动，流动越快，就表示处理器运行得越快。

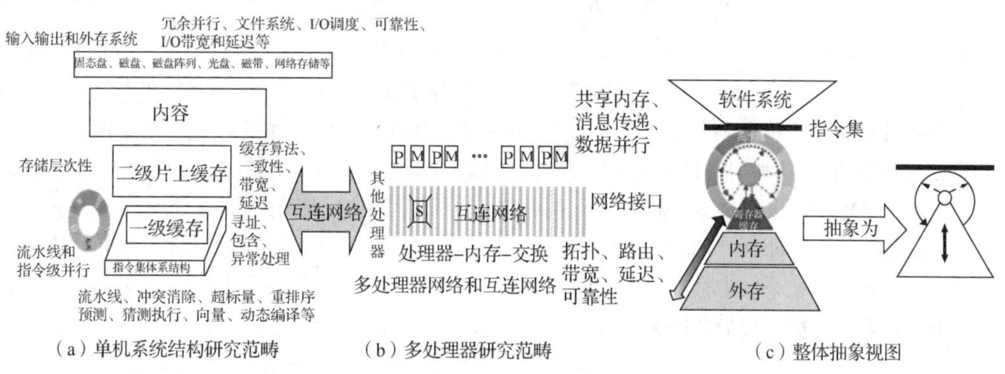

（a）单机系统结构研究范畴　　（b）多处理器研究范畴　　（c）整体抽象视图

图 1.6　计算机系统结构研究范畴和整体抽象视图

1.2.3　计算机系统结构并行分类

计算机系统结构中，提升整体性能直接的方法是采用多个部件，并让多个任务并行执行。迈克尔・弗林（Michael Flynn）在 20 世纪 60 年代研究并行计算行为时，提出了一种简单的分类方式，即根据处理器的指令流及数据流并行情况，将计算机系统结构分为以下 4 类。

（1）单指令流单数据流（Single Instruction Single Datastream，SISD）：如图 1.7（a）所示，指令和数据都被按顺序处理。采用这个类型结构典型代表就是单处理器。它可以利用指令级并行（Instruction Level Parallelism，ILP），也就是在编译器的帮助下，利用流水线思想适度开发数据级并行，并且利用推测执行以中等粒度开发数据级并行，这在第 3 章将详细介绍。

（2）单指令流多数据流（SIMD）：如图 1.7（b）所示，同一指令由多个使用不同数据流的处理器执行。SIMD 计算机开发数据级并行，对多个数据项并行执行相同操作。每个处理器都有自己的数据存储器（也就是 SIMD 中的 MD），但只有一个指令存储器和控制处理器，分别用来提取和分派指令。第 7 章将详细介绍数据级并行，包括向量体系结构、标准指令集的多媒体扩展、GPU。

（3）多指令流多数据流（Multiple Instruction Multiple Datastream，MIMD）：如图 1.7（c）所示，每个处理器都独立抽取指令和处理数据，多个任务可以在不同处理器上运行。一般来说，MIMD 要比 SIMD 更灵活，所以适用性也更强，但处理粒度（任务而不是指令）更大一些。第 8 章将介绍多处理器系统结构，它可以支持多个互相协作（通信）的线程并行执行（线程级）。线程级并行是一种紧耦合硬件模型中开发数据级并行或任务级并行，这种模型允许在并行线程之间进行交互。第 9 章将介绍开发请求级并行的松耦合数据中心的计算机体系结构（具体来说，就是集群和仓储式计算机），实现大量去耦合任务之间的开发并行，减少任务之间的通信和同步。

（4）多指令流单数据流（Multiple Instruction Single Datastream，MISD）：如图 1.7（d）所示，到目前为止，还没有采用这种类型结构的商用多处理器。但是大数据应用或者数据库应用中，如果多个不同类型的任务可以同时存取共享数据，可以认为是 MISD 处理模式。

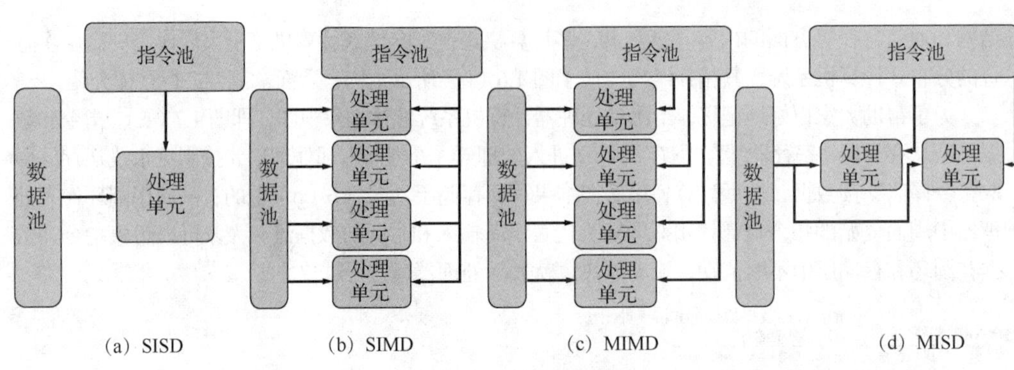

图 1.7 Flynn 并行结构分类

硬件并行结构（包含多个并行部件）受限于系统整体能耗、成本和复杂度等的约束；同时，也取决于软件是否能利用硬件并行度。软件并行进一步分为两种：①数据级并行（Data-Level Parallelism，DLP），也就是多个数据项（数据流）是相互无关的，能够同时被处理；②任务级并行（Task-Level Parallelism，TLP），也就是多个任务（指令流）是相互独立的，能够被同时执行。事实上，当前计算机系统中存在大量的内在硬件并行度，当软件并行特性和计算机系统硬件并行能力相匹配时，才能获得最佳性能。

1.3 计算机系统评价指标

计算机系统可以认为是执行一系列计算任务的服务装置。不同计算机功能层所面对的任务是不同的。指令是处理器执行的任务单位；应用程序是操作系统服务的任务单位；用户请求是应用程序服务的任务单位。如图 1.8 所示，任务具有不同的类型等。在给定时间内，服务装置处理的一系列任务或者应用程序执行产生的一组任务，称为工作负载。工作负载也有其特征，例如任务类型分布、强度变化等。计算机系统需要实现全部任务类型的功能，并且满足性能、功耗等设计指标的系统组织要求。这些指标需要可度量、可测量、可评价。狭义性能是指服务装置执行任务在时间维度上的度量；而广义性能是指计算机所有表现行为的总集合，包括功耗、可靠性、服务质量等各个方面量化指标。

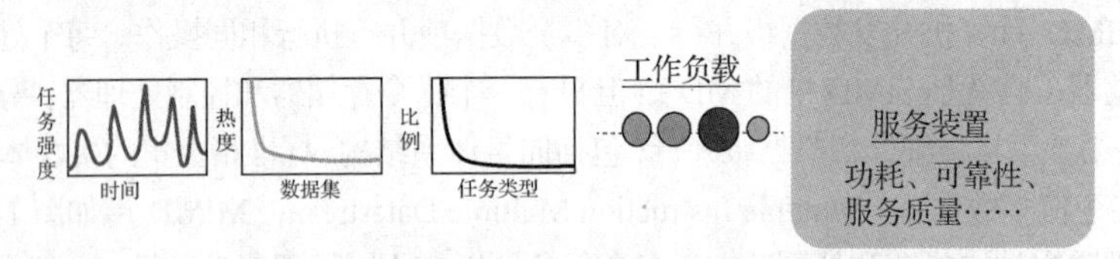

图 1.8 计算机系统是针对任务工作负载的服务装置

1.3.1 性能指标

计算机性能可以通过任务执行的快慢来评价。性能指标可进一步分解为任务执行时间和吞吐率。

1. 任务执行时间

任务执行时间是服务装置完成一个任务所花费的时间，它可被观察、被测量，是评估系统性能的核心指标，其长短是用户最能直观感受到的服务体验。如果系统需要处理多种任务，每种任务的执行时间可能是不同的。执行时间在不同场景下有不同的名称，有响应时间、服务时间、处理延迟等。对于 CPU 而言，指令就是任务。CPU 的运行是以时钟周期为基准的，因此指令执行时间也可以使用时钟周期度量。当比较多个 CPU 的性能时，可能需要使用绝对时间。例如 CPU 在时钟频率为 2GHz 时，执行一条指令需要 2 个周期，则该指令的执行时间为 1ns；如果时钟频率降到 1GHz，则该指令的执行时间变为 2ns。

任务是相对的，从处理器的角度来看，应用程序是指令的集合，但从上层业务系统的角度来看，它也是"任务"。对于存储设备而言，I/O 请求就是任务，I/O 延迟可以用来评价存储设备的性能。因此讨论执行时间时要先明确服务层次和任务对象。

除了任务的绝对执行时间，实践中，人们也经常通过任务执行的相对快慢来评价系统的性能高低。例如使用"X 比 Y 快"来描述给定任务在 X 上的执行时间短于在 Y 上的执行时间。量化地说"X 的速度是 Y 的 n 倍"是指：

$$\frac{\text{执行时间}_Y}{\text{执行时间}_X}=n$$

如果定义以执行时间的倒数来表示性能，则性能之比：

$$n=\frac{\text{执行时间}_Y}{\text{执行时间}_X}=\frac{1/\text{性能}_Y}{1/\text{性能}_X}=\frac{\text{性能}_X}{\text{性能}_Y}$$

注意，不同类型任务的执行时间可能是不同的。因此经常使用所有任务的平均执行时间作为系统性能的评价指标。

2. 吞吐率

除了任务执行时间之外，还需要用指标评价服务装置处理任务的能力，也就是单位时间内完成的任务总数，称为吞吐率。针对不同的评价目标，吞吐率可以有不同的表达方式。对于网络，通常使用每秒位数（bit/s）作为单位；对于存储设备，通常使用每秒兆字节数（MB/s）或者每秒 I/O 数（Input/Output Operations Per Second，IOPS）来定义吞吐率；而对于数据库，往往使用每秒查询数（Queries Per Second，QPS）来描述。"A 的吞吐率是 B 的 1.3 倍"是指 A 在单位时间内完成的任务数是 B 的 1.3 倍。

服务装置通常被动接受并处理任务，自己并不产生任务。当测量吞吐率，统计给定时间内完成的任务数时，如果没有被分配任务，则实际吞吐率为 0，因此实际吞吐率依赖于工作负载行为。单位时间内的任务发送数量称为负载强度。不断增加负载强度到一定值之后，服务装置的实际吞吐率不会再增加，这个吞吐率称为峰值吞吐率，也称为处理容量或带宽。峰值吞吐率是系统内在特性的反映。

对于目标系统而言，任务执行时间和吞吐率是刻画其性能的两个指标，前者用于描述单个任务的处理行为，是用户最能直观感受到的性能；后者用于评价系统整体的处理能力。可以通过增加处理装置，提升系统整体吞吐率，但是改善任务执行时间相对困难。

如果系统只能串行执行任务，则平均吞吐率就是平均执行时间的倒数。如果系统能够同时处理多个任务，系统吞吐率和任务执行时间的关系就更加复杂，很多情况下，需要通过复杂模型评价方式或者实际测量才能得到准确值，一般通过实际测量得到客观吞吐率。

1.3.2 能耗和功率

和所有物理设备一样，计算机及其部件的运行需要消耗能量。需要在系统和部件两个层次考虑功率和电流设计，满足功率需求对于确保操作正确性和安全性至关重要。首先，必须确定最高功率。例如，当一个处理器瞬间过载时，会造成电流过大或者电压下降，进而导致部件故障，甚至损坏。因此设计者必须确定峰值功率。当然，一些计算机在设计时就考虑了主动调节，从而能够适应电源功率变化，当处理器过载时，能够主动降低频率，或者在更大的范围调节和降低电压，但这显然会降低性能。其次，必须考虑在内部部件之间合理分配能量供给。现代微处理器具有数百个引脚，仅有几个芯片内互联层提供电源和接地，合理的能量供给分配是必不可少的。

根据热力学第二定律，能耗最终都会变成热能，因此在设计时必须考虑系统的散热能力，从而确定持续能耗。相应指标被称为热设计功耗（Thermal Design Power，TDP），是当处理器达到最大负荷时所释放的热量，它决定了冷却需求。TDP 既不是峰值功率（通常大 1.5 倍），也不是某一时间段内的实际平均功率。系统的典型供电应该超过 TDP，而冷却系统通常设计为匹配或超过 TDP。不能提供足够的冷却能力，会导致处理器温度超过其结温（Junction Temperature），进而造成设备故障甚至永久损坏。现代处理器有两个方法来主动管理过热，第一个方法是，当温度接近结温限制时，电路会降低时钟频率，从而降低能耗，如果此方法不成功，则采用第二个方法即强制芯片断电。

设计师和用户需要考虑的第三个因素是能耗和能耗效率。功率是单位时间消耗的能量，而能耗是一段时间内消耗功率的总和。对于任务而言，能耗也是衡量的标准，因为它与任务行为和执行时间都相关。完成任务的总能耗等于平均功率乘以执行时间。例如处理器 A 的功率比处理器 B 高 20%，但是完成同样的任务，处理器 A 的执行时间是处理器 B 的 70%，那么处理器 A 完成这个任务的总能耗为 1.2×0.7=0.84。对于移动装置，其电池电量是固定的，因此降低任务能耗非常重要。而对于大型云数据中心，其包含上百万台服务器，功率和能耗设计同样重要，我们在第 9 章再进一步讨论。

接下来具体介绍处理器的能耗和功率。对于互补金属氧化物半导体（Complementary Mental Oxide Semiconductor，CMOS）芯片来说，传统的主要能耗来自开关晶体管，也称为动态能耗。每个晶体管的能耗与晶体管驱动的电容性负载（Capacitive Load）和电压的平方的乘积成正比：

$$能耗_{动态} \propto 电容性负载 \times 电压^2$$

这个公式描述的是逻辑转换脉冲 0→1→0 或 1→0→1 的能耗。那么一次转换（0→1 或 1→0）的能耗就是：

$$能耗_{动态} \propto 1/2 \times 电容性负载 \times 电压^2$$

每个晶体管所需要的功率就是一次转换的能耗与开关频率的乘积：

$$功率_{动态} \propto 1/2 \times 电容性负载 \times 电压^2 \times 开关频率$$

对于一项固定任务，降低时钟频率可以降低功率，但增加执行时间，不一定会降低能耗。

显然，通过降低电压，动态功率和能耗可以大幅降低，所以在近 20 年里，电压已经从 5V 降低到 1V 以下。电容性负载的大小取决于连接到输出端的晶体管数目及其所用技术，所用技术决定了连线和晶体管的电容。

例题 微处理器采用可调电压技术，电压降低 15%可能导致频率降低 15%。这会对动态能耗和动态功率产生什么影响？

解答 由于电容性负载的值不变，所以能耗变化就是电压平方之比：

$$\frac{能耗_{新}}{能耗_{原}} = \frac{(电压 \times 0.85)^2}{电压^2} = 0.85^2 \approx 0.72$$

动态能耗降低为原来的 72%左右。对于动态功率，需要考虑开关频率的比值：

$$\frac{功率_{新}}{功率_{原}} = 0.72 \times \frac{开关频率 \times 0.85}{开关频率} \approx 0.61$$

动态功率降低为原来的 61%左右。

当改进制造工艺时，晶体管的开关次数及开关频率的提高快于电容性负载和电压的降低，从

而导致功率和能耗的总体上升。第一代微处理器的功率低于 1W，第一代 32 位微处理器（如 Intel 80386）的功率约为 2W，而 4.0GHz Intel Core i7-6700K 的功率为 95W。将这些功率产生的热量必须从边长为 1.5cm 左右的芯片上消散出去，实际已经达到了风冷的极限，因此现在处理器（包括 GPU）散热问题是一个重要的工程问题。

根据上述公式可知，如果我们不能降低电压或提高每个芯片的功率，那么时钟频率的增长速度就会放缓。图 1.9 表明，从 2003 年开始就已经出现了频率增长缓慢的现象，图 1.9 中的所有年度微处理器也遵循这种趋势。可以注意到，图 1.9 中时钟频率增长放缓的那段时期与图 1.4 中性能提升放缓的时期相对应。1978 年至 1988 年间，时钟频率每年增长约 15%，而性能每年增长约 25%；1988 年至 2003 年间，性能每年增长约 52%，时钟频率每年增长约 40%；之后十几年中，时钟频率总增长不到 1 倍，每年增长约 2%。

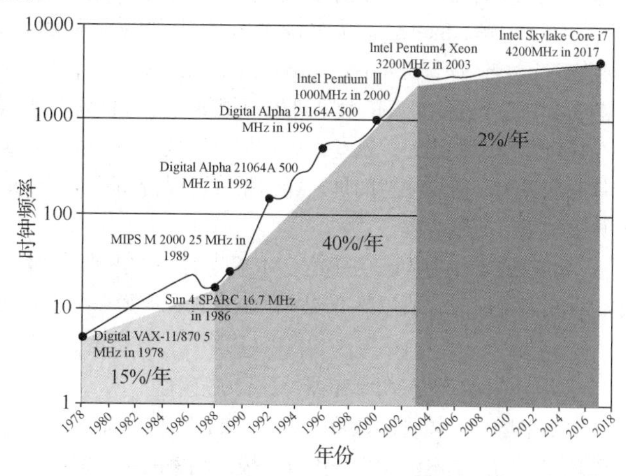

图 1.9　微处理器时钟频率的增长情况

功率分配、散热、热点消除已经越来越困难。现在，能耗已经成为芯片设计的主要限制。因此，现代微处理器使用许多技术，试图在保证时钟频率和电源电压不变的情况下，提高能量使用的效率。

（1）**闲时关闭**。现在的大多数微处理器都会关闭非活动模块，以降低能耗和动态功率。例如，假如当前没有执行浮点指令，浮点单元将被停用。如果一些核心处于空闲状态，也会被停用。

（2）**动态电压频率调节（Dynamic Voltage and Frequency Scaling，DVFS）**。PMD、笔记本电脑，甚至服务器都会有一些活跃程度较低的时期，在此期间不需要以最高时钟频率和电压运转。现代微处理器通常会提供几种低功率、低能耗的工作时钟频率和工作电压。图 1.10 展示了 3 种不同时钟频率（2.4GHz、1.8GHz、1GHz）下，当工作负载降低时，服务器通过 DVFS 可能节省的功率。时钟频率每降低一次，服务器的总功率就可以节省 10%～15%。

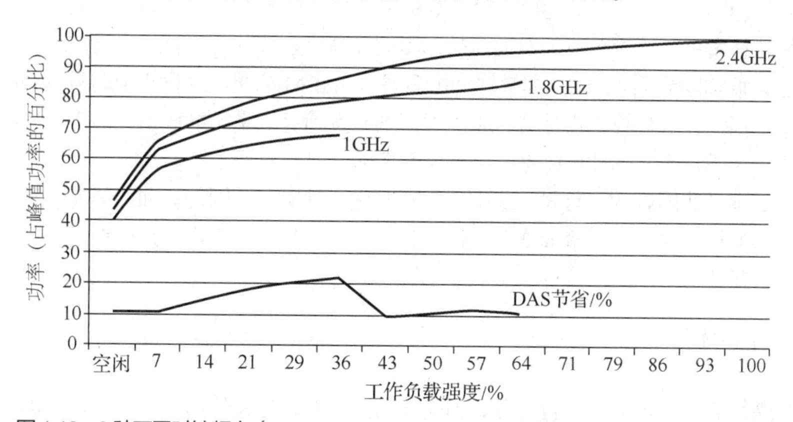

图 1.10　3 种不同时钟频率（2.4 GHz、1.8 GHz、1 GHz）在不同负载强度下的功率情况

（3）**针对典型情景的设计**。由于 PMD 和笔记本电脑经常空闲，因此其内存、外存都支持低功率模式，以节省能耗。例如，DRAM 具有一系列功率逐渐降低的低功率模式，用于延长 PMD

和笔记本电脑的电池寿命；针对磁盘也提出了一些方法，例如，在空闲时采用低转速模式以降低功率。但不能在这些模式下访问DRAM和磁盘，无论访问速度有多慢，都必须返回全速工作模式才能进行读写。目前，微处理器的设计已经考虑到了高温时运转，微处理器可以通过片上温度传感器检测应当在什么时候自动减少活动，甚至自动关闭，以避免过热。

（4）**超频**。Intel公司从2008年开始提供Turbo模式，少数几个核心能够在短时间内以较高的频率运行。例如，3.3GHz Core i7可以在很短时间内以3.6GHz的频率运行。从2008年开始，图1.4中每年性能最好的微处理器都提供了短时超频功能，超频频率大约比标称时钟频率高10%。在执行单线程代码时，这些微处理器可以仅留下一个核心，以更高时钟频率运行，而将其他所有核心均关闭。需要注意的是，操作系统可以自动开关Turbo模式，因此用户可能会感觉到夏天计算机的运行速度变慢。

尽管通常认为动态功率是CMOS芯片中的主要功率消耗源，但由于晶体管处于非工作状态时也存在泄漏电流，所以静态功率问题也正在成为一个重要问题：

$$功率_{静态} \propto 电流_{静态} \times 电压$$

也就是说，静态功率和器件数目成正比。

如果增加晶体管的数目，即使它们处于空闲状态，也会增加功率，而且晶体管的尺寸越小，处理器中的泄漏电流越大。因此，极低功率的系统甚至会关闭非活动模块的电源（电源门控），以控制由于泄漏电流导致的损失。2011年，泄漏目标是总功耗的25%，高性能处理器中泄漏可能高达50%，部分原因是大型静态随机存储器（Static Random Access Memory，SRAM）需要消耗能量来维持。

最后，由于处理器只是系统的一部分，因此如果使用访问速度较快但能耗较低的处理器，并让系统其他部件进入睡眠模式，可能有助于降低整体能耗。

虽然功率和能耗都重要，但人们在评价新设计时，更加重视能耗。现在它的主要评价指标是每焦耳完成的任务数或者每瓦的性能。

1.3.3 成本和价格

计算机应用范围越广，其成本和价格就越关键。早期，计算机作为专用设备，应用于国防领域和商业领域中的关键部门，其应用面窄、数量少，用户对成本和价格不敏感。但是40多年前，个人计算机快速发展，计算机成为普通商品，因此计算机系统的价格就成为设计中的一个重要因素。也就是从那个时候开始，Intel和微软公司逐渐取代IBM公司成为世界上非常成功的计算机硬件和软件提供商。作为计算机设计者，必须考虑到开发计算机系统的成本，而不是只简单考虑其性能。对于广大用户而言，性价比是一个重要的指标。

但评估成本是非困难的。首先，成本会不断变化；其次，不同行业和部门能够看到的成本是不同的。但对架构师来说，了解成本及其构成是必不可少的，这决定了是否在新设计中使用某一项新功能或者新技术。

1.3.4 可靠性

计算机系统必须能可靠地执行任务，但是作为人造物，保持绝对可靠是不现实的。因此需要量化地评价计算机系统的可靠性。计算机系统是基于部件组合而成的，因此可以把系统可靠性分解为部件可靠性的函数。

抽象而言，部件有两种状态：一个是工作状态；另一个是非工作状态。从工作状态到非工作状态的转变称为失效；从非工作状态到工作状态的转变称为恢复。那么量化失效和恢复过程就可以评价可靠性。对这两种转变进行量化，可以得到可靠性的两种度量。

（1）部件可靠性是从一个参考初始时刻开始持续服务的度量。另一种说法是在发生故障之前的正常工作时间，称为平均无故障时间（Mean Time To Failure，MTTF）。服务中断后恢复正常可以使用平均修复时间（Mean Time To Repair，MTTR）来度量。平均故障间隔时间（Mean Time Between Failures，MTBF）就是 MTTF+MTTR。尽管 MTBF 的使用更为广泛，但 MTTF 通常更为适用。如果一组部件的寿命满足负指数分布，那么这一组部件的整体故障率就是这组部件的故障率之和。

（2）部件可用性是在服务完成与服务中断两种状态之间切换时对服务完成的度量。对于可修复的非冗余系统，部件可用性为

$$\text{部件可用性}=\frac{\text{MTTF}}{\text{MTTF+MTTR}}$$

注意，可靠性和可用性现在是可量化指标。如果假设故障之间是互相独立的，则可以量化估计系统的可靠性。

例题　设磁盘子系统的组件及 MTTF 如下。

- 10 个磁盘，均为 1000000h MTTF。
- 1 个 ATA 控制器，500000h MTTF。
- 1 个电源，200000h MTTF。
- 1 个风扇，200000h MTTF。
- 1 根 ATA 电缆，1000000h MTIF。

采用简化假设：寿命符合指数分布，各故障相互独立，试计算整个系统的 MTTF。

解答　故障率之和为

$$\begin{aligned}\text{故障率}_{\text{系统}}&=10\times\frac{1}{1000000}+\frac{1}{500000}+\frac{1}{200000}+\frac{1}{200000}+\frac{1}{1000000}\\&=\frac{10+2+5+5+1}{1000000}=\frac{23}{1000000}=\frac{23000}{1000000000}\end{aligned}$$

即 2.3×10^{-6}，系统的 MTTF 就是故障率的倒数

$$\text{MTTF}_{\text{系统}}=\frac{1}{\text{故障率}_{\text{系统}}}=\frac{1000000}{23}\approx 43478\text{（h）}$$

系统的 MTTF 略短于 5 年。

应对故障的主要方法是冗余，包括时间冗余（重复操作，以查看是否仍有错误）和资源冗余（当一个部件发生故障时，由其他部件接管工作）。在替换部件、完全修复系统后，认为系统的可靠性与新系统相同。现在用一个例子来说明量化冗余的好处。

例题　磁盘子系统经常配置冗余电源以提高可靠性。假定组件的寿命服从指数分布，而且组件故障之间没有相关性。计算冗余电源的可靠性。

解答　由于有两个电源，而且故障独立，则一个电源发生故障之前的平均时间为 $\text{MTTF}_{\text{电源}}/2$。发生第二个故障的概率可以近似为：MTTR 与另一电源发生故障之前的平均时间之比。因此，冗余电源对的 MTTF 可合理近似为

$$\text{MTTF}_{\text{电源对}}=\frac{\text{MTTF}_{\text{电源}}/2}{\dfrac{\text{MTTR}_{\text{电源}}}{\text{MTTF}_{\text{电源}}}}=\frac{\text{MTTF}^2{}_{\text{电源}}/2}{\text{MTTR}_{\text{电源}}}=\frac{\text{MTTF}^2_{\text{电源}}}{2\times\text{MTTR}_{\text{电源}}}$$

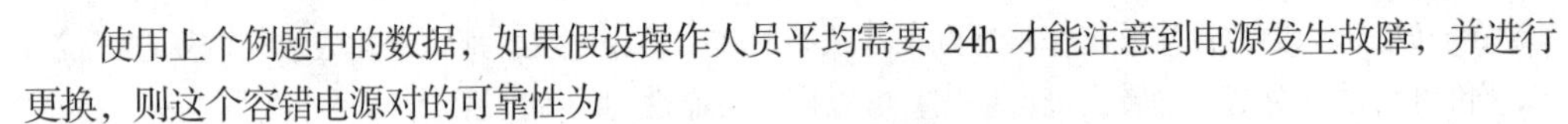

使用上个例题中的数据，如果假设操作人员平均需要 24h 才能注意到电源发生故障，并进行更换，则这个容错电源对的可靠性为

$$\mathrm{MTTF}_{电源对}=\frac{\mathrm{MTTF}_{电源}^2}{2\times\mathrm{MTTR}_{电源}}=\frac{200000^2}{2\times24}\approx833333333$$

电源对的可靠性约为单电源的 4167 倍。

随着互联网服务的普及，基础设施供应商开始提供服务等级协定（Service Level Agreement，SLA）或服务等级目标（Service Level Objective，SLO），用于描述服务的可靠程度。例如，如果他们在一个月内无法满足协定的时间超过若干小时，就会向客户提供赔偿。因此，可以使用 SLA 来评估系统可用性。

1.4 计算机系统设计原则

在介绍性能指标、成本、可靠性、能耗和功率等指标之后，接下来探讨和分析设计计算机系统的方法和原则。

1.4.1 设计原则

1. 系统分层设计原则

微课视频

当前计算机系统涉及从纳米级晶体管电路到百万服务器规模的仓储式计算机，具有各种硬件和软件实现功能，整体设计空间巨大且复杂，通过分层抽象设计，可以保证每层内部的部件数量和复杂度有限，每层又可以抽象为上层的一个基本组件。为此，计算机系统需要分层抽象，在层间定义相对固定的抽象接口，这样在每层可以进行相对独立的专业化、产业化的设计与开发。每个功能层都可以看成抽象的计算机。可通过垂直层间的高效分工和合作，实现计算机系统的整体演进。

如图 1.11 所示，通用计算机系统从电子元件到应用程序垂直分为多个功能层，整体构成一个功能栈，从下至上大致可分为 9 层。第一层是物理电子层，研究基础电子材料，包括晶体管（Transistor）材料（例如石墨烯）等；第二层是器件（Device）层，构造逻辑门（Logic Gate），例如与门、与非门等；第三层是逻辑电路（Logic Circuit）层，包括组合逻辑电路（Combinational Logic Circuit）和时序逻辑电路（Sequential Logic Circuit）；第四层是微架构层；第五层是指令集层，

图 1.11 计算机系统的功能分层

注意，该层是计算机硬件和软件的分界层，对于软件而言，它负责实现硬件层的抽象，对于硬件而言，它负责给出基础的功能需求；第六层是运行时系统软件层，包括操作系统、虚拟机、编译器等，负责为应用提供软件运行时环境；第七层是开发语言和环境层，负责提供各种编程语言和编译平台，让程序员根据功能需求设计应用程序；第八层是算法层，负责针对一些共性问题提供算法解决方案；第九层是应用层，负责给用户提供功能性程序以满足特定应用需求。功能层次化划分是计算机系统设计中常用的思考方式，也称为功能栈式结构。需要说明的是，上述每层粒度仍然很大，在具体研究和开发中，可以进一步划分系统。例如操作系统可以进一步细化为多个功能层。

早期的计算机公司会提供完整的计算机系统，例如IBM公司在360系列计算机设计中，从材料到应用都是一体化设计的。随着产业规模扩大，在20世纪70年代末，Intel公司和微软公司实现了软硬件系统的分工和合作，极大地推动了个人计算机的发展。进入21世纪，随着信息化产业的广度和深度不断增长，很多专业化公司往往在一层或者几层内精耕细作。系统结构设计者需要明确定义层间接口和功能划分，这样才能充分利用现有产业分工和标准化组件，减少系统复杂度，设计出性价比更高的系统。

注意，层次划分也是有开销的，由于层间通过固定接口交互，这也限制了功能扩展；此外，层间转换也可能引入额外的开销，例如浮点运算在仅提供整型的处理器运行时，需要一个浮点库来转换。为了避免层间开销，可以考虑全栈式优化。例如苹果公司的iPhone手机采用的就是全栈式设计，进行整体优化，实现从应用到底层硬件的紧密、高效匹配。第2章将重点说明如何进行软硬件分层，第10章则将展示专用领域的整体优化设计。

2. 并行性设计与挖掘原则

计算机系统可以通过增加组件数量提高整体处理能力，称为并行结构，进一步分为空间并行和时间并行。空间并行是指增加功能相同的部件，每个部件独立处理任务，从而提高系统整体的吞吐率，是常用的性能提升方法。时间并行是指让一组部件合作完成一个任务，每个部件仅执行任务的特定环节，此组部件可以并发为多个任务服务。时间并行也称为流水线，流水线的基本思想是将一组指令的执行过程重叠起来，以缩短完成整个指令序列的总时间。第3、4章会更详细地解释指令流水线。

计算机系统每层都可以增加并行性。电路和数字逻辑单元之间具有天然的并行性。例如，算术逻辑部件（Arithmetic and Logic Unit，ALU）使用先行进位，这种方法使用数据级并行来加快求和过程，使计算时间与操作数位数之间的关系由线性关系变为对数关系。此外，还存在指令集并行、请求级并行和线程级并行，如图1.12所示。

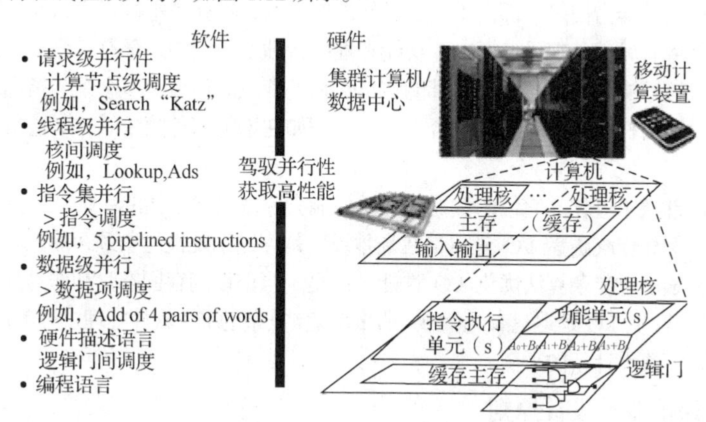

图1.12 计算机系统不同层次的并行性

注意，能否发挥系统的内在并行性依赖于负载行为。例如公路上，车流量小时就不能充分发挥多车道的性能。负载并行可以分为任务级并行和数据级并行，前者是指多个并行任务，后者是指数据内部的不同数据元素可以独立处理，例如向量。因此对于程序员，也需要理解底层系统结构及数据、算法的内在并行性，结合应用的任务并行特性，才能开发出更好的并行程序。

3. 局域性原则

人类认识和改造世界都是从己及彼、从近到远进行的，这也造成编写的程序具有较高的处理局域性。局域性是指程序常常重复使用它们最近用过的数据和指令。程序局域性有两种类型：时间局域性和空间局域性。时间局域性是指最近访问过的内容很可能会在短期内被再次访问。空间局域性是指地址相互邻近的对象很可能会在短时间内被用到。我们将会在第 5 章研究内存系统时详细讨论局域性原则及其应用。

一条广泛适用的经验规律：一个程序 90%的执行时间花费在仅 10%的代码中。局域性意味着可以根据程序最近访问的指令，比较准确地预测近期将执行的内容。局域性原则也适应于数据访问行为。

4. 加快经常性事件原则

现实世界充满着不平衡，加快经常性事件原则就是指重点关注常见情形，在进行设计权衡时，常见情形优先于非常见情形。这一原则适用于资源的分配和接口的设定。如果某一情形会频繁出现，那对其进行优化会产生更显著的整体效果。

在资源分配和性能优化过程中经常使用加快经常性事件原则。例如，处理器中取值和译码操作比乘法操作频繁得多，所以应当优先对取值和译码操作进行优化。这一原则也适用于可靠性，磁盘的可靠性低于处理器，因此使用多个磁盘冗余能够提升系统整体的可靠性。

常见操作通常更简单一些，完成速度更快一些。例如，在对两个数值求和时，可以预料溢出是很少出现的情形，因此可以通过优化没有溢出的常见情形来提高性能。在计算机系统设计中会大量使用这一简单原则，但前提是必须确定哪些是常见情形，而这通常通过统计和分析过去的负载行为来得到。加快经常性事件原则能使性能提高多少，可以使用 Amdahl 定律来量化。

5. 平衡设计原则

计算机系统结构根据设计目标要求，协同多个部件完成任务处理流程，需要整体优化设计，保证所有部件平衡工作，避免局部成为瓶颈。首先，计算机系统整体性能往往取决于瓶颈部件或者关键步骤。其次，努力使每个部件工作在最佳工作范围，也就是平衡点，从而获得最佳性能。因为部件（硬件或者软件）在设计期内，功能和性能特性是确定的，都有自己合适的工作负载区域，所以好的系统结构应该使每个部件都能够工作在平衡点。最后，多个系统指标之间也需要平衡，需要根据设计目标，确定更好的综合平衡点。例如在增加部件数量时，平衡所获得的吞吐率及成本和能耗。

一旦组成部件技术进化，它们的性能提升就可能会导致过去平衡的系统结构方案不再平衡，从而需要改进。例如传统磁盘 I/O 延迟都在毫秒级，是存储系统性能瓶颈，而软件处理延迟在微秒级，因此过去须通过复杂算法优化 I/O 性能。但是，当前以闪存固态盘和非易失性内存为代表的新存储器件出现，其 I/O 延迟只有几微秒，那么传统、复杂的 I/O 软件处理过程就成为新的瓶颈。旧平衡被打破，需要设计新的平衡。

6. 性能评价驱动设计原则

计算机系统是由大量软硬件构成的复杂系统，而且外部工作负载也是多样、多变的，在运行时其行为难以被准确和实时预测。此外，当前计算机系统开发周期长、成本高。因此进行系统设计时，根据功能和性能需求进行初步设计，通过对部件不同组合结构进行快速分析，确定其功能可行性和性能边界，尤其是性能上界，这也是需要进行计算机系统量化设计的原因。例如多个并行部件能够达到的带宽上限是可以估算出来的，并行部件带宽之和应该能保证系统所需的峰值带宽。在系统实现过程中，涉及许多实现因素，尤其是各种部件及其调度细节限制。此外，实际运行负载也在不断变化，通常很难持续获得理论上的峰值；很难仅通过先验模型精确地预测计算机系统的实际性能；很难确定多部件协同工作的平衡点。这需要运行实际负载并尽量客观地测试、评价、分析。设计者不仅需要具备理论分析能力，也需要具备工程开发和实际测试能力。

总之，外部市场、应用需求和内部技术发展合力推动计算机系统不断进化，每一轮（代）计算机系统设计的开始和结束都需要进行理论评价和实际测试分析，如图 1.13 所示，计算机系统的演化基于不断的迭代开发。系统设计者需要在设计时确定性能目标、测试方法和测试平台，这也是计算机领域存在大量基准测试应用程序集、基准测试程序及套件的原因。例如设计超级计算机时，会考虑 Linpack 测试集的评价，确定性能目标，并进行针对性的优化；在下一个设计周期中，会进一步提升性能目标。

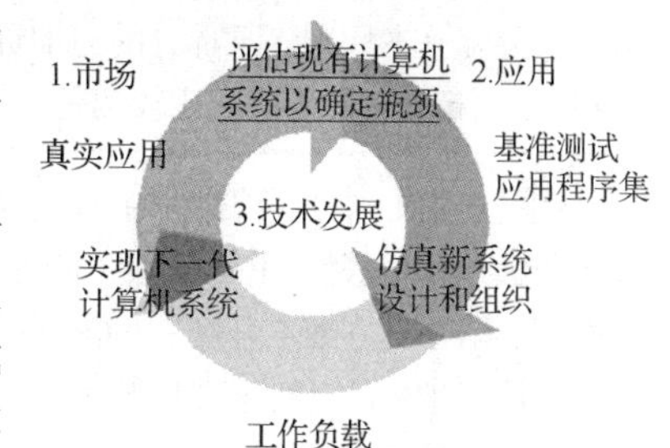

图 1.13 计算机系统迭代开发过程

1.4.2 Amdahl 定律

为了能够先验计算出通过改进某一部分而能获得的整体性能增益，可采用 Amdahl 定律定量评价和分析。当对某计算机进行某种升级以提高性能时，将加速比（Speedup）定义：

$$\text{加速比}=\frac{\text{整个任务在采用该升级时的性能}}{\text{整个任务在未采用该升级时的性能}}$$

或：

$$\text{加速比}=\frac{\text{整个任务在未采用该升级时的执行时间}}{\text{整个任务在采用该升级时的执行时间}}$$

Amdahl 定律刻画了局部加速比和全局加速比之间的关系。加速比的大小取决于下面两个因素。

（1）原计算机执行时间中可改进部分所占的比例。例如，一个程序的总执行时间为 60s，如果有 20s 的执行时间可进行改进，则改进比例是 20/60，称为改进部分比例，其值小于或等于 1。

（2）改进部分的局部加速比。如果改进部分原来需要执行 5s，改进后需要 2s，则提升值为 5/2。我们将这个值称为局部加速比，其总是大于 1。

原计算机改进后的执行时间等于计算机未改进部分的执行时间加改进部分的执行时间：

$$\text{新执行时间}=\text{原执行时间}\times\left((1-\text{改进比例})+\frac{\text{改进比例}}{\text{局部加速比}}\right)$$

总加速比是这两个执行时间之比：

$$\text{总加速比}=\frac{\text{原执行时间}}{\text{新执行时间}}=\frac{1}{(1-\text{改进比例})+\dfrac{\text{改进比例}}{\text{局部加速比}}}$$

例题 假设新处理器执行 Web 服务应用程序的计算速度是原处理器的 10 倍，并且其 40%的时间忙于计算，60%的时间忙于等待 I/O，进行改进后，所得到的总加速比为多少？

解答 改进比例=0.4；局部加速比=10；总加速比为

$$\frac{1}{0.6+\dfrac{0.4}{10}}=\frac{1}{0.64}\approx 1.56$$

Amdahl 定律阐述了一个收益递减规律：如果仅改进一部分计算机的性能，在改进后，所获得的加速比增量会逐渐减小。Amdahl 定律有一个重要推论：局部改进最终效益为 0，总加速比存在

上限，就是未改进比例的倒数。

Amdahl 定律可用来先验分析某项改进能获得多少整体性能收益，以及如何分配资源来提高性价比。分配基本原则是某部分的追加资源应当与这部分原来花费的时间成比例。这也是平衡设计的目标。Amdahl 定律对于比较两种系统的整体性能尤其有用，如下面的例子所示。

例题 GPU 中经常需要执行平方根运算。浮点（Floating Point，FP）平方根的实现在性能方面有很大差异。假设 FP 平方根（FP Square Root，FPSQR）占用一项关键图形基准测试 20%的执行时间。第一种方案是升级 FPSQR 硬件，使这一速度提高到原来的 10 倍。第二种方案是让 GPU 中所有浮点指令的运行速度提高到原来的 1.6 倍，浮点指令占用运行该应用程序全部时间的 1/2。试比较这两种方案。

解答 可以通过计算加速比来比较这两种方案。

$$\text{加速比}_{\text{FPSQR}}=\frac{1}{1-0.2+\dfrac{0.2}{10}}=\frac{1}{0.82}\approx 1.22$$

$$\text{加速比}_{\text{FP}}=\frac{1}{1-0.5+\dfrac{0.5}{1.6}}=\frac{1}{0.8125}\approx 1.23$$

由加速比可知方案二要稍好一些，原因是 FP 指令的使用频率较高，这也就是加快经常性事件原则的一种体现。

在上面两个例子中，需要事先知道可改进部分所占的比例。

1.4.3 处理器性能公式（Iron 定律）

处理器以时钟周期作为运行时间单位，可以用时钟周期的绝对时间（例如，1 ns）或频率（例如，1GHz）来描述时钟周期。程序花费的 CPU 时间有两种表示方法：

$$\text{CPU时间}=\text{CPU时钟周期}\times\text{时钟周期时间}$$

或者

$$\text{CPU时间}=\frac{\text{CPU时钟周期}}{\text{频率}}$$

除了程序执行时间之外，我们还需要关心程序执行的指令数（Instruction Count，IC）。之后，可以计算执行每条指令所需的平均指令周期数（Cycles Per Instruction，CPI）。可以使用每个时钟周期所能执行的指令数，即每周期指令数（Instructions Per Cycle，IPC）作为性能指标，它是 CPI 的倒数。

CPI 的计算公式为

$$\text{CPI}=\frac{\text{CPU时钟周期}}{\text{IC}}$$

这个指标可以反映不同指令集及其实现的特点。利用 IC×CPI 计算时钟周期数，代入上面的公式，就可以通过 CPI 来计算 CPU 时间：

$$\text{CPU时间}=\text{IC}\times\text{CPI}\times\text{时钟周期时间}$$

上述公式称为处理器性能公式，将其逐项按单位展开，可以看到各部分的特点和它们之间的关系：

$$\frac{\text{指令}}{\text{程序}}\times\frac{\text{时钟周期}}{\text{指令}}\times\frac{\text{秒}}{\text{时钟周期}}=\frac{\text{秒}}{\text{程序}}=\text{CPU时间}$$

从这个公式可以看出，处理器性能取决于时钟周期、CPI 和 IC。这 3 个指标对 CPU 时间有相同影响。例如，将这 3 个指标中的任意一个改进 10%，将会使 CPU 时间改进 10%。但现实中这 3 个指标是相互关联的，很难单独改进某一个。

这 3 个指标也能反映计算机系统不同的方面。时钟周期受到硬件技术与组成方式的影响；CPI 能反映计算机组成方式和指令集体系结构；指令数受到指令集体系结构和编译技术的影响。

在设计处理器时，可采用以下公式计算 CPU 时钟周期：

$$\text{CPU时钟周期} = \sum_{i=1}^{n} \text{IC}_i \times \text{CPI}_i$$

其中，IC_i 表示程序中第 i 种指令的 IC，CPI_i 表示第 i 种指令执行所需的 CPI。利用这一公式，CPU 时间可以用以下方法来计算：

$$\text{CPU时间} = (\sum_{i=1}^{n} \text{IC}_i \times \text{CPI}_i) \times \text{时钟周期时间}$$

总 CPI：

$$\text{CPI} = \frac{\sum_{i=1}^{n} \text{IC}_i \times \text{CPI}_i}{\text{IC}} = \sum_{i=1}^{n} \frac{\text{IC}_i}{\text{IC}} \times \text{CPI}_i$$

CPI 此种计算形式使用了各种指令 CPI_i 和指令在程序中所占的比例（即 IC_i/IC）。考虑前面给出的性能示例，这里改为使用指令执行频率的测试值和指令 CPI 测量值，在实际中，后者是通过模拟或硬件测试获得的。这就需要使用上述基于实际测试的设计原则。

例题 假设已经进行以下测量：

FP 操作频率=25%；

FP 操作的 CPI=4.0；

其他指令的 CPI=1.33；

FPSQR 的频率=2%；

FPSQR 的 CPI=20。

假定有两种设计方案，一种方案是将 FPSQR 指令的 CPI 降至 2，另一种方案是把所有浮点指令的 CPI 降至 2.5。使用处理器性能公式对比这两种方案。

解答 观察到仅有 CPI 发生变化，时钟频率和 IC 保持不变。先求出没有任何改进时的原 CPI：

$$\begin{aligned}\text{CPI}_{\text{原}} &= \sum_{i=1}^{n} \text{CPI}_i \times \frac{\text{IC}_i}{\text{IC}} \\ &= (4 \times 25\%) + (1.33 \times 75\%) \approx 2.0\end{aligned}$$

从原 CPI 中减去节省的 CPI 就可以求出改进 FPSQR 后的 CPI：

$$\begin{aligned}\text{CPI}_{\text{采用新FPSQR}} &= \text{CPI}_{\text{原}} - 2\% \times (\text{CPI}_{\text{旧FPSQR}} - \text{CPI}_{\text{仅新FPSQR}}) \\ &= 2.0 - 2\% \times (20 - 2) = 1.64\end{aligned}$$

采取相同方式可以计算出改进所有浮点指令后的 CPI，也可以将 FP 指令的 CPI 和非浮点指令的 CPI 相加，采取后一种方式的计算过程为

$$\text{CPI}_{\text{新FP}} = (75\% \times 1.33) + (25\% \times 2.5) = 1.6225$$

改进浮点指令后的 CPI 比改进 FPSQR 指令后的 CPI 更小，所以改进 FP 指令后的 CPI 性能更好。改进浮点指令所带来的加速比为

$$\text{加速比}_{\text{新FP}} = \frac{\text{CPU时间}_{\text{原}}}{\text{CPU时间}_{\text{新FP}}} = \frac{\text{IC} \times \text{CPU时钟周期} \times \text{CPI}_{\text{原}}}{\text{IC} \times \text{CPU时钟周期} \times \text{CPI}_{\text{新FP}}}$$

$$= \frac{\text{CPI}_{\text{原}}}{\text{CPI}_{\text{新FP}}} = \frac{2.0}{1.6225} \approx 1.23$$

使用 Amdahl 定律也可以计算出相同的加速比。

处理器性能公式的各个组成部分通常是可测量的，比 Amdahl 定律更方便使用。在实际计算中，计算过程通常从测量各个 IC 和 CPI 开始，然后进行相乘、求和。

处理器性能公式建立了微观设计（每种指令 CPI）和宏观性能（程序执行时间）之间的联系。要把这个公式当作一种设计工具，需要能够测量各种因素。对于已有处理器来说，很容易通过测量来获得执行时间，一般情况下，时钟周期是确定的，关键是确定 IC 或 CPI。大多数新处理器中都包含对所执行指令和时钟周期进行计数的计数器。通过定期观察这些计数器，我们可以将执行时间和 IC 与代码关联在一起，这可以帮助程序员了解应用程序的性能并对其进行调试和优化。

有些提升能耗效率的技术，比如动态电压频率调整和超频，会增加这个公式的使用难度，在对程序进行测量时，时钟频率可能会发生变化。

1.5 计算机系统性能评价

客观、准确地评价计算机系统性能是系统设计必不可少的环节。

1.5.1 性能测量方法

计算机系统作为服务装置通常被动服务达到的任务。达到的任务序列称为工作负载。图 1.8 展示了工作负载和服务装置的关系。工作负载的行为特性包括任务类型、任务强度和时间、前后任务关联等。浮点指令和整型指令具有不同的性能表现，因此性能测量需要在特定工作环境下进行，运行特定工作负载时，观察和收集计算机运行情况，并给出量化性能指标的过程。

对于单一功能的计算设备，其工作负载比较简单，因此可以运行所有支持的程序来评估性能。例如数字信号处理（Digital Signal Processing，DSP）就是为特定程序开发的。但是通用计算系统需要运行各种程序或者面对更加复杂的工作负载，因此需要综合评价其性能。例如，任务 A 在机器甲上的执行时间比在机器乙上的短，但任务 B 可能相反。因此单一或者单类型程序的性能并不能很好地反映计算机的整体性能。

1. 基准测试程序测试方法

一般而言，应该选择常用、具代表性（覆盖面广）的程序作为标准测试程序，运行在实际机器之上，统计运行结果，这也是常用的测试方法。这些标准测试程序也称为基准测试程序（Benchmark），最早从地理测绘领域（基础水平线）引入计算机领域，用于客观评价系统性能。基准测试程序在很大程度上塑造了新计算机系统。

完全做到客观测试是非常困难的。在进行具体测试时，如果两台机器指令集或者操作系统不同，无法在二进制代码层面兼容，则需要使用测试程序源代码在各自的平台之上单独编译。但不同的编译优化选项可能会影响部分程序的测试。因此统一编译条件也是必要的。另外，一旦测试程序确定，很多设计会针对它们进行专门优化，使执行它们时能够比执行其他程序时显得更快一些。例如在设计超级计算机时，通常针对 Linpack 基准测试集进行专门优化。不过只要所有计算机都遵循同样的测试条件，使用基准测试程序仍是相对可行和公平的方法。这也使得不同机器测试结果的相对值比绝对值更能反应性能差异。

为了减轻专门优化特定测试程序的影响，可以使用基准测试应用程序集（称为基准测试套件）来全面衡量处理器的性能。标准性能评估机构（Standard Performance Evaluation Corporation，SPEC）在20世纪80年代后期创建了标准化基准测试套件SPEC，目的是更好地测试工作站。计算机行业一直处在发展之中，所以对不同基准测试套件的需求也在不断变化，现在有许多SPEC基准测试套件，可以涵盖众多应用领域。所有SPEC基准测试套件及其测试报告都可以在官网中找到。

SPEC基准测试套件有1989、1992、1995、2000、2006和2017等版本。1989版测试套件共有82个程序。其中只有3个整数程序和3个浮点程序持续3代以上。SPEC 2017版有10个整数程序，其中5个用C语言编写，4个用C++编写，1个用Fortran编写。对于浮点数在Fortran中扩展为3个，在C++中扩展为2个，在C语言中扩展为2个，在混合C语言、C++和Fortran中扩展为6个。

由于各种计算机不断出现，而新的应用程序也不断出现，工作负载也更趋多样、密集、波动。这也导致基准测试套件和工作负载不断优化、修改和扩展。例如，近年服务器需要处理更多机器学习应用，很多基准测试套件中增加了相应的测试程序。而在台式计算机领域，办公和游戏性能是用户非常关心的，所以微软公司的Office程序、Adobe公司的多媒体处理程序和很多游戏程序都被当作基准测试程序。因此越来越专业的基准测试程序被用来评价计算机系统。

2. 工作负载产生方法

基准测试套件能够产生标准负载，但并不能全部涵盖所有负载，尤其是最新或者大规模实际业务系统中的负载。虽然完全运行、测量真实应用程序是较为客观的方法，但是安装、调试和配置可能过于复杂，难以统一。而且实际工作负载、工作环境，甚至实际业务通常难以模拟。此外，原型系统并不一定能支持应用程序的所有功能。因此有一些专用测试程序被开发出来，能够模拟部分或者全部真实应用程序的功能，这些专业测试程序被称为宏基准测试程序（Macrobenchmark），在很多专业领域也被称为测试标准，例如FIO（Flexible I/O Tester）是典型存储系统的宏基准测试程序。

此外，很多设计人员在开发新系统时，会直接按照典型工作负载模式撰写测试代码，例如按照已知负载规律创建读/写请求。这种测试往往通过组合请求类型、大小、强度等请求属性创建负载，相应测试程序称为微基准测试程序（Microbenchmark）。无论是Microbenchmark还是Macrobenchmark，产生的工作负载都不一定能客观反映真实世界中的负载行为。为了更好地模拟实际负载行为，一些研究者会从真实生产系统中抓取实际的请求行为并记录到追踪文件中，在测试系统时，可以重放这些记录，模拟相应的真实生产负载。这种测试方法称为基于追踪记录的测试。

数据库事务处理（Transaction-Processing，TP）基准测试用于测量数据库TP系统的性能。航空订票系统和银行自动柜员机（Automated Teller Machine，ATM）系统是比较典型的简单TP系统，更高级的TP系统涉及复杂数据库和处理策略。在20世纪80年代中期，组建了独立于供应商的事务处理性能委员会（Transaction Processing Performance Council，TPC），尝试为TP系统创建客观、公平的基准测试程序。第一个TPC基准测试程序TPC-A在1985年创建，它随后被几个不同基准测试程序取代。TPC-C发布于1992年，用于模拟一种复杂的数据库查询场景。TPC-H用于对专

用决策系统进行模拟，查询之间没有相互关联，不能利用过去查询的相关知识来优化将来的查询。TPC-E 是联机事务处理（Online Transaction Processing，OLTP）工作负载，它用于模拟代理公司的客户行为。近期发布的基准测试程序是 TPC-Energy，在所有 TPC 基准测试中添加了能耗度量。所有 TPC 基准测试都以每秒完成的任务数和任务的响应时间来评价性能。

1.5.2 性能综合评价方法

在实际计算机系统设计中，必须通过一组相关基准测试来量化评价大量设计选项的相对优势。同样，消费者在选择计算机时，也可以依靠一些基准测试的结果，因此希望基准测试程序与用户的应用程序相似。例如使用 3D mark 测试集评价计算机的图像处理能力。

一旦决定用某一种基准测试套件来测量性能，就希望能够用一个数值来综合汇总套件的性能测量结果。计算汇总结果的一种简单方法是对比套件中各个程序执行时间的算术平均值。遗憾的是，一些 SPEC 程序执行的时间要比其他程序长 4 倍，所以如果使用算术均值作为总结性能的唯一数值，会对执行时间长的程序影响过大。一种替代方法是为每个基准测试增加一个权重，以加权算术平均值作为总结性能的唯一数值，但选择权重也存在争议。当然，也可以不选择权重，而是以基准计算机为依据，对执行时间进行归一化：

$$1.25=\frac{\text{SPEC Ratio}_{\text{A}}}{\text{SPEC Ratio}_{\text{B}}}=\frac{\dfrac{\text{执行时间}_{\text{基准}}}{\text{执行时间}_{\text{A}}}}{\dfrac{\text{执行时间}_{\text{基准}}}{\text{执行时间}_{\text{B}}}}=\frac{\text{执行时间}_{\text{B}}}{\text{执行时间}_{\text{A}}}=\frac{\text{性能}_{\text{A}}}{\text{性能}_{\text{B}}}$$

将基准计算机上的执行时间除以测试计算机上的执行时间，得到一个与性能成正比的比值。SPEC 使用的就是这种方法，将这个比值称为 SPEC Ratio。因为 SPEC Ratio 是比值，而不是绝对执行时间，在算术方式中比较 SPEC Ratio 是没有意义的，所以必须用几何平均来计算它的几何平均值。几何平均值的计算公式：

$$\text{几何平均值}=\sqrt[n]{\prod_{i=1}^{n}\text{样本}_i}$$

SPECi 表示第 i 个程序的 SPEC Ratio。使用几何平均值可以确保以下两个重要特性。

（1）这些比值的几何平均值与几何平均值之比相等。

（2）几何平均值之比等于性能比值的几何平均值，这就意味着该比值与基准计算机的选择无关。因此，使用几何平均值更加合理。

本章附录

附录 A 将进一步介绍计算机系统结构相关的扩展知识，具体而言，在 1.3.3 节内容之外补充处理器价格和成本知识（A.1）。

习　题

1.1　表 1.8 所示为几种芯片的规格信息，Phoenix 采用的是用 7nm 技术设计的全新架构，而 Red Dragon 与 Blue Dragon 的架构和制程相同，但是优化了设计。

表 1.8　芯片的规格信息

芯片	大小/mm^2	估计缺陷率/每 cm^2	N 型	制程/nm	晶体管数量/10 亿	核数/个
Blue Dragon	180	0.03	12	10	7.5	4
Red Dragon	120	0.04	14	7	7.5	4
Phoenix	200	0.04	14	7	12	8

（1）Phoenix 芯片的成品率是多少？

（2）Phoenix 为什么比 Blue Dragon 有更高的估计缺陷率？

1.2　根据表 1.8 所示的信息，假设会卖出两种芯片，Phoenix 采用的是用 7nm 技术设计的全新架构，而 Red Dragon 与 Blue Dragon 架构相同。每块 Red Dragon 无缺陷芯片可获利 1000 元。每块 Phoenix 无缺陷芯片可获利 2000 元。每片晶圆的直径是 450mm。

（1）用于制作 Phoenix 芯片的每片晶圆能赚多少利润？

（2）用于制作 Red Dragon 芯片的每片晶圆能赚多少利润？

（3）如果每月需要 5 万个 Red Dragon 芯片和 2.5 万个 Phoenix 芯片，工厂每个月只有 70 片晶圆，如果晶圆不足，在尽量减小芯片产量缺口的情况下，如何分配晶圆生产芯片使得利润最大化？

1.3　实时系统中，执行程序必须在规定的执行期限内完成，更快地完成没有收益。系统最快执行程序的速度是正常执行速度的两倍。

（1）在功率不变的情况下，以最快速度执行，完成后关闭系统，相对于正常执行可以节省多少能耗？

（2）设置电压和频率减半时，程序执行时间不变，请问可以节省多少电能？

1.4　假设有一个四核通用处理器，每个核满载时的功率为 0.5W。对于特定任务，该四核处理器的 4 个核同时工作，速度会提升到单核运行时的 8 倍。

（1）假设该四核处理器中 4 个核必须同时、同频运行，但可以同时关闭，关闭时不会产生电流泄漏。请计算单核和 4 核工作情况下的任务能耗和动态功率的相对关系。

（2）当该处理器频率和电压减小到 1/8 时，计算此时的动态功耗和能耗下降到正常情况下的比例。

（3）为特定任务设计专用集成电路（Application Specific Intergrated Circuit，ASIC），不使用时能够将其完全关闭。执行该任务仅需一个通用核心，芯片上剩下部分用于实现专用电路。具体运行时，需要一个核心运行 25%的时间，这个核心在剩下的 75%的时间内会被关闭。在这 75%的时间内，一个专用电路运行，仅需要一个核心 20%功率。试计算采取新方案和单核方案的能耗比。

1.5　可用性是服务器设计中的最重要考虑事项，其次是可扩展性和吞吐量。

（1）有一个服务器，其处理器的寿命为 109h，处理器寿命内总故障次数为 10000，则这个系统的平均无故障时间（MTTF）为多少？

（2）如果需要一天的时间才能让这个系统再次正常运行，则这个系统的可用性是多少？

（3）现代数据中心为了降低成本，准备用上述廉价服务器构建一个仓储式计算机。一个具有 1000 个服务器的系统，其 MTTF 为多少？（假设如果一个服务器发生故障，整个系统就不能工作都会发生故障）

1.6　假设对某一台计算机进行了优化，采用增强模式使得程序的特定模块加速了 10 倍，特定模块占未加速程序 50%时间。求：

（1）增强模式下的全局加速比是多少？

（2）增强模式下，特性模块执行时间占整个程序的比例是多少？

1.7　假设考虑通过添加专用加密硬件来增强四核处理器的功能。使用该专用加密硬件执行加密操作，比正常执行模式快20倍。在非加速情况下，一个程序加密部分执行时间的比例为X。

（1）X为多少时，加密硬件可减少一半的整体执行时间?

（2）如果全局加速比为2，硬件加速占整个程序执行时间的比例是多少?

（3）假设测量了X是50%。为了进一步加快加密速度，计划通过添加第二个加密硬件单元并通过并行方式加密。假设90%的加密操作可以并行，请问相对于不使用加密硬件，此时的全局加速比是多少。

1.8　加速执行处理器的某些指令时，可能导致其他指令执行速度降低。

（1）如果新快速浮点单元使浮点运算的速度平均提高2倍，浮点运算占用的时间为原程序执行时间的20%，那么总加速比为多少（忽略对所有其他指令的影响）?

（2）现在假定浮点单元的加速会降低数据缓存访问的速度，原速度为降低后速度的1.5倍（或者说加速比为2/3）。数据缓存访问时间为总执行时间的10%。现在的总加速比为多少?

（3）在实现新的浮点运算之后，浮点运算执行时间占总执行时间的比例为多少?数据缓存访问时间占总执行时间的比例为多少?

1.9　在实现一个应用程序的并行化时，理想加速比应当等于处理器的个数。但它要受到两个因素的限制：应用程序可并行化部分的百分比和通信开销。Amdahl定律考虑了前者，但没有考虑后者。

（1）如果应用程序的80%可以并行化，N个处理器的加速比为多少?（忽略通信开销。）

（2）如果每增加一个处理器，通信开销为原执行时间的0.5%，则8个处理器的加速比为多少?

（3）如果处理器数目每增加一倍，通信开销增加原执行时间的0.5%，则8个处理器的加速比为多少?

（4）如果处理器数目每增加一倍，通信开销增加原执行时间的0.5%，则N个处理器的加速比为多少?

1.10　如果某重要程序运行在300 MHz的Super Ⅰ处理器上，通过运行仿真器，能够发现指令类型的比例和延迟，如表1.9所示。

表1.9　指令类型的比例和延迟

指令类型	频率	周期
ALU and Logic	40%	1
Load	20%	1
Store	10%	2
Branches	20%	3
Floating Point	10%	6

（1）请计算Super Ⅰ的CPI和MIPS。

（2）Super Ⅱ增加了处理器的时钟频率（450MHz），但是为了获得更高的时钟频率，设计者不得不增加ALU and Logic和Load指令的CPI到2，增加浮点指令的CPI到8，请计算Super Ⅱ相对于Super Ⅰ的加速比。

（3）在Super Ⅱ的基础上进一步设计Super Ⅲ处理器时，发现浮点指令由20%的复杂浮点指令和80%的简单浮点指令组成，每条复杂浮点指令的CPI为32，并且可以使用10条简单浮点指令替代。那么在Super Ⅲ中取消复杂浮点指令，使用简单浮点指令取代复杂浮点指令，其他不变时，请计算Super Ⅲ的CPI。

2

第 2 章　计算机指令集

2.1　计算机指令集

计算机硬件具有标准接口和操作规范，也就是指令集体系架构，简称指令集，是软硬件的分界线。本章先介绍计算机指令集，之后介绍编址和寻址方式、指令类型及格式，再简单介绍与指令集相辅相成的编译器，最后介绍典型指令集，包括 RISC-V 指令集、ARMv8 指令集和龙芯指令集。

2.1.1　计算机指令集概述

微课视频

指令集是硬件抽象层，定义了软硬件系统之间的逻辑接口，决定了 CPU 微架构的具体功能。通过此抽象层，在兼容指令集的前提下，软件系统和硬件系统能各自独立发展，其抽象表示如图 2.1 所示，少量标准指令集支撑着庞大的软件体系。Intel 公司使用 x86 指令集 40 多年，并根据器件和工艺等硬件技术发展不断优化 CPU 微架构；系统软件公司（如微软公司）专注于设计编译系统、操作系统、编程平台和数据库等系统软件平台，从而支持软件公司开发各种应用，使计算机产业实现了高效分工。事实上，指令集体系结构正是计算机系统分层设计原则最重要的体现。

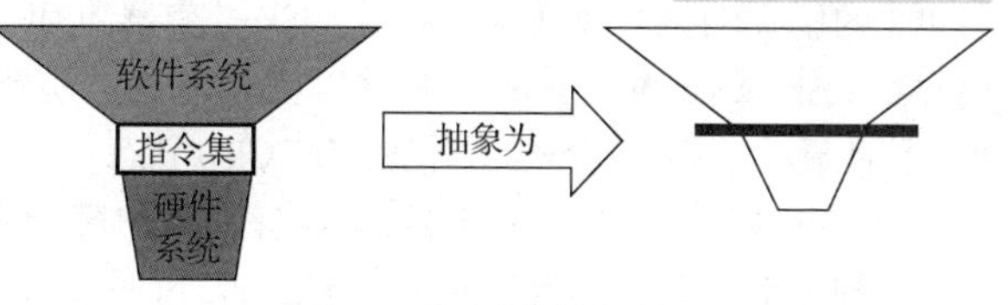

图 2.1　指令集的抽象表示

在 CPU 几十年的发展历程中，世界范围内的不同研发机构与商业公司已经创造了几十种不同的指令集，它们可根据指令硬件实现的复杂程度分为 CISC 体系架构与 RISC 体系架构。CISC 指令集通常可提供数百条指令，为每种特定操作提供一条专用指令，这降低了对编译器的要求，但增加了硬件实现的复杂性。CISC 指令集早期直接在电路层面实现各种指令，增加了电路整体复杂性。RISC 指令集仅提供必要的基础指令，由编译器将复杂操作分解为多条基础指令的组合，基础指令的源和目的数据都包含在寄存器中。避免运算指令的直接内存操作，进一步采用硬件流水线提升指令执行效率。当然，这两类指令集也在发展中取长补短，现在 CISC 类型 CPU 也能在硬件中采用微码（Microcode）方式实现复杂指令的分解，在内部获得 RISC 指令集优势。RISC 指令集也适当增加了一些专用指令。

当前使用较为广泛的指令集有 Intel 公司的 x86 指令集、ARM 公司的 ARM 指令集，以及开源的 RISC-V 指令集。由于指令集是上层软件系统生态体系的基石，大量存量软件决定了指令集必须向前兼容。以美国为代表发达国家在这方面有先发技术和市场优势，因此国产 CPU 为了支持已有的软件生态系统，必须兼容主流指令集，例如龙芯 CPU 前期就使用 MIPS 指令集，近期使用自研的 LoongArch 指令集；飞腾 CPU 和鲲鹏 CPU 使用 ARMv8 指令集。但是商业公司经常会垄断其指令集的使用，因此近年 RISC-V 指令集这种开放、中立的指令集受到越来越多的关注。

CPU 采用冯 • 诺依曼体系架构，CPU 逻辑视图应该包括数据视图及其全部操作（指令）表示。图 2.2 展示的是高级编程语言层和逻辑电路表示层之间的代码转换过程。CPU 内部通过硬件微架构识别、执行指令（机器码），微架构实现所有指令到内部计算单元、逻辑判定单元、存储单元和通信单元等硬件功能模块之间的映射，每个基本硬件功能单元通过一套特定电路实现。这样，指令便能在 CPU 上执行。

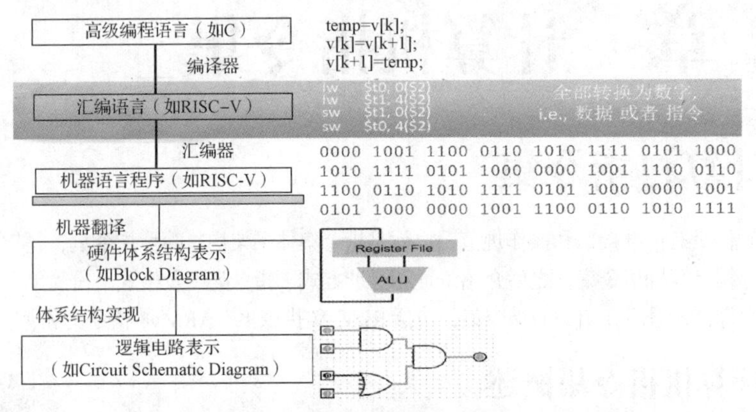

图 2.2 高级编程语言层和逻辑电路表示层之间的代码转换过程

从图灵机模型的角度来看，指令每步执行的过程都是在当前 CPU 视图状态下执行当前指令，变迁到下一个 CPU 视图状态的过程。指令集体系架构首先定义 CPU 视图，如图 2.3 所示，包括程序员可见的显示寄存器（如通用寄存器、状态寄存器和程序计数器等）和内存，前者也称为体系结构寄存器（Architectural Register）。RISC 类型 CPU 首先更新显示寄存器，之后修改相应的内存地址空间，因此显示寄存器集合就能够代表当前 CPU 状态。程序单步调试就是通过追踪显示寄存器值，确定当前 CPU 状态。CPU 最终还需读取或者修改内存，因此指令集还涉及内存空间的编址、建立寻址方式和对齐方式、管理虚拟内存等功能。此外，指令集还需要考虑 I/O 存取过程和 I/O 指令，需要定义系统调用、中断/异常处理、存取控制、优先级/特权等指令。高级指令集为了支持操作系统的多线程、虚拟化功能，还应该提供任务/线程管理。现代 CPU 也提供虚拟化指令、内存一致性指令、功率和能耗控制指令、向量指令、状态监控指令、安全域管理指令等扩展指令。

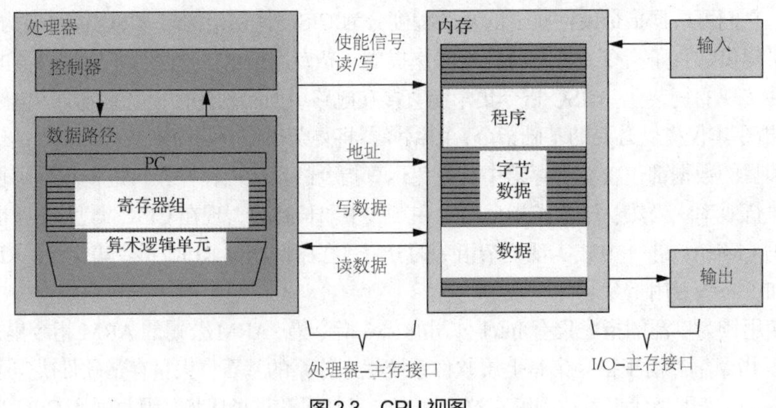

图 2.3 CPU 视图

2.1.2 指令集体系架构

指令集体系架构定义了程序员可见的 CPU 视图，包括全部指令集合、每条指令的格式和功能、寄存器和内存视图。指令集是有格式的，以便 CPU 能够正确识别和解析所有指令。指令集格式必须标识所有功能，包括指令码、寻址方式、数据类型、指令类型和指令格式，还要为寄存器命名、定义条件码等。指令集体系架构仍然是较为重要的计算机系统结构研究领域。通常从 7 个方面对指令集体系架构进行定义和分类，包括①数据存取模式；②内存编址方式；③寻址方式；④操作数类型及大小；⑤操作指令；⑥控制指令；⑦指令格式。接下来简单介绍一下相关概念。

（1）在数据存取模式方面，计算机系统架构可分为非寄存器架构和寄存器架构，除了早期的计算机或专用计算机，当今几乎所有的指令集体系架构都被归类为通用寄存器架构。寄存器架构又进一步分为寄存器-存储器型和寄存器-寄存器型，寄存器-寄存器型也称为载入-存储型，因为只有采用载入（Load）或存储（Store）指令才可以访问内存。80x86 指令集属于寄存器-存储器型，它的许多指令都可以用于直接访问内存；ARMv8 指令集和 RISC-V 指令集属于寄存器-寄存器型，自 1985 年以来，新的指令集都采用这种架构，其中操作数是寄存器或内存地址。80x86 指令集有 16 个通用寄存器和 16 个浮点寄存器；而 RISC-V 指令集有 32 个通用寄存器和 32 个浮点寄存器。

（2）在内存编址方式方面，几乎所有台式计算机和服务器的指令集，包括 80x86 指令集、ARMv8 指令集和 RISC-V 指令集都使用字节寻址来访问内存操作数。某些指令集（如 ARMv8 指令集）要求对象必须对齐。如果一个大小为 *s* 字节的对象，访问字节的地址为 A，且 A mod *s*=0，则这个对象的访问是对齐的。80x86 指令集和 RISC-V 指令集不需要对象对齐，但如果对象对齐，访问通常会更快。

（3）在寻址方式方面，RISC-V 寻址方式包括寄存器、立即数和常量偏移量寻址，80x86 指令集也支持这 3 种寻址方式，并添加了 3 种额外寻址：无寄存器（绝对）、2 个寄存器（基于位移索引）、寄存器乘以操作数的字节大小（基于缩放指数和位移的变址寻址）。与这 3 种模式类似的寻址方式：减去位移字段、寄存器间接索引和基于寄存器的缩放索引。ARMv8 指令集具有 3 种 RISC-V 寻址方式，增加了程序计数器（Program Counter，PC）相对寻址、2 个寄存器求和，以及寄存器缩放索引。它还具有自动增量和自动递减寻址，支持用计算出的地址进行寄存器寻址。

（4）在操作数类型及大小方面，大多数指令集类似，80x86 指令集、ARMv8 指令集和 RISC-V 指令集支持 8 位（ASCII 字符）、16 位（Unicode 字符的操作数大小或半字）、32 位（整数或字），64 位（双字或长整数），以及 32 位（单精度）和 64 位（双精度）中的 IEEE 754 浮点精度。80x86 指令集还支持 80 位浮点（扩展双精度）。此外，还有一些多媒体扩展指令集，能够支持 512 位向量操作数类型。

（5）在操作指令方面，常见操作是数据传输、算术逻辑、控制和浮点数处理。由于多线程、多核 CPU 越来越多，很多 CPU 提出保持内存一致性的指令。

（6）在控制指令方面，几乎所有指令集，包括 80x86 指令集、ARMv8 指令集和 RISC-V 指令集都支持条件分支、无条件跳转、过程调用和返回。RISC-V 指令集条件分支（BE、BNE 等）需要测试寄存器的内容，80x86 指令集和 ARMv8 指令集使用分支测试条件代码位，它们在执行算术/逻辑运算时置位。ARMv8 指令集和 RISC-V 指令集将返回地址放置在一个寄存器中，而 80x86 指令集调用（CALLF）将返回地址放置在内存中的一个堆栈内。

（7）在指令格式方面，编码有两种基本方式：固定长度和可变长度。所有 ARMv8 指令集和 RISC-V 指令集都使用固定长度，长度为 32 位，从而简化指令译码。80x86 指令集使用可变长度，范围为 1～18 字节。变长指令比定长指令占用更少的空间，所以用 80x86 指令集编译的程序通常比用 RISC-V 指令集编译的同一个程序小。请注意，编码方式将影响指令转化为二进制表示的结果。此外，寄存器的数量和寻址方式的数量对指令大小有显著的影响，数量越大就需要越长的表示字段。（注意，ARMv8 指令集和 RISC-V 指令集后来提供了扩展，称为 Thumb-2 和 RV64IC，分别提供 16 位和 32 位长度指令的混合，以减小程序。RISC-V 指令集的程序比 80x86 指令集的小。）

当前，不同指令集之间的差异已经很小。计算机架构师应更加关注除通用指令集设计之外的其他挑战，例如针对不同应用领域设计专用的指令集。此外，随着并行处理和安全计算等应用需求出现，硬件虚拟化、内存一致性模型和安全处理域等也成为指令集的重要内容。

2.1.3 指令集数据存取模式

现代 CPU 遵循冯·诺依曼体系结构，数据访问操作是必不可少的，其在很大程度上决定了指令集。早期 CPU 硬件资源不足、功能有限，数据存储和处理部件通常集成在一起，例如把栈和累加器等硬件部件直接暴露给软件控制，在硬件栈上执行 A+B 操作，需要首先执行 PUSH A 和 PUSH B 两条指令，准备好操作数后，执行 ADD 指令执行 A+B 操作，最后执行 POP C 把计算结果压栈，这需要使用多条指令完成。这种方式能够节省指令长度和个数，例如 ADD 指令不需要额外参数。但是这种方式让程序和硬件紧耦合，一旦运算硬件实现方式改变，其指令集系统和程序也要进行相应改变，导致整个软件体系重构。但这种简洁 CPU 实现架构仍适用于执行固定程序的简单 CPU（例如物联网设备 CPU），提供低功耗、可中断的计算能力。

CPU 所需所有指令和数据都保存在内存中，随着 CPU 和内存之间的性能差距越来越大，CPU 在内部设置寄存器来加快数据存取，存取内部寄存器的延迟小于一个时钟周期。当变量被分配到寄存器中后，在多次访问时可以减少访存次数、加快程序速度，这也是局域性原则和加快经常性事件原则的体现。此外，因为通用寄存器个数远少于内存空间的大小，使用寄存器可以减小指令中表示数据地址字段的大小，从而缩短指令长度。

指令操作的对象数据来自内存或者寄存器，但其硬件实现机制具有很大不同。因此可以用 ALU 指令中操作数及数据存储地址方式来区分不同的指令集。典型 ALU 指令所支持的内存操作数可以是 0～3 个。表 2.1 给出了这两种特性的组合及其示例。主要使用了寄存器-寄存器（Load-Store）、寄存器-内存和内存-内存 3 类，内存-内存模式下还存在 2 和 3 操作数格式的情况。

表 2.1　内存操作数与每条典型 ALU 指令中总操作数的组合方式

内存地址的数目	最大操作数个数	计算机系统结构类型	示例
0	3	寄存器-寄存器	ARM、MIPS、PowerPC、SPARC、RISC-V
1	2	寄存器-内存	IBM 360/370、Intel 80x86、Motorola 68000、TI TMS320C54x
2	2	内存-内存	VAX（三操作数格式）
3	3	内存-内存	VAX（两操作数格式）

三操作数格式中，指令包含一个结果操作数和两个源操作数。两操作数格式中，操作数之一既是运算的源操作数，又是运算的结果操作数。三操作数指令比较灵活，适合高级编程语言的语义，但是增加了指令的长度和种类。

较早的物理寄存器数量有限，一些寄存器还具有特殊功能，典型的例子就是 Intel 公司的 80x86，包含很多特殊寄存器。但是编译器希望所有寄存器都是等价的。如果通用寄存器的数目过少，那编译器为变量分配寄存器就会受到很大的限制。但寄存器的分配问题是 NP 完全问题，过多的寄存器也会增加编译器分配算法的复杂度，大多数编译器会为表达式求值和参数传递保留一些寄存器，其余寄存器可用于保存变量。现代编译器技术能够有效地使用大量寄存器，从而支持显示寄存器的增加。1980 年之后，CPU 上晶体管数量大增，寄存器硬件成本极大地降低。几乎所有的现代指令集体系架构都为载入-存储体系架构。仅载入和存储指令操作分别用于读取和写入内存，其他所有运算操作的源和目的都是寄存器。表 2.2 所示为常见通用计算机数据存取模式的优势和劣势。

表 2.2　常见通用计算机数据存取模式的优势和劣势

类型	优势	劣势
寄存器-寄存器	指令编码简单、长度固定。简单代码生产模型。指令执行花费时钟周期数相似	指令数目多于指令中采用内存引用的体系结构。指令多、指令密度低，增加了程序的代码数量
寄存器-内存	无须独立地载入指令就可以访问数据。指令格式易于编码，可以得到很好的指令密度	在二元运算中，源操作数会被清除，所有操作数是不等价的。在每条指令中对寄存器数目和内存地址进行编码可能会限制寄存器的个数。每条指令的时钟周期数都会随着操作数的位置变化而变化
内存-内存	最紧凑。不为临时值花费寄存器	指令规模变化很大，特别是三操作数指令。此外，指令工作延迟有很大变化。内存访问会成为瓶颈

注意，指令中寄存器的标识为 $\log_2$（寄存器数目），因此寄存器的数目对指令长度有直接影响。

2.2　编址和寻址方式

2.2.1　内存编址

指令集首先需要构建全局数据存储空间（内存），CPU 通过访存指令按照地址存取寄存器、内存中的数据。因此内存编址方式是指令集的基石。

指令集内存空间通常按字节编址。主流 CPU 和内存中，字节内位（bit）序是一致的，避免不必要的位转换。CPU 访问内存的单位是字（Word）。例如 64 位 CPU 的基本存取单元是 64 位（双字）。但从编程角度来看仍需提供对字节（8 位）、半字（16 位）和字（32 位）的访问方式。一些指令集扩展提供 512 位的访问。对于多字节数据对象的访问，指令集必须约定存取数据对象内部的字节次序。数据对象中的字节排序模式有大端模式和小端模式两种，如图 2.4 所示。大端模式中，数据对象的高位字节放到内存地址的最高有效字节（Most Significant Byte，MSB）地址；而小端模式中，高位字节放到内存地址的最低有效字节（Least Significant Byte，LSB）地址。在同一台计算机内部进行操作时，字节顺序问题通常会被编译器隐藏。但是，在不同计算机之间交换数据时，字节顺序问题可能出现。例如，字符串用小端模式表示时，实际字节顺序是反向的，如“0123”显示为“3210”。

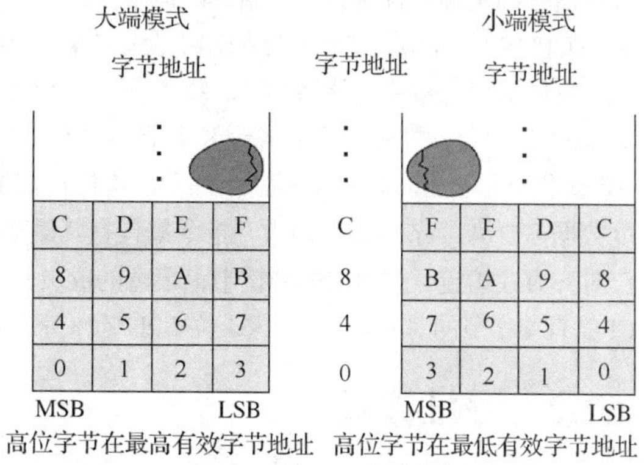

图 2.4　大端模式和小端模式下的字节顺序

80x86 和 ARM 架构都采用小端模式。这意味着 CPU 的 D0 线是最低位，而 D7 线

是最高位。除了 CPU 之外，缓存、总线、外设等很多存储设备也有字节序/次序。为了简化设计和连接，大多数时候，计算机系统内的其他周边设备会和 CPU 保持字节次序一致。但网卡例外，以太网的物理层采用大端模式，所以网卡在收发数据的时候，需要重排字节次序。

在许多计算机中，对多字节数据对象进行寻址时都必须和 CPU 字对齐。例如 s 字节的数据对象，字节地址为 A，如果 A mod s=0，则对该对象的寻址是对齐的。表 2.3 显示了在字节寻址 CPU 中，不同对象的对齐和未对齐情况。

表 2.3　在字节寻址 CPU 中，不同对象的对齐与未对齐情况（内存宽度为 8 字节）

<table>
<tr><th colspan="9">字节地址的低 3 位取值</th></tr>
<tr><td>对象宽度</td><td>0</td><td>1</td><td>2</td><td>3</td><td>4</td><td>5</td><td>6</td><td>7</td></tr>
<tr><td>1 字节（字节）</td><td>对齐</td><td>对齐</td><td>对齐</td><td>对齐</td><td>对齐</td><td>对齐</td><td>对齐</td><td>对齐</td></tr>
<tr><td>2 字节（半字）</td><td colspan="2">对齐</td><td colspan="2">对齐</td><td colspan="2">对齐</td><td colspan="2">对齐</td></tr>
<tr><td>2 字节（半字）</td><td></td><td colspan="2">未对齐</td><td colspan="2">未对齐</td><td colspan="2">未对齐</td><td>未对齐</td></tr>
<tr><td>4 字节（字）</td><td colspan="4">对齐</td><td colspan="4">对齐</td></tr>
<tr><td>4 字节（字）</td><td></td><td colspan="4">未对齐</td><td colspan="3">未对齐</td></tr>
<tr><td>4 字节（字）</td><td colspan="2"></td><td colspan="4">未对齐</td><td colspan="2">未对齐</td></tr>
<tr><td>4 字节（字）</td><td colspan="3"></td><td colspan="4">未对齐</td><td>未对齐</td></tr>
<tr><td>8 字节（双字）</td><td colspan="8">对齐</td></tr>
<tr><td>8 字节（双字）</td><td></td><td colspan="7">未对齐</td></tr>
<tr><td>8 字节（双字）</td><td colspan="2"></td><td colspan="6">未对齐</td></tr>
<tr><td>8 字节（双字）</td><td colspan="3"></td><td colspan="5">未对齐</td></tr>
<tr><td>8 字节（双字）</td><td colspan="4"></td><td colspan="4">未对齐</td></tr>
<tr><td>8 字节（双字）</td><td colspan="5"></td><td colspan="3">未对齐</td></tr>
<tr><td>8 字节（双字）</td><td colspan="6"></td><td colspan="2">未对齐</td></tr>
<tr><td>8 字节（双字）</td><td colspan="7"></td><td>未对齐</td></tr>
</table>

注意，一般 CPU 和内存硬件连线是固定且对齐的，因此 CPU 实际访问内存时使用字对齐的方式存取，所以非对齐寻址可能需要执行多个对齐的存取操作。即使在允许非对齐寻址的计算机中，采用对齐寻址的程序也会运行得更快一些。

即使数据是对齐的，也需要一个对齐电路来对齐 64 位寄存器中的字节、半字和字。例如，在表 2.3 中，假定从低 3 位取值为 4 的地址中读取一个字节，那么必须右移 3 个字节，使其与 64 位寄存器中的正确位置对齐。根据具体指令，计算机可能还需要对这个值进行符号扩展。此外，在某些 CPU 中，字节、半字和字操作不会影响寄存器的上半部分。

具体的对齐策略由体系结构、操作系统、编译器和语言规范定义。例如，32/64 位机器上的 Visual C/C++将双精度数据对齐到 8 字节；32 位机器上的 GNU C/C++将双精度数据对齐到 4 字节（除非设置了-malign-double 标志），而在 64 位机器上将它们对齐到 8 字节。对于 32 位机器，双精度数据需要 4 字节对齐。通常，指令集具有其最宽标量成员的对齐方式，例如 ARMv8 中有 128 位对齐方式约定。在给定的结构中，最宽的成员具有 8 字节的双精度数据，因此该结构对 32 位 CPU 有 4 字节的对齐要求，对 64 位 CPU 有 8 字节的对齐要求。

2.2.2　寻址方式

指令集确定寄存器编址、内存空间、编址方式、数据对象内字节次序和字节内次序之后，就可以在地址空间进行精确寻址，确定要访问数据对象的内存地址、寄存器地址。在访存时，由寻址方式指定的实际内存地址称为有效地址。

表 2.4 显示了计算机中常用的寻址方式。立即数或直接寻址通常被看作一种特殊的内存寻址方式，在指令中直接包含相应的内存地址。不过，除了一些寄存器和内存统一编址的单片机，寄存器通常不和内存一起编址。PC 相对寻址依赖于程序计数器的寻址方式，主要用于在控制转移指令中指定代码地址。表 2.4 给出了这些寻址方式的通常名称，当然，这些名称在不同的计算机体系结构中是不同的。在表 2.4 中，只使用了一个非 C 语言特征：用左箭头（←）表示赋值。此外，还使用[Mem]表示内存地址，使用 Regs 表示寄存器。因此，Mem［Regs[Rl］］是指寄存器 R1 值所指向内存地址的内容。

表 2.4　常用的寻址方式

寻址方式	指令示例	含义	用法
寄存器寻址	Add R4, R3	Regs[R4] ← Regs[R4] + Regs[R3]	当一个值在寄存器中
立即数寻址	Add R4, 3	Regs[R4] ← Regs[R4] + 3	对于常量
位移量寻址	Add R4, 100(R1)	Regs[R4] ← Regs[R4] + Mem[100 + Regs[R1]]	访问本地变量（+模拟寄存器间接寻址和直接寻址方式）
寄存器间接寻址	Add R4, (R1)	Regs[R4] ← Regs[R4] + Mem[Regs[R1]]	使用指针或计算得出的间接地址
索引寻址	Add R3, (R1+R2)	Regs[R3] ← Regs[R3] + Mem[Regs[R1] + Regs[R2]]	有时用于数组寻址：R1 表示数组基址，R2 用于索引
直接寻址	Add R1, (1001)	Regs[R1] ← Regs[R1] + Mem[1001]	有时用于访问静态数据，地址常量可能会很大
内存间接寻址	Add R1, @(R3)	Regs[R1] ← Regs[R1] + Mem[Mem [Regs[R3]]]	若 R3 为指针 p 的地址，则此方式生成 *p
自动递增寻址	Add R1, (R2)+	Regs[R1] ← Regs[R1] + Mem[Regs[R2]] Regs[R2] ← Regs[R2] + d	用于在循环内部遍历数组，R2 指向数组的开头，每次访问数组后都会将 R2 的值增大一个元素的大小
自动递减寻址	Add R1, -(R2)	Regs[R2] ← Regs[R2] - d Regs[R1] ← Regs[R1] + Mem[Regs[R2]]	与自动递增寻址的用途相同。自动递增/减寻址可用于 PUSH/POP 操作，用于实现栈
比例寻址	Add R1, 100(R2)[R3]	Regs[R1] ← Regs[R1] + Mem[100 + Regs[R2] + Regs[R3] * d]	用于索引数组。在某些计算机中，可用于实现任何索引方式

增加寻址方式能够大幅减少指令数量，但也会增加计算机实现的复杂度，导致每条指令的 CPI 提升。因此，需要仔细考虑各种寻址方式的使用。根据基于实测的设计原则，给出 VAX 体系结构的实例。

总之，计算机体系结构普遍至少支持以下寻址方式：位移量寻址、立即数寻址和寄存器间接寻址。它们代表了测量中所使用的 75%～99%的寻址方式。

2.2.3　操作数的数据类型

指令集还需要定义指令操作的数据类型（数据对象），常用的方法是通过在指令操作码中的标识来定义操作数的类型。此外，还可用一些能被硬件识别的标签对数据类型进行标记。从台式计算机和服务器体系结构开始。通常，操作数类型（整数、单精度浮点数、字符等）的有效地址决定了其大小。常见操作数类型包括字符（8 位）、半字（16 位）、字（32 位）、单精度浮点数（单字）和双精度浮点数（双字）。整数一般用二进制补码数字表示。字符通常用 ASCII 表示，但随着计算机的国际化，也支持用 16 位 Unicode 编码（在 Java 中使用）表示。而浮点数通常都使用 IEEE 754 浮点标准。

注意，CPU 能够处理的操作数类型也在扩展，同样遵循加快经常性事件原则。当前在科学计算、图像处理和人工智能等热门领域，需要进行大量向量计算、矩阵运算，因此近年很多指令集通过扩展能够直接对向量，甚至矩阵数据对象进行存取、识别及处理。我们将在第 7 章进一步介绍相关内容。

2.3 指令类型及格式

2.3.1 指令类型

在介绍编址和寻址方式之后，接下来介绍指令类型和格式。遵循加快经常性事件原则，通常频繁执行的指令是简单、基础的。大多数指令集支持的操作符类型如表 2.5 所示。

表 2.5 大多数指令集支持的操作符类型

操作符类型	示例
算数与逻辑	整数算术与逻辑运算：加、减、与、或、乘、除
数据传送	Load-Store（在采用内存寻址的计算机上为 move 指令）
控制	分支、跳转、过程调用与返回、陷入
系统	操作系统调用、虚拟内存管理指令
浮点	浮点运算：加、乘、除、比较
十进制	十进制加、十进制乘、十进制数到字符的转换
字符串	字符串移动、字符串比较、字符串搜索
图形	像素与点操作、压缩/解压操作

表 2.6 列出了 80x86 中执行最多的前 10 类指令，来自 5 个 SPECint92 程序的统计，占整数程序的 95%。其他台式计算机、服务器和嵌入式设备中也包含这些指令。此表中主要都是简单指令。由于字符串可以转换为整数数组，因此除早期专用计算机之外，现代 CPU 都不专门设置字符串指令。

表 2.6 80x86 中执行最多的前 10 类指令

排位	80x86 指令	整数均值（占所执行指总数的百分比）
1	载入	22%
2	条件分支	20%
3	比较	16%
4	存储	12%
5	加	8%
6	与	6%
7	减	5%
8	寄存器之间值的移动	4%
9	调用	1%
10	返回	1%
总计		95%

除了基础指令之外，随着通用 CPU 应用场景增加、系统结构变革，一些新功能也需要特定硬件指令支持，包括一些特殊强化指令、向量指令多核、同步指令和内存访问顺序指令等。

2.3.2 控制流指令

控制流指令用于实现程序分支与跳转。控制流指令属于执行频率较高的一类指令，20 世纪 50 年代，通常使用转移（Transfer）操作，20 世纪 60 年代，开始使用分支（Branch）操作。一般而言，当指令流的改变是无条件时，称为跳转（Jump）；当改变是有条件时，称为分支，可将其进一步分为 4 种不同类型：①条件分支；②跳转；③过程调用；④过程返回。

1. 控制流指令的寻址方式

控制流指令需要明确目标地址。在大多数情况下，指令包含地址或者地址计算模式。注意，过程返回在编译时无法确定要返回的目标地址，通常使用 PC 加上运行时确定的偏移量进行寻址，称为 PC 相对分支指令。由于目标地址通常在当前指令附近，因此偏移量较小。采用 PC 相对寻址还可以使代码的运行不受加载位置的影响，有利于运行时的动态链接。

控制流指令需要很好地支持常用的高级语言，但一些高级语言在编译时无法确定目标地址，具体情况如下。

- case 或 switch 语句：大多数编程语言中，在运行时该语句都会选择一个候选项。
- 虚拟函数或虚拟方法：C++或 Java 等面向对象式语言允许根据参数类型调用不同例程。
- 高阶函数或函数指针：C 语言或 C++等语言允许以参数方式传递一些函数，提供面向对象编程。
- 动态共享库：允许运行时加载和链接库函数，而不是在运行程序之前进行静态加载和链接。

上述 4 种情况，通常采用寄存器间接跳转，需要使用寄存器标识目标地址。由于分支通常使用 PC 相对寻址来指定其目标地址，因此需要确定分支目标最远距离，可以通过统计实际应用中分支偏移量分布来确定。

2. 条件分支选项

条件分支的判定方式很重要。表 2.7 列出了流行的 3 种条件分支判定方式及其优缺点。分支判定通常采用“比较”测试，很多时候与 0 相比。因此，一些体系结构选择将这些比较当作特殊情景进行处理，特别是在使用比较与分支指令时。

表 2.7 条件分支判定方式及其优缺点

名称	示例	如何测试条件	优点	缺点
条件代码	80x86、ARM、PowerPC、SPARC、SuperH	测试由 ALU 运算设定的特殊位，可能受程序的控制	有时条件设置比较自由	CC 是一种额外状态，由于条件代码将来自一条指令的信息传送给一个分支，因此它们限制了指令的顺序
条件寄存器	Alpha、MIPS	用比较结果测试任意寄存器	简单	占用一个寄存器
比较与分支	PA-RISC、VAX	比较是分支的一部分，允许相对通用的比较（大于、小于）	分支只需要一条指令，而不是两条	对于流水线执行来说，每条指令要完成的工作可能过多

3. 过程调用选项

过程调用和过程返回用于控制转移和保存上下文过程。返回地址需要保存在特殊链接寄存器

中，或者保存在通用寄存器中。在保存上下文过程时，有两种基本约定方式：调用者保存和被调用者保存。调用者保存是指发出调用的过程必须保存它希望在调用之后进行访问的寄存器，因此，被调用的过程不需要为寄存器操心。被调用者保存与之相反：被调用过程必须保存它希望使用的寄存器，无须调用者考虑。

控制流指令参数可以通过统计实际应用中的数据行为分布来确定，例如通过统计分支偏移量分布确定距离。

2.3.3 指令格式

指令最终以二进制机器码形式被 CPU 硬件电路读取和译码，因此需要定义指令格式，包括规格化特定字段、编码描述操作、寻址方式等。

一些较早计算机的指令有 1～5 个操作数，每个操作数有 10 种寻址方式，这导致操作数和寻址方式存在较大组合空间，通常需要为每个操作数使用独立地址标识符，告诉计算机使用哪种寻址方式来访问操作数。另一个极端是仅有一个内存操作数、两种寻址方式的 Load-Store 计算机。显然，在这种情况下，可以将寻址方式嵌入操作码中统一编码。

1. 指令编码

在对指令进行编码时，寄存器字段和寻址方式字段都要在指令中体现，它们都对指令大小有显著影响，会占用指令中的大部分信息位，通常远多于操作码所占用的位数。在对指令集进行编码时，必须考虑以下几种因素。

（1）寄存器和寻址方式的数目。

（2）寄存器字段和寻址方式字段大小对平均指令长度的影响。

（3）指令长度最好为字节的倍数。编码后的指令长度易于以流水线方式处理。许多指令集已经选择使用固定长度的指令格式加快硬件译码，但这也会增加代码规模。

通用寄存器数目是由指令集决定的，进行指令编码时会单独对寄存器字段进行编码，比如 5 位就可以索引 2^5=32 个通用寄存器。一条指令的长度是有限的，指令类型、源操作数字段、目的操作数字段、可能的状态位字段（如谓词寄存器等）以及立即数字段都需要信息位来编码，所以相互之间存在竞争关系。如果寄存器太多，一条指令上能携带的操作数种类和数量就会受限，这需要准确权衡。

图 2.5 所示为 3 类常见的指令编码方式。第一种称为变长编码，最为灵活，能够为所有操作使用所有寻址方式。变长编码与定长编码决定了程序大小与 CPU 译码的难易程度。变长编码可以支持任何数目的操作数，每个地址标识符用于确定操作数的寻址方式和标识符的长度。使用这种编码方式的代码的长度通常是最短的，因为不会包含没有使用的字段。第二种称为定长编码，将操作和寻址方式合并到操作码中。通常，采用定长编码时，所有指令的大小都相同；当地址与操作数较少时，其效果最好。定长编码中的操作数个数总是相同的，寻址方式（如果存在选项）作为操作码的一部分进行指定。定长编码的代码规模通常更大。根据哈夫曼编码规则，常用指令用短码，不常用指令用长码，这样平均码长要优于固定编码的平均码长。最后一种方式即混合编码拥有多种由操作码指定的格式，添加了一到两个字段来指定寻址方式，还使用一到两个字段来指定操作数地址。

下面以对 80x86 指令变长编码为例进行介绍。

```
add EAX,1000(EBX)
```

图 2.5　3 种常见的指令编码方式

add 是一条有两个操作数的 32 位整数加法指令，操作码占 1B。80x86 地址标识符占 1 或 2 字节，指定源或目标寄存器（EAX）和第二个操作数的寻址方式（在这个例子中为位移量）与基址寄存器（EBX）。这里这一组合占 1B 在 32 位模式中，地址字段占 1B 或 4B，这里其占 4B。所以这条指令的长度是 1+1+4=6B。80x86 指令的长度为 1～17B。80x86 程序大小通常小于 RISC 程序，因为后者使用定长编码。

2．精简编码

嵌入式平台的硬件资源有限，对代码规模比较敏感。随着 RISC 处理器开始进入这一领域，且 32 位定长编码方式效率较低，几家制造商提供了一种新的混合 RISC，使处理器同时支持 16 位和 32 位指令。这些较短的指令支持较少运算、较窄地址、立即数字段、较少寄存器和双地址格式，而不是 RISC 的典型三操作数格式。例如，ARM Thumb 和 MIPS16 代码规模最多可以减小 40%。

2.4　编译器及扩展指令集

编译器把高级语言程序编译为可以在 CPU 上运行的二进制指令流。今天，几乎所有的台式计算机和服务器的应用程序都是用高级语言编写的，都需要用编译器生成可执行代码，所以指令集体系结构最主要的“用户”就是编译器。在应用程序开发早期，在体系结构方面的关键优化工作就是简化汇编语言编程，或者是针对特定内核优化。由于体系结构日益复杂，编译器为用户隐藏了复杂性，并能充分发挥其特性，因此编译器对于设计、实现指令集是至关重要的。

接下来主要从编译器的视角来讨论指令集的关键设计。首先讲解编译器架构；然后讨论编译优化技术如何影响系统设计，进而说明系统设计如何增大或降低编译器生成良好代码的难度；最后介绍多媒体指令和扩展指令集。

2.4.1　编译器架构

1．编译过程

编译过程如图 2.6 所示。每种编程语言都有一个和语言相关的前端，称为分析（Analysis），该前端把源程序分级成为多个组成要素及其之间的语法结构，通过词法分析、语法分析、语义分析和

中间代码生成器，得到中间表示和符号表。之后整体进行综合（Synthesis），将编译过程进一步分为与机器无关的高级优化阶段、全局优化阶段、代码生成阶段。编译器通常需要进行 2～4 遍优化扫描，程度更高的优化需要进行更多遍的扫描。扫描就是编译器读取和转换整个程序的一个步骤（Phase）。步骤也经常称为扫描。优化扫描的目的是希望获得最优代码，如果希望加快编译速度，并且可以接受未优化的代码，那就可以跳过优化扫描。当输入相同时，不同优化级别的编译程序会给出不同优化结果，图 2.6 展示的是最大化优化流程。由于优化扫描是独立的，因此有多种语言可以复用相同的优化和代码生成扫描过程。这样，一种新的语言只需要一个新的前端即可。

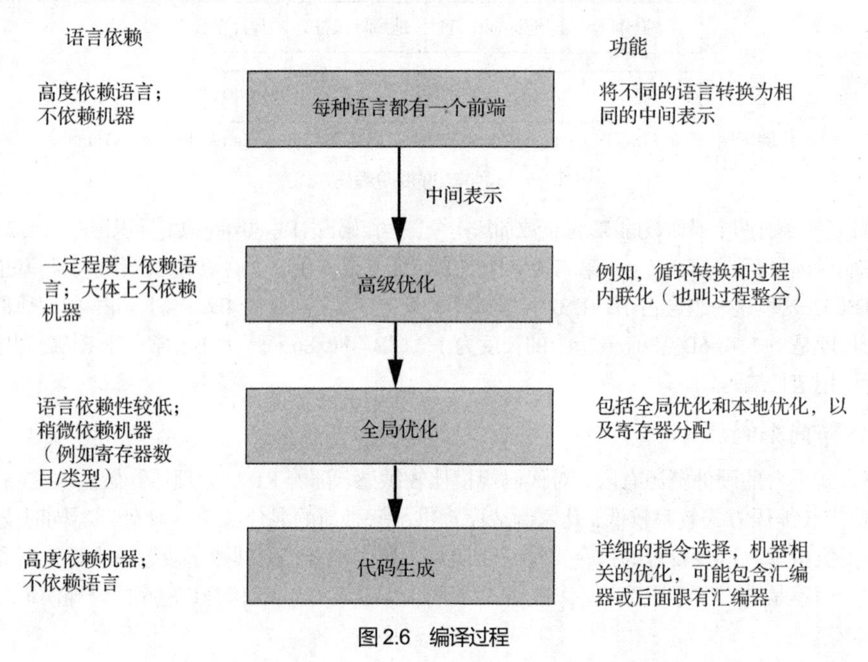

图 2.6　编译过程

编译器的首要目标是确保正确性，其次是确保编译后的代码执行速度。此外，也要求快速编译、方便调试、语言间互操作性好等。正常情况下，编译器多次扫描将抽象的高级语义表示逐渐转换为更具体、更确定的低层表示，最后达到指令级别。在这个过程中可以控制每层转换的复杂度，从而使编译器更容易编译正确。

编译器设计与实现是一个很复杂的工程，执行优化的程度受限于编译复杂度。尽管采用多遍优化扫描过程可以逐次降低编译复杂度，但多遍扫描存在先后次序，某些转换必须在其他转换之前完成，称为步骤排序。从图 2.6 所示的编译过程中可以看出，通常高级优化不会立刻转换为最终代码。一次转换执行后，编译器就不太可能重新执行前面的步骤、撤销前面的转换，这样会增加编译时间和复杂度。

步骤排序和指令集体系结构相互影响。例如用全局公共子表达式消去法找出一个表达式计算相同取值的两个实例，将第一次计算的结果保存在临时存储位置，在第二次计算时可以利用这个临时值。必须将临时值分配到寄存器中，以加快存取速度。但寄存器分配通常是在全局优化扫描即将结束、生成代码前进行的，所以步骤排序使上述问题变得复杂。因此，执行这一优化的程序必须假定寄存器分配器必然能把这一临时值分配到寄存器中。

根据优化类型，可以将现代编译器执行的优化进行如下分类：①高层优化，一般对高级语言源代码执行，并将输出结果传送给后续的优化扫描；②局域优化，仅对无分支代码段（编译器设计者称为基本块）内的代码进行优化；③全局优化，将本地优化扩展到分支范围之外，并引入一组专为优化循环的转换；④寄存器分配，为每个操作数合理分配一个寄存器；⑤与CPU相关的优化，尝试充分利用目标体系结构的特性进行专门优化。

2．寄存器分配

寄存器是存取速度最快的数据存储单元。鉴于寄存器分配在加快代码执行速度和其他优化中扮演关键角色，可将寄存器使用分为两个过程：寄存器分配和寄存器指派。前者指在每个时间点，选择一组将被放到寄存器中的变量；后者指为每个变量分配一个寄存器。寄存器分配算法称为图（Graph）着色算法，其基本思想是构造一幅变量关系图（例如数据相关关系图），从而合理进行寄存器分配，也就是使用有限种颜色（不同寄存器）使关系图中两个相邻节点的颜色都不相同（不会冲突）。这种算法的重点是将活跃变量全部分配到不同寄存器中。图着色算法的实现时间通常与图节点个数呈指数函数关系（NP完全问题）。不过，有一些启发式算法在实际中的应用效果也很好，使寄存器分配时间近似与图节点个数呈线性关系。

图着色最好使用至少16个通用寄存器，对整数变量进行全局分配。浮点操作需要额外的专用浮点寄存器。80x86初始时只有4个通用寄存器，原因一方面是20世纪70年代寄存器硬件太贵；另一方面是编译器无法高效进行寄存器分配。直到20世纪80年代，IBM公司的G.J. Chaitin公开了图着色寄存器分配算法之后，才形成了以编译器为主导的寄存器分配格局。但让编译器决定程序中众多变量在时间和空间上合理映射到寄存器上极具挑战。Java虚拟机（Java Virtual Machine，JVM）采用堆栈结构的原因之一就是利用堆栈结构时空特性降低编译器进行寄存器分配的难度。

2.4.2 编译优化

编译质量通常由代码规模和运行速度来评价，一个给定程序可以实现为多种指令序列。基于同一指令集，不同实现具有不同的运行效果，因此编译优化是必不可少的。编译器典型优化示例在表2.8中给出，其中最后一列指明优化转换总数的百分比。

表2.8 典型优化示例

优化方法	解释	优化转换总数的百分比
高级	在源代码级别或接近该级别；与CPU无关	
过程整合	用过程主体代替过程调用	未测量
本地分支内	在直行代码范围内	
消除公共子表达式	用单一副本代替同一计算的两个表达式	18%
常量传播	对于一个被赋值为常量的变量，用该常量代替其所有实例	22%
降低栈高度	重新排列表达式树，以最大限度地减少表达式求值所需要的资源	未测量
全局分支外	跨越分支	
消除全局公共子表达式	与本地优化相同，但这一版本跨越了分支范围	13%
副本传播	对于一个已经被赋值为X的变量A（即A=X），用X代替变量A的所有实例	11%
代码移动	如果在循环的每次迭代中，其中一些代码总是计算相同值，则从该循环中移除该代码	16%
消去归纳变量	简化／消去循环内的数组寻址计算	2%
CPU相关	依赖于CPU知识	
降低强度	有许多示例，例如用加法和移位来代替与常量的乘法	未测量
流水线调度	重新排列指令顺序，以提高流水线性能	未测量
分支偏移优化	选择能够到达目标的最短分支位移	未测量

这组示例来源于一组 12 个小型 Fortran 和 Pascal 程序中的优化使用频率。在测量过程中，编译器共完成了 11 个局域优化与全局优化，所示百分比是特定类型的静态优化所占的比例。表中给出了这些优化中的 6 种的百分比，剩下 5 种未测量的静态优化方法所占比例之和为 18%。

一些指令集特性可以帮助设计人员更好地编写编译器，具体如下。

（1）指令功能格式的正交性。指令集的 3 个要素即操作、数据类型和寻址方式应当是正交的。如果体系结构的两个方面互不影响，就说明它们是正交的。以操作和寻址方式为例，如果对于任何一个具有寻址方式的操作，可实现所有寻址方式，那就说明操作和寻址方式是正交的。正交性有助于简化代码生成过程。

（2）提供基础原语。高级语言或关键函数需要的特殊功能通常仅对一种语言有效，为这种功能设计专门的指令是低效的。但如果仅为基本原语提供指令，通过原语构造特殊功能就可以得到灵活的优化解决方案。例如在同步原语之上构造编程语言（C++或 Java）级的同步库。

（3）平衡多因素。对于编译器编写人员来说，很难为任何一段代码确定最优指令序列。早期，因为缓存较小，追求减小指令数或总代码规模，当前则更关心减小硬件和编译实现复杂度。

（4）尽量在编译时确定和使用常量。编译器喜欢确定性。有些值在编译时就已确定，在编译时就能使用这些值优化编译指令。例如，VAX 进程调用指令（calls）会动态解释一个掩码，这个掩码说明在调用时要保存哪些寄存器，但它的值在编译时就已经确定下来了。

综合起来，首先，一种新的指令集体系结构中至少要配置 16 个通用寄存器（用于浮点数的寄存器不计算在内），以简化使用图着色的寄存器分配。其次，功能正交性意味着所支持的全部寻址方式都适用于所有数据存取指令。最后，尽量提供原语、简化候选项之间的权衡，不要仅在运行时绑定常量，意味着要尽量采用简单实现方式。

2.4.3 多媒体指令

科学计算和多媒体应用都需要处理向量，而向量具有内部数据（元素）并行性。x86、ARM 和 RISC-V 都引入 SIMD 指令，能够提供向量操作和向量寄存器。1978 年 x86 诞生时只有 80 条指令，而 2015 年达到 1338 条指令，其中大部分是 SIMD 指令。

向量计算机的一个主要优势是：一次载入多个元素，然后将执行与数据传输重叠起来，从而隐藏内存访问的延迟。向量寻址的目标是确定散布在内存中的数据，以紧凑方式放置它们，便于对其进行高效处理；然后将处理结果放回所属位置。向量计算机包括跨步寻址和集中/分散寻址，以提高可向量化程序数据存取性能。跨步寻址在相邻访问地址之间具有固定偏移值，所以顺序寻址经常被称为单元跨步寻址。集中/分散寻址通过另一个向量寄存器保存地址，可看作向量计算机的寄存器间接寻址。与之相对，从向量的角度来看，短向量 SIMD 计算机仅支持单元跨步寻址访问：内存访问一次从单个宽内存位置载入或存储所有元素。由于多媒体应用程序经常处理数据流，起始点和终止点都在内存中，因此可以使用跨步寻址方式和集中/分散寻址方式实现向量化。

SIMD 指令集通常是向量指令集体系结构的简化版，用于处理较短的向量，具有特定的编译方式。Intel 的 MMX、SSE 和 VAX、PowerPC 的 AltiVec 和 ARM 的 SEV 和 RISC-V/P 扩展都可以看作 SIMD 指令子集。MMX 向量可以包含 8 个 8 位元素、4 个 16 位元素或 2 个 32 位元素。对于 MMX，所有元素的位数总和是有限的，MMX 限制是 64 位，AltiVec 限制为 128 位。当 Intel 决定扩展到 128 位向量时，它添加了一整套新指令，称为 SIMD 扩展（Streaming SIMD Extensions，SSE），可以把相邻窄元素拼成一个宽寄存器。但短向量没有简单的内存寻址方式，很难利用向量化编译技术。因此，SIMD 指令通常出现于编码库中，而不是编译后的代码中。

2.4.4 扩展指令集

除了多媒体扩展指令集之外，随着各种应用涌现，需要扩展出特殊指令集以更好地支持特定应用场景，包括内存原子操作、虚拟化、安全处理。事实上，x86和ARM都存在类似的扩展指令集。前期龙芯指令系统在MIPS64架构500多条指令的基础上，在基本指令、虚拟机指令、面向x86和ARM的二进制翻译指令、向量指令等4个方面增加了近1400条新指令。下面简要介绍几种常用扩展指令集。

1. 同步和一致性指令集

当前CPU普遍采用多核结构，即使是单核CPU也往往支持多线程，同时现代CPU普遍采用多级Cache架构提升数据存取性能。但是多线程会对存储器进行并发操作，从而引入缓存和存储一致性问题，这些内容将在第8章深入讨论。

协调多线程并发操作需要引入原子和一致性操作，这也是指令集普遍支持的操作。原子用于让CPU内存读写之间的过程不会被打断，内存值也不会被其他CPU修改。当两个或更多CPU试图同时访问系统内存中的相同地址时，为了保持系统内存一致性设计专门的通信机制或内存访问协议，并且在某些情况下，允许一个CPU临时锁定一个内存位置。首先保持缓存一致性，也就是当一个CPU访问缓存在另一个CPU上的数据时，它不能收到不正确的数据。如果它修改了数据，访问该数据的所有其他CPU必须接收修改后的数据。其次，允许可预测的内存写入顺序，在某些情况下，保证从外部观察的内存写入顺序和编程次序完全相同。最后，合理地在一组CPU之间分配中断处理，也就是提供一个集中机制来接收中断，并将它们分发到可用的CPU中进行处理。相应指令和机制包括缓存机制和缓存一致性、高级可编程中断控制器（Advanced Programmable Interrupt Controller，APIC）体系结构、总线和内存锁定、序列化指令、内存排序等。

Intel提供了管理和提高共享系统总线的多个CPU性能硬件机制，包括：①用于在系统内存上执行原子操作的总线锁定和/或缓存一致性管理；②串行化指令；③位于CPU芯片上的APIC。这些机制在对称式多处理机（Symmetric Multiprocessor，SMP）系统中特别有用。

RISC-V通过RV32A指令集实现多线程协同，其包含两种类型的指令：内存原子操作（Atomic Memory Operation，AMO）指令和加载保留/条件存储（Load Reserved/Conditional Store）指令。AMO指令对内存中的操作数执行一个原子操作，并将目标寄存器设置为操作前的内存值。加载保留/条件存储指令保证了两条指令之间的操作的原子性。加载保留指令读取一个CPU字，将其存入目标寄存器中，并留下这个字的保留记录。如果条件存储的目标地址上存在保留记录，它就把字存入这个地址。如果存入成功，它向目标寄存器写入0；否则写入一个非0的错误代码。

2. 虚拟化指令集

随着计算机硬件处理能力的提升，希望一台物理计算机能够同时运行多个相互独立的逻辑计算机，称为虚拟机（Virtual Machine，VM），也称为客户软件（Guest Software）。物理主机和虚拟机甚至可以采用不同的操作系统和指令集。为此，在主机操作系统中进一步分层，底层是虚拟机控制器（Virtual Machine Monitor，VMM），上层支持运行多个虚拟机。这也是计算机系统分层原则的体现。但是现有操作系统和应用是运行在不同CPU级别上的，一些特权指令和敏感指令不能在应用层执行，为了解决这个问题，在软件层面可以使用解释执行、动态二进制翻译、扫描与翻译和半虚拟化技术，但是这会增加额外的处理流程和延迟。

为了提高虚拟化性能，Intel和AMD公司在2005年和2006年分别提出硬件虚拟化VT-x及相应指令集，在已有的CPU特权级下增加根模式和非根模式，以分别运行VMM和VM。2012年

ARM公司也推出了硬件虚拟化扩展。使用VT-x，VM可直接使用CPU中的寄存器，无须用软件模拟，能同时提升虚拟化效率和虚拟机的安全性。VT-x 为每个 VM 提供一个虚拟机控制结构（Virtual Machine Control Structure，VMCS），包含6个逻辑组和13条专用指令，可以让CPU直接管理VM的内存映像和执行指令。

3．安全扩展指令集

通常安全解决方案在数据存储和传输时提供端到端加密，但当数据在内存中被主动处理时，数据仍然容易受到攻击。当前CPU提供基于硬件的内存加密及相应指令集，将内存中的特定应用代码和数据隔离开来，以免受到拥有更高权限的进程的影响，例如旁路攻击。Intel 提供一个细粒度控制和保护的硬件辅助的可信执行环境SGX（Software Guard Extensions），用于保护选定的代码和数据不被泄露和修改。Intel SGX 提供了17种新指令，应用程序可以用其来为代码和数据设置保留的私有区域，也可以用其来阻止对执行中的代码和内存中的数据进行的直接攻击。开发者可以把应用程序划分到CPU强化安全区（Encalve）中或者内存中可执行的保护区域，数据在内存中是加密的，即使在受攻击的平台中也能提高安全性。使用这种新的应用层可信执行环境，开发者能够启用身份和记录隐私、能够用于安全浏览和数字版权管理（Digital Rights Management，DRM）或者任何需要安全存储机密或者保护数据的高保障安全应用场景。ARM在最新版本中也引入了安全扩展指令集。

2.5 RISC-V 指令集

目前非常流行的商业指令集为80x86指令集和ARMv8指令集。ARM采用RISC架构，其芯片2021年的出货量为292亿颗。RISC-V（RISC Five）是由加州大学伯克利分校在2010年发布的第五代RISC通用指令集，融合了ARM、MIPS等RISC指令系统的优势，并且是一个开源指令集。RISC-V 指令集采用大量通用寄存器，包含一组精简指令，易于流水线化。RISC-V 基金会已提供了包含编译器、操作系统和模拟器的一个完整软件处理栈，此外还有几个 RISC-V 实现可用于免费定制芯片或现场可编程门阵列（Field Programmable Gate Array，FPGA），这极大地降低了RISC-V平台软硬件的开发成本。RISC-V 是一个免费和开放的指令集，可避免指令集应用中的商业限制。目前有100多家公司加入了RISC-V基金会，其中包括华为、Intel、AMD、谷歌、惠普、IBM、微软、NVIDIA、高通、三星和西部数据等。

RISC-V 采用寄存器-寄存器架构，适合高效流水线和编译器设计，能很好地遵循前面介绍的指令集设计原则，并且采用模块化设计。其核心是一个名为RV32I的基础指令集，可以运行一个完整的软件栈。RISC-V包括32位指令集和64位指令集，32位指令集RV32G包括核心指令集RV32I以及4个标准扩展集：RV32M（乘除法）、RV32F（单精度浮点）、RV32D（双精度浮点）、RV32A（原子操作）。核心指令集RV32I只包括47条指令，其指令格式规整，易于硬件实现，可用于嵌入式应用，也可以通过模块扩展应用到服务器、家用电器、工业控制以及传感器等领域。RV32I 是固定不变的，为编译器编写者、操作系统开发人员和汇编语言程序员提供了稳定基础。RISC-V 提供模块化可选扩展，根据应用程序的需要，硬件可以包含或不包含扩展。总体而言，RISC-V支持的内容如下。

（1）RISC-V支持3种寻址方式：偏移量（12～16位）、立即数（8～16位）和间接寄存器。

（2）RISC-V支持下述数据：8位、16位、32位和64位整数和64位IEEE 754浮点数。

（3）RISC-V支持常见的简单操作指令，包括加载、存储、加、减、移动寄存器-寄存器和移位。

（4）RISC-V 支持条件指令，包括比较相等、比较不相等、比较小于、分支（带有至少 8 位的 PC 相对地址）、跳转、调用和返回。

（5）RISC-V 支持固定长度编码方式，也支持可变长度编码方式，提供压缩指令集扩展从而减小代码规模。

（6）RISC-V 提供至少 16 个，最好是 32 个通用寄存器，确保所有寻址方式适用于所有数据传输指令。

本节主要介绍 RV32I 指令集，该指令集包括 47 条整数指令，可支持操作系统的运行。

1. RISC−V 通用寄存器

RISC-V 包含 32 个 32 位的通用寄存器，在汇编语言中可以用 x0～x31 表示，详见表 2.9。

表 2.9　RISC−V 通过寄存器

编号	助记符	英文全称	功能描述
x0	zero	zero	恒零值，可用零号寄存器参与的加法指令实现 MOV 指令
x1	ra	Return Address	返回地址
x2	sp	Stack Pointer	栈指针，指向栈顶
x3	gp	Global Pointer	全局指针
x4	tp	Thread Pointer	线程寄存器
x5～7	t0-t2	Temporaies	临时变量，用于调用者保存寄存器
x8	s0/fp	Saved Register/ Frame Pointer	通用寄存器，被调用者保存寄存器，在子程序中使用时必须先压栈保存原值，使用后应出栈恢复原值
x9	s1	Saved Registers	通用寄存器，用于被调用者保存寄存器
x10～11	a0-a1	Arguments/ Return values	用于存储子程序参数或返回值
x12～17	a2-a7	Arguments	用于存储子程序参数
x18～27	s2-s11	Saved Registers	通用寄存器
x28～31	t3-t6	Temporaies	临时变量

2. RISC−V 指令格式

RV32I 为定长指令集，但操作码字段预留了扩展空间，指令可以扩展为变长指令，但指令长度必须与双字节对齐，RISC-V 包括 6 种指令格式，具体如图 2.7 所示。RISC-V 指令没有寻址方式字段，寻址方式由操作码决定。MIPS 强调的是指令格式简洁、直观、规整，而 RISC-V 强调的是指令容易实现，其最大的特色是指令字中的各字段位置固定，这将有效减少指令译码电路中所需要的多路选择器，也可提升指令译码速度。

	31～25	24～20	19～15	14～12	11～07	06～00
R 型指令	funct7	rs2	rs1	funct3	rd	OP
I 型指令	imm[**11**～0]		rs1	funct3	rd	OP
S 型指令	imm[**11**,10～5]	rs2	rs1	funct3	imm[4～1, **0**]	OP
B 型指令	imm[**12**,10～5]	rs2	rs1	funct3	imm[4～1,**11**]	OP
U 型指令	imm[**31**～12]				rd	OP
J 型指令	imm[**20**,10～5]	imm[4～1,11,19～12]			rd	OP

图 2.7　RISC-V 指令格式

图 2.7 中 7 位的主操作码 OP 均固定在低位，扩展操作码 funct3、funct7 字段的位置也是固定的，相比于 MIPS 指令集，其编码空间更大，指令可扩展性更好。另外，源寄存器 rs1、rs2 以及目的寄存器 rd 的位置也是固定不变的。

以上字段的位置固定后，剩余的位置用于填充立即数字段 imm，这也直接导致立即数字段看起来比较混乱，不同类型指令的立即数字段的长度，甚至顺序都不一致。但立即数字段的最高位都固定在指令字的最高位，以方便立即数的符号扩展。另外，立即数字段中部分字段尽量追求位置固定，如 I、S、B、J 型指令中的 imm[10～5]字段位置固定，S、B 型指令中的 imm[4～1]字段位置固定。

（1）R 型指令

R 型指令包括 3 个寄存器操作数，主操作码字段 OP=33H，由 funct3 和 funct7 两个字段共 10 位作为扩展操作码用于描述 R 型指令的功能。

	31～25	24～20	19～15	14～12	11～07	06～00
R 型指令	funct7	rs2	rs1	funct3	rd	OP=33H

RV32I 中包括 10 条 R 型指令，主要包括算术逻辑运算指令、关系运算指令、移位指令 3 类，具体如表 2.10 所示。RV32I 中不包含乘除法指令。

表 2.10　RISC-V 中的 R 型指令

类别	指令示例	功能描述	同类指令
算术逻辑指令	add rd,rs1,rs2	R[rd]=R[rs1]+R[rs2]	add、sub、xor、or、and
关系运算指令	slt rd,rs1,rs2	R[rd]=(R[rs1]< R[rs2])?1:0	slt、sltu
移位指令	sll rd,rs1,rs2	R[rd]=R[rs1]<< R[rs2]	sll、srl、sra

（2）I 型指令

I 型指令包括两个寄存器操作数 rs1、rd 和一个 12 位立即数操作数，除主操作码字段 OP 外，funct3 字段也作为扩展操作码用于描述 I 型指令的功能。

	31～25	24～20	19～15	14～12	11～07	06～00
I 型指令	imm[11～0]		rs1	funct3	rd	OP

I 型指令主要包括算数逻辑指令、关系运算指令、移位指令、访存指令、系统控制类指令、特权指令等，具体如表 2.11 所示。

表 2.11　RISC-V 中的 I 型指令

类别	指令示例	功能描述	同类指令
算术逻辑指令	addi rd,rs1,imm	R[rd]=R[rs1]+imm	addi、xori、ori、andi
关系运算指令	slti rd,rs1,imm	R[rd]=R[rs1]< imm	slti、sltiu
移位指令	slli rd,rs1,rs2	R[rd]=R[rs1]<< imm	slli、srli、srai
访存指令	lw rd,imm(rs1)	R[rd]=M[R[rs1]+imm]	lb、lbu、lh、lhu、lw
系统控制类指令	jalr rd,rs1,imm	PC=R[rs1]+imm　R[rd]=PC+4	
系统控制类指令	ecall	系统调用	fence、fence.I、ecall、ebreak
特权指令	csrrw rd,csr,rs1	R[rd]=csr；csr=R[rs1]	csrrw、csrrs、csrrc、csrrwi、csrrsi、csrrci

（3）S 型指令

store 指令由于不存在目的寄存器字段 rd，因此不能采用 I 型指令格式，只能单独设置一个 S 型指令，其具体格式如下。

	31～25	24～20	19～15	14～12	11～07	06～00
S 型指令	imm[**11**,10～5]	rs2	rs1	funct3	imm[4～1, **0**]	OP

注意，funct3 字段为扩展操作码，立即数字段扩展到了原目标寄存器字段 rd 的位置，RISC-V 中的 S 型指令如表 2.12 所示。

表 2.12　RISC-V 中的 S 型指令

类别	指令示例	功能描述	同类指令
访存指令	sw rs2,imm(rs1)	M[R[rs1]+imm]=R[rs2]	sb、sh、sw

（4）B 型指令

B 型指令用于表示条件分支指令，同样，B 型指令也不存在目的寄存器字段 rd，其格式和 S 型指令类似，但其字段的第 7 位和 B 型指令略有不同，所以 B 型指令也称为 SB 型指令。

	31～25	24～20	19～15	14～12	11～07	06～00
B 型指令	imm[12,10～5]	rs2	rs1	funct3	imm[4～1,11]	OP

RISC-V 中的 B 型指令如表 2.13 所示，注意，RISC-V 指令字采用偶数对齐，指令字长为双字节的倍数，所以这里立即数只能左移一位。

表 2.13　RISC-V 中的 B 型指令

类别	指令示例	功能描述	同类指令
分支指令	beq rs1,rs2,imm	if(R[rs]==R[rt]) PC= (PC)+imm<<1	beq、bne、blt、bge、bltu、bgeu

（5）U 型指令

I 型指令中立即数最多只有 12 位，立即数范围较小，为表示更大的立即数，设置 U 型指令，这里“U”的意思是 Upper immediate，其具体格式如下。

	31～25	24～20	19～15	14～12	11～07	06～00
U 型指令	imm[**31**～12]				rd	OP

U 型指令中立即数字段为 20 位，共包含两条指令，如表 2.14 所示。

表 2.14　RISC-V 中的 U 型指令

类别	指令示例	功能描述	同类指令
立即数加载指令	lui rd,imm	R[rd]=imm<<12	无
立即数加载指令	auipc rd,imm	R[rd]=(PC)+imm<<12	无

注意，lui 指令只能将立即数加载到高 20 位，如需要加载一个完整的 32 位立即数到寄存器中，可以利用 lui 和 addi 指令配合完成。

（6）J 型指令

J 型指令用于无条件跳转，其立即数字段也是 20 位，所以也称为 UJ 型指令，其具体格式如下。

	31~25	24~20	19~15	14~12	11~07	06~00
J 型指令	imm[**20**,10~5]	imm[4~1,11,19~12]			rd	OP

J 型指令有一条指令，如表 2.15 所示。

表 2.15　RISC-V 中的 J 型指令

类别	指令示例	功能描述
子程序调用指令	jal rd,imm	PC=(PC)+imm<<1　R[rd]←PC+4 rd=x1 时可实现子程序调用；rd=x0 时可实现无条件跳转

3. RISC-V 寻址方式

RISC-V 相比 MIPS 只有 4 种寻址方式，具体如表 2.16 所示。

表 2.16　RISC-V 寻址方式

序号	寻址方式	有效地址 EA/操作数 S	指令示例
1	立即数寻址	S=imm	addi rd,rs1,imm
2	寄存器寻址	EA=R[rt]	add rd,rs1,rs2
3	寄存器相对寻址/基址寻址	EA=R[rs]+imm	lw rd,imm(rs1)
4	相对寻址	EA=(PC)+imm<<1	beq rs1,rs2,imm

2.6　龙芯指令集

龙芯中科技术股份有限公司（简称龙芯）发源于中国科学院计算技术研究所，开发了国产自主可控的龙芯系列通用处理器。过去的龙芯指令都在 MIPS 上进行扩展，包括二进制翻译、向量扩展和内核级加解密指令。2020 年龙芯推出自研 LoongArch 自主指令集。LoongArch 仍遵循 RISC 指令集原则，包括 32 位定长指令、32 个通用寄存器、32 个浮点/向量寄存器，具体包括基础指令 337 条、虚拟机扩展指令 10 条、二进制翻译扩展指令 176 条、128 位向量扩展指令 1024 条、256 位向量扩展指令 1018 条，共计 2565 条原生指令。相比于 MIPS，LoongArch 单条指令支持的立即数从 MIPS 的最大 16 位扩展到最大 24 位，分支跳转偏移也从 64KB 扩展到 1MB。此外，MIPS 只有 3 种指令格式，LoongArch 重新设计了指令格式，类型增加到了 9 种，包含 3 种无立即数格式和 6 种有立即数格式，如图 2.8 所示。

	31~25	24~20	19~15	14~10	09~05	04~00
2R 型指令	操作码				rj	rd
3R 型指令	操作码			rk	rj	rd
4R 型指令	操作码		ra	rk	rj	rd

	31~25	25~24	23~22	21~18	17~10	09~05	04~00
2RI8 型指令	操作码				I8	rj	rd
2RI12 型指令	操作码			I12		rj	rd
2RI14 型指令	操作码		I14			rj	rd
2RI16 型指令	操作码	I16				rj	rd
2RI21 型指令	操作码	I21[15:0]				rj	I21[20:16]
I26 型指令	操作码	I26[15:0]				I26[25:16]	

图 2.8　LoongArch 指令格式

龙芯重新设计的指令格式的优势是，可以包含更多的指令码，有利于以后的长远发展，现在已定义完2500多条指令，还预留了一半的一级指令码。LoongArch提供二进制翻译功能扩展，能够尽量兼容MIPS和x86两种指令集，把目标指令内部分解为2～4条LoongArch指令，从而保证已有目标指令集软件能够在龙芯处理器上运行。目前，二进制翻译主要涉及定点运算和访存地址的运算这两个方面。龙芯处理器目前能够运行开源QEMU、WPS等，但具有一定的性能损耗。

本章附录

附录B进一步介绍了指令集相关的扩展知识，并按照本章的相关主题进行了分类。具体而言，在2.2节基础之上增加了寻址方式-实例（附录B.1.1）、数据类型-实例（附录B.1.2）；在2.3节基础之上增加了控制流指令-实例（附录B.2.1）和指令格式（附录B.2.2）；在2.4节基础之上增加了编译优化-实例（附录B.3.1）和多媒体指令-例子（附录B.3.2）；此外，还介绍了ARM指令集（附录B.4）。

习　题

2.1　一种RISC-V CPU运行Astar和GCC两种程序，经过实际测量得到每类指令的频率如表2.17所示。假设60%的分支运行成功，请计算实际CPI。

表2.17　每类指令的频率

指令	时钟周期	Astar	GCC	平均值
所有ALU指令	1	46%	36%	41%
载入	5	28%	17%	22.5%
存储	3	6%	23%	14.5%
分支		18%	20%	19%
成功	5			
不成功	3			
跳转	3	2%	4%	3%

2.2　考虑以下情景的指令编码：CPU的指令长度为14位，有64个通用寄存器，是否有可能实现如下指令编码？如有可能，请给出一种编码方法，操作码放在最高位，寄存器地址码放在最低位。

（1）3个两地址指令。

（2）63个单地址指令。

（3）45个零地址指令。

2.3　考虑下述C语言结构体foo。

```
struct foo {
char a;
bool b;
int c;
double d;
```

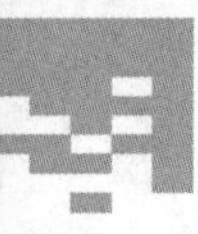


```
short e;
float f;
double g;
char *cptr;
float *fptr;
int x;
};
```

对于 32 位 CPU 计算机，foo 结构的大小为多少？假定可以任意安排结构成员的顺序， 这一结构最小为多少？对于 64 位 CPU 计算机呢？

2.4 将数值 5249534356435055 用十六进制数表示，并将其存储在 64 位对齐双字中。

（1）使用大端模式写入要存储的值。接下来，逐一解读字节作为 ASCII 字符并在每个字节下方写入相应的字符，形成字符串。请从左到右给出相应字符串。

（2）使用与（1）相同的物理排列，使用小端模式存储。接下来，逐一解读字节作为 ASCII 字符，形成字符串。请从左到右给出相应字符串。

2.5 考虑到下述 C 语言代码和相应的 RISC-V 代码片段如下。

```
C 语言代码                    RISC-V 代码

for (i=0; i<100; i++) {      EX:   ADD   A1,A0,A0  ;A0=0, 初始化 i=0
      A[i]=B[i]+C;                 SD    A1,7000(A0)  ;存储 i
      }                      Loop: LD    A1,7000(A0)  ;取 i 的值
                                   LD    A2,3000(A1)  ;取 B[i]
                                   LD    A3,5000(A0)  ;取 C
                                   ADD   A4,A2,A3     ;B[i] + C
                                   SD    A4,1000(A1)  ;存储 B[i]+C 到 A[i]
                                   ADD   A1,A1,8      ;i 增加
                                   SD    A1,7000(A0)  ;存储 i
                                   ADD   A5,A0,808    ;i 是否为 101
                                   BNE   A1,A5,loop   ;如果不是 101，重复 loop
```

假设 A 和 B 是 64 位整数数组，C 和 i 是 64 位整数。假设所有数值及其地址都保存在内存中（保存 A、B、C 和 i 的地址分别为 1000、3000、5000 和 7000）。寄存器中的值在迭代时会丢失。所有地址和值都是 64 位的。

（1）程序需要执行多少条指令？

（2）程序需要执行多少条访问内存指令？

（3）以字节为单位的代码规模是多少？

3

第 3 章　指令流水线

3.1　指令集实现

指令集是软硬件的分界线，一旦指令集确定，指令集的具体实现硬件（称为微架构），就能解析指令格式，并执行相应功能，具体过程对于程序员和软件来说是透明的。微架构包括指令执行流水线、超标量处理（多指令发射）、缓存机制、内存存取调度策略、猜测执行、时钟门、预取机制、电压/频率调节、纠错等功能。为了保证软件的兼容性，指令集要保持不变，但是微架构会不断优化。早期的处理器设计者主要考虑电路的正确性，当前的处理器设计者主要考虑处理器架构的执行性能、扩展功能、控制能耗和效率提升等方面。

3.1.1　基本逻辑电路

微课视频

微架构由多种逻辑电路部件构成。逻辑电路用于实现输入和输出的功能映射，如图 3.1 所示。逻辑电路可以通过真值表描述输入和输出之间的逻辑关系，可进一步分解为基本门电路的组合。注意，逻辑电路中，输入信号的改变会导致输出信号改变，但这种改变需要时间，即传播延迟（Propagation Delay），时钟周期必须大于传播延迟。

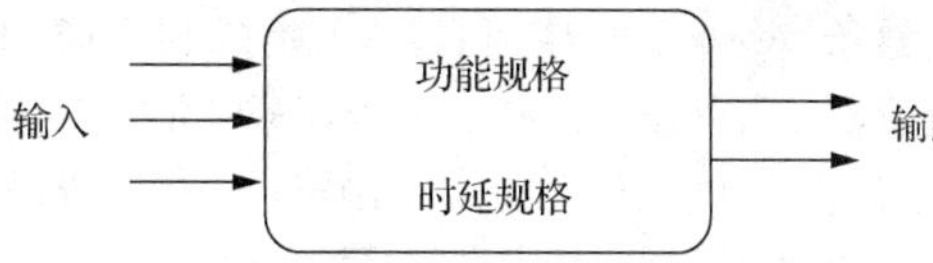

输入　功能规格　时延规格　输出

图 3.1　逻辑电路

逻辑电路进一步分为组合逻辑电路和时序逻辑电路。组合逻辑电路是无记忆性的，输出严格依赖于输入的组合。时序逻辑电路的输出依赖于前期的数据输出和当前的数据输入。基本组合逻辑电路包括基本门电路（例如与门、或门、非门、异或门等）、多路选择器、译码器、可编程逻辑阵列等，可以作为基本构件。各种构件通过组合形成功能更为复杂的组合逻辑电路。

时序逻辑电路需要在组合逻辑电路上增加存储单元，用于保存前期数据。基本的时序逻辑电路单元是锁存器（Latch）和 D 触发器（Flip-flop）。基于这些器件可以构造更复杂的寄存器和寄存器组/堆/文件。图 3.2 所示为时序逻辑电路，一个组合逻辑部件在一个时钟周期内，可以完成一次逻辑运算操作，并把结果存储到一个寄存器中。事实上，采用边缘触发的时钟机制时，组合操作和存储操作的总延迟往往决定了时钟周期。

使用组合逻辑电路和时序逻辑电路可以构造出复杂的逻辑电路，其中，数据保存单元是关键部件之一。图 3.3（a）所示是 32 位的指令计数器；图 3.3（b）所示是 32 位的指令存储器；图 3.3（c）所示是 32 位的寄存器组，能够实现两端读和单端写；图 3.3（d）所示是 32 位的数据存储器。

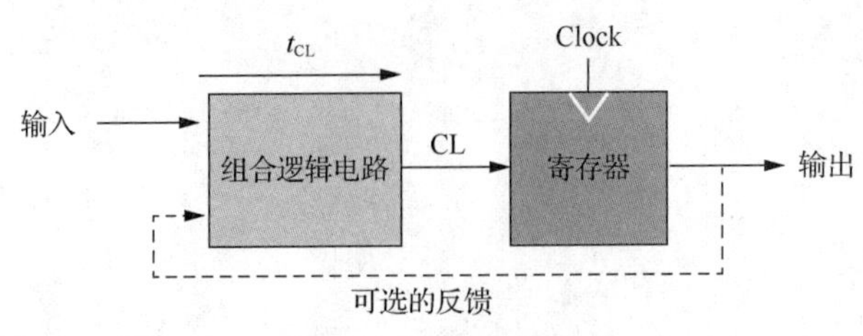

图 3.2　时序逻辑电路

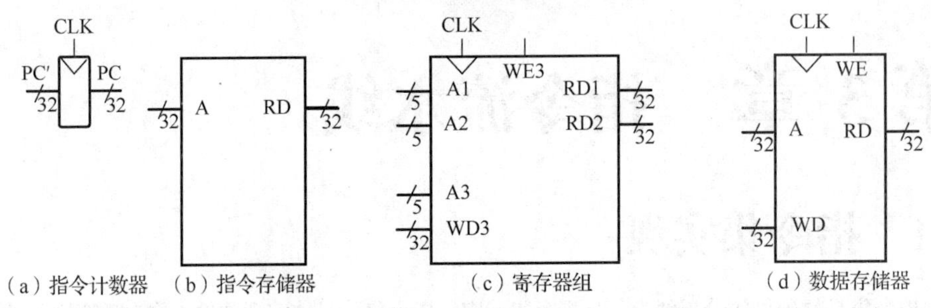

图 3.3　基本数据保存硬件单元

3.1.2　处理器单周期实现

首先介绍处理器单周期实现方式，仅考虑 RISC-V 整数指令集（RV32I）。RISC-V 处理器的体系架构状态（Architectural State），简称为 CPU 状态，由程序计数器和 32 个 32 位通用寄存器定义。正如第 1 章所述（图灵机模型），CPU 运行就是自动执行有限状态机，在当前 CPU 状态下，读取、执行一条指令及处理相应数据之后，进入新的 CPU 状态，每个时钟周期执行一次完整的指令处理过程，如图 3.4（a）所示。从微架构角度来看，处理器硬件对于一条指令的执行进一步分为数据路径和控制路径，数据路径包含数据存储器和计算部件；控制路径就是控制指令在数据路径中的执行过程，即从数据路径中获取一条指令，并告诉数据路径如何执行这条指令。处理器执行过程就是指不断执行上述过程。如图 3.4（b）所示，程序计数器、指令寄存器、寄存器组、ALU 和内存等单元构成了数据路径，而数据路径中当前所有数据存储单元的值确定了 CPU 当前状态；控制路径中控制器根据当前指令、控制条件和多路信号线状态，控制指令和数据在数据路径中有序受控流动。

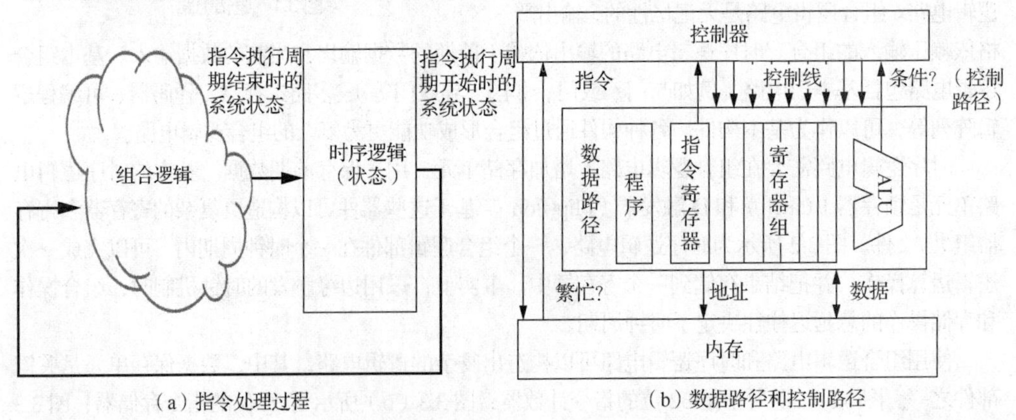

图 3.4　指令处理过程、数据路径和控制路径

图 3.5 展示了在 RISC 处理器上执行 add 指令的时序过程，注意，寄存器组能在一个周期内完成两次寄存器读和一次写。执行过程可以分为 3 个阶段。

```
MA:=PC means RegSel=PC; RegW=0; RegEn=1; MALd=1
```

（1）第一阶段。执行指令存取操作，从指令计数器中读取指令地址（RegSel=PC，RegW=0，RegEn=1），通过总线读取该地址中的指令（MALd=1）到指令存储器中。之后等待读取完成。此外，在这个阶段需要通过 PCSel 控制信号选择从 PC+4 的地址还是分支目标地址读取下一条指令。

```
B:=Reg[rs2] means RegSel=rs2; RegW=0; RegEn=1; BLd=1
A:=Reg[rs1] means RegSel=rs1; RegW=0; RegEn=1; BLd=1
```

（2）第二阶段。把寄存器组中的 rs1、rs2 数据（RegSel=rs2，RegW=0）通过总线（BLd=1）传输到 ALU 的输入寄存器 B 中，ALU 的另一个输入寄存器 A 也同样获得数据。

```
Reg[rd]:=A+B means ALUop=Add; ALUEn=1; RegSel=rd; RegW=1
```

（3）第三阶段。执行 ALU 加法运算，把输入寄存器 A 和寄存器 B 的值相加（ALUop=Add，ALUEn=1），把结果写到寄存器组的目的寄存器中（RegSel=rd，RegW=1）。

执行完该指令之后 CPU 状态被改变。

```
Reg[rd]=Reg[rs1]+Reg[rs2]
PC=PC+4
```

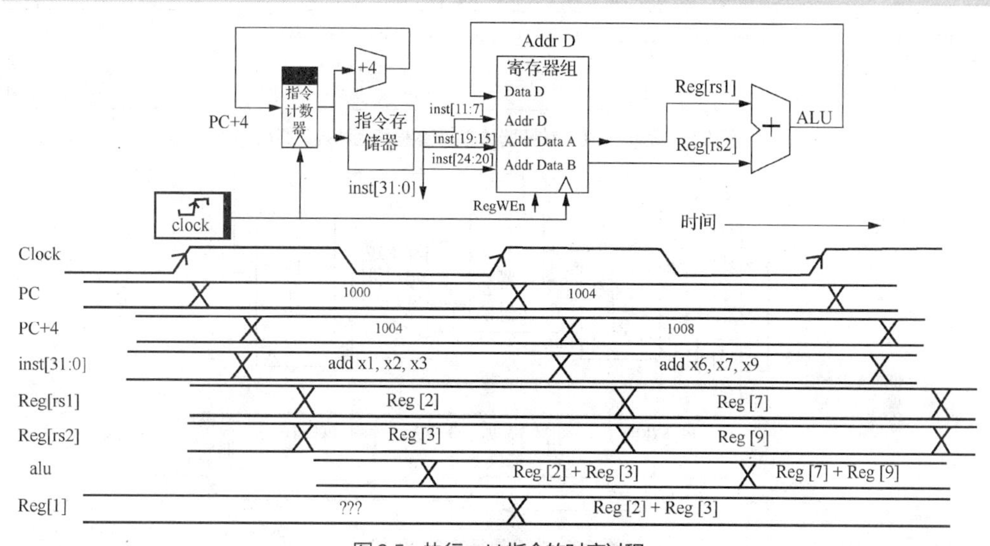

图 3.5　执行 add 指令的时序过程

整体而言，控制路径精确地控制数据路径，保证数据在各个部件之间按照时序精确流动，需要在基本数据路径中的部件上增加输入和输出控制信号。对于特殊指令，同样需要构建相应的数据路径和控制路径。综合所有指令的情况就可以得到完整的数据路径和控制路径，如图 3.6 所示。注意，不同类型的指令都需要经过取值和译码过程，而执行过程则不尽相同。

综合起来，可以把每条指令的执行过程分解为 5 个阶段，如图 3.7 所示。第一阶段是指令获取（Instruction Fetch，IF）阶段，在当前指令地址上加 4，得到下一条指令的地址，进而从指令存储器中读取该指令，将其写入寄存器组的指令寄存器中。第二阶段是指令译码（Instruction Decode，ID）阶段，当前指令被译码，由于精简指令集的格式是非常规格化的，可以通过硬件电路直接译码，得到源寄存器地址，进而从寄存器组中读取相应的寄存器值。所有指令都会经历第一、第二阶段。第三阶段是执行（Execute，EX）阶段，根据指令，对源寄存器数据进行计算。第四阶段是读内存（Memory，MEM）阶段，根据计算后的内存地址，读取或者写入相应内存地址数据。第

五阶段是写寄存器（Writeback，WB）阶段，把执行阶段、读内存阶段得到的数据写入目标寄存器。注意，寄存器文件、数据内存等保持状态电路单元在时钟上升沿改变状态，它们也是同步时序逻辑电路，这样时钟驱动的时序逻辑硬件和组合逻辑硬件共同完成指令执行。如果 CPU 在一个时钟周期内能够完成一条指令的执行，则称为单周期 CPU。

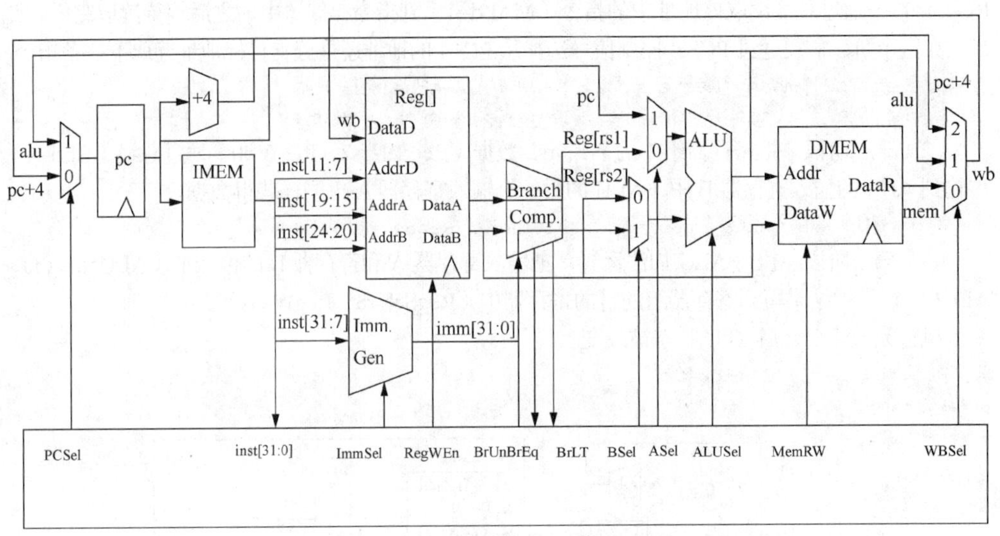

图 3.6 简单 RISC-V 处理器的完整数据路径和控制路径

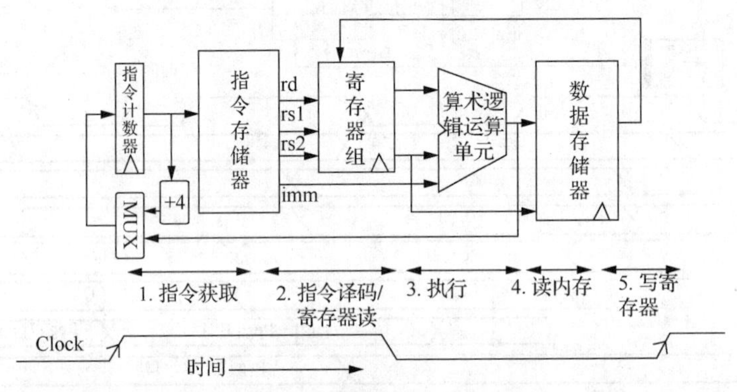

图 3.7 指令执行的 5 个阶段

注意，不同类型指令的数据路径和控制路径可能是不同的，假设内存单元的读写延迟是 200ps，ALU 延迟是 100ps，寄存器读写延迟是 50ps，其他组合逻辑的延迟可忽略不计。因此不同类型的指令具有不同的延迟时间。例如 Load 指令执行路径中，IF 阶段花费 200ps，ID 阶段花费 50ps，EX 阶段计算内存地址花费 100ps，MEM 阶段花费 200ps，WB 阶段花费 50ps，因此总执行时间为 600ps。不同类型指令关键路径的延迟如表 3.1 所示。可以看出，每种指令执行的延迟可以是不同的。

表 3.1 不同类型指令关键路径的延迟

执行阶段的延迟	IF 阶段延迟/ps	ID 阶段延迟/ps	EX 阶段延迟/ps	MEM 阶段延迟/ps	WB 阶段延迟/ps	整体延迟/ps
执行部件	内存	寄存器	逻辑运算	内存	寄存器	
R 型指令	200	50	100		50	400

续表

执行阶段的延迟	IF 阶段延迟/ps	ID 阶段延迟/ps	EX 阶段延迟/ps	MEM 阶段延迟/ps	WB 阶段延迟/ps	整体延迟/ps
执行部件	内存	寄存器	逻辑运算	内存	寄存器	
I 型指令	200	50	100		50	400
取数据指令	200	50	100	200	50	600
写数据指令	200	50	100	200		550
分支	200	50	100			350
跳转	200					200

单周期处理器中，时钟周期是由最长的指令执行时间决定的。为了减少指令执行时间，需要分析其关键路径，特别是最长组合逻辑电路通道的总延迟，并做针对性优化；或者把一个长时钟周期分解为多个短时钟周期。

如果在一个短时钟周期完成上述每个阶段，在这一实现中，分支指令需要 2 个周期，Load-Store 指令需要 4 个周期，所有其他指令需要 5 个周期。假定分支频率为 12%，Load-Store 频率为 10%，总 CPI 为 4.54。

注意，不同类型的指令也会执行同样的操作，例如每条指令都需要执行取指令操作。可以把每个阶段或者基本硬件操作作为一条微指令，那么一条完整指令的执行过程可以分解为多条微指令执行过程，每条微指令花费一个或者多个短时钟周期。事实上，虽然 Intel 仍然采用 CISC 的 x86 指令集，但是在内部采用微指令方式，将一条外部指令分解为多条内部微指令，而微指令具有 RISC 指令集的特征，这也是分层设计原则的体现。

单周期处理器实现方案非常直观和简单，但不是最优的，例如一条指令在 WB 阶段执行时，其他执行阶段一直空闲，此时不能执行其他指令。

3.2 指令流水线

单周期处理器虽然可以实现指令集，但从硬件角度来看，整体利用率不高，并且不同指令执行周期长短不一。为了提升硬件利用率和整体性能，需要引入流水线结构。

3.2.1 流水线概念

流水线是提升工业生产产量的基本方法。著名的工业流水线实例是 20 世纪初福特汽车公司的汽车装配流水线，其大幅度提升其 T 型车产量。具体而言，把汽车装配过程分为多个步骤，每个步骤执行装配的一个环节。每个步骤的执行与其他步骤是并行的，当然，装配的是不同汽车。在计算机流水线中，每个步骤执行指令的一个环节，不同步骤能够同时执行不同指令的相应操作。每个步骤称为流水级或流水段。流水级前后相连形成流水线，指令从一端进入，依次通过流水级，从另一端流出，就像汽车装配线一样。

在汽车装配线中，将吞吐量定义为每小时生产的汽车数，其由汽车流出装配线的速度决定。与此类似，指令流水线的吞吐量由指令流出流水线的速度决定。由于流水级是串联在一起的，所有流水级都必须同时工作。一条指令在流水线中前进一步所需的时间为处理器周期。由于所有流水级同时工作，处理器周期的长度由最缓慢流水级所需时间决定，就像汽车装配线上的最长步骤决定了汽车沿生产线前进的周期。在计算机中，这一处理器周期通常为 1 个时钟周期（有时为 2 个）。

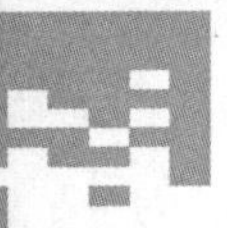

表 3.2 和表 3.3 所示为流水线和非流水线的指令延迟和性能比较。可以看到如果不使用流水线，那么串行执行一条指令需要 800ps。采用流水线之后，每个阶段延迟都必须是一样的，一般情况下最长阶段的延迟决定了整个流水线的处理器周期（200ps）。

表 3.2　流水线和非流水线指令延迟比较

指令执行阶段	图示	串行执行时间 t_{step}/ps	流水线执行时间 t_{cycle}/ps
IF	IM	200	200
ID	Reg	100	200
EX	ALU	200	200
MEM	DM	200	200
WB	Reg	100	200
总执行时间 $t_{instruction}$	IM Reg ALU DM Reg	800	1000

表 3.3　流水线和非流水线指令性能比较

指标	非流水线模式	流水线模式
最小时间段	t_{step}=100～200ps	T_{cycle}=200 ps
指令时间 t_{instru}	寄存器存取 100ps	所有周期相同
时钟周期 f_s	T_{cycle}=800ps	1000ps
相对速度	1*x*	4*x*

流水线设计者需要保证每个阶段的延迟一样。如果各流水级达到完美平衡，那么理想情况下，流水线得到的加速比等于流水级的数目，就像一个 n 级装配线在理想情况下可以将汽车生产速度提高 n 倍一样。但一般情况下，流水级之间很难达到完美平衡。此外，流水线还会引入额外开销，例如每个周期中需寄存器写入和读出延迟。因此，在流水线处理器上，指令执行的总时间（1000ps）大于非流水线处理时各个阶段时间之和（800ps）。

但流水线可以缩短每条指令的平均执行时间，通过减小每条指令的 CPI、时钟周期，或者这两者的组合来实现。单周期处理器可以看成使用一个长时钟周期来处理一条指令，因此流水线缩短了时钟周期。多周期流水线处理器需要多个时钟周期来处理一条指令，流水线的作用是减小 CPI。流水线增加了指令执行的并行度，且对程序员是透明的。

如果非流水线处理器周期为 T，级间延迟为 R，级间延迟通常来源于寄存器读写。在流水线处理器中，每增加一级，则增加一次级间延迟，那么 K 级流水线处理器需要增加 K 次，得到：

$$指令执行吞吐率_{非流水线}=1/(T+R)$$

$$指令执行吞吐率_{流水线}=1/(T/K+R)$$

如果 T 远远大于 R，则吞吐率约等于提高 K 倍，但当 K 非常大时，则最大加速比为 $1/R$。注意，每个周期延迟的降低需要同步降低锁存器和逻辑电路传播延迟，现在降低延迟已经是非常困难的，因此增加流水线深度并不等比增加性能，这也是 Amdahl 定律的体现。

3.2.2　RISC-V 流水线

微课视频

为了深入地理解流水线及其实现，本节以 RISC-V 整数流水线为例，实现载入、存储、分支和 ALU 指令类型操作。

为了实现流水线，需要引入临时寄存器，用于保存级间临时数据，使每条指令的上下文数据随着指令一起流动，从而简化流水线实现。在每个时钟周期开始执行一条新的指令，每个时钟周期都变成一个流水线级，分为 IF 阶段、ID 阶段、EX 阶段、MEM 阶段和 WB 阶段。如果指令完全流水执行，尽管每条指令仍需要 5 个周期才能执行完成，但在每个时钟周期内，5 个流水线段执行 5 条不同指令。流水线处理器的性能最多可达到非流水线处理器的 5 倍。流水线处理过程也可以通过时空图来描述，如表 3.4 所示，这是分析流水线处理过程的典型方式。

表 3.4　简单 RISC-V 流水线时空图

指令	时钟周期								
	1	2	3	4	5	6	7	8	9
指令 *i*	IF	ID	EX	MEM	WB				
指令 *i*+1		IF	ID	EX	MEM	WB			
指令 *i*+2			IF	ID	EX	MEM	WB		
指令 *i*+3				IF	ID	EX	MEM	WB	
指令 *i*+4					IF	ID	EX	MEM	WB

实际上，流水线实现并非如此简单，应避免流水线中并发指令的功能冲突。首先确定处理器在每个时钟周期的工作内容，确保不会在同一时钟周期内使用相同数据路径上的部件。RISC 指令集结构简单，分析冲突较容易。下面形式化地给出每个阶段的具体操作。

（1）IF 阶段

将 PC 发送到存储器，从存储器中提取当前指令。PC 加 4（因为每条指令的长度为 4B），将结果更新到 NPC。

```
IR←Mem[PC];
NPC←PC+4;
```

（2）ID 阶段

本阶段对指令进行译码，并从寄存器组中读取与寄存器源说明符相对应的寄存器。在读取寄存器时对其进行相等测试，以确定是否为分支。必要时，对指令的偏移量字段进行符号扩展。将扩展符号后的偏移量添加到所实现的 PC 上，计算出可能的分支目标地址。在较为积极的实现方式中，如果条件判断的结果为真，则可以将分支目标地址存储到 PC 中，以在这一级的末尾完成分支。

```
A←Regs[rs1];
B←Regs[rs2];
Imm←符号扩展 IR 中的立即数;
```

指令译码与寄存器读是并行执行的，这是因为在 RISC 体系结构中，寄存器说明符位于固定位置，称为固定字段译码。注意，可能会读取不会使用的寄存器，但这不影响功能和性能，却会浪费能量。对于载入和 ALU 立即数指令，其获取立即数部分也位于同一位置，所以在需要符号扩展立即数时，也是在这一周期计算的。对于更为完整的 RISC-V 实现，可能需要计算两个不同的符号扩展值，因为载入指令中立即数字段的位置不同。

（3）EX 阶段

① 存储器访问。

ALU 将基址寄存器和偏移量加到一起，形成有效地址。

```
ALUOutput←A+Imm;
```

② 寄存器-寄存器 ALU 指令。

ALU 对读自寄存器组的值执行由 ALU 操作码指定的操作。

```
ALUOutput←A func B;
```

③ 寄存器-立即数 ALU 指令。

```
ALUOutput←A op Imm;
```

ALU 对读自寄存器组的立即数进行符号扩展，然后执行由 ALU 操作码指定的操作。

④ 条件分支。

决定条件是否为真。

```
ALUOutput←NPC+(Imm<<2);
Cond←(A==B)
```

在载入-存储体系结构中，有效地址与执行周期可以合并到一个时钟周期中，这是因为没有指令需要同时计算数据地址并对数据执行操作。

（4）MEM 阶段

```
LMD←Mem[ALUOutput] or
Mem[ALUOutput]←B;
```

如果该指令是一条载入指令，则使用上一周期计算的有效地址从存储器中读取数据。如果是一条存储指令，则使用有效地址将从寄存器组的第二个寄存器读取的数据写入存储器。

（5）WB 阶段

寄存器-寄存器 ALU 指令或载入指令，将结果写入寄存器组。

① 对于载入指令

```
Regs[rd]←ALUOutput;
```

② 对于 ALU 指令

```
Regs[rd]←LMD;
```

图 3.8 所示为以流水线形式绘制的一个 RISC 数据路径的简化版本。英文缩写 IM 表示指令存储器、DM 表示数据存储器、t_{cycle} 表示时钟周期。可以看到，主要功能单元是在不同周期使用的，因此多条指令的并发执行不会引入多少冲突。流水线可以看作一系列随时间移动的数据路径，数据路径不同部分之间可以并发执行，从第五个时钟周期开始，功能段都在同时工作。

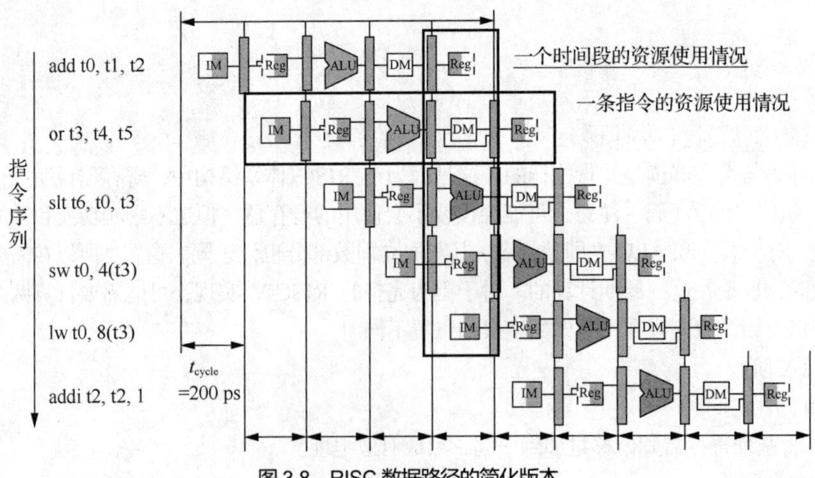

图 3.8　RISC 数据路径的简化版本

在流水线中避免硬件资源的使用冲突至关重要，必须确保不同流水级中的指令不会相互干扰。这可以通过在前后流水级之间引入流水线寄存器来实现，这样会在时钟周期的末尾，将本级结果存储到寄存器中，以备下一级使用。图 3.9 所示为具有段级寄存器的流水线。寄存器具有边沿触发特性，也就是说取值在时钟沿即时改变。

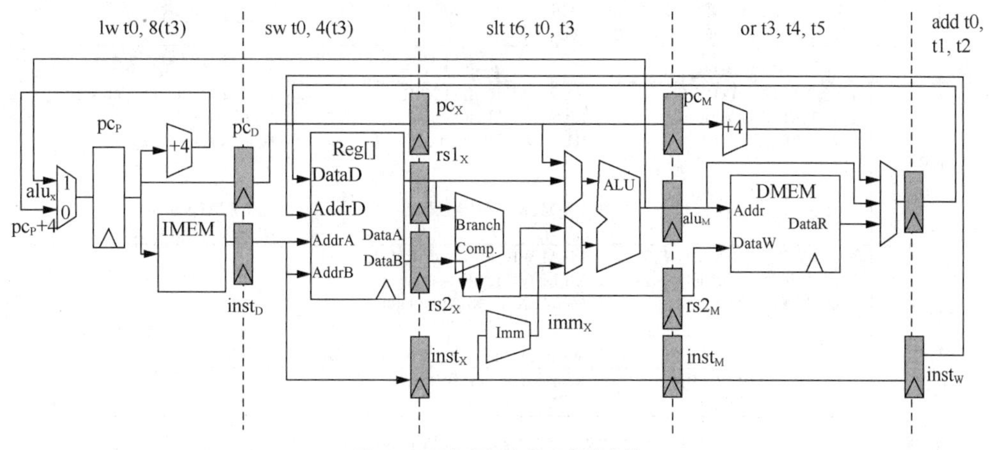

图 3.9 具有段级寄存器的流水线

尽管许多流水线视图都为了简便而省略了级间寄存器，但它们是流水线正常操作所必需的部件。当然，即使在一些没有采用流水化的多周期数据路径中也需要类似寄存器，因为只有寄存器能够跨越时钟边界之后仍然保存值。在流水线处理器中，如果要将中间结果从一级传送到另一级，而源位置与目标位置可能未直接相邻，通过流水线寄存器可以实现这种传送。例如，存储指令中存储的寄存器值是在 ID 阶段读取的，但要等到 MEM 阶段才会真正用到；它在 MEM 阶段中通过两个流水线寄存器传送给数据存储器。与此类似，ALU 指令的结果是在 EX 阶段计算的，但要等到 WB 阶段才会实际存储；它通过两个流水线寄存器才到达那里。可以根据这些寄存器所连接的流水级对其进行命名，如 IF/ID、ID/EX、EX/MEM 和 MEM/WB。

表 3.5 列出了 RISC-V 流水线的每个流水阶段上的指令。在 IF 阶段，获取指令、计算新 PC 并存储到 NPC 中。PC 更新来源于 NPC 或者 EX/MEM.ALUOutput（分支目标）。在 ID 阶段，获取寄存器值，扩展 IR（立即数字段）的 12 位的符号，然后传递给 IR 和 NPC。在 EX 阶段，执行 ALU 操作或地址计算；传递结果给 IR 和 B 寄存器（如果指令是存储）。如果指令采取分支，还要将 cond 值设置为 1。在 MEM 阶段，如果分支成功，则把新目标地址写入 PC。最后，在 WB 阶段，将 ALU 输出或加载的值更新至寄存器字段。简单起见，总是将整个 IR 从一个阶段传递到下一个阶段，尽管不是每一阶段都需要使用。

为了控制这一简单流水线，需要根据图 3.9 所示的数据路径设定 4 个多路选择器的控制方式。ALU 两个输入端各有一个多路选择器，由 ID/EX 寄存器的 IR 字段确定选择。ALU 上输入端的多路选择器根据该指令是否为分支来进行确定，下输入端的多路选择器根据该指令是寄存器-寄存器 ALU 指令，还是其他指令类型来确定。IF 阶段中的多路选择器由 EX/MEM_cond 字段控制，选择用 PC+4 值，或 EX/MEM.ALUOutput 的值来写入 PC。第 4 个多路选择器由 WB 阶段的指令是载入指令还是 ALU 指令来确定。

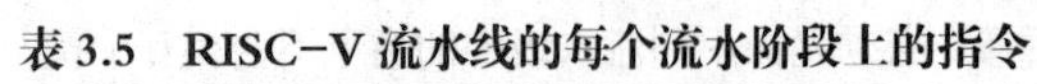
表 3.5　RISC-V 流水线的每个流水阶段上的指令

流水阶段	指令		
IF	IF/ID.IR←Mem[PC] IF/ID.NPC,PC←(if((EX/MEM.opcode==branch)&EX/MEM.cond){EX/MEM.ALUOutput}else{PC+4});		
ID	ID/EX.ARegs[IF/ID.IR[rs1]];ID/EX.BRegs[IF/ID.IR[rs2]]; ID/EX.NPCIF/ID.NPC;ID/EX.IRIF/ID.IR; ID/EX.Immsign-extend(IF/ID.IR[immediatefield]);		
	ALU 指令	Load 指令	分支指令
EX	EX/MEM.IR←ID/EX.IR; EX/MEM.ALUOutput← ID/EX.AfuncID/EX.B; 或 EX/MEM.ALUOutput← ID/EX.AopID/EX.Imm;	EX/MEM.IRtoID/EX.IR EX/MEM.ALUOutput← ID/EX.A+ID/EX.Imm; EX/MEM.B←ID/EX.B;	EX/MEM.ALUOutput← ID/EX.NPC+ (ID/EX.Imm<<2); EX/MEM.cond← (ID/EX.A==ID/EX.B);
MEM	MEM/WB.IR←EX/MEM.IR; MEM/WB.ALUOutput← EX/MEM.ALUOutput;	MEM/WB.IR←EX/MEM.IR; MEM/WB.LMD← Mem[EX/MEM.ALUOutput]; 或 Mem[EX/MEM.ALUOutput]←EX/	
WB	Regs[MEM/WB.IR[rd]]← MEM/WB.ALUOutput;	Regs[MEM/WB.IR[rd]]← MEM/WB.LMD;	

如果使用单一存储器，在指令提取和数据存储器访问之间可能会发生冲突，而使用分离缓存则可以消除冲突。注意，如果流水线处理器的时钟周期等于非流水线处理器的时钟周期，则存储器系统必须提供 5 倍的带宽。

由于寄存器组 Reg 作为 ID 阶段的源地址和 WB 阶段的目的地，因此，每个时钟周期需要执行两次读取和一次写入。为了处理对寄存器组的多次读取和一次写入，一般在时钟周期的前半部分执行写操作，在后半部分执行读操作。

为了在每个时钟周期都启动一条新指令，必须在每个时钟周期中使程序计数器递增，并在下一拍使用，这必须在 IF 阶段完成。此外，还必须拥有一个加法器，在 ID 阶段计算潜在的分支目标。另外分支在 ID 或者 EX 阶段改变程序计数器，稍后进一步讨论。为了方便记忆流水线处理结构特征，我们也给出相应的抽象表示，如图 3.10 所示，图 3.10（a）所示是从时空图角度抽象的流水线效果，图 3.10（b）所示是流水线处理过程的一种简易抽象表示。

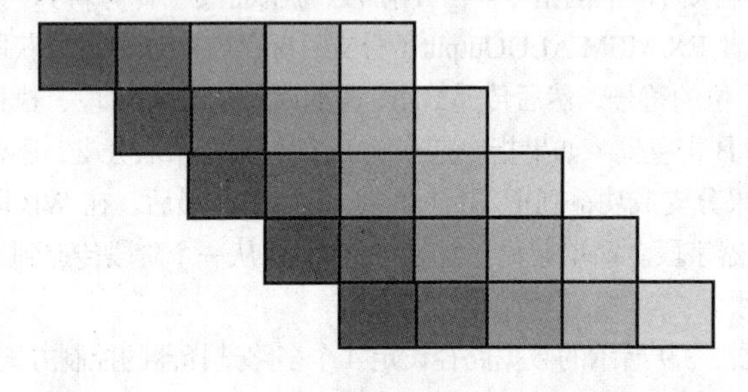
（a）从时空图角度抽象的流水线效果

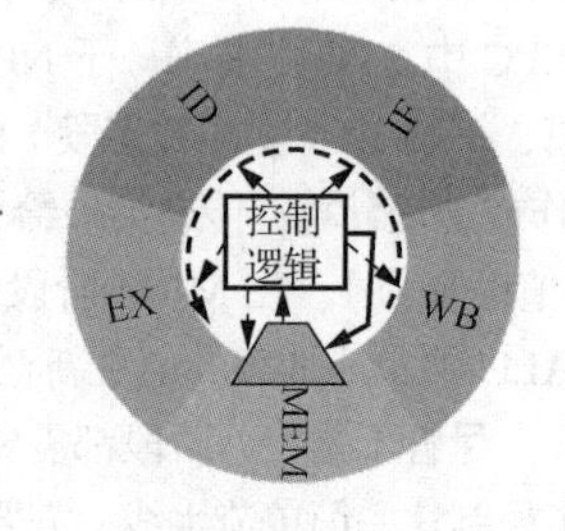

（b）流水线处理过程的一种简易抽象表示

图 3.10　指令流水线抽象表示

3.2.3　流水线基本性能

处理器可以不采用流水线实现方式，如单周期处理器又称为非流水线处理器。当处理器采用流水线实现方式时，该实现方式也称为处理器流水化，处理器也称为流水线处理器。3.2.2 节内容就描述了对 3.1.2 节中的单周期处理器的流水化处理过程。处理器流水化时，流水级之间的失衡和流水线开销会限制流水线深度。由于流水线也会引入额外控制开销，这也会增加每条指令的执行时间。流水级之间的失衡会降低性能，这是因为最慢流水级决定了流水周期。但流水线提升了指令吞吐量，让程序可以更快运行，从而缩短总执行时间。

流水线开销包含流水线寄存器延迟和时钟偏差。寄存器写需要建立时间，也就是在发出触发写操作的时钟信号之前，寄存器输入必须保持稳定的时间。时钟周期的传播也会产生延迟。时钟偏差是时钟到达任意两个寄存器时刻之间的最大延迟。时钟周期必须大于时钟偏差与寄存器延迟之和。

例题 非流水处理器的时钟频率是 4 GHz（或时钟周期为 0.5 ns），花费 4 个周期进行 ALU 操作和分支，花费 5 个周期进行内存操作，其相对比例分别为 40%、20%和 40%。假设由于时钟偏差和建立时间的原因，对处理器实现流水化使时钟增加了 0.1ns 的开销。忽略所有延迟影响，流水线化的处理器加速比为多少？

解答 非流水处理器的平均指令执行时间=时钟周期×CPI=0.5ns×[(40%+20%)×4+40%×5]=0.5ns×4.4=2.2ns。

在流水线实现方式中，时钟的运行速度必须等于最慢流水级的速度加上开销时间，也就是0.5ns+0.1ns =0.6ns；为平均指令执行时间。因此，流水处理器的加速比为：

流水线加速比=非流水线指令平均执行时间/流水线指令平均执行时间=2.2 ns/0.6 ns≈3.7。

0.1 ns 的级间开销基本上确定了流水线的效能限度。那么根据 Amdahl 定律可知，这一开销限制最大加速比为 11。

如果流水线中每条指令独立于所有其他指令，那流水线对整数指令可以最快运行，也就是 CPI为 1。但实际上，程序指令之间存在相互依赖，会限制流水线的效果。

3.3 流水线冲突

实际上，流水线中存在指令之间的冲突（Hazard），达不到理想加速比。Hazard 表示有潜在冲突的可能，只有特定情况才会发生，也称为冒险。主要有 3 类流水线冲突。

（1）结构冲突。多条指令重叠执行时，同时竞争某一硬件，从而导致结构冲突。

（2）数据冲突。并发执行的前后指令访问相同的数据，可能导致数据冲突。

（3）分支冲突。分支指令及其他改变程序计数器的指令会改变指令流，导致控制冲突。

3.3.1 带停顿流水线性能

为了避免冲突，流水线控制经常停顿一些指令的执行，让其他指令能够继续执行。其一般原则是后面的指令让前面的指令先执行。在流水线中，当一条指令被停顿时，之前的指令继续执行，而其后的所有指令也被停顿，这也会导致指令发射暂停。因此，在停顿期间不会获取新的指令，会导致流水线性能下降。现在分析流水线的实际加速比：

微课视频

$$流水化加速比=\frac{非流水化指令平均执行时间}{流水化指令平均执行时间}$$

$$=\frac{非流水化CPI\times 非流水化时钟周期}{流水化CPI\times 流水化时钟周期}$$

$$=\frac{非流水化CPI}{流水化CPI}\times\frac{非流水化时钟周期}{流水化时钟周期}$$

流水化可以看作 CPI 或时钟周期时间的减小。由于传统上使用 CPI 来比较流水线，流水线处理器的理想 CPI 应该等于 1，因此可以计算流水化 CPI：

$$\begin{aligned}\text{流水化CPI} &= \text{理想CPI} + \text{每条指令的平均流水线停顿时钟周期} \\ &= 1 + \text{每条指令的平均流水线停顿时钟周期}\end{aligned}$$

相较于非流水线处理器，其加速比为

$$\text{加速比} = \frac{\text{非流水化CPI}}{1 + \text{每条指令的流水线停顿时钟周期}}$$

一种常见的简单情况是所有指令的执行周期数都相同，等于流水级数目（流水线深度）。在这种情况下，非流水化 CPI 等于流水线深度，得

$$\text{加速比} = \frac{\text{流水线深度}}{1 + \text{每条指令的流水线停顿时钟周期}}$$

如果没有流水线停顿，由此公式可以得到：流水处理器的加速比等于流水线深度。

3.3.2 结构冲突

结构冲突是指流水线工作时，多条并发指令组合存在硬件资源冲突。例如，处理器中寄存器组只有一个写端口，但在一个时钟周期内有两个写操作，就会产生结构冲突。最直接的解决方法就是增加竞争硬件的数量（称为增加空间并行度），并把竞争指令调度到不同硬件之上。另一种解决方法是把竞争硬件分解为多个子部件（称为增加时间并行度），调度任务进一步流水化执行。这使得原来冲突的指令能够分时重叠执行，这也是流水线思想的应用。

当指令序列遇到结构冲突时，流水线会停顿一些指令，直到它们所需的硬件单元可用。这种停顿机制会增加 CPI。如果数据和指令都保存在共享的单一存储器（称为 Princeton 结构）中，当使用访存指令存取存储器时，可能与取指令操作竞争存储器。为了解决冲突，取指令操作被延迟一个时钟周期执行。停顿造成硬件部件空闲，产生流水线气泡（空指令），从时空图角度来看气泡也会依次通过流水线后续部件，如表 3.6 所示，停顿只是将指令 *i*+3 向右移动（使其执行过程的开始与结束都推后 1 个时钟周期）。

表 3.6 单一存储器 RISC 流水线结构冲突时的时空图

指令	时钟周期									
	1	2	3	4	5	6	7	8	9	10
载入指令	IF	ID	EX	MEM	WB					
指令 *i*+1		IF	ID	EX	MEM	WB				
指令 *i*+2			IF	ID	EX	MEM	WB			
指令 *i*+3				停顿	IF	ID	EX	MEM	WB	
指令 *i*+4						IF	ID	EX	MEM	WB

存取指令实际抢占了取指令周期的存储器操作，导致在第 4 时钟周期没能启动指令 *i*+3。而流水线中位于停顿指令之前的所有其他指令都可以正常执行，将继续通过流水线。有时在绘制时空图时，让空指令占据整个水平行，指令 *i*+3 被移到下一行。无论使用哪种绘制方法，效果都是一样的，因为指令 *i*+3 直到第 5 周期才开始执行。

例题 假定数据存取指令占全部指令的 40%，流水线处理器的理想 CPI 为 1（忽略结构冲突）。假定与无结构冲突的处理器相比，有结构冲突的处理器的时钟频率为其 1.05 倍，不考虑所有其他性

能损失，有结构冲突的处理器和无结构冲突的处理器相比，哪种处理器的运行速度更快？快多少？

解答 计算两种处理器的平均指令执行时间：

$$平均指令执行时间=CPI\times时钟周期时间$$

由于没有停顿，因此理想处理器的平均指令执行时间就是时钟周期时间（理想）。有结构冲突的处理器的平均指令执行时间为

$$\begin{aligned}平均指令执行时间&=CPI\times时钟周期时间\\&=(1+0.4\times 1)\times时钟周期时间_{理想}/1.05\\&\approx 1.3\times时钟周期时间_{理想}\end{aligned}$$

显然，无结构冲突的处理器运行速度更快一些；根据平均指令执行时间的比值，可以得出结论，无结构冲突的处理器的运行速度大约快 1.3 倍。

为避免结构冲突，可为指令和数据提供独立的存储器，即分离指令缓存和数据缓存（Harvard 结构）。虽然增加空间和时间并行度都会减少相应的结构冲突，但这会增加成本。例如，为了防止共享存储器的结构冲突，需要为存储器增加 1 倍带宽。此外，根据 Amdahl 定律，当前瓶颈部件改善后，可能导致其他部件成为瓶颈。现代处理器允许少量的结构冲突存在。

3.3.3 数据冲突

数据冲突是指流水线中前后指令存取操作数的次序不同于程序执行的次序。假设流水线中前后两条指令（I1 和 I2）同时读写一个寄存器 x，就会产生数据相关。进一步分析，存在 4 种情况：I1 读、I2 读（简写为 RAR），I1 读、I2 写（简写为 WAR），I1 写、I2 读（简写为 RAW），I1 写、I2 写（简写为 WAW）。RAR 对指令执行结果没有影响，可以忽略。因此有 3 种数据冲突。

RAW 是写后读操作，后面指令需要前面指令的结果（也称为真数据相关）。而 WAR 和 WAW 在 5 级流水线情况下，由于每条指令的执行周期相同，并且顺序发射、顺序执行和顺序完成，因此也不会产生实质性问题。如果指令乱序执行，WAR 和 WAW 也会产生数据冲突，这将在后面章节讨论。

1. 写后读冲突

下面针对 5 级整型流水线进行介绍，仅考虑 RAW 数据相关。观察以下指令的流水线执行，可以看到 add 指令之后的所有指令都用到了 add 指令的执行结果。

```
add x1, x2, x3
sub x4, x1, x5
and x6, x1, x7
or  x8, x1, x9
xor x10, x1, x11
```

add 指令在 WB 阶段写入 x1（9），但 sub 指令会在其 ID 阶段读取这个值，从而导致数据冲突。需要感知这种冲突，否则 sub 指令将会读取错误值（5）。如果 add 和 sub 指令之间发生中断，中断结束后 add 指令的 WB 阶段已经结束，则 sub 指令读取 x1 正确值（9）。同样，and 指令也会产生数据冲突。从图 3.11 中可以看出，在第 5 时钟周期之前，x1 的写入操作是不会完成的。

xor 指令读取的值是正确的，因为它的寄存器读取是在第 6 个时钟周期进行的，这时寄存器写入已经完成。or 指令的执行也不会冲突，因为寄存器组读取在该时钟周期的后半部分执行，而写入是在前半部分执行的。遇到这种数据冲突，最简单的方法就是停顿后序指令，直到冲突解除，如图 3.12 所示。

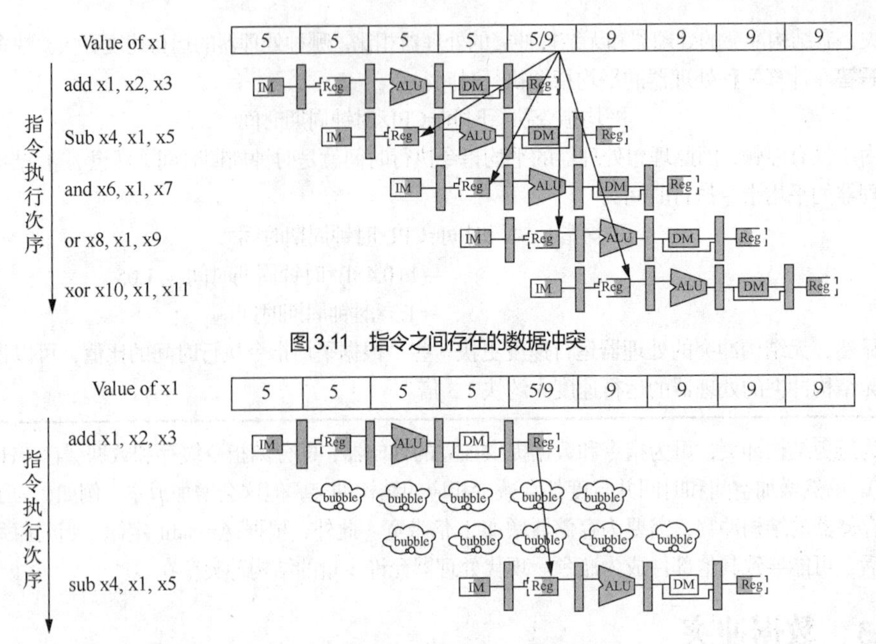

图 3.11　指令之间存在的数据冲突

图 3.12　通过停顿（插入气泡）解决数据冲突

2．重定向技术

一种消除真数据相关的方法是使用重定向（Forwarding）技术（也称为转发、旁路或者短路），可以减少数据冲突停顿。使用重定向技术的关键是识别到 sub 指令等待 add 指令的执行结果时，让 add 指令将其执行结果立刻发送到 sub 指令需要的地方，这样就可以避免出现停顿。通过重定向技术消除数据冲突如图 3.13 所示。

（1）来自 EX/MEM 和 MEM/WB 流水线寄存器的 ALU 结果总是被传送到 ALU 的输入端。

（2）如果转发硬件检测到前面 ALU 操作对当前 ALU 操作的源寄存器进行了写入操作，则控制逻辑选择转发结果作为 ALU 输入，而不是选择从寄存器组中读取的值。注意，采用重定向技术后，如果 sub 指令停顿，则 add 指令将会完成执行，不会触发旁路。当两条指令之间发生中断时，这同样成立。

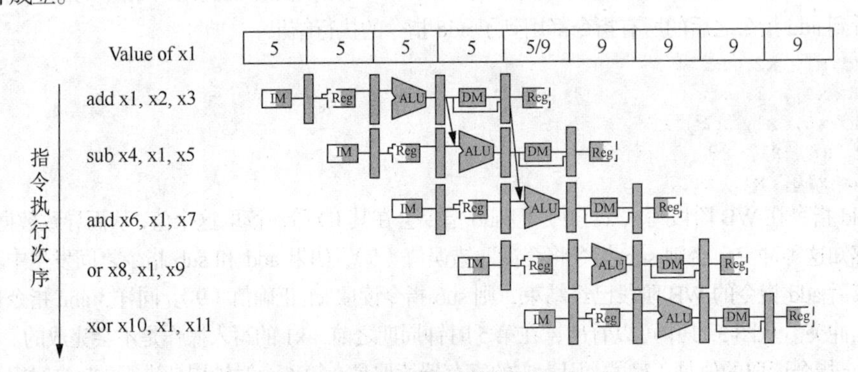

图 3.13　通过重定向消除数据冲突

可以将重定向技术加以推广，将结果直接传送给需要它的功能单元：将一个功能单元输出到寄存器中的结果直接作为另一个功能单元的输入，而不仅限于同一单元的输出与输入之间。除了在 EX 阶段可以使用重定向技术，在 MEM 阶段也可以使用重定向技术。下面的指令序列例子中，

ld 指令之后，sd 指令需要读取 x4 的值，如果使用重定向技术，可以减少一次停顿，不必等到 WB 阶段之后才能得到所需的数据。

```
add x1, x2, x3
ld  x4, 0(x1)
sd  x4, 12(x1)
```

为防止这一序列中出现停顿，需要将 ALU 输出值和存储器单元输出值从流水线寄存器转发到 ALU 和数据存储器。图 3.14 给出了所有重定向路径，在 MEM 阶段执行的存储操作需要转发操作数，载入结果由存储器输出转发到 ALU 输入端。此外，ALU 指令结果被转发到 ALU 输入端，供载入和存储指令进行地址计算（这与转发到另一个 ALU 的操作没有区别）。如果存储操作依赖直接相邻的前一个 ALU 操作，则需要转发其结果，以防止出现停顿。但是多条重定向路径需要额外的硬件才能实现，这包括多条传输数据的线路和多路选择器。

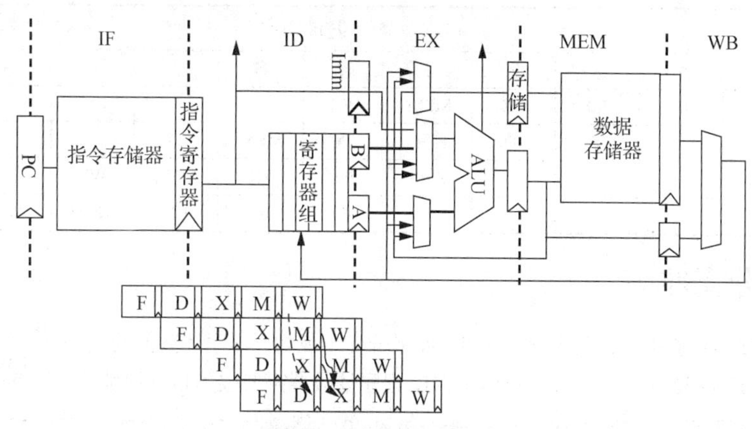

图 3.14　多条重定向路径

3. 需要停顿的数据冲突

不是所有数据冲突都可以通过重定向技术处理。考虑以下指令序列：

```
ld   x1, 0(x2)
sub  x4,x1,x5
and  x6,x1,x7
or   x8,x1,x9
```

这一指令序列中重定向路径的流水线数据路径如图 3.15 所示，ld 指令在第 4 时钟周期（MEM 阶段）结束之前不会得到数据。这种情况不同于 ALU 操作的重定向，sub 指令需要在该时钟周期开头得到这一数据。因此，依赖于 ld 指令执行结果而产生的数据冲突无法使用简单的硬件消除。这种情况需要增加一种称为流水线互锁的执行模式。一般情况下，流水线互锁会检测冲突，并在冲突被清除之前使流水线停顿。and 指令是在 ld 指令执行之后两个时钟周期启动的。与此类似，or 指令也没有问题，因为它是通过寄存器组接收 x1 的值的。

流水线互锁检测到无法消除的冲突时，就使流水线停顿，让需要数据的指令等待，直到源指令生成需要的数据为止。流水线互锁会引入一次停顿或气泡，就像应对结构冲突时所做的操作一样。停顿指令增加了 CPI，增加数目等于停顿次数（在本例中为 1 个时钟周期的停顿）。

表 3.7 所示为使用流水级名称显示的停顿前后的流水线，因为停顿会导致从 sub 指令开始的指令在时间上向后移动 1 个周期，转发给 and 指令的数据现在是通过寄存器组传递的。而对于 or 指令不需要转发。由于插入了气泡，需要增加一个时钟周期才能完成这一序列，第 4 时钟周期内没有执行指令（第 6 时钟周期内没有指令执行）。

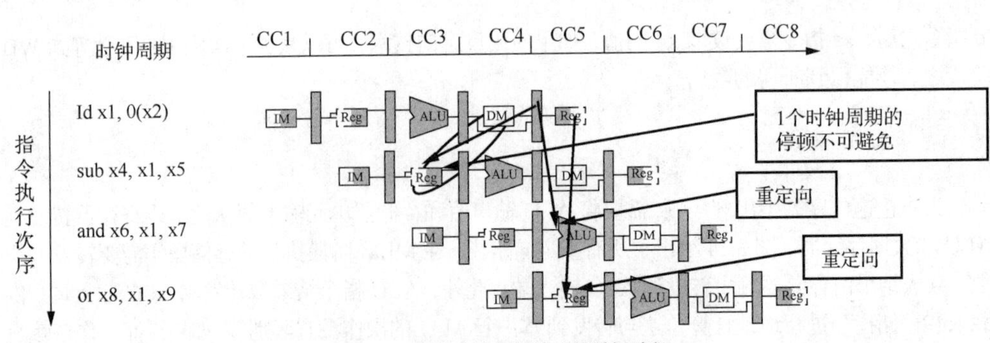

图 3.15　重定向路径的流水线数据路径

表 3.7　使用流水级名称显示的停顿前后的流水线

指令	时钟周期									
	1	2	3	4	5	6	7	8	9	10
ld x1,0(x2)	IF	ID	EX	MEM	WB					
sub x4, x1, x5		IF	ID	停顿	EX	MEM	WB			
and x6, x1, x7			IF	停顿	ID	EX	MEM	WB		
or x8, x1, x9				停顿	IF	ID	EX	MEM	WB	

3.3.4　分支冲突

微课视频

对于 RISC-V 流水线，在执行分支时，如果分支不成功，程序计数器的值等于当前值加 4（32 位指令）；如果分支成功，程序计数器需要改为目标地址。

```
IF/ID.NPC,PC←if((EX/MEM.opcode==branch)&EX/MEM.cond)
{EX/MEM.ALUOutput}else{PC+4}
```

前面简单的 RISC 5 级流水线在 ID 阶段识别分支指令，在 EX 阶段确定分支和分支目标地址。但这样在分支成功后，分支指令之后的两条指令被放弃。处理分支冲突的最简单方法是：在 ID 阶段对指令进行译码，一旦检测到分支，就对分支之后的指令重新取值。如果分支成功，IF 阶段所取指令被放弃，相当于流水线停顿。如果分支未成功，由于事实上已经正确地提取了指令，无须重复取指令。因此简单 RISC 5 级流水线分支成功将导致两个周期停顿，如表 3.8 所示。

表 3.8　简单 RISC 5 级流水线分支成功将导致两个周期停顿

指令	时钟周期									
	1	2	3	4	5	6	7	8	9	10
分支指令	IF	ID	EX	MEM	WB					
指令 *i*+1		IF	停顿							
指令 *i*+2			停顿							
指令 *i*+3				IF	ID	EX	MEM	WB		
指令 *i*+4					IF	ID	EX	MEM	WB	

1. 降低流水线分支代价

为了减轻分支代价，把确定分支方向和分支目标地址的工作放到 ID 阶段完成，这样分支成功只会产生 1 个周期的停顿。但这需要在 ID 阶段的硬件中增加分支比较和分支目标地址计算的逻辑。后面的内容默认都采用这种优化后的分支处理硬件方案。

```
IF/ID.NPC,PC←if((ID/EX.opcode==branch)&ID/EX.cond){ID/EX.ALUOutput}else{PC+4}
```

下面介绍4种简单的分支处理机制。

（1）第一种是最简单的，是分支停顿机制，用于在确定分支目标之前，冻结、冲刷流水线，从而保留、删除分支之后的所有指令。这种机制的优势主要在于简单。如表3.8所示，在这种情况下，分支代价是固定的，不能通过软件来减少。

（2）第二种是一种性能更高但略微复杂的机制，称为预测不成功机制，它将每个分支都看作不成功分支，允许硬件继续执行，就好像分支不存在一样。这时必须非常小心，在明确分支方向之前，不能改变处理器状态。因此本机制必须知道处理器状态何时会被改变，以及如何“撤销”这种改变。在简单的RISC 5级流水线中，预测不成功机制的实现方式是继续提取指令，就好像分支指令是一条正常的指令。流水线看起来好像没有什么异常发生。但是，如果分支成功，就需要将已提取的指令转为空操作，重新开始在目标地址提取指令。表3.9显示了这两种情况。

表3.9　RISC流水线分支导致的一个周期停顿

指令	时钟周期									
	1	2	3	4	5	6	7	8	9	10
分支不成功指令	IF	ID	EX	MEM	WB					
指令 *i*+1		IF	ID	EX	MEM	WB				
指令 *i*+2			IF	ID	EX	MEM	WB			
指令 *i*+3				IF	ID	EX	MEM	WB	WB	
指令 *i*+4										
指令	**时钟周期**									
	1	2	3	4	5	6	7	8	9	10
分支成功指令	IF	ID	EX	MEM	WB					
指令 *i*+1		IF	空闲	空闲	空闲	空闲				
分支目标地址			IF	ID	EX	MEM	WB			
目标指令 *i*+1				IF	ID	EX	MEM	WB	WB	
目标指令 *i*+2										

（3）第三种机制是预测分支成功机制，指只要对分支指令进行了译码并计算了目标地址，就假定分支将成功，开始在目标地址提取指令。这种机制只有在分支确定之前就知道分支目标地址时才有用。在5级流水线中，无法在分支确定之前知道目标地址，所以没有好处。在一些处理器中，特别是那些拥有隐性设定条件代码或者拥有特殊硬件（例如分支目标缓存）的分支条件处理器中，是可以在分支确定之前得到分支目标的，这时，预测分支成功机制可能有收益。

编译器可以静态预测分支方向，通过代码结合到硬件预测机制，提高程序性能。例如，Linux编译器可以根据代码中的likely和unlikely关键字静态执行不同的分支处理过程。

（4）第四种机制称为隐藏分支延迟机制。每种处理器在分支指令译码和分支目标地址确定操作之间有固定延迟，称为分支延迟槽。后序指令执行时，如果分支未成功，则继续执行；如果分支成功，则从分支目标处执行。因此可以把一条需要执行的指令调度到分支延迟槽中，无论分支是否被选中，分支延迟槽中的指令都会被执行。此机制在早期的RISC处理器中被广泛使用。在延迟分支中，带有一个分支延迟的执行周期为：

分支指令
后序指令
分支目标地址

表 3.10 所示为具有分支延迟的 5 级流水线的行为特征。尽管分支延迟可能长于一个周期，但在实际中，几乎所有具有延迟分支的处理器都只调度一条指令；如果流水线的潜在分支代价更大，则使用其他技术。当分支延迟槽中的指令也是分支指令时，处理起来将非常困难。为此，采用延迟分支的体系结构禁止在分支延迟槽中放入分支指令。

表 3.10　具有分支延迟槽的 5 级流水线的行为特征

指令	时钟周期									
	1	2	3	4	5	6	7	8	9	10
分支成功指令	IF	ID	EX	MEM	WB					
分支延迟槽指令 *i*+1		IF	ID	EX	MEM	WB				
分支目标地址			IF	ID	EX	MEM	WB			
目标指令 *i*+1				IF	ID	EX	MEM	WB		
目标指令 *i*+2					IF	ID	EX	MEM	WB	

编译器的任务是把有用的指令调度到分支延迟槽中，无论分支是否成功，使指令执行都是有意义的。进而有 3 种调度分支延迟的方式，如图 3.16 所示。

每种调度示意图上框显示调度前的指令；下框显示调度后的指令。在图 3.16（a）中，分支延迟槽内是分支之前的一条无关指令，这是最佳选择，但是确定无关指令是比较困难的。在图 3.16（b）和图 3.16（c）中，由于分支条件中使用了 x1，所以不能将 add 指令移到分支之后（RAW 相关）。在图 3.16（b）中，分支延迟槽中填充了分支的目标指令，这时一般需要复制目标指令，因为其他路径也可能会使用这一目标指令。当分支（比如循环分支）的选中概率很高时优选策略 B。最后，如图 3.16（c）所示，可以把分支不成功的指令填充分支延迟槽。

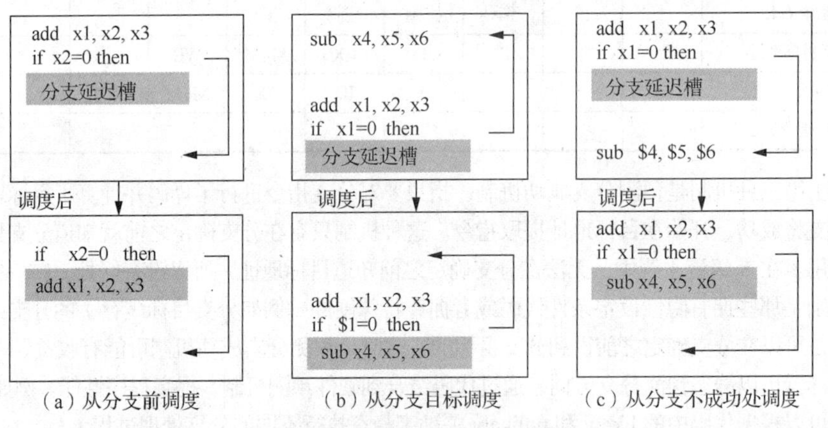

图 3.16　调度分支延迟的 3 种方式

延迟分支调度的局限性：①对可调度到分支延迟槽中的指令有限制；②在编译时预测分支是否可能成功的能力有限。为了提高编译器填充分支延迟槽的能力，大多数具有条件分支的处理器都引入了一种分支取消或废除机制。在取消分支中，指令包含预测分支的方向。当分支的行为与预期一致时，分支延迟槽中的指令就像普通的延迟分支指令一样执行。当分支预测错误时，分支延迟槽中的指令转为空操作。

2. 分支的性能影响

假定理想 CPI 为 1，考虑分支代价的实际流水线加速比为

$$流水线加速比=\frac{流水线深度}{1+分支导致的流水线停顿周期}$$

由于:

$$分支导致的流水线停顿周期=分支频率\times分支代价$$

得

$$流水线加速比=\frac{流水线深度}{1+分支频率\times分支代价}$$

分支包括无条件分支和有条件分支。由于后者出现得更为频繁，故需要重点关注。

例题 某一深度流水线处理器，在知道分支目标地址之前需要经过 3 个流水级，在计算分支条件时需要增加一个周期，这里假设条件比较时寄存器没有停顿。分支代价如下，假设不同分支具有如表 3.11 所示的频率，计算分支导致 CPI 增加了多少。

表 3.11 不同分支的频率

分支	频率
无条件分支	4%
有条件分支、不成功	6%
有条件分支、成功	10%

3 种分支处理机制对于深度流水线的分支代价如表 3.12 所示。

表 3.12 3 种分支处理机制对于深度流水线的分支代价

分支处理机制	无条件分支代价	有条件分支、不成功代价	有条件分支、成功代价
分支停顿	2	3	3
预测成功	2	3	2
预测不成功	2	0	3

解答 各分支的相对频率乘以各自的代价，求出 CPI，如表 3.13 所示。

表 3.13 分支代价对于 CPI 的增加量

	各分支代价对于 CPI 的增加量			
分支处理机制	无条件分支	有条件分支、不成功	有条件分支、成功	所有分支
分支停顿	0.08	0.18	0.30	0.56
预测成功	0.08	0.18	0.20	0.46
预测不成功	0.08	0	0.30	0.38

这些机制（CPI）之间的差别大体随着分支延迟增大而增大。如果基础 CPI 为 1，分支是唯一的停顿原因，则理想流水线的速度是使用分支停顿机制的流水线的 1.56 倍。预测失败机制在相同条件下好于分支停顿机制，为其 1.13 倍。

3.3.5 分支预测

当流水线变深，且分支潜在代价增加时，需要使用更有效的方式来预测分支。有如下两种方式：①静态分支预测；②动态分支预测。下面将讨论这两种方式。

1. 静态分支预测

优化编译时进行分支预测的一种重要方式是分析先前程序运行过程中收集的实际分支行为（Trace 过程），根据结果对分支进行静态预测。实际分支行为经常表现为双峰分布；不同类型的分支经常明显偏向于成功或不成功两种情况之一。通过统计分析分支过去的行为就可以对于分支进行预测，可以结合前面的方法进行处理。

图 3.17 所示为基于 Trace 过程的分支预测结果，可以看出浮点程序通常优于整型程序。前者的平均错误预测率为 9%，标准偏差为 4%；后者的平均错误预测率为 15%，标准偏差为 5%。实际性能取决于预测精度和分支频率，其变化范围为 3%～24%。任意分支预测机制的有效性都同时取决于预测精度和分支频率，在 SPEC 中，其变化范围为 3%～24%，整数程序的错误预测率较高，并且此类程序的分支频率通常较高，这限制了静态分支预测效果。

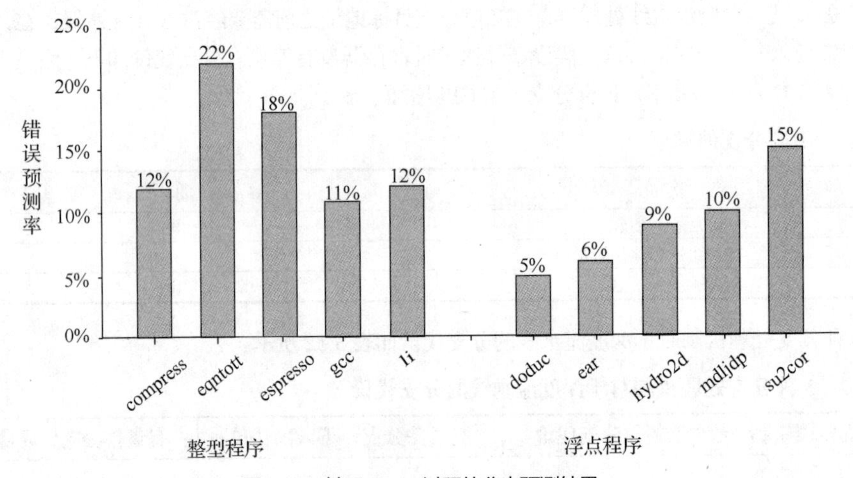

图 3.17 基于 Trace 过程的分支预测结果

2. 动态分支预测

图 3.18 展示了动态分支预测思想。当分支不断到达时，通过分支地址识别分支，记录分支历史信息，并设计分支预测器对每个分支进行预测，在分支确定之后，通过反馈更新分支预测器，这也可以看成一种机器学习方式。

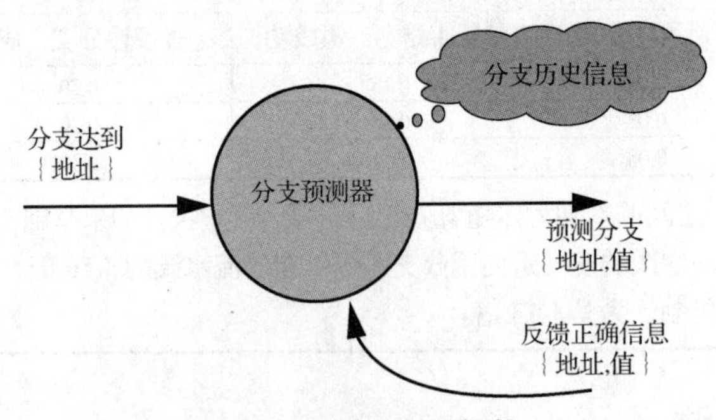

图 3.18 动态分支预测思想

较为简单的动态分支预测机制是分支历史表（Branch History Table，BHT）。BHT 是小型存储器，根据分支指令地址的低位部分进行索引。这个存储器中包含 N 位，用于记录分支预测最近是否成功。如果预测不成功就会修改预测位并保存。注意，两个分支指令有可能低位地址相同，从而索引到同一预测位，称为地址冲突。增加索引位数会降低地址冲突概率，但会增加索引硬件开销。

1 位分支历史预测机制在一次循环中可能会得到两次不成功预测，因为进入循环和离开循环时都可能会预测不成功。因此经常使用 2 位预测机制。在 2 位预测机制中，预测必须错过两次之后才会进行修改。图 3.19 所示为一种 2 位预测机制的状态变迁。

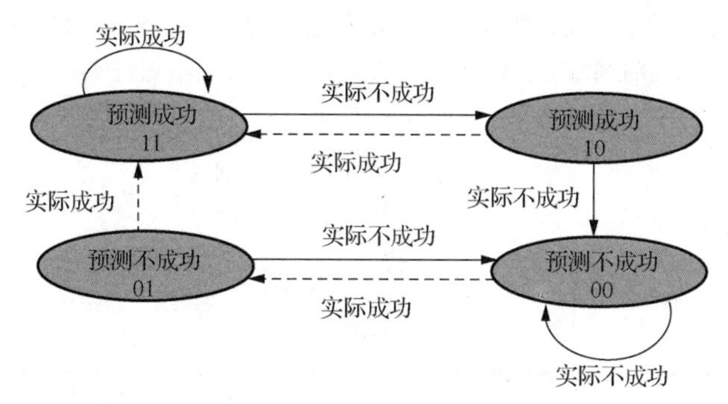

图 3.19　一种 2 位预测机制的状态变迁

BHT 在 IF 阶段使用指令低位地址进行索引访问。如果指令的译码结果为一个分支，并且该分支被预测为选中，则在知道 PC 之后立即从目标地址开始提取。否则，继续进行顺序提取和执行。如果预测不成功，将改变预测位。图 3.20 所示为基于 2 位预测机制的分支处理过程。

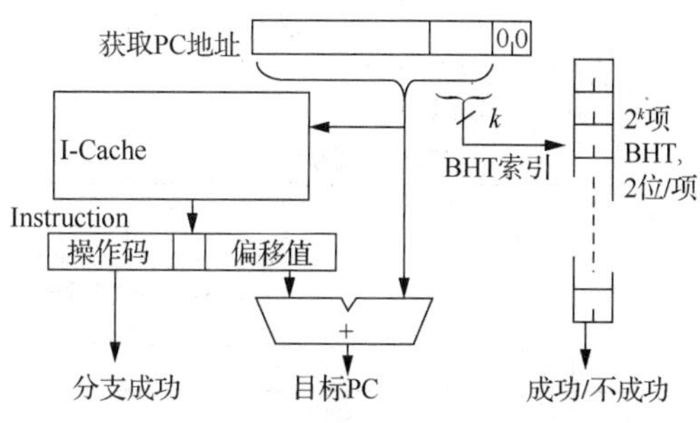

图 3.20　基于 2 位预测机制的分支处理过程

3. 分支目标缓存

仅能正确成功预测分支而不知道分支目标地址，也无法降低流水线分支代价。如果能尽早识别分支指令，预测其分支成功，且知道相应 PC 地址，那就可以将分支代价降为 0。为此，设计一个缓存用于存储一条分支之后下一条指令的预测地址，这一缓存被称为分支目标缓冲区或分支目标缓冲器（Branch Target Buffer，BTB）。指令使用其低位地址用于分支目标缓冲区缓存索引。图 3.21 所示为分支目标缓冲区结构。

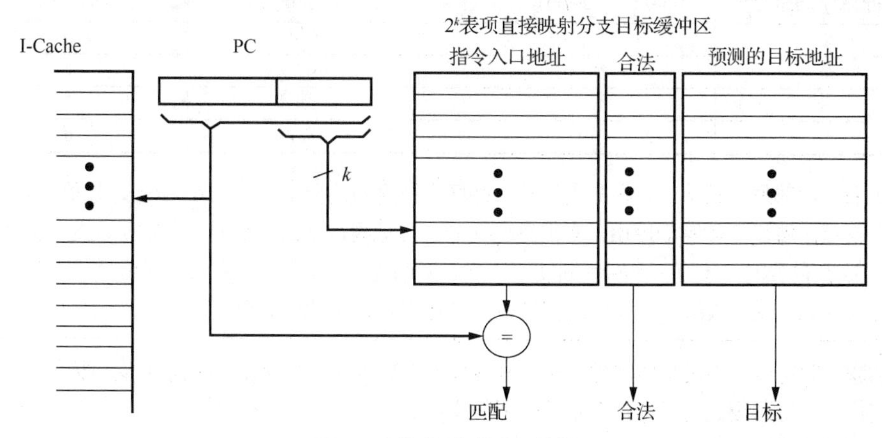

图 3.21　分支目标缓冲区结构

分支目标缓冲区将所提取指令的 PC 地址与第一个字段进行匹配，这个字段代表的是指令入口地址（已知分支指令的地址）。如果 PC 地址与该字段匹配，则所提取的指令被认为是指令分支。第二个字段是可选字段，表示预测是否合法。第三个字段是预测的分支目标地址，可在该地址处提取指令。

图 3.22 显示了 5 级流水线使用分支目标缓冲区的流程。从图中可以看出，如果在缓冲区中找到了分支预测项，而且预测正确，那就没有分支延迟。否则，至少存在两个时钟周期的代价。在重写分支目标缓冲区项目时通常会暂停指令提取，所以要处理错误预测与缺失是一个难题。

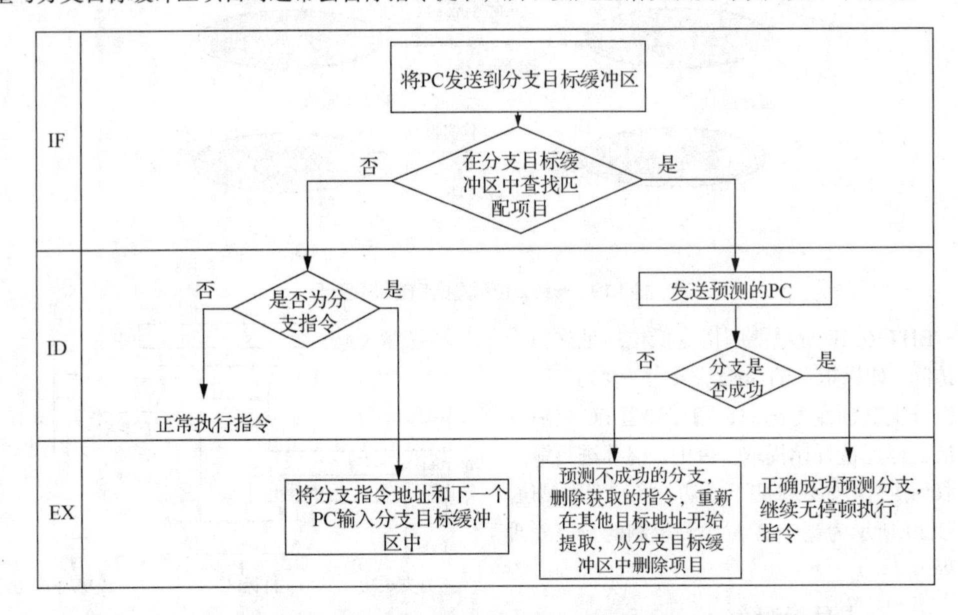

图 3.22　5 级流水线使用分支目标缓冲区的流程

若要评估一个分支目标缓冲区的工作情况，必须首先判断所有可能情况的代价。表 3.14 给出了一个简单 5 级流水线分支目标缓冲区效果，表明一个分支是否在分支目标缓冲区中、它完成何种任务，以及相应的代价，假设仅在缓冲区中存在选中分支。

表 3.14　分支目标缓冲区效果

缓冲区中的指令	预测	实际分支	代价/时钟周期
是	选中	成功	0
是	选中	不成功	2
否		成功	2
否		不成功	0

如果一切都预测成功，且在分支目标缓冲区中找到对应分支，那就没有分支代价。如果分支预测不成功，那代价就等于使用正常信息更新分支目标缓冲区的一个时钟周期（在此期间不能提取指令），在需要时，还有一个时钟周期用于重新开始为该分支提取下一个正确指令。如果这个分支没有被找到，或未被选中，那代价就是两个时钟周期，在此期间会更新分支目标缓冲区。

例题　假定各个不成功预测的代价（时钟周期）如表 3-11 所示，请判断分支目标缓冲区的总体分支代价。对预测成功率和选中率做以下假设：

（1）预测成功率为 90%（对于缓冲区中的指令）；

（2）缓冲区选中率为 90%（对于预测选中的分支）。

解答 通过分析两种情况的概率来计算代价，第一种情况是预测分支将成功但最后不成功；第二种情况是分支成功，但未在缓冲区中找到相应分支。这两种情况的代价都是两个时钟周期。

P(分支在缓冲区中，但未被选中)=缓冲区选中率×错误预测比例

=90%×10%=0.09

P(分支不在缓冲区中，但被选中)=10%

分支代价=(0.09+0.10)×2=0.38

这一代价略低于延迟分支的代价，延迟分支的代价大约为每个分支 0.5 个时钟周期。注意，当流水线深度增加从而导致分支延迟增加时，通过动态分支预测得到的性能改善也会随之增强；此外，使用更准确的预测器也会获得更大的性能优势。现代高性能处理器的分支错误预测代价大约为 15 个时钟周期，因此预测成功率极其关键。

分支目标缓冲区可以缓冲预测的目标指令，其行为类似于无条件分支跳转到目标地址。无条件分支的唯一作用就是改变 PC。因此，当分支目标缓冲区发出选中信号，并指出分支是无条件分支时，流水线只需要用分支目标缓冲区中缓存的目标指令代替指令缓冲返回的指令。

3.4 流水线实现

在介绍完流水线概念和冲突解决方法之后，本节将讨论 RISC-V 流水线在具体实现中面临的问题及其解决方法。

3.4.1 RISC-V 流水线控制

RISC-V 流水线中，理想情况下每个流水级都有一条指令恰好处于活动状态。流水线寄存器的字段命名显示了数据在流水级之间的流动。注意，前两级的操作与指令类型无关。由于要等到 ID 阶段才对指令译码，寄存器源操作数的固定位置编码对于在 ID 阶段标识寄存器是至关重要的。IF 阶段的行为取决于 EX/MEM 寄存器中的指令是否分支成功。如果分支成功，则会在 IF 阶段结束时将 EX/MEM 寄存器中分支指令的分支目标地址写入 PC 中；如果分支不成功，则写回 PC+4。

1. 流水线控制实现

将一条指令从 ID 阶段移入 EX 阶段的过程通常称为指令发射，EX 阶段及后面的指令称为已发射。对于 RISC-V 整数流水线，所有数据冲突都可以在该流水线的 ID 阶段进行检查。如果一条指令存在数据冲突，将在被发射之前停顿。与此类似，我们可以确定在 ID 阶段需要哪种转发，并设定适当的控制。如果在流水线早期检查互锁，除非停顿整个处理器，否则硬件不会挂起一条已经改变处理器状态的指令，从而降低硬件复杂性。也可以在使用操作数前一个时钟周期之时，在 EX 阶段和 MEM 阶段检查冲突或转发。为了说明这两种方法之间的区别，在表 3.15 中展示通过对比相邻指令的目标与源寄存器检测硬件的流水线冲突，并说明如何实现指向 ALU 输入的重定向路径。

表 3.15 通过对比相邻指令的目标与源寄存器检测硬件的流水线冲突

事件	示例代码序列	操作

没有相关性	ld x1,45(x2)
	add x5, x6, x7
	sub x8, x6, x7
	or x9, x6, x7
		由于后面紧随的 3 条指令不存在对 x1 的依赖性，因此不可能出现冲突

续表

事件	示例代码序列	操作

相关性需要停顿	ld x1,45(x2)
	add x5,x1,x7
	sub x8,x6,x7
	or x9,x6,x7
		比较器检测到 add 指令使用 x1，在 add 指令的 EX 阶段开始之前暂停 add 指令（也包括 sub 指令和 or 指令）

通过转发克服相关性	ld x1,45(x2)
	add x5, x6, x7
	sub x8, x1, x7
	or x9, x6, x7
		比较器检测 sub 指令使用 x1，并将载入结果及时转发到 ALU 中，供 sub 指令在 EX 阶段开始时使用

循序访问的相关性	ld x1,45(x2)
	add x5, x6, x7
	sub x8, x6, x7
	or x9, x1, x7
		or 指令中对 x1 的读取发生在 ID 阶段的后半部分，而载入数据发生在写入的前半部分

2. 流水线互锁实现

如果存在一个因为载入指令导致的 RAW 冲突，该载入指令位于 EX 阶段，而需要该载入结果的指令处于 ID 阶段时，可以用一个很小的表来描述所有可能存在的事件。表 3.16 显示了当使用载入结果的指令位于 ID 阶段时，检测互锁的逻辑，在 ID 阶段检测针对载入的互锁逻辑，需要针对每个源寄存器进行两次比较。IF/ID 寄存器保存着 ID 阶段指令的状态，它可能会用到载入结果，而 ID/EX 保存着 EX 阶段载入指令的状态。

表 3.16　用于检测一条指令的 ID 阶段中是否需要载入互锁的逻辑

ID/EX 的操作码字段（$ID/EX.IR_{0..5}$）	IF/ID 的操作码字段（$IF/ID.IR_{0..6}$）	匹配操作数字段
载入	寄存器-寄存器 ALU，载入、存储、ALU 立即数或分支	ID/EX.IR[rd]=IF/ID.IR[rs1]
载入	寄存器-寄存器 ALU 或分支	ID/EX.IR[rd]=IF/ID.IR[rs2]

一旦检测到冲突，控制单元必须插入流水线停顿，并防止 IF 和 ID 阶段的指令继续执行。前面说过控制信息（指令上下文）都保存于流水线寄存器中。因此，在检测冲突时，只需要将 ID/EX 寄存器的控制部分改为全 0，使其成为一个空操作。此外，只需循环使用 IF/ID 寄存器中的内容，就可保存停顿的指令。在具有更复杂冲突的流水线中，这种方式同样适用：对比一组流水线寄存器，并转换为空操作，以防止错误执行。

3. 流水线重定向实现

实现重定向逻辑，关键是要注意到流水线寄存器中既包含要重定向的数据，也包含源、目标寄存器字段。所有重定向在逻辑上都是从 ALU 或数据存储器输出到 ALU 输入、数据存储器输入或零检测单元。因此，可以对比 EX/MEM 和 MEM/WB 寄存器中包含 IR 的目标寄存器与 ID/EX 和 EXMEM 寄存器中包含 IR 的源寄存器，以此来实现重定向。表 3.17 显示了这些比较，以及当重定向结果的目的地是 EX 阶段当前指令的 ALU 输入时，可能执行的重定向操作。可以从 ALU 结果（EX/MEM 寄存器中或 MEM/WB 寄存器中）或从 MEM/WB 寄存器的载入结果向两个 ALU 输入重定向数据，供 EX 阶段的指令使用。

表 3.17　流水线重定向判定逻辑

包含源指令的流水线寄存器	源指令的操作码	包含目标指令的流水线寄存器	目标指令的操作码	重定向结果的目的地	比较（若相等，重定向）
EX/MEM 寄存器	寄存器-寄存器 ALU，ALU 立即数	ID/EX 寄存器	寄存器-寄存器 ALU，ALU 立即数、载入、存储、分支	顶部 ALU 输入	EX/MEM.IR[rd]=ID/EX.IR[rs1]
EX/MEM 寄存器	寄存器-寄存器 ALU，ALU 立即数	ID/EX 寄存器	寄存器-寄存器 ALU	底部 ALU 输入	EX/MEM.IR[rd]=ID/EX.IR[rs2]
MEM/WB 寄存器	寄存器-寄存器 ALU，ALU 立即数，载入	ID/EX 寄存器	寄存器-寄存器 ALU，ALU 立即数、载入、存储、分支	顶部 ALU 输入	MEM/WB.IR[rd]=ID/EX.IR[rs1]
MEM/WB 寄存器	寄存器-寄存器 ALU，ALU 立即数，载入	ID/EX 寄存器	寄存器-寄存器 ALU	底部 ALU 输入	MEM/WB.IR[rd]=ID/EX.IR[rs2]

表 3.17 中，为了判断是否应当执行重定向操作，一共需要进行 10 次不同的比较。顶部和底部的 ALU 输入分别指代与第一、第二 ALU 源操作数相对应的输入。注意，EX 输入寄存器后为 ID/EX，而源值来自 EX/MEM ALU.Output 寄存器，或者 MEM/WB 的寄存器。当处理多条写入相同寄存器的指令时，例如在代码序列 add xl,x2,x3:addi xl,x1,#2:sub x4,x3,x1 执行期间，必须确保 sub 指令使用的是 addi 指令的执行结果，而不是 add 指令的执行结果。为了应对这种情况，可以扩展上述检测逻辑：仅没有来自 EX/MEM 寄存器的重定向时，才检测来自 MEM/WB 寄存器的重定向。由于 addi 指令将执行结果存于 EX/MEM 寄存器中，因此将重定向该结果，而不是 MEM/WB 寄存器中的 add 指令执行结果。

除了在需要启用重定向路径时必须确定比较器和组合逻辑之外，还必须扩大 ALU 输入端的多路选择器，并添加一些连接，这些连接源于转发结果所用的流水线寄存器。图 3.23 给出了流水线数据路径的相关段，其中添加了所需要的多路选择器和连接。

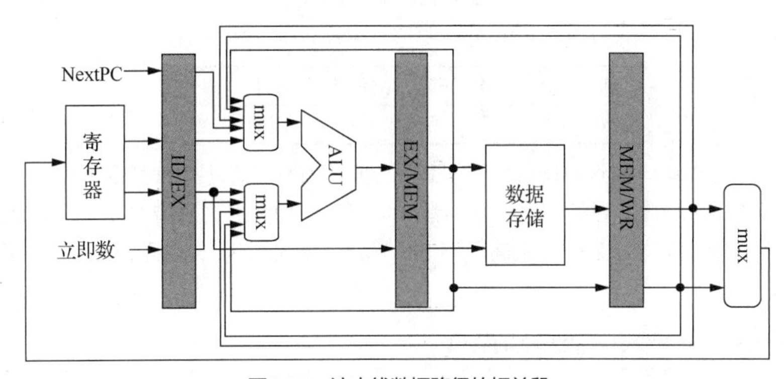

图 3.23　流水线数据路径的相关段

图 3.23 显示在给 ALU 重定向时，需要在每个 ALU 输入上增加 3 个输入及其路径。这些路径对应于以下三者的一个旁路：①EX 阶段结束时的 ALU 输出；②MEM 阶段结束时的 ALU 输出；

③MEM 阶段结束时的存储器输出。对于 RISC-V 流水线，冲突检测和重定向硬件是相对比较简单的，但处理浮点流水线时，会更加复杂。

在 RISC-V 流水线中，条件分支依赖于比较两个寄存器值，计算假设发生在 EX 阶段中的 ALU。还需要计算分支目标地址，因为测试分支条件和确定下一个 PC 将决定分支代价的大小，我们需要计算可能的 PC，并在 EX 阶段结束之前得到正确的 PC。通过增加独立的加法器，并在 ID 阶段做出分支判断，可将分支延迟减小到一个周期。当然这意味着增加一个对寄存器的 ALU 操作，然后是基于该寄存器的条件分支判断。因为指令还没有被译码完，每条指令都被当成一条分支。因此，此优化虽然比 EX 阶段完成分支更快，但也消耗了更多的能量。

随着流水线深度的增加，分支延迟增加，提升分支预测成功率是有必要的。例如，具有单独译码和寄存器取指令的阶段可能会有至少 1 个时钟周期的分支延迟。早期，处理器具有 4 个或更多时钟周期分支延迟，大型深度流水线处理器通常具有 6 或 7 个时钟周期的分支延迟。现代高端超标量流水线，例如 Intel Core i7，可能会有 10～15 个时钟周期的分支延迟。一般来说，流水线越深，分支延迟越大，因此成功预测分支是非常有必要的。在第 4 章继续讨论高级分支预测技术。

3.4.2 异常处理

在流水线 CPU 中，指令一段一段地执行，在几个时钟周期内不会完成。但是，流水线中执行的指令可能会引发一些异常，强制 CPU 在流水线中的其他指令尚未完成时中止执行。异常事件在流水线 CPU 中更难处理，可能导致指令执行顺序发生意外变化，以致更难以判断指令是否能安全地改变 CPU 的状态。

1. 异常类型

很多类型的事件都会导致异常，中断当前指令的执行，包括以下多种情况：①I/O 设备处理；②用户程序调用操作系统服务；③跟踪指令执行；④断点（程序员请求的中断）；⑤整数算术溢出；⑥浮点算术异常；⑦页面错误（不在主存储器中）；⑧（在需要对齐时）存储器访问未对齐；⑨违反存储器保护规则；⑩使用未定义或未实现的指令；⑪硬件故障；⑫电源故障。

2. RISC 的异常处理

表 3.18 显示了 RISC-V 流水线中可能发生的异常。采用流水线时，由于有多条指令并行执行，因此在同一时钟周期中可能出现多个异常。例如，考虑如下指令序列：

ld	IF	ID	EX	MEM	WB	
add		IF	ID	EX	MEM	WB

这两条指令可能同时导致数据页面错误和浮点算术异常，这是因 ld 指令为位于 MEM 阶段，而 add 指令位于 EX 阶段。要处理这两个异常，可以先处理数据页面错误，然后重启执行过程。第二个异常将再次发生（如果软件正确，第一个异常将不再发生），这样，就可以单独对其进行处理。

表 3.18 RISC-V 流水线中可能发生的异常

指令执行阶段	所发生的异常
IF	指令提取时发生页面错误、存储器访问未对齐、违反存储器保护规则
ID	未定义或非法操作码

续表

指令执行阶段	所发生的异常
EX	浮点算术异常
MEM	数据提取时发生页面错误、存储器访问未对齐、违反存储器保护规则
WB	无

现实中的异常并不像这个简单例子中那样明了。异常可能乱序发生，也就是说，可能在一条指令先行产生异常之后，排在前面的指令才产生异常。再次分析上述序列，当 ld 指令处于 IF 阶段时可能产生数据页面错误，而当 add 指令位于 IF 阶段时可能会产生指令页面错误。指令页面错误尽管由后一指令导致，但实际上它会先发生。

发生异常之后，可以通过重新加载 PC 并重启指令流从异常中返回，且继续执行原指令。如果流水线可以停止，使错误指令之前的指令可以完成执行，使其之后的指令可以从头重新启动，那就说流水线拥有精确的异常处理能力。在理想情况下，错误指令可能还没有改变状态，要正确地处理一些异常，要求错误指令不产生任何影响。RISC-V 可以实现精确异常，把连续的前后指令分别称为 i 和 i+1。

流水线如果在发生异常时立刻处理它，会导致异常的发生顺序不同于非流水线顺序。硬件会将一条给定指令产生的所有异常都记录在一个与该指令相关联的状态向量中。这个异常状态向量将一直随该指令向流水线后段移动。一旦在异常状态向量中设定了异常指示，则关闭任何可能导致数据值写入（包括寄存器写入和存储器写入）的控制信号。由于存储指令可能在 MEM 阶段导致异常，因此硬件必须准备好在存储指令产生异常时阻止其完成。

如图 3.24 所示，当一条指令进入 WB 阶段时（或者将要离开 MEM 阶段时），将检查异步状态向量。如果发现存在任何异常，则按照它们的程序顺序进行处理——首先处理与最早指令相对应的异常（通常位于该指令的最早流水级）。这样可以保证：指令 i 引发的所有异常将优先得到处理，早于指令 i+1 引发的所有异常。当然，任何在较早流水线中以指令 i 名义采取的操作都是无效的，但由于对寄存器组和存储器的写入操作都被禁用，因此还没有改变任何状态。

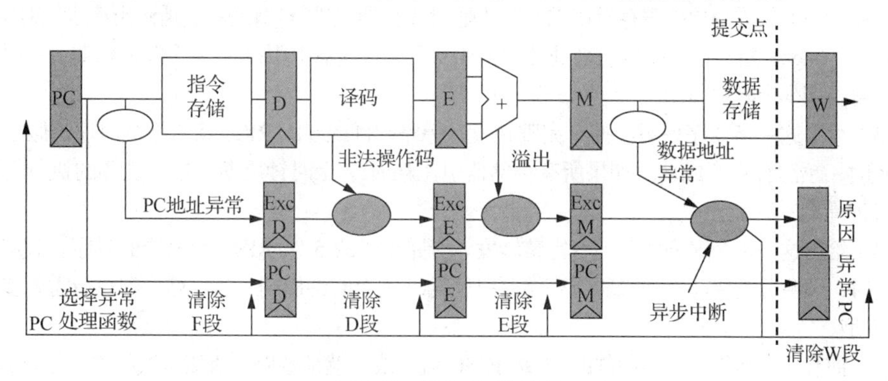

图 3.24 精确的异常处理

3. 指令集的复杂性

RISC-V 流水线仅在指令执行结束时写入结果，在保证一条指令完成时，称为已提交。在 RISC-V 整数流水线中，如果所有指令到达 MEM 阶段的末尾（或者 WB 阶段的开头），而且没有指令在该阶段之前更新状态，则说这些指令已提交。因此，精确异常非常简单。一些处理器的指令会在指令执行中更改状态，但该指令及其之前的指令可能还未完成。例如，IA-32 体系结构中的

自动递增寻址方式可以在一条指令的执行过程中更新处理器。在这种情况下，如果该指令由于异常而终止，则会使处理器状态发生变化。在未添加硬件支持的情况下，异常是不精确的。

20 世纪 80 年代，人们认识到指令集的复杂性会增加流水线的难度、降低流水线的效率。20 世纪 90 年代，所有公司都转向更简单的指令集，目标在于主动降低流水线实现的复杂性。

本章附录

附录 C 进一步补充了流水线相关的知识，并按照本章相关主题进行了分类。具体而言，在附录 C.3 添加描述了分支预测实例（C.1.1），在附录 C.4 在流水线实现部分扩展讨论了 RISC 流水线控制（C.2.1）和流水线的异常处理（C.2.1），增加了附录 C.3 介绍了多周期非线性浮点流水线。

习　　题

3.1　指令序列如下所示。

```
Loop:     ld    x1,0(x2)         ;地址 0+x2 载入 x1
          addi  x1,x1,1          ;x1=x1+1
          sd    x1,0,(x2)        ;存储 x1 到地址 0+x2
          addi   x2,x2,4         ;x2=x2+4
          sub   x4,x3,x2         ;x4=x3-x2
          bnez   x4,Loop         ;如果 x4!=0 则循环
```

假定 x3 的初始值为 x2+396。

（1）列出上述指令序列中的所有数据相关，记录寄存器、源指令和目标指令；例如，从 ld 指令到 addi 指令，存在寄存器 x1 的数据相关。

（2）给出这一指令序列对于 5 级 RISC 流水线的时序，该流水线没有任何转发或旁路硬件，但假定在同一时钟周期中的寄存器读取与写入通过寄存器组进行“转发”，请画出流水线时空图。假定分支（bnez）是通过分支停顿来处理的，如果所有存储器引用耗时 1 个时钟周期，一次循环的执行需要多少个时钟周期?

（3）给出这一指令序列对于拥有完整转发、旁路硬件的 5 级 RISC 流水线的时序。假定在处理分支时，预测分支不成功。如果所有存储器引用耗时 1 个时钟周期，这一循环的执行需要多少个时钟周期?

（4）给出这一指令序列对于拥有完整转发、旁路硬件的 5 级 RISC 流水线的时序。假定在处理分支时，预测分支成功。如果所有存储器引用耗时 1 个时钟周期，这一循环的执行需要多少个时钟周期?

（5）拥有完整转发、旁路硬件的 10 级 RISC 流水线（就是经典 5 级流水线的每一级被分为 2 级），具有数据重定向机制，也就是数据由流水级的末尾转发到需要这些数据的两个流水级的开头。例如，数据从第二执行级的输出转发到第一执行级的输入，仍然导致 1 个时钟周期的延迟。给出这一指令序列的时空图。假定在处理分支时，预测分支成功。如果所有存储器引用耗时 1 个时钟周期，这一循环的执行需要多少个周期?

（6）假定在一个 5 级流水线中，最长的流水级需要 0.8ns，流水线寄存器延迟为 0.1ns。这个 5 级流水线的时钟周期时间为多少？如果 10 级流水线将所有流水级都分为 2 级，那么 10 级流水线

处理器的时钟周期时间为多少？

（7）利用第（4）、（5）问的答案，计算该循环在 5 级流水线和 10 级流水线上的 CPI。确保仅计算从第一条指令到达 WB 阶段再到最后的周期数，不要计算第一条指令的开始时间。利用第（6）问计算的时钟周期，计算每种处理器的平均指令执行时间。

3.2 假定各种分支频率（以占全部指令的百分比表示）如表 3.19 所示。

表 3.19 各种分支频率

分支	频率
条件分支	15%
跳转与调用（无条件分支）	1%
成功分支条件	60%成功

（1）一个 4 级流水线，其中，无条件分支在第二个周期结束时执行，而条件分支则在第三个时钟周期结束时执行。假定第一个流水级 IF 总会完成，与是否为分支指令无关，忽略其他流水线停顿，在没有分支冲突的情况下，该处理器的速度快多少？

（2）一个 15 级流水线高性能处理器，无条件分支在第五个周期结束时执行，条件分支在第十个周期结束时执行。第一个流水级总会完成，与是否为分支指令无关，忽略其他流水线停顿，在没有分支冲突的情况下，该处理器的速度快多少？

3.3 一个采用单周期实现的处理器，时钟周期为 7ns。在按功能划分流水级时，每个流水级的时钟延迟不一定相同，这个流水线处理器具体测得的时间数据为：IF，1ns；ID，1.5ns；EX，1ns；MEM，2ns；WB，1.5ns。流水线寄存器延迟为 0.1ns。

（1）这个 5 级流水线处理器的时钟周期为多少？

（2）如果流水线处理器每 4 条指令有一次停顿，新处理器的 CPI 为多少？

（3）流水线处理器相对于单周期处理器的加速比为多少？

（4）如果流水线处理器有无限个流水级，每级延迟接近于 0，则相对于单周期处理器的加速比为多少？

3.4 典型的 5 级 RISC 流水线可以在 ID 阶段增加分支计算减少控制冲突停顿，并且通过重定向减轻 RAW 的停顿。假设有上述优化，请编写一小段代码，计算 ID 阶段的分支是否会导致数据冲突。

3.5 假定原处理器采用一个 5 级流水线，其时钟周期为 1ns。第二种处理器采用 12 级流水线，其时钟周期为 0.6ns。由于数据冲突，5 级流水线每 5 条指令经历 1 次停顿；而 12 级流水线每 8 条指令经历 3 次停顿。此外，分支占全部指令的 20%，两种处理器的不成功预测率都是 5%。

（1）仅考虑数据冲突，12 级流水线处理器相对于 5 级流水线处理器的加速比为多少？

（2）如果第一种处理器的分支不成功预测代价为 2 个周期，而第二种处理器为 5 个周期，则每种处理器的 CPI 为多少？将由于分支不成功预测而导致的停顿考虑在内。

3.6 代码如下。

C 语言代码

```
int array[N] = {…};
for (int i = 0; i < N; i++){
    if (array[i])
        array[i]++;
}
```

汇编代码

```
li a0, N
   la a1, array
loop:
   lw a2, 0(a1)
   beqz a2, endif
   addi a2, a2, 1
```

```
                  sw a2, 0(a1)
              endif:
                  addi a0, a0, -1
                  addi a1, a1, 4
                  bnez a0, loop
```

处理器具有一个 512 项 BHT，被 PC[10:2]索引。每条分支历史记录包含 2 位计数器，初始值是 00，如果 array={1,0,-3,2,1}，请问两个分支（bnez 和 beqz）在 5 次循环中的分支预测成功率为多少？请给出详细计算过程。

3.7　DAXPY 循环程序是高斯消去法的核心。该循环对于一个长度为 100 的向量实现了向量运算 Y=aX+Y。下面是该循环的 MIPS 代码：

```
foo:  fld       f2,0(x1)       载入 X(i)
      fmul.d    f4,f2,f0       求乘积 aX(i)
      fld       f6,0(x2)       载入 Y(i)
      fadd.d    f6,f4,f6       求和 aX(i)+Y(i)
      fsd       0(x2),f6       存储 Y(i)
      addi      x1,x1,8        递增 X 索引
      addi      x2,x2,8        递增 Y 索引
      sltiu     x3,x1,done     测试是否完成
      bnez      x3,foo         如果没有完成则继续循环
```

假定整数计算在一个时钟周期内发射和完成（包括载入），它们的结果被全旁路，忽视分支延迟。浮点操作延迟如表 3.20 所示，假定浮点单元被完全流水化，启动间隔为 1 个时钟周期。画出时序图的执行时序，显示每条指令的执行时间。每个循环迭代耗用多少个时钟周期？从第一条指令进入 WB 阶段开始计算，直到最后一条指令进入 WB 阶段为止。

表 3.20　浮点操作延迟

生成结果的指令	使用结果的指令	延迟/时钟周期
浮点乘	浮点 ALU 操作	6
浮点加	浮点 ALU 操作	4
浮点乘	浮点存储	5
浮点乘	浮点存储	3
整数运算（包括载入）	任意	0

3.8　假定有一个深度流水线处理器，为其实现分支目标缓冲区，仅用于条件分支。假定不成功预测的代价都是 4 个周期，缓冲缺失代价都是 3 个周期。假定命中率为 90%、成功率为 90%、分支频率为 15%。与分支代价固定为两个周期的处理器相比，采用这一分支目标缓冲区的处理器要快多少？假定每条指令的 CPI 为基本 CPI，没有分支停顿。

3.9　考虑分支目标缓冲区，正确条件分支预测、不成功预测和缓存缺失的代价分别为 0、2 和 2 个时钟周期。考虑一种区分条件与无条件分支的分支目标缓冲区设计，条件分支存储目标地址，无条件分支存储目标指令。

（1）当在缓冲区中发现无条件分支时，可获得多少个时钟周期的收益？

（2）假定分支目标缓冲区命中率为 90%，无条件分支频率为 5%，缓冲缺失的代价为 2 个时钟周期。这样可以获得多少收益？

第 4 章　指令级并行处理

4.1　指令级并行概念

微课视频

1985 年之后几乎所有商用处理器都采用指令流水线来提高性能。一方面通过设计复杂流水线高效处理浮点运算、分支预测、乱序执行等；另一方面增加多条流水线。

在理想情况下，一个 N 级流水线处理器中，每级都执行一条指令，每个时钟周期完成一条指令，则 CPI 为 1。此时该处理器每个时钟周期同时执行的指令数量为 N，也就是 ILP 为 N。但由于指令之间存在结构冲突、数据冲突和控制冲突，会降低流水线的效率，使得单条流水线的实际 CPI 通常大于 1。具体而言，一个流水线处理器的实际 CPI 等于基本 CPI 与各种停顿导致的延迟之和，公式如下：

$$\text{CPI}_{\text{流水线}}=\text{CPI}_{\text{理想流水线}}+\text{Stall}_{\text{结构冲突}}+\text{Stall}_{\text{数据冲突}}+\text{Stall}_{\text{控制冲突}}$$

这个公式可以帮助理解不同因素对 CPI 的影响。通过降低上式右侧各项延迟，可以降低流水线 CPI，即提高 IPC（每个时钟周期执行的指令数）。本章将介绍面对复杂流水线，从软件和硬件两方面提高 ILP 的方法。具体而言：①在软件方面，在不影响结果的前提下，优化指令顺序以最大化使用硬件的并行能力，称为静态指令调度；②在硬件方面，在运行时通过硬件动态调度指令最大化实际 ILP，称为动态指令调度。

无论是静态指令调度还是动态指令调度都各有优劣。静态指令调度的目标是编译时产生更高效的代码；或者调整指令顺序使其更符合硬件并行特性，但静态指令调度依赖于编译器对代码行为和结果的正确分析，对于固定程序代码和特定处理器也许可行（可以有针对性地反复分析），但是对于动态执行的代码就变得非常困难（典型 NP 完全问题）。动态指令调度不能改变指令到达的顺序和指令内容，但可在内部调整指令执行次序，减少停顿，代价是显著增加硬件复杂度，消耗更多晶体管和降低运行时功率。此外，动态指令调度的效果也受限于程序指令流内在的 ILP。

因此静态指令调度和动态指令调度必须相互配合。在 PMD 市场，2011 年之前，大多数处理器（如 ARM Cortex-AS）都采用静态指令调度方法。不过，新处理器（例如 ARM Cortex-A9 和华为 TaiShan V110）也增强了动态指令调度能力。

RISC 指令集具有精简、清晰、指令功能正交特性，能很好地帮助指令静态指令调度和动态指令调度。例如，对于一个操作，让存储器中的两个值相加，并将结果存回存储器。在一些 CISC 高级指令集中，只需要单条指令，但没有调度空间。而典型的 RISC 体系结构需要 4 条指令（两条 Load 指令、一条加法指令和一条 Store 指令），由于指令之间的独立性更好，这提供了更多的调度空间，既可进行静态指令调度，也可进行动态指令调度。现代CISC处理器内部会把一条指令转化为一组微码指令（类似于RISC指令），然后进行微码指令调度和流水化。Intel处理器就使用了RISC微码指令方式。

实际处理器都需要处理整数和浮点数，5级整数流水线在EX阶段的ALU操作消耗固定时钟周期，但浮点流水线不会像整数流水线这样简单，不同浮点操作功能单元的处理时钟周期是不同的。例如浮点加和浮点乘就消耗不同的时钟周期。图4.1（a）给出了复杂流水线抽象结构，在EX阶段具有不同延迟但可并行工作的多种功能单元，需要指令并行调度。此外，现代处理器也可以具有多条流水线，图4.1（b）给出了复杂多流水线处理器的抽象。因此让程序指令流充分利用这些复杂流水线的并行能力具有较大的挑战。

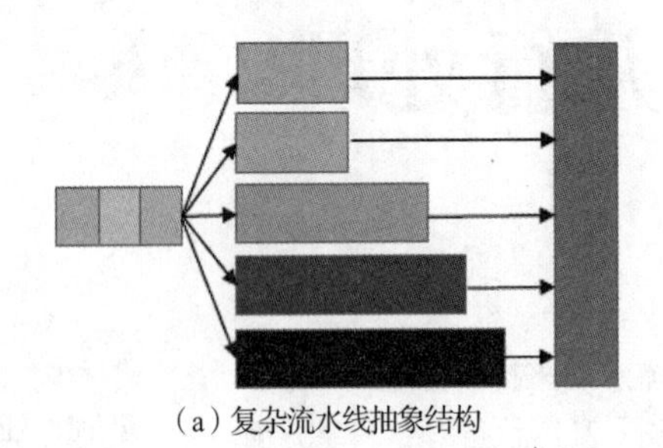

（a）复杂流水线抽象结构

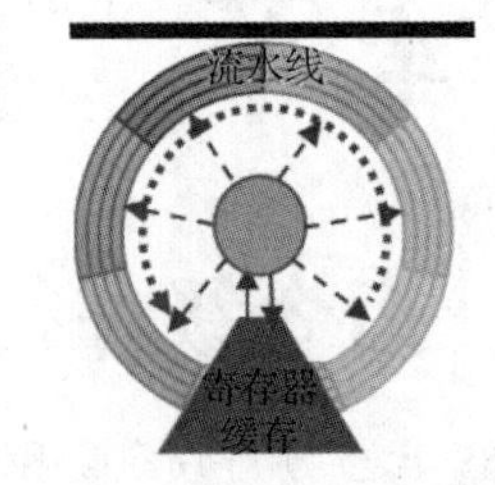

（b）复杂多流水线处理器的抽象表示

图4.1　指令级并行调度处理的抽象

4.2　静态指令调度

虽然流水线实现了冲突检测和重定向，但是不能完全消除冲突及停顿。复杂流水线结构（如浮点流水线）不同执行部件的延迟可能长短不一，难以消除。编译器可以尝试调度指令来避免流水线停顿；这种方法属于编译器调度或静态指令调度。

4.2.1　基本流水线调度和循环展开

在一条流水线中（例如浮点流水线），一条指令与它相关的另一类指令的流水线延迟是确定的，必须隔开一定的时钟周期。编译器尽量把无关指令插入这两条相关指令之间，从而减少停顿，这类似于分支延迟槽。表4.1给出了本节使用两条真数据相关的浮点运算延迟。对于标准5级整数流水线，分支延迟为一个时钟周期。假定功能单元能被完全流水线或具有与流水线深度相同的功能单元副本数，在每个时钟周期可以发射任何一条指令，不存在结构冲突。

表4.1　本节使用两条真数据相关的浮点运算延迟

生成结果的指令	使用结果的指令	延迟/时钟周期
浮点算术运算	另一个浮点算术运算	3
浮点算术运算	存储双精度值	2
载入双精度值	浮点算术运算	1
载入双精度值	存储双精度值	0

最后一列是为了避免停顿而需要插入的时钟周期数。这些数值与浮点单元上看到的平均延迟类似。由于可以旁路Load指令的结果，不会使Store指令停顿，因此浮点Load指令对Store指令的延迟为0。假定整数载入延迟为1个时钟周期，整数ALU操作延迟为0个时钟周期，这和第3章中的描述一致。

简单指令级调度针对基本块（Basic Block），也就是除入口外没有其他转入分支，除出口外没有其他转出分支。但基本块内可利用的 ILP 非常有限。对于典型的 RISC 程序，平均分支频率在 15%～25%，也就是基本块仅有 3～6 条非分支指令。因此指令级并行调度必须挖掘多个基本块之间的并行性。接下来将研究编译器如何通过转换循环来提高 ILP。通常一个内部没有分支语句的循环体就是基本块。下面通过例子来说明基本块调度和多个循环体调度。

```
for(i=0;i<=999;i=i+1)
   x[i]=x[i]+y[i];
```

注意，这个循环的每个迭代体之间是相互独立的，因此循环体之间可以并行。首先来分析循环基本性能。先将以上代码段转换为 RISC-V 汇编语言代码。在以下代码段中，x1 初始是数组元素的最高地址，f2 包含标量值 s，x2 预先设置，8(x1)是运算结果写回的地址。

```
Loop:   fld      f0,0(x1)       f0=数组元素
        fadd.d   f4,f0,f2       加上 f2 中的标量
        fsd      f4,0(x1)       存储结果
        addi     x1, x1,-8      使指针减 8B（双字）
        bne      x1, x2,Loop    x1! =x2 时跳转
```

例题 说明这个循环在 RISC-V 上的执行过程中，计算不执行调度和执行调度的延迟，包括所有停顿或空闲时钟周期。调度时要考虑浮点运算产生的延迟，但忽略分支延迟。

解答 在不进行任何调度时，循环的执行过程如下，共花费 9 个周期。

```
                                        发射周期
Loop:   fld      f0,0(x1)               1
        停顿                            2
        fadd.d   f4,f0,f2               3
        停顿                            4
        停顿                            5
        fsd      f4,0(x1)               6
        addi     x1,x1,-8               7
        停顿                            8
        bne      x1,x2,Loop             9
```

可以调度这个循环中的指令，使其只需停顿 2 次，将执行时间缩短至 7 个周期。

```
                                        发射周期
Loop    fld      f0,0(x1)               1
        addi     x1,x1,-8               2
        fadd.d   f4,f0,f2               3
        停顿                            4
        停顿                            5
        fsd      f4,8(x1)               6
        bne      x1,x2,Loop             7
```

虽然 fadd.d 指令和 fsd 指令之间的停顿无法消除，但是可以把 addi 指令调整到 fld 指令之后，减少一次停顿。但是必须把 fsd 指令中的保存地址改为 8(x1)。

通过调度，每 7 个时钟周期完成一次循环迭代，并返回一个数组元素，但对元素进行的实际运算仅占用这 7 个时钟周期中的 3 个（载入、求和与存储）。其余 4 个时钟周期包括循环开销 addi 指令、bne 指令和 2 次停顿。

要减少循环控制指令的数目，一种简单的方案是循环展开，即将循环体指令复制多次，调整循环的终止条件。循环展开消除了分支，可将来自不同迭代的指令放在一起调度。但展开循环时

简单地复制指令，会导致多个指令使用相同的寄存器，可能会妨碍对循环的有效调度（引入数据相关）。因此，希望为每次迭代使用不同的寄存器，但这会增加寄存器的使用数目。

例题 简单展开以上循环，每次展开 4 次，假设 x1-x2 是 32 的倍数，保证总循环次数是 4 的倍数。在新循环体不重复使用寄存器的前提下，尽量消除停顿。

解答 通过简单循环展开合并 addi 指令、删除 bne 指令，32(x2)是最后 4 个元素的起始地址。

```
Loop:   fld       f0,0(x1)
        fadd.d    f4,f0,f2
        fsd       f4,0(x1)          //删除 addi 指令和 bne 指令
        fld       f6,-8(x1)
        fadd.d    f8,f6,f2
        fsd       f8,-8(x1)         //删除 addi 指令和 bne 指令
        fld       f10, -16(x1)
        fadd.d    f12,f10,f2
        fsd       f12, -16(x1)      //删除 addi 指令和 bne 指令
        fld       f14, -24(x1)
        fadd.d    f16,f14,f2
        fsd       f16, -24(x1)
        addi      x1,x1,-32
        bne       x1,x2,Loop
```

删除 3 个分支和 x1 递减指令。Load 和 Store 指令需要调整地址，以保证删除 addi 指令之后的正确性。上述代码，每条 fld 指令和 fadd.d 指令之间有 1 拍停顿、fadd.d 指令之后有 2 拍停顿，其余 14 条指令，共需要 26 个时钟周期。平均每次循环体 6.5 个时钟周期。

在实际程序中，编译时通常不确定循环次数，假定要循环 *n* 次，每次展开循环 *k* 次，则需要迭代(*n*/*k*)次；最后一次展开剩余的(*n* mod *k*)次循环。通过展开能够减少循环控制指令数量，并增加指令调度优化空间。

例题 针对表 4.1 所示延迟的流水线，调度前面例子中展开后的循环，写出其执行情况。

解答

```
Loop:   fld       f0,0(x1)
        fld       f6,-8(x1)
        fld       f10, -16(x1)
        fld       f14, -24(x1)
        fadd.d    f4,f0,f2
        fadd.d    f8,f6,f2
        fadd.d    f12,f10,f2
        fadd.d    f16,f14,f2
        fsd       f4,0(x1)
        fsd       f8,-8(x1)
        fsd       f12, -16(x1)
        fsd       f16, -24(x1)
        addi      x1,x1,-32
        bne       x1,x2,Loop
```

循环展开之后，总执行时间缩减到 14 个时钟周期，即平均每个元素计算需要 3.5 个时钟周期，而在未进行任何展开或调度之前为平均每个元素计算需要 9 个时钟周期，进行调度但未展开时需要 7 个周期。

上述例子说明展开后的循环具有更大的调度空间，能将停顿时间进一步减小。上述代码优化的关键是Load指令和Store指令是不相关的，可以交换位置。

并不是所有的循环都可以简单展开。分析循环级并行性涉及识别特定结构，例如循环结构，编译器能做出一定分析。

4.2.2 编译器静态指令调度原则

编译器对于静态发射或静态调度的处理器非常重要，它能够增加ILP，以充分发挥处理器中各功能单元的并发潜力。大多数编译优化的关键在于判断何时能够改变指令顺序以及如何改变，这在前面的例子中已进行了示范。但现实中，这一过程必须自动化进行，由编译器或硬件来完成。为了获得最终展开后的代码，必须进行如下判定和变换。

（1）确认循环间迭代不相关（循环维护代码除外），判定展开循环是有用的。

（2）使用不同的寄存器，以避免由于不同运算使用相同的寄存器而导致数据相关。

（3）去除多余的测试和分支指令，并调整循环终止与迭代代码。

（4）观察不同迭代中的Load与Store指令互不相关，判定展开后的循环中的Load和Store指令交换位置之后，它们没有引用同一地址。

（5）对代码进行调度，保留任何必要相关，以得到与源代码相同的结果。

要进行这些变换，必须理解指令之间的相关依赖关系，而且要决定如何改变指令或调整指令的顺序。

有3种因素会限制循环展开带来的优势：①每次展开操作分摊的开销降低；②代码规模限制；③编译器限制。首先考虑循环开销问题。如果将循环展开4次，所生成的指令并行足以使循环调度消除所有停顿周期。事实上，在4个时钟周期中，只有2个周期是循环开销：维护索引值的addi指令和终止循环的bne指令。如果将循环展开8次，这一开销将从每次原迭代的1/2周期降低到1/4。然后考虑所生成代码规模的增长。对于较大规模的循环，代码规模的增长会导致指令缓存缺失率上升。最后考虑由于大量进行展开和调试而造成寄存器数量不足，称为寄存器紧缺。为了提高ILP，同时避免数据冲突，需要为每个数据分配唯一的寄存器。但在大量指令调度之后，可能无法把全部数据都分配到寄存器中。

4.3 动态指令调度

静态指令调度使用编译器优化程序指令流，以减少指令间的冲突或停顿。动态指令调度不改变程序指令流，但通过调度指令的执行顺序，能够尽量避免相关性停顿，同时保持数据流和异常处理行为。其优点在于：①可解耦程序代码和实现硬件流水线，针对一种流水线编译的代码无须重新编译就可高效运行在另一种流水线上；②实现软件无关性，能够处理编译代码时无法优化的运行时相关性，比如，一些相关可能涉及存储器引用或者与数据值有关的分支，又或可能源自使用动态链接或动态分发的现代编程机制；③动态处理预料之外的延迟，比如，当发生缓存缺失时，可以执行其他代码。可以拓展动态指令调度到硬件推测执行，能够获得更多的指令并行优势。但注意，动态指令调度的代价是会大量增加硬件开销和复杂度。事实上，动态指令调度和静态指令调度通常会共同优化代码。

4.3.1 指令动态调度思想

简单流水线技术让指令顺序发射与执行。如果一条指令停顿在流水线中，后序指令则不能继

续执行。因此，如果流水线中两条相邻指令存在相关性，就可能导致冲突和停顿。如果指令 j 依赖于指令 i 的执行结果，后者当前正在流水线中执行，则 j 不得不等待，称为 RAW，且 j 之后的所有指令都必须停顿。即使存在多个功能单元，这些单元也可能处于空闲状态。考虑以下代码：

```
fdiv.d    f0,f2,f4
fadd.d    f10,f0,f8
fsub.d    f8,f8,f14
```

由于 fadd.d 指令对 fdiv.d 指令的 RAW 会导致流水线停顿，因此 fsub.d 指令不能执行，虽然 fsub.d 指令与流水线中的任何指令都没有数据相关，但也不能执行。如果不需要按程序顺序来执行指令，就可以避免这一限制。

在经典的 5 级流水线中，在 ID 阶段检查结构冲突和数据冲突：当一条指令可以无冲突执行时，必须所有数据冲突都已经被解决，才从 ID 阶段将其发射出去。为了提前执行上例中的 fsub.d 指令，必须将发射过程分为两个部分：检查所有结构冲突和等待数据冲突的消失。因此，即使顺序指令发射，但一条指令只有所有数据操作数都可用时，才能开始执行。但这会造成指令乱序执行和乱序完成。乱序执行可能导致反相关（WAR）和输出相关（WAW），这两种数据相关在 5 级整数流水线和顺序浮点流水线中都不会发生。考虑以下 RISC-V 浮点代码序列：

```
fdiv.d    f0, f2, f4
fadd.d    f6, f0, f8
fsub.d    f8, f10, f14
fmul.d    f6, f10, f8
```

fadd.d 指令和 fsub.d 指令之间（f8）存在反相关，如果流水线在 fadd.d 指令之前执行 fsub.d 指令（fadd.d 指令在等待 fdiv.d 指令），将产生反相关。与此类似，fadd.d 指令和 fmul.d 指令之间（f6）存在输出相关。后面将会看到，利用寄存器重命名可以避免这些冲突。

乱序执行和完成将会导致异常处理变得复杂，一般而言，动态调度处理器会推迟相关异常的处理，直到异常指令之前的指令都完成，可通过这一方式来保持异常处理行为。但动态调度处理器可能会生成一些非精确异常。如果在发生异常时，处理器的状态与严格按照程序顺序执行指令时的状态不完全一致，异常是非精确的。以下两种情况会导致非精确异常。

（1）流水线在执行导致异常的指令时，可能已经完成了按照程序顺序的后序指令。

（2）流水线在执行导致异常的指令时，可能还没有完成前序指令。

非精确异常增加了在异常之后重新开始执行的难度。通常具有推测功能的处理器能够保证精确异常，这在后面将会介绍。附录 D.3 中扩展介绍了记分牌算法，用于解决反相关和输出相关停顿。

4.3.2 Tomasulo 动态调度机制

IBM 360/91 浮点单元使用一种由罗伯特·托马苏洛（Robert Tomasulo）发明的支持乱序执行算法，会跟踪指令的操作数可用时间，将 RAW 冲突降至最低，并在硬件中引入寄存器重命名功能，将 WAW 和 WAR 冲突降至最低。现代处理器中存在 Tomasulo 算法的许多变体，但有两个核心思想不变：①跟踪指令相关，在操作数可用时立即执行指令；②重命名寄存器以避免 WAR 和 WAW 冲突。

IBM 公司的设计目标是软件无关性，无须修改编译器，就可在整个 360 系列计算机上实现提高浮点性能。IBM 360/91 的内存访问时间和浮点延迟都很长，Tomasulo 算法就是设计用来解决长延时的。此外 Tomasulo 算法可以进行扩展，用来处理流水线推测执行，这种技术通过预测分支的输出、执行预测目标地址的指令，当预测错误时执行纠正措施，从而降低控制相关的影响。使用记分牌算法足以支持诸如 ARM-A8 之类的简单 2 发射超标量处理器，而诸如 4 发射 Intel Core i7 处理器就只能使用 Tomasulo 算法。

1. Tomasulo 算法结构

图 4.2 展示了 Tomasulo 算法的基本结构。指令从指令单元以先进先出（First In First Out，FIFO）的顺序发送到指令队列。保留站包括操作、实际操作数以及用于检测和解决冲突的信息。载入缓冲区具有 3 个功能：①保存有效地址的组成部分，直到它被计算；②跟踪正在内存中等待的未完成 Load 指令；③保存已完成加载正在等待公共数据总线（Common Data Bus，CDB）的结果。类似地，存储缓冲区具有 3 个功能：①保存有效地址的组件直到它被计算出来；②保存待存储指令的内存地址；③保存待存储的地址和值，直到内存单元可用。浮点单元和存储单元的结果放在 CDB 上，再送到浮点寄存器、保留站和存储缓冲区。浮点加法器执行加法运算和减法运算，浮点乘法器执行乘法运算和除法运算。

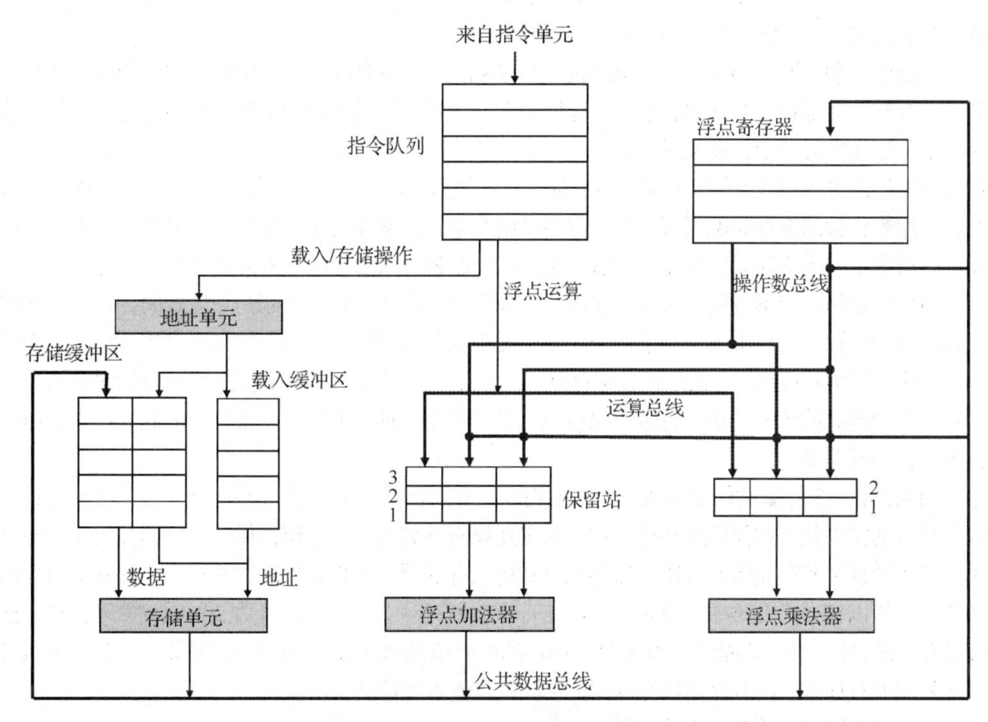

图 4.2　Tomasulo 算法的基本结构

本节采用 RISC-V 指令来描述这一算法，重点放在浮点单元和载入-存储单元。RISC-V 与 IBM 360 之间的主要区别是后者采用了寄存器-存储器指令集体系结构。由于 Tomasulo 算法使用一个载入功能单元，因此添加寄存器-存储器寻址方式并不需要进行大量修改。IBM 360/91 还有一点不同，它拥有的是流水线功能单元，而不是多个功能单元，但使用多个功能单元可以看成流水线的概念扩展。

记分牌的思想是，寄存器重命名可以消除 WAR 和 WAW 冲突，而仅当操作数可用时才执行指令，这样就可以避免 RAW 冲突。考虑以下示例代码：

```
fdiv.d f0,f2,f4
fadd.d f6,f0,f8
fsd f6,0(x1)
fsub.d f8,f10,f14
fmul.d f6,f10,f8
```

以上代码共有 3 个名相关，包括两处反相关 WAR：fadd.d 指令与 fsub.d 指令（使用 f8）、fsd 指令与 fmul.d 指令。fadd.d 指令和 fmul.d 指令之间还有输出相关 WAW（使用 f6）。上述代码也存在 3 个真数据相关：fdiv.d 指令和 fadd.d 指令、fsub.d 指令和 fmul.d 指令、fadd.d 指令和 fsd 指令。这 3 个名相关都可以通过寄存器重命名来消除。简便起见，假定存在两个临时寄存器 S 和 T，利用 S 和 T，可以对这段代码进行改写，使其没有任何相关。具体如下：

```
fdiv.d f0,f2,f4
fadd.d S,f0,f8
fsd S,0(x1)
fsub.d T,f10,f14
fmul.d f6,f10,T
```

此外，对 f8 的任何后续使用都必须用寄存器 T 来代替。在这段代码中，可以由编译器静态完成重命名过程，在后续代码中找出所有使用 f8 之处。

Tomasulo 算法中，寄存器重命名功能由保留站实现。保留站会缓存等待发射指令的操作数，并且关联到功能部件。其基本思想是：保留站在一个操作数可用时马上提取并缓冲它，这样就不再需要从通用寄存器中获取该操作数。此外，等待执行的指令会指定保留站作为输入源。最后，对寄存器连续进行写入操作并且重叠执行时，只会使得最后一个操作更新寄存器。在发射指令时，会将待用操作数的寄存器说明符更名为保留站的名字，这就实现了寄存器重命名功能。由于保留站数目可多于实际寄存器，这样就可通过保留站重命名消除因为名称相关而导致的冲突。

使用保留站，而不是集中式寄存器组，这使得冲突检测和执行控制是分散式的，每个功能单元保留站中保存的信息决定了一条指令在该单元中执行的时机。并且，结果将直接从缓冲它们的保留站中传递给功能单元，无须经过寄存器。这一旁路是使用 CDB 完成的，它允许同时载入所有等待一个操作数的单元。在具有多个执行单元并且每个时钟周期发射多条指令的流水线中，通常需要不止一条总线。

图 4.2 中每个保留站保存一条已经被发射、正在功能单元等待执行的指令，如果已经计算出这一指令的操作数，则保留这些操作数，如果还没有计算出，则保留提供这些操作数的保留站名称。载入缓冲区和存储缓冲区用来保存来自和进入存储器的数据或地址，其行为方式基本与保留站相同，所以仅在必要时才区分它们。浮点寄存器通过一对总线连接到功能单元，由一根总线连接到存储缓冲区。来自功能单元和来自存储器的所有结果都通过 CDB 发送，它能通向除载入缓冲区之外的所有地方。所有保留站都有标记字段，供流水线控制使用。

一条指令所经历的 3 个步骤如下。

（1）**发射**——从 FIFO 指令队列头部取下一条指令。如果有一个匹配保留站为空，则将这条指令发送到这个站中，如果其操作数已经存在于寄存器，也一并发送到站中。如果没有空保留站，则存在结构冲突，该指令会停顿，直到有保留站或缓冲区被释放为止。如果操作数不在寄存器中，则一直跟踪将生成这些操作数的功能单元。这一步骤将对寄存器进行重命名，消除 WAR 和 WAW 冲突。在动态指令调度处理器中，这一步骤有时被称为分派。

（2）**执行**——如果还有一个或多个操作数不可用，则在等待计算的同时监视 CDB。当一个操作数可用时，就将它放到任何一个正在等待它的保留站中。当所有操作数都可用时，则可以在相应功能单元中执行运算。通过延迟指令执行，直到操作数可用为止，可以减小 RAW 冲突的代价。注意，在同一时钟周期，同一功能单元可能会有几条指令同时变为就绪状态。尽管多个独立功能单元可以在同一时钟周期执行不同指令，如果单个功能单元有多条指令处于就绪状态，那这个功能单元就必须在这些指令中进行选择。对于浮点保留站，可以任意选择；但是 Load 指令和 Store 指令可能要更复杂一些。

Load 和 Store 指令的执行需要两个步骤。Load 第一步是在其基址寄存器可用时计算有效地址，然后将有效地址放在载入缓冲区或存储缓冲区中。第二步是载入缓冲区中的 Load 指令在存储器单元可用时立即执行。存储缓冲区中的 Store 指令第一步等待要存储的值，第二步将得到的值发送给存储器单元。通过有效地址的计算，Load 和 Store 指令保持程序顺序，这样有助于通过存储器来避免冲突。

为了确保精确异常，对于任何一条指令，都必须要等到这条指令之前的所有分支全部完成之后，才能执行该指令。在具有分支预测的处理器中，在允许分支之后的指令开始执行之前，必须确定分支预测是成功的。

（3）**写结果**——在计算出结果之后，将结果写到 CDB 上，再从 CDB 传送给寄存器和任意等待这一结果的保留站（包括存储缓冲区）。Store 指令一直缓存在存储缓冲区中，直到待存储值和存储地址可用为止，然后在存储器总线空闲时，立即写入结果。

保留站、寄存器组、载入缓冲区、存储缓冲区都采用了可以检测和消除冲突的数据结构，根据对象的不同，这些数据结构中的标签也稍有不同。这些标签实际上就是用于重命名的虚拟寄存器扩展集的名字。在这里的例子中，标签字段包含 4 个数位，用来表示 5 个保留站之一或 5 个载入缓冲区之一。这相当于设定 10 个可以保存结果的临时寄存器。在拥有更多物理寄存器的处理器中，重命名能够减少对于体系结构显示寄存器的冲突。标签字段可指出源操作数来自哪个保留站。

在指令被发射出去并开始等待源操作数之后，将使用一个保留站编号来引用该操作数，这个保留站中保存着将对寄存器进行写操作的指令。如果使用一个未用作保留站编号的值来引用该操作数（比如 0），则表明该操作数已经在寄存器中准备就绪。由于保留站的数目多于体系结构中显示寄存器的数目，因此使用保留站编号对结果进行重命名，就可以消除 WAW 和 WAR 冲突。

在 Tomasulo 算法以及支持推测执行方法中，结果都是在 CDB 上广播。采用 CDB，再由保留站从总线中提取结果，共同实现转发和旁路机制。但在这一做法中，动态调度方案会在源与结果之间引入一个时钟周期的延迟，这是因为要等到“写结果”阶段完成，才能让结果与其需要的指令匹配。

Tomasulo 算法中的标签引用指向生成结果的缓冲区或功能单元；当一条指令发射到保留站之后，操作数所在显示寄存器的值也会被保存到保留站中，无须再使用该显示寄存器，这隐式实现了寄存器重命名。这也是 Tomasulo 算法与记分牌算法的一个关键区别，在记分牌算法中，操作数一直保存在寄存器中，只有生成结果的指令已经完成、使用结果的指令做好执行准备之后才会读取。

每个保留站有以下 7 个字段。

① Op：对源操作数 S1 和 S2 执行的运算。

② Qj、Qk：将生成相应源操作数的保留站；当取值为 0 时，表明已经可以在 Vj 或 Vk 中获得源操作数，或者不需要源操作数。

③ Vj、Vk：源操作数的值。注意，对于每个操作数，V 字段（Vj 和 Vk）和 Q 字段（Qj 和 Qk）中只有一个是有效的。对于 Load 指令，Vk 字段用于保存偏移量字段。

④ A：用于保存为 Load 或 Store 指令计算存储器地址的信息。在开始时，指令的立即数字段存储在这里；在计算地址之后，有效地址存储在这里。

⑤ Busy：用于指明保留站及其相关功能单元正被占用。

寄存器组有一个字段 Qi。Qi：一个运算的结果应当存储在寄存器中，则 Qi 是包含此运算的保留站编号。

如果 Qi 的值为空（或 0），则当前没有活动指令正在计算以寄存器为目的地的结果，也就是说，这个值就是寄存器的内容。

载入缓冲区和存储缓冲区各有一个字段 A，一旦完成了第一个执行步骤，这个字段中就包含有效地址的结果。

2. Tomasulo 算法处理过程

下面通过例子说明 Tomasulo 算法是如何工作的。在下面这个例子以及本章后面的例子中，假定有如下延迟值：Load 指令为 1 个时钟周期，相加指令为 2 个时钟周期，乘法指令为 6 个时钟周期，除法指令为 12 个时钟周期。

例题 对于以下代码序列。给出全部指令执行情况，并给出在仅完成了第一条 Load 指令并已将其执行结果写到 CDB 时的保留站和寄存器状态表。画出程序执行的整体时空图。

```
1. fld f6,32(x2)
2. fld f2,44(x3)
3. fmul.d f0,f2,f4
4. fsub.d f8,f2,f6
5. fdiv.d f0,f0,f6
6. fadd.d f6,f8,f2
```

解答 表 4.2 所示为 Tomasulo 指令整体执行情况。Add、Mult 和 Load 之后附加的数字表示保留站的标签 Addl 是第一加法单元计算结果的标签。给出这个表是为了帮助读者理解这一算法；它不是硬件的实际组成部分，而是由保留站来保存每个已发射运算的状态。

表 4.2 Tomasulo 指令整体执行情况

指令	指令状态		
	发射	读取操作数	执行完成
fld f6,32(x2)	1	3	4
fld f2,44(x3)	2	4	
fmul.d f0,f2,f4	3		
fsub.d f8,f2,f6	4		
fdiv.d f0,f0,f6	5		
fadd.d f6,f8,f2	6		

在表 4.2 中第 4 拍时，保留站状态如表 4.3 所示。

表 4.3 保留站状态

保留站状态							
功能单元	忙	操作	Vi	Vk	Qj	Qk	A
Load1	否						
Load2	是	Load					Mem[32+Regs[x2]]
Add1	是	SUB		Mem[32+Regs[x2]]	Load2		
Add2	是	ADD			Add1	Load2	
Add3	否						
Mult1	是	MUL		Regs[f4]	Load2		
Mult2	是	DIV		Mem[32+Regs[x2]]	Mult1		

寄存器结果状态如表 4.4 所示。

表 4.4　寄存器结果状态

寄存器结果状态									
	F0	F2	F4	F6	F8	F10	F12	……	F32
Qi	Mult1	Load2		Add2	Add1	Mult2			

第二条 Load 指令已经完成有效地址的计算，但还在等待存储器单元。我们用数组 Regs[]引用寄存器组，用数组 Mem[]引用存储器。记住，在任何时刻，操作数都由 Q 字段或 V 字段指定。注意，fadd.d 指令已经发射（它在 WB 阶段有一个 WAR 冲突），可能在 fdiv.d 指令开始之前完成。

为了帮助读者更好地理解整个执行过程，接下来给出这段代码执行的完整时空图。其中 I 表示发射，s 表示停顿，S 表示操作数准备好开始执行，E 表示执行过程，C 表示执行结束，W 表示写回结果。程序执行时空图如表 4.5 所示。6 条指令的完成时间分别为第 4、5、12、8、24 和 10 个周期。这是典型的顺序发射、乱序执行和乱序完成。

表 4.5　程序执行时空图

指令	1	2	3	4	5	6	7	8	9	10	11	12	13	14	15	16	17	18	19	20	21	22	23	24	25
fld f6,32(x2)	I	S	C	W																					
fld f2,44(x3)		I	S	C	W																				
fmul.d f0,f2,f4			I	s	S	E	E	E	E	E	C	W													
fsub.d f8,f2,f6				I	S	E	C	W																	
fdiv.d f0,f0,f6					I	s	s	s	s	s	S	E	E	E	E	E	E	E	E	E	E	E	C	W	
fadd.d f6,f8,f2						I	S	E	C	W															

尽管存在涉及 f6 的 WAR 冲突，但表 4.2 中的代码序列发射了 fdiv.d 指令和 fadd.d 指令。这一冲突可通过以下两种方法消除。第一种方法：如果为 fdiv.d 指令提供操作数的指令已经完成，则 Vk 中会存储这个结果，使 fdiv.d 指令不需要 fadd.d 指令就能执行（表中所示的就是这种情况）。第二种方法：如果 fld 指令还没有完成，则 Qk 将指向 Load1 保留站，fdiv.d 指令不再依赖于 fadd.d 指令。因此，在任意一种情况下，fadd.d 指令都可以发射并开始执行。在用到 fdiv.d 指令的结果时，都会指向保留站，使 fadd.d 指令能够完成，并将其值存储在寄存器中，不会影响到 fdiv.d 指令。

表 4.6 给出了 Tomasulo 算法处理过程。前面曾经提到，Load 指令和 Store 指令在独立载入或存储缓冲区之前，要经过一个进行有效地址计算的功能单元。Load 指令会进入第二步骤执行阶段，以访问存储器，然后进入“写结果”阶段，将来自存储器的值写入寄存器组以及（或者）任何正在等待的保留站。Store 指令在写结果阶段完成其执行，将结果写到存储器中。注意，无论是目标是寄存器还是存储器，所有写入操作都在“写结果”阶段发生。这一限制简化了 Tomasulo 算法，是其扩展到支持推测执行功能的关键。

表 4.6　Tomasulo 算法处理过程

指令状态	等待条件	操作或记录工作

发射
FP 操作
	站 r 空	if (RegisterStat[rs].Qi≠0)
		{RS[r].Qj ←RegisterStat[rs].Qi}
		else {RS[r].Vj←Regs[rs]; RS[r].Qj←0};
		if (RegisterStat[rt].Qi≠0)
		{RS[r].Qk←RegisterStat[rt].Qi
		else {RS[r].Vk←Regs[rt]; RS[r].Qk←0};
		RS[r].Busy←yes; RegisterStat[rd].Q←r;

续表

指令状态	等待条件	操作或记录工作
载入或存储	缓存区 r 空	if (RegisterStat[rs].Qi≠0) {RS[r].Qj←RegisterStat[rs].Qi} else {RS[r].Vj←Regs[rs]; RS[r].Qj←0}; RS[r].A←imm; RS[r].Busy←yes;
仅载入		RegisterStat[rt].Qi←r;
仅存储		if (RegisterStat[rt].Qi≠0) {RS[r].Qk←RegisterStat[rs].Qi} else {RS[r].Vk←Regs[rt]; RS[r].Qk←0};
执行 FP 操作	RS[r].Qj=0 和 RS[r].Qk=0	计算结果：操作数在 Vj 和 Vk 中
载入/存储操作步骤 1	RS[r].Qj=0 或 r 是载入-存储队列头	RS[r].A←RS[r].Vj + RS[r].A;
载入步骤 2	载入步骤 1 完成	从 Mem[RS[r].A]读
写结果 FP 操作或载入	r 处执行完成且 CDB 可用	∀(if (RegisterStat[x].Qi=r) {Regs[x] ←result; RegisterStat[x].Qi←0}); ∀(if (RS[x].Qj=r) {RS[x].Vj←result;RS[x].Qj←0}); ∀(if (RS[x].Qk=r){RS[x].Vk←result;RS[x].Qk←0}); RS[r].Busy←no;
存储	r 处执行完成且 RS[r].Qk = 0	Mem[RS[r].A]←RS[r].Vk; RS[r].Busy←no;

对于发射指令，rd 是目的地、rs 和 rt 是源寄存器编号、imm 是符号扩展立即数字段，r 是为指令指定的保留站或缓冲区。RS 是保留站数据结构。浮点单元或载入单元返回的值称为 result。RegisterStat 是寄存器状态数据结构（不是寄存器组，寄存器组应当是 Regs[]）。当发射指令时，目标寄存器的 Qi 字段被设为 x，为向其发射指令的缓冲区或保留站编号。如果操作数已经存在于寄存器中，就将它们存储在 V 字段中。否则，设置 Q 字段，指出将生成源操作数的保留站，指令将一直在保留站中等待，直到它的两个操作数都可用为止。当指令已被发射，或者当这一指令所依赖的指令已经完成并写回结果时，这些 Q 字段中的取值被设置为 0。当一条指令执行完毕，并且 CDB 可用时，它就可以进行写回操作。任何一个缓冲区、寄存器和保留站，只要其 Qj 或 Qk 值与完成该指令的保留站相同，都会由 CDB 更新其取值，并标记 Q 字段，表明已经接收到这些值。因此，CDB 可以在一个时钟周期中向许多目标广播其结果，如果正在等待这一结果的指令已经有了其他操作数，那就都可以在下一个时钟周期开始执行了。Load 指令要经历两个执行步骤，Store 指令在写结果步骤稍有不同，它们必须在这一步骤等待要存储的值。记住，为了保持精确异常，如果排在程序顺序前面的分支还没有完成，就不应允许执行后面的指令。由于在发射阶段之后不再保持任何有关程序顺序的概念，因此，为了实施这一限制，在流水线中还有未完成的分支时，通常不允许任何指令离开发射步骤。

为了理解通过寄存器的动态重命名来消除 WAW 和 WAR 冲突，下面分析循环执行过程。

例题　考虑下面的简单序列，将一个数组的元素乘以 F2 中的标量。假设第一次读取内存时由于 Cache 缺失产生 8 个周期延迟，第二次读取就仅需要 1 个周期延迟。请给出程序执行的整体时空图。

```
Loop: fld f0,0(x1)
      fmul.d f4,f0,f2
      fsd f4,0(x1)
      addi x1,x1,8
      bne x1,x2,Loop // branches if x1≠x2
```

解答 如果能够成功预测分支，保留站也可以同时执行多条指令。循环展开不需要修改代码也能实现，由硬件使用保留站动态展开，这些保留站可以充当额外的寄存器，以实现重命名。

第10拍已经发射了本循环的两次连续迭代中的所有指令，但一个浮点Load指令恰好完成，还没有发送到CBD上。如果乘法运算可以在4个时钟周期内完成，在流水线中就可以保持该循环的两个副本。达到稳定状态之后，仍需要处理迭代操作，一次循环的延迟为6个时钟周期。这需要有更多的保留站来保存正在运行的指令。在后面将会看到，采用多指令发射的Tomasulo算法可以保持每个时钟周期处理一条以上指令的速度。表4.7所示为指令未完成时循环的两次迭代。

表4.7 指令未完成时循环的两次迭代

指令	指令状态			
	迭代号	发射	读取操作数	执行完成
fld f0,0(x1)	1	1	是	
fmul.d f4,f0,f2	1	2		
fsd f4,0(x1)	1	3		
fld f0,0(x1)	2	6	是	
fmul.d f4,f0,f2	2	7		
fsd f4,0(x1)	2	8		

第8拍时，功能单元状态如表4.8所示，寄存器结果状态如表4.9所示。

表4.8 功能单元状态

功能单元	保留站状态						
	忙	操作	Vi	Vk	Qj	Qk	A
Load1	是	Load					Regs[x1]+0
Load2	是	Load					Regs[x1]-8
Add1	否						
Add2	否						
Add3	否						
Mult1	是	MUL		Regs[f2]	Load1		
Mult2	是	MUL		Regs[f2]	Load2		
Store1	是	Store	Regs[x1]				
Store2	是	Store	Regs[x1]-8				

表4.9 寄存器结果状态

寄存器结果状态									
	F0	F2	F4	F6	F8	F10	F12	……	F32
Qi	Load2		Mult2						

乘法器保留站中的条目指出尚未完成的Load指令是操作数来源。乘法器保留站指出乘法运算的目标位置是待存储值的来源。程序整体执行时空图如表4.10所示。

表 4.10　程序整体执行时空图

指令	1	2	3	4	5	6	7	8	9	10	11	12	13	14	15	16	17	18	19	20	21	22	23	24	25	26	27	28	29	30	31	32	33	34	35	36	37	38	39	40	41	42	43	44	45
fld f0,0(x1)	I	S	E	E	E	E	E	E	E	C	W																																		
fmul.d f4,f0,f2		I	s	s	s	s	s	s	s	s	S	E	E	E	C	W																													
fsd f4,0(x1)			I	s	s	s	s	s	s	s	s	s	s	s	s	S	C																												
addi x1,x1,8				I																																									
bne x1,x2,Loop					I																																								
fld f0,0(x1)						I	S	E	E	E	C	W																																	
fmul.d f4,f0,f2							I	s	s	s	S	E	E	E	C	W																													
fsd f4,0(x1)								I	s	s	s	s	s	s	s	S	C																												
addi x1,x1,8									I																																				
bne x1,x2,Loop										I																																			

只要 Load 指令和 Store 指令访问的是不同地址，就可以放心地乱序执行。如果 Load 指令和 Store 指令访问相同地址，则会在内存地址上产生数据相关，出现以下两种情况之一。

（1）根据程序顺序，Load 指令位于 Store 指令之前，交换它们会导致 WAR 冲突。

（2）根据程序顺序，Store 指令位于 Load 指令之前，交换它们会导致 RAW 冲突。

与此类似，交换两个访问同一地址的 Store 指令会导致 WAW 冲突。因此，为了判断在给定时刻是否可以执行一条 Load 指令，处理器可以检查：根据程序顺序排在该 Load 指令之前的任何未完成 Store 指令是否与该 Load 指令共享相同数据存储器地址。对于 Store 指令也是如此，如果按照程序顺序排在它前面的 Load 指令或 Store 指令与它要访问的存储器地址相同，那它必须等到这些指令都执行完毕之后才能开始执行。

为了检测此类冲突，处理器必须计算出与任何先前存储器运算有关的数据存储器地址。为了保证处理器拥有所有此类地址，一种简单但不一定最优的方法是按照程序顺序来执行有效地址计算。实际只需要保持存储及其他存储器引用之间的相对顺序。

首先考虑 Load 指令的情况。如果按程序顺序执行有效地址计算，那么当一条 Load 指令完成有效地址计算时，就可以通过查看所有活动存储缓冲区的 A 字段来确定是否存在地址冲突。如果载入地址与存储缓冲区中任何活动条目的地址匹配，则在发生冲突的 Store 指令完成之前，不要将 Load 指令发送到载入缓冲区。

Store 指令的工作方式类似，只是因为发生冲突的 Store 指令不能调整相对于 Load 或 Store 指令的顺序，所以处理器必须在载入缓冲区与存储缓冲区两个缓冲区中检查是否存在冲突。

如果能够成功预测分支，Tomasulo 算法将具备非常高的性能。其缺点是复杂，它需要大量硬件。具体来说，每个保留站都必须包含一个高速数据缓存，还有复杂的控制逻辑。它的性能还可能受到单个 CDB 的限制。尽管可以增加更多 CDB，但每个 CDB 都必须与每个保留站进行交互，必须在每个保留站为每个 CDB 配备相关标签匹配硬件。

在 Tomasulo 算法中，可以对体系结构寄存器重命名，提供更大的寄存器集合；也可以缓冲来自寄存器组的源操作数，源操作数缓冲可消除当操作数在寄存器中可用时出现的 WAR 冲突。后面将会看到，通过对寄存器重命名，再结合对结果的缓存，直到对显示寄存器数据的引用全部结束，这样再写回结果到显示寄存器有可能消除 WAR 冲突。在后面讨论硬件推测时执行将会用到这一方法。

在 IBM 360/91 出现之后的许多年，Tomasulo 算法一直没有得到应用，20 世纪 90 年代才在多发射处理器中被采用，原因有如下几个。

（1）尽管 Tomasulo 算法是在 Cache 出现之前设计的，但 Cache 出现以及其使用导致固有的不可预测延迟，从而更需要动态指令调度。乱序执行可以让处理器在等待解决缓存缺失的同时继续执行指令，从而消除了全部或部分缓存缺失代价。

（2）随着处理器的发射功能变得越来越强大，设计人员越来越关注难以调度的代码（比如，大多数非数值代码）的性能，所以诸如寄存器重命名、动态指令调度和推测等技术变得越来越重要。

（3）无须使用编译器针对特定流水线结构来编译代码，Tomasulo 算法就能实现高性能。

4.4 高级动态分支预测

动态指令调度减少了数据相关产生的停顿，加速了指令执行速度，这也导致分支预测不成功的代价更大，分支预测的成功率变得非常重要。本节将介绍高级动态分支预测技术。

第 3 章已经介绍了分支预测器，利用了 2 位预测器记录单个分支的最近行为来预测该分支的未来行为，称为局部预测器。分支之间也具有关联，例如 eqntott 基准测试中的一小段代码：

```
if (aa==2)
     aa=0;
if (bb==2)
     bb=0;
if (aa!=bb) {
```

下面是相应的 RISC-V 代码，假定 aa 和 bb 分别被赋值给 x1 和 x2：

```
     add    x3,x1,#-2
     bnez   x3,L1          ;branchb1     (aa!=2)
     add    x1,x0,x0       ;aa=0
L1:  add    x3,x2,#-2
     bnez   x3,L2          ;branchb2     (bb!=2)
     add    x2,x0,x0       ;bb=0
L2:  sub    x3,x1,x2       ;x3=aa-bb
     beqz   x3,L3          ;branch b3    (aa=bb)
```

将分支标记为 bl、b2 和 b3。注意，分支 b3 的行为与分支 bl 和 b2 的行为有关。如果分支 bl 和 b2 条件均为真，且 aa 和 bb 均被赋值为 0，则 b3 分支成功。

利用其他分支行为来进行预测的分支预测器称为相关预测器或全局预测器。全局预测器增加最近多条分支的行为信息。在一般情况下，(m,n)预测器利用最近 m 个分支的行为从 2^m 个分支预测器中进行选择，其中，每个预测器都是单个分支的 n 位局部预测器，其中 m 个分支的全局历史可以记录在 m 位移位寄存器中，每一位记录是否执行了分支转移。将分支地址的低位与 m 位全局历史串联在一起，就可以对分支预测缓冲区进行寻址。图 4.3 展示一个 64 项的(2,2)预测器，分支的低 4 位地址（字地址）和 2 个全局位（表示最近执行的两个分支的行为）构成一个 6 位索引，可用来对 64 个计数器进行寻址。

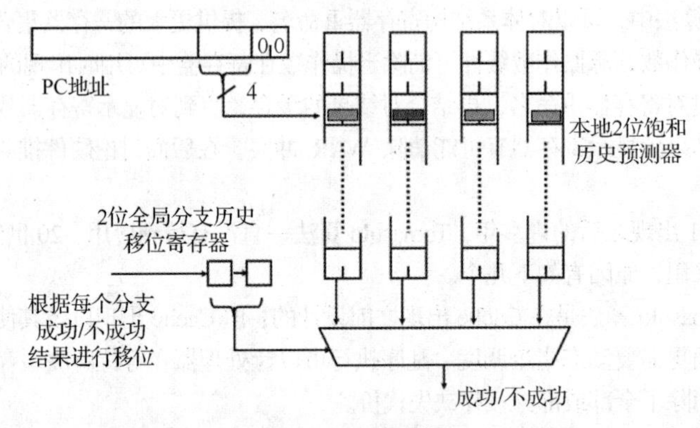

图 4.3 (2,2)预测器

(m,n)预测器需要的位数为：

$$2^m \times n \times \text{由分支地址选中的预测项数目}$$

没有全局历史的 2 位预测器就是(0,2)预测器。

例题 一个 4K 项(0,2)分支预测器使用多少位？具有同样位数的(2,2)预测器中有多少项？

解答 具有 4K 项的预测器拥有：

$$2^0 \times 2 \times 4K = 8K\text{（位）}$$

计算预测缓冲区中共有 8K 位的(2,2)预测器的分支项数目：

$$2^2 \times 2 \times \text{由分支地址选中的预测项数目} = 8K$$

因此，由分支地址选中的预测项数目=1K。

图 4.4 对比了 3 种预测器运行 SPEC89 的不成功预测率，3 种预测器分别是 4K 项(0,2)本地预测器，近似无限项的 2 位本地预测器和具有 1K 项(2,2)相关预测器。可以看出，相关预测器的性能不但优于具有相同项数的简单 2 位本地预测器，还经常优于具有无限项数的 2 位本地预测器。运行新版本 SPEC 测试集也具有相似的结果。结合本地分支信息和全局分支历史的预测器称为混合预测器，较为著名的是 Gshare 预测器。在 Gshare 预测器中，预测项目索引是分支地址和最近条件分支结果异或后的结果。

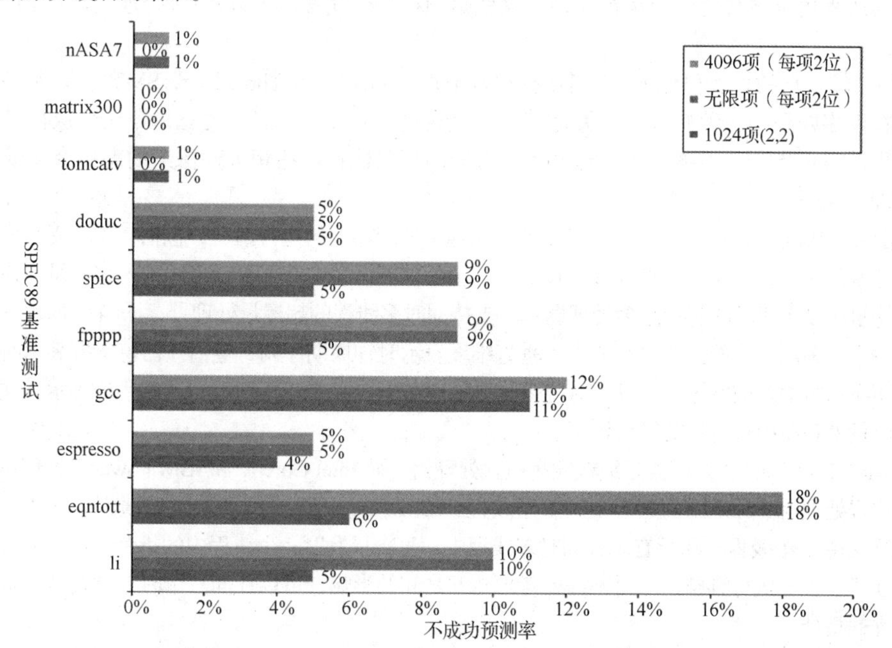

图 4.4　3 种不同预测器运行 SPEC89 的不成功预测率

4.5　多线程

单指令流内在指令并发度是有限的，已经被超标量处理器有效挖掘。那么考虑让多个指令流并行执行（并行设计原则）。

4.5.1　多线程技术

多线程技术支持多个线程（指令流）以重叠方式在一个或者多个处理器/核上执行。本节主要讨论单处理器上的多线程技术。

在一个处理器核心中维护线程状态，就要为每个线程创建独立的寄存器组、独立 PC 等硬件单元。存储器本身可以通过虚拟存储器机制共享，这个机制支持多线程编程。此外，硬件必须支持对不同线程进行较快速切换，具体来说，线程切换的效率应当远远高于进程切换，后者通常需要数百个到数千个时钟周期。当然，为使多线程硬件实现性能改进，一个程序（多线程应用程序）中必须包含能够以并发形式执行的多个线程。这些线程既可由编译器创建（并行编程语言），也可由程序员生成。

实现多线程硬件的方法主要有 3 种，即粗粒度多线程、细粒度多线程和同时多线程。

（1）粗粒度多线程停顿较长时（比如第 2 级或第 3 级缓存缺失时）才切换线程。其不足在于吞吐量提升能力有限。这源于粗粒度多线程的流水线启动成本，由于采用粗粒度多线程流水线仅执行单个线程的指令，切换后在新线程开始执行之前会出现“气泡”。

（2）细粒度多线程可以在每个时钟周期切换线程，多个线程的指令可以交错执行。这种交错通常是以轮流方式实现的。当一个线程停顿时，哪怕这一停顿只有几个周期，也可以执行其他线程中的指令，所以这种多线程的一个重要好处是能够隐藏因为长、短停顿而导致的吞吐量损失。细粒度多线程的一个主要不足是它会降低单个线程的执行速度，因为一个没有停顿的线程仍可被其他线程执行拖延，这就是牺牲单个线程延迟以换取多线程整体吞吐量的提升。

（3）较常见的多线程称为同时多线程（Simultaneous Multi-Threading，SMT）。同时多线程是细粒度多线程的一种变体，其关键在于可以通过寄存器重命名和动态指令调度执行来自独立线程的多个指令，而不用考虑这些指令之间的相关性；这些相关性留给动态指令调度功能来处理。

图 4.5 从概念上给出了 5 个线程在 5 种超标量处理器上的运行情况，包括：①不支持多线程的超标量处理器；②支持粗粒度多线程的超标量处理器；③支持细粒度多线程的超标量处理器；④支持粗粒度多线程的超标量多处理器；⑤支持同时多线程的超标量处理器。图 4.5 的水平维度表示每个时钟周期中的指令执行能力，垂直维度表示时钟周期序列，空白（白色）框表示时钟周期的相应执行槽未被使用，底纹框对应多线程处理器中的 5 个不同线程，同颜色框表示在同线程的超标量处理器中被占用的发射槽。

Sun T1 和 Sun T2 处理器是细粒度多线程处理器，而 Intel Core i7 和 IBM Power 7 处理器是同时多线程处理器。Sun T2 处理器支持 8 个线程、IBM Power 7 处理器支持 4 个线程、Intel Core i7 处理器支持 2 个线程。在所有现有同时多线程中，每次只发射一个线程中的指令。同时多线程的优势在于：决定执行哪条指令时不需要考虑相互之间的影响，可以在同一个时钟周期执行来自不同线程的指令。

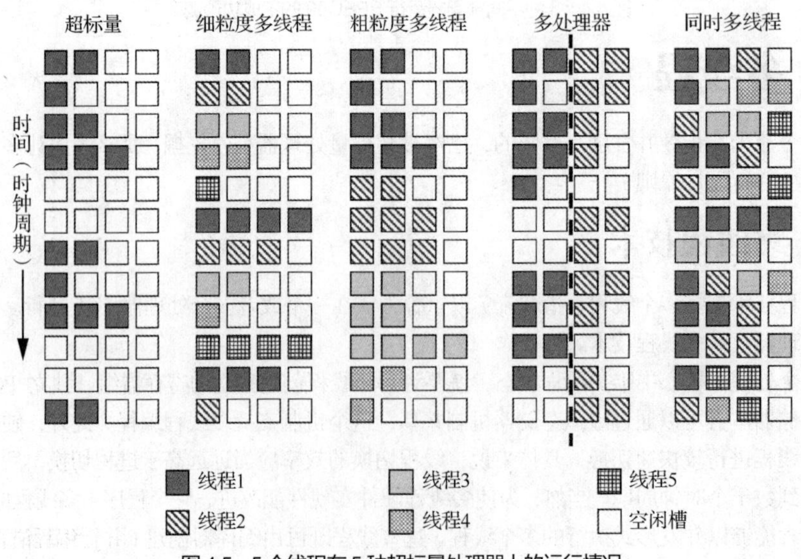

图 4.5　5 个线程在 5 种超标量处理器上的运行情况

在不支持多线程的超标量处理器中，由于缺乏 ILP（包括用于隐藏存储器延迟的 ILP），因此发射槽的使用非常有限。由于 L2 和 L3 缓存缺失的长度原因，因此处理器在大多数时间内可能是空闲的。

在粗粒度多线程超标量处理器中，仅当存在长停顿时才会进行线程切换。由于新线程有一个启动时间，因此仍然可能存在一些完全空闲的周期。

在细粒度情况中，线程交错执行可以消除大部分空闲槽。此外，由于每个时钟周期都会改变发射线程，因此可以隐藏有较大延迟的操作。由于指令发射和执行联系在一起，因此线程所能发射的指令仅限于准备就绪的指令。事实上，每个时钟周期会有两次发射，但它们来自不同的线程。这样就不再需要实施复杂的动态指令调度方法，而是依靠更多线程来隐藏延迟。

如果在多发射动态调度处理器的上层实现细粒度线程，所得到的结果就是同时多线程。在所有现有同时多线程实现方式中，尽管来自不同线程的指令可以在同一时钟周期内开始执行，但所有发射都来自一个线程，使用动态调度硬件来决定哪些指令已经准备就绪。尽管图 4.5 极大地简化了这些处理器的实际操作，但它仍然能够说明在发射宽度较宽的动态调度处理器中，一般的多线程和同时多线程的潜在性能优势。

4.5.2 同时多线程超标量处理器

同时多线程的提出主要考虑到，动态调度处理器已经拥有支持这一方法所需要的大量硬件，包括大量虚拟寄存器。通过为每个线程添加专用的重命名表、保持独立的 PC、支持提交来自多个不同线程的指令，也可以在乱序执行处理器上实现多线程，从而充分地利用硬件单元的资源，同时执行多个不同线程的指令。图 4.6 展示的是同时多线程超标量流水线结构，注意，具有 4 个独立的取值单元和寄存器组（单个线程的上下文环境），而其他的流水部件是共享的。但对于操作系统而言，就像有 4 个处理器一样，这也是运行在单个物理核上的操作系统能够展示 2 或 4 个处理器的原因。

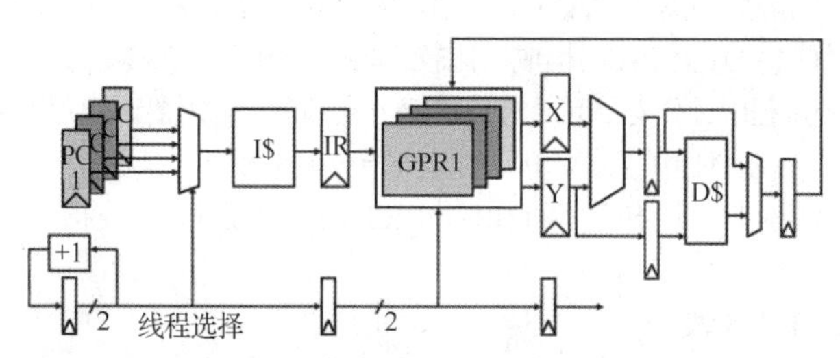

图 4.6　同时多线程超标量流水线结构

那么使用同时多线程能获得多少性能收益？在 2000—2001 年研究这一问题时，研究人员认为动态超标量会在接下来的 5 年里大幅改进，每个时钟周期可以支持 6～8 次发射，处理器会支持推测动态调度、大量并行载入和存储操作、大容量主缓存、4～8 种上下文切换，可以同时发射和完成来自不同上下文的指令。实际情况是，每个时钟周期内，现有同时多线程执行一个上下文切换，最多发射 4 条指令，因此使用同时多线程获得的收益是有限的。

4.6 华为 TaiShan 处理器

5 级流水线处理器架构基本上只适用于低端嵌入式领域（如物理网），具有较小的芯片面积和低功耗，而且较难适应高主频。随着处理器主频的提升至吉赫兹级别，传统的顺序发射 5 级流水线也扩展到 10 级以上。华为 TaiShan V110 处理器采用 13～17 级流水线，具有动态检测功能的双发射、静态调度的超标量，它支持每个时钟周期发出两条指令。图 4.7 显示了华为 TaiShan V110 处理器的流水线结构，整体分为取指单元、乱序执行单元、浮点处理单元、整型处理单元、载入存储单元，每个阶段可以进一步分为多个流水级。

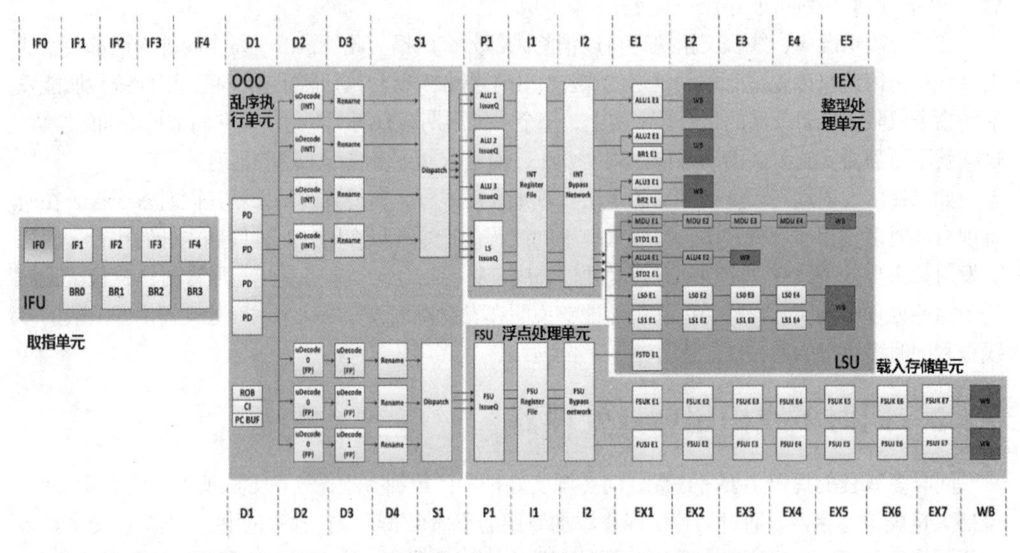

图 4.7　华为 TaiShan V110 处理器的流水线结构

（1）取指（Fetch）阶段

V110 处理器的取指阶段分为 5 个流水级。由于芯片制造工艺进步减小了静态管尺寸，数字逻辑电路速度增加较快，而片上随机存储器（Random Access Memory，RAM）（Cache）的速度提升较慢，因此单周期内无法读取片上 RAM 的数据。因此取指阶段通过 IF0、IF1、IF2、IF3、IF4 完成指令 Cache 的 TAG（由片上 RAM 构成）比较、指令（由片上 RAM 构成）访问、指令的对齐处理等操作。在这个过程中，分支单元并行地进行分支预测，也需要访问片上 RAM，因此分支预测器的数据存储在片上 RAM 中。分支单元的分支指令频率较高，某些场景下达到 30%左右。为了提升分支指令的处理速度，设有专用的 BR1、BR2 两个单元处理分支指令，使分支指令的发射宽度为 2。

（2）译码（Decode）阶段

V110 处理器采用 ARM 指令集，需要支持近千条指令，指令译码较为复杂，因此需要使用 2 级流水级进行译码操作。译码后的指令转换为更为简单的微指令。同时超标量乱序处理器需要执行寄存器重命名操作。这个过程使用了 D1、D2、D3 流水级。

（3）分派（Dispatch）阶段

S1 流水级内，指令流将被分发到不同的发射队列（Issue Queue）中，这个过程之前指令是顺序处理的。S1 后指令开始乱序并发执行。乱序并发操作可以充分利用指令级并行。

（4）发射（Issue）阶段

P1 完成从 Issue Queue 中调度源寄存器就绪的微指令。I1 访问寄存器组，获得数据。I2 从结果总线的旁路网络上获得当前周期的结果数据。

（5）计算阶段（浮点流水线和整型流水线的分离）

V110 处理器实现 RISC 指令集，将浮点操作和定点操作解耦。整数寄存器组和浮点寄存器组是分开定义的。整数操作和浮点操作的数据转移主要通过访存操作完成。访存操作提供了较大的带宽和缓冲容量，但这牺牲了延迟。只有少量的指令可以在整数和浮点寄存器组之间直接交换数据。这样的设计便于在处理器设计上分离整数流水线和浮点流水线。因此浮点流水线和整数流水线在 D2 后就开始分离。浮点操作的功能更为复杂，延迟更长。因此使用更深的流水级（EX1、EX2、EX3、……、EX7）。S1、P1、I1、I2 的设计。

下面进一步介绍计算阶段的 5 种执行单元：

① 算术逻辑处理单元（ALU）。多数整数操作可以在单周期内完成，因此 E1 流水级进行计算，E2 流水级将数据写回(ALU1,ALU2,ALU3)。

② 乘除法单元（Multiplication Division Unit，MDU）。乘法操作具有更长的延迟，因此使用了 E1、E2、E3 的专用流水线，即 MDU。除法操作具有不定延迟（使用迭代方法，计算完成的时间和操作数的值有关），也使用 MDU 完成。浮点流水线的深度为 5 个周期，此外还有 5 个获取和解码所需的周期，总共需要 10 个阶段。

③ 复杂逻辑运算单元（ALU）。复杂逻辑运算单元（ALU）操作无法在单周期内完成，使用复杂 ALU 处理，使用 E1、E2，在 E3 时写回。这个单位是 ALU4。

④ 浮点处理单元（FSU）。浮点处理单元执行浮点运算且写回数据，包含 FSUK 和 FSUJ 两条浮点流水线，可以提供每周期 2 条的峰值发射宽度。浮点运算的延迟差异较大。使用 EX1、EX2、EX3、EX4、EX5、EX6、EX7、EX8 等不同的流水级，最后写回数据。

⑤ 载入存储单元（Load Store Unit，LSU）。载入存储单元支持两条流水线 LS0、LS1，这个单元的主要功能是提供 Load、Store 的地址，也称为 AGU 单元、地址生成单元。Load 指令将通过 E1、E2、E3、E4 4 级流水线获得数据。写回（Set Direction，STD）部件提供的 Store 操作的写回数据，考虑到资源消耗，STD 和 ALU、MDU 共享保留站。STD1 和 MDU 编成一组，STD2 和 ALU4 编成另一组。

本章附录

附录 D 进一步扩展了指令集并行相关的高级内容，并按照本章相关主题进行了分类。具体而言，附录 D 在 4.2 节的基础之上扩展了基本流水线调度和循环展开（附录 D.1.1）、超长指令字和软件流水（附录 D.1.2）和编译器静态指令调度原则（附录 D.2.3）；在 4.3 节的基础之上增加了记分牌调度（附录 D.3.1）；在 4.4 节高级动态分支预测基础之上增加相关分支预测（附录 D.3.1）、竞赛预测器（附录 D.3.2）；增加了基于硬件的推测（附录 D.4）；在 4.5 节的基础之上增加了多线程技术的实例（附录 D.5.1）。

习　题

4.1　如果在先前指令执行完毕之前，不会开始新的执行，那表 4.11 中代码的基准性能是多少？使用每次循环迭代的时钟周期表示。忽略前端提取与译码过程，假定执行进程没有因为缺少下一条指令而停顿，但每个周期只能发射一条指令。此外，假定该分支被选中，而且存在一个时钟周期的分支延迟槽。

表 4.11　习题 4.1～4.5 的代码与延迟超过一个时钟周期的指令延迟

			额外操作延迟	
Loop:	fld	f2,0(Rx)	存储器 fld	+3
I0:	fmul.d	f2,f0,f2	存储器 SD	+1
I1:	fdiv.d	f8,f2,f0	整数 ADD、SUB	+0
I2:	fld	f4,0(Ry)	分支	+1
I3:	fadd.d	f4,f0,f4	fadd.d	+2
I4:	fadd.d	f10,f8,f2	fmul.d	+4
I5:	fsd	f4,0(Ry)	fdiv.d	+10
I6:	addi	Rx,Rx,8		
I7:	addi	Ry,Ry,8		
I8:	sub	x20,x4,Rx		
I9:	bnz	x20,Loop		

4.2　如果流水线内部具有多个同一功能单元，不会因为某个功能单元被占用就停顿，仅在检测到真数据相关时才会停顿。但代码顺序执行，如果前一条指令停顿，后序指令也会停顿。一个时钟周期指令的延迟为 1+0，也就是不需要额外的等待状态。那么延迟 1+1 意味着有 1 个停顿周期，延迟 1+N 意味着有 N 个额外停顿周期。表 4.11 中代码顺序执行需要多少个时钟周期?

4.3　考虑一种处理器具有两条执行流水线，每条流水线可以在每个时钟周期开始执行一条指令，前端有足够的取指/译码带宽，以保证连续发射。假定重定向硬件能够在两条流水线之间把结果从一个执行单元转发给另一个单元。每条流水线有独立浮点多功能单元，意味着具有两个能够并行执行的浮点操作。流水线执行停顿的唯一原因是真数据相关。现在顺序执行这一循环代码需要多少个周期?

4.4　仍使用 4.3 题中双流水线机器静态调度上述代码是否能够得到更短的执行时间？请给出调度后的代码执行示意图。

4.5　从硬件潜力角度来看，循环展开能够提高双流水线的利用率。请手动展开两次迭代，然后通过重新排序代码，减少时间浪费。请写出调度后的代码，并给出执行时间。

4.6　超长指令字（Very Long Instruction Word，VLIW）设计者有几个基本的关于寄存器使用的架构规则的选择。假设 VLIW 采用自排水流水线设计：一旦操作执行，其结果将在最多 L 个周期后出现在目标寄存器中（其中 L 是操作的延迟）。如表 4.12 所示，如果载入操作有 1+2 个周期延迟，展开此循环一次，并展示 VLIW 如何能够在每个周期执行两次载入和两次加法运算，使用最少数量的寄存器，请给出代码调度方案实现没有任何流水线中断或停顿。

表 4.12　一段 VLIW 代码包含两次加法运算、载入和停顿

Loop:	lw	x1,0(x2);	lw	x3,8(x2)
	<stall>			
	<stall>			
	addi	x10,x1,1;	addi	x11,x3,1
	sw	x1,0(x2);	sw	x3,8(x2)
	addi	x2,x2,8		
	sub	x4,x3,x2		
	bnz	x4,Loop		

4.7　假设一个 5 级单流水线结构（IF、ID、EX、MEM、WB），除了 LW、SW 和分支指令，所有操作都是 1 个周期，LW 和 SW 是 1+2 个周期，分支指令是 1+1 个周期。没有重定向硬件。

循环中每个时钟周期的指令执行情况如表 4.13 所示。

（1）每次循环迭代有多少时钟周期的分支开销？分支指令实际造成的延迟（从分支 ID 阶段开始到取得正确指令的延迟）是多少？

（2）假设采用一个静态分支预测器，能够在 ID 阶段识别一个后向分支（确定分支方向），也就是预测分支成功。分支指令实际造成的延迟是多少？

（3）假设采用一个动态分支预测器（在 IF 阶段就可以确定分支方向和分支目标地址）。分支指令实际造成的延迟是多少？

表 4.13　指令执行情况

Loop:	lw	x1,0(x2)
	addi	x1,x1, 1
	sw	x1,0(x2)
	addi	x2,x2,4
	sub	x4,x3,x2
	bnz	x4,Loop

4.8　下面是 DAXPY 循环（双精度 aX 加 Y），如表 4.14 所示，它是高斯消元法的核心。下面的代码可实现 DAXPY 运算 Y=aX+Y，向量长度为 100。最初，x1 被设置为数组 X 的基地址，x2 被设置为 Y 的基地址。

表 4.14　DAXPY 循环

Loop:	fld	F2,0(x1)	; (F2) = X(i)
	fmul.d	F4,F2,F0	; (F4) = a*X(i)
	fld	F6,0(x2)	; (F6) = Y(i)
	fadd.d	F6,F4,F6	; (F6) = a*X(i) + Y(i)
	fsd	F6,0(x2)	; Y(i) = a*X(i) + Y(i)
	addi	x1,x1,#8	; increment X index
	addi	x2,x2,#8	; increment Y index
	sltu	x3,x1,x4	; test: continue loop?
	bnez	x3,foo	; loop if needed

功能单元延迟如表 4.15 所示。假定在 ID 阶段解决一个延迟为 1 周期的分支，且结果被完全旁路。

表 4.15　功能单元延迟

生成结果的指令	使用结果的指令	延迟/时钟周期
浮点乘	浮点算术运算	6
浮点加	浮点算术运算	4
浮点乘	浮点存储	5
浮点加	浮点存储	4
整数运算和所有载入	任何指令	2

（1）假定有一个单发射流水线。说明在编译器未进行调度以及对浮点运算和分支延迟进行调度之后，循环是什么样的，包括所有停顿或空闲时钟周期。在未调度和已调度情况下，结果向量Y中每个元素的执行时间为多少个时钟周期？为使处理器硬件独自匹配调度编译器所实现的性能改进，时钟频率应当为多少？（忽略加快时钟速度会对存储器系统性能产生的影响。）

（2）假定有一个单发射流水线。根据需要对循环进行任意次展开，使调度中不存在任何停顿，消除循环开销指令。必须将循环展开多少次？需给出指令调度。结果中每个元素的执行时间为多少？

4.9 使用Tomasulo算法执行习题4.8中的循环。功能单元延迟如表4.16所示。

表4.16 功能单元延迟

功能单元类型	EX中的循环数	功能单元数	保留站数
整数	1	1	5
浮点加法器	10	1	3
浮点乘法器	15	1	2

做出如下假设：①功能单元未实现流水线；②功能单元之间不存在重定向，结果由CDB传送；③在EX阶段既进行有效地址计算，又进行存储器访问执行Load和Store指令，因此，这个流水线为IF/ID/IS/EX/WB；④Load指令需要一个时钟周期；⑤发射和写回阶段各需要一个时钟周期；⑥共有5个载入缓冲区槽和5个存储缓冲区槽；⑦假定“等于/不等于0时转移”指令（bnez指令）需要一个时钟周期。

（1）单发射Tomasulo MIPS流水线的延迟如表4.16所示。对于循环的3个迭代，给出每个指令的停顿周期数以及每个指令在哪个时钟周期中开始执行（即进入它的第一个EX阶段）。每个循环迭代需要多少个时钟周期？以表格形式写出答案，表中应当具有以下列表头信息：①迭代（循环迭代数）；②指令；③发射（发射指令的周期）；④执行（执行指令的周期）；⑤存储器访问（访问存储器的周期）；⑥写CDB（将结果写到CDB的周期）；⑦注释（对指令正在等待的事件的说明）。在表中给出这个循环的3次迭代，可以忽略第一条指令。

（2）重复（1）部分，但这次假设有双发射Tomasulo算法和全流水线浮点处理单元（Floating-Point Processing Unit，FPU）。

4.10 (m,n)相关分支预测器利用最近执行的m个分支的行为从2^m个预测器中做出选择，这些预测器都是n位预测器。2位局部预测器以类似方式工作，但仅跟踪每个独立分支过去的行为来预测未来的行为。这些预测器采用了折中设计：相关预测器几乎不需要存储器来进行历史记录，使它们能够针对大量独立分支来维持2位预测器（降低了分支指令重复利用同一预测器的概率），而本地预测器则需要相当多的存储器来记录历史，因此只能跟踪较少数量的分支指令。

考虑一个(1,2)相关预测器，它可以跟踪4个分支（需要16位），而有一个(1,2)局部预测器使用相同数量的存储器只能跟踪两个分支。对于分支结果，表4.17给出了相关预测器的初始化状态，表4.18描述了局部预测器的初始化状态，假定到初始化时所有分支都已经确定，表4.19给出了程序执行分支结果。请通过表格给出用于做出预测的表项以及根据预测结果对表格进行更新，还有每个预测器的最终不成功预测率。

表 4.17　相关预测器的初始化状态

相关预测器			
项目	分支	上一个结果	预测
0	0	T	T（预测错误）
1	0	NT	NT
2	1	T	NT
3	1	NT	T
4	2	T	T
5	2	NT	T
6	3	T	NT（预测错误）
7	3	NT	NT

表 4.18　局部预测器的初始化状态

局部预测器			
项目	分支	前两个结果（前后）	预测
0	0	T，T	T（预测错误）
1	0	T，NT	NT
2	0	NT，T	NT
3	0	NT	T
4	1	T，T	T
5	1	T，NT	T（预测错误）
6	1	NT，T	NT
7	1	NT，NT	NT

表 4.19　程序执行分支结果

项目	输出
454	T
543	NT
777	NT
543	NT
777	NT
454	T
777	NT
454	T
543	T

4.11　在 Tomasulo 结构上执行指令，分别计算每条指令 WB 阶段的时间（时钟周期数），并画出相应的时空图。R1、R2、R3 和 F10 具有初值。其中 bnz、daddi、lw 和 fsd 指令花费 1 时钟周期，fsub.d/fadd.d 指令花费 2 个时钟周期，fmult.d 指令花费 5 个周期，fdiv.d 指令花费 10 个时钟周期。

```
lw        f1,  0(x1)
lw        f2,  0(x2)
fadd.d    f3,  f1,  f2
fdiv.d    f4,  f1,  f2
fmult.d   f5,  f3, f10
fsub.d    f6,  f4, f10
fsd       f5,   0(x1)
fsd       f6,   0(x2)
addi      x1,  x1,  #8
addi      x2,  x2,  #8
bnz       x1,  x3,  Loop
```

5

第 5 章　内存系统

5.1　内存系统概述

冯·诺依曼体系结构的处理器需要读取指令执行，并且要存取数据。而指令和数据都需要放置在存储系统中，通过统一的地址空间进行访问。前面章节主要介绍指令级并行处理过程，接下来开始讨论数据在存储系统中的放置和存取。存储系统整体分为内存和外存两个系统，内存系统存取速度快、容量小、断电后数据会丢失；外存系统容量大、性能相对较低，但能够持久保存数据。本章主要讨论内存系统，包括内存系统概述、Cache 机制、Cache 优化、虚拟内存。

5.1.1　存储层次结构

处理器执行速度不断增大时，读取指令和存取数据的速度也会不断增大，即使寄存器能够加快少量数据的存取，存储系统仍需要及时、源源不断地供给数据。对于最接近处理器的存储部件来说，其存取延迟应在一个数量级时钟周期范围之内，不然访存操作将必然成为处理器的瓶颈。近年来，各种类型的处理器已经转向多核，与单核相比，进一步提高了存取带宽需求，总峰值带宽压力必然随核心数的增多而增大。现代高端处理器，比如图 5.1 所示的 Intel Core i9-12900K，每个时钟周期可以由每个核心生成两次存储器引用，这款处理器有 16 个核心，时钟频率为 5.2GHz，除了有大约 832 亿次 64 位指令引用的峰值指令要求之外，每秒最多还可生成 1664 亿次 64 位存储器引用；总峰值带宽需求达到 1996.8 GB/s。但是低延迟的存储器件成本也非常高。因此计算机设计者已经意识到，容量足够大，且速度也足够快的理想存储器，将不可避免地存在成本问题。

图 5.1　Intel Core i9-12900K 芯片布局

从计算机系统结构角度实现整体存储性能、容量要求和成本平衡的方法是构建**存储层次结构**，其关键在于利用数据访问局部性原则。所谓**局部性原则**是指，大多数程序都不会均衡地访问所有代码或数据。局部性可以在时间域呈现（即**时间局部性**），也可以在空间域发生（即**空间局部性**）。根据这一原则和“在给定实现技术和功率消耗的情况下，硬件越小，速度越快”的准则（见图5.2），产生了存储层次结构，不同的层次由不同速度、不同大小的存储器组成。

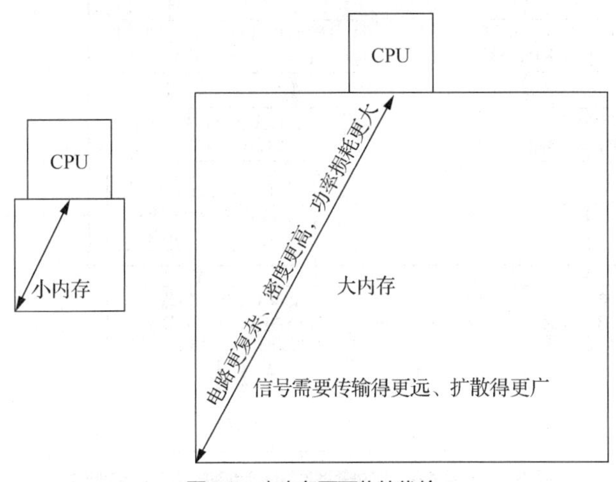

图5.2 大内存要面临的代价

现代处理器，为提高访存带宽，还通常采用多级缓存，并为每个核心提供独占的第一级缓存，有时也使用独占的第二级缓存；在第一级使用独立的指令与数据缓存。与其形成鲜明对比的是，近年来DRAM的峰值带宽虽成倍提升，达76.8 GB/s，但仍只有处理器访存带宽的3.8%，相对于几年前Intel Core i7处理器的6%，这个差距还在进一步拉开。图5.3（a）显示了一个多级存储层次结构，以及其每级的典型访问速度和容量大小，图5.3（b）给出了抽象表示。图5.4显示了Intel Core i7处理器中实际使用的内存系统架构。

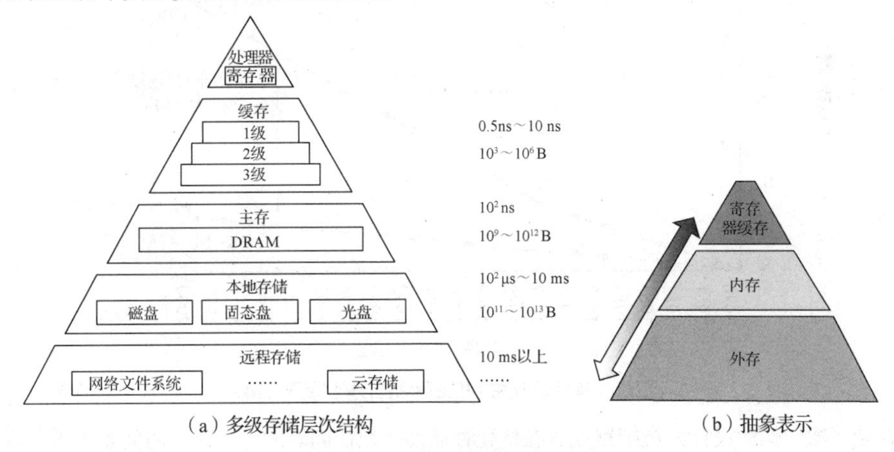

（a）多级存储层次结构　（b）抽象表示

图5.3 典型存储层次结构中的级别

由于快速存储器价格很高，因此将存储层次结构分为几个级别，越接近处理器，容量越小、速度越快、每字节的成本也越高。其目标是提供一种存储系统，每字节的成本几乎与最便宜的存储器相同，速度则几乎与最快速的存储器相同。在大多数情况下，低级别存储器中的数据量是其上一级存储器中的数据量的许多倍。这一性质被称为**包含性质**，低级别存储器须具备这一性质。对Cache缓存层来说，其底层是内存，对虚拟存储层次来说，其底层则由磁盘、固态盘、光盘等本地外存组成。

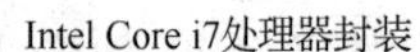

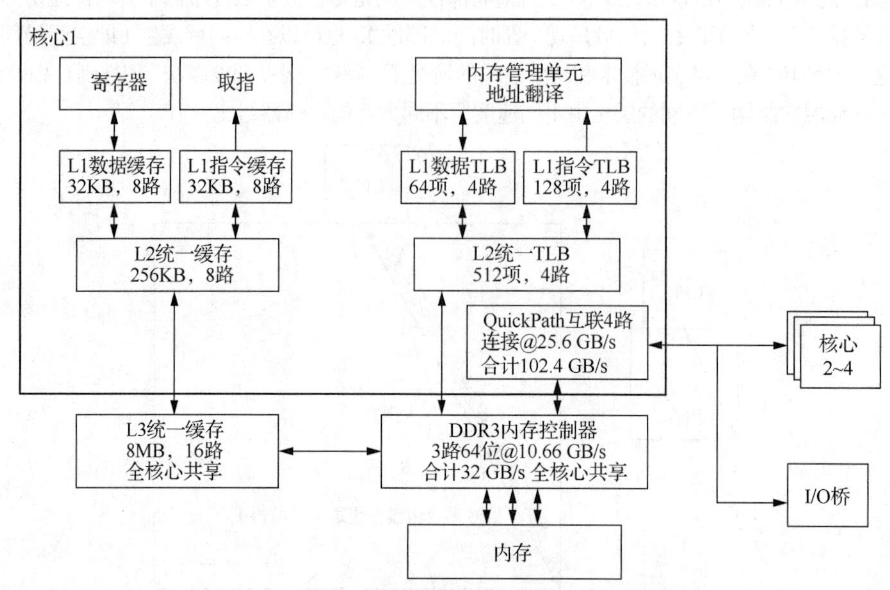

图 5.4　Intel Core i7 处理器中实际使用的内存系统架构

随着处理器性能的提高，存储层次结构的重要性也在不断增加。图 5.5 所示是单处理器性能和主存储器性能的历史沿革。处理器（图中为 CPU）曲线显示了平均每秒发出存储请求数的增量（即两次存储器引用之间延迟值的倒数），而存储器（图中为 DRAM）曲线显示了每秒 DRAM 访问数的增量（即 DRAM 访问延迟的倒数），其速度差每年以 50%的比例扩大。单处理器中，由于峰值存储器访问速度必然快于平均速度（也就是图 5.5 中绘制的速度），因此实际情况还要更差一些。

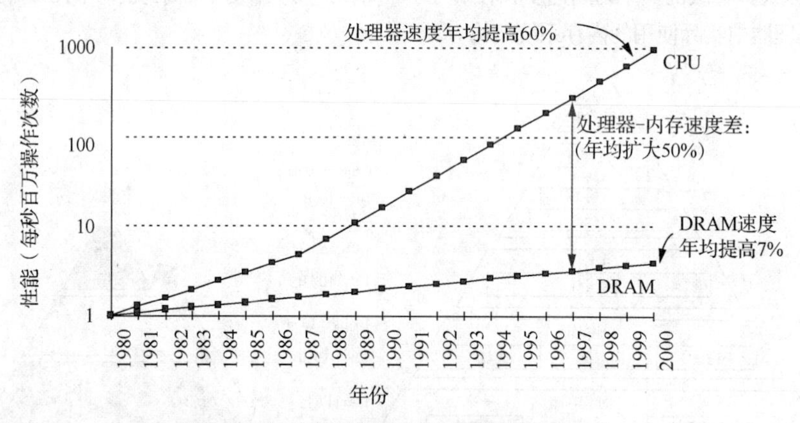

图 5.5　单处理器性能和主存储器性能的历史沿革

存储层次结构的设计人员把重点放在优化存储器平均访问时间上，这一时间是由缓存访问时间、缺失率和缺失代价决定的。但最近，功率也成为设计人员的主要考虑事项。高端处理器中，可能有 10MB 或更大的片上缓存，大容量的第二级或第三级缓存会消耗大量功率，既可能是在没有操作时的泄露功率（称为静态功率），也可能是在执行读取或写入时的活动功率（称为动态功率）。在此类情况下，缓存功率消耗可能占处理器总功率消耗的 25%～50%。因此，在存储系统设计中也需要更多地考虑性能与功率之间的权衡。

关于存储层次结构的基础知识已经出现在计算机组成原理的本科课程中，甚至还出现在操作系统和编译器的相关课程中，因此，本章内容将主要聚焦对内存系统影响很大的缓存及相关操作，也将尽量涉足一些用于应对处理器-存储器性能差距的高级新技术。

5.1.2 内存主要类型

内存又叫内存储器或主存储器，是计算机的关键部件，这里简单介绍一下内存的主要分类。

首先，内存按工作原理可以分为只读存储器（Read Only Memory，ROM）、RAM、高速缓冲存储器（Cache）。另外，RAM 可以分为 DRAM 和 SRAM 两种。

其次，内存按现行技术标准可以分为同步动态随机存储器（Synchronous Dynamic Random Access Memory，SDRAM）、双倍速率同步动态随机存储器（Double-Data-Bate SDRAM，DDR SDRAM）、DDR2 SDRAM、DDR3 SDRAM、DDR4 SDRAM，以及性能更高的 DDR5 SDRAM 和高带宽存储器（High Band Width Memory，HBM）。

然后，内存按介质类型可以分为 SRAM、DRAM、铁电存储器（Ferroelectric Random Access Memory，FeRAM）、磁性存储器（Magnetic Random Access Memory，MRAM）、相变存储器（Phase Change Memory，PCM）。

处理器内部包含片上缓存，通过总线连接片外主存储器 DIMM。主流 DDR 内存的带宽和延迟如表 5.1 所示，访问时间的性能改进大约为每年 5%。1986 年，由于存储器制作工艺从 NMOS DRAM 转为 CMOS，因此访问性能得到了显著提高。20 世纪 90 年代中期引入的各种突发传输模式，以及 20 世纪 90 年代后期引入的 SDRAM 显著增加了访问时间的计算复杂度。如今的 DDR4 和 DDR5 设计在复杂性上再度提高，甚至导致其延迟已经驻足不前，其发展的收益则主要体现在内存带宽方面，这也与应用发展的背景息息相关。

表 5.1 主流 DDR 内存的带宽和延迟

年份	DRAM 类型	频率/（MT/s）	时钟周期/ns	列选延迟/时钟周期	访问延迟/ns
1992	SDR	100	8.00	3	24.00
	SDR	133	7.50	3	22.50
2000	DDR	333	6.00	2.5	15.00
2002	DDR	400	5.00	3	15.00
2004	DDR2	667	3.00	5	15.00
2006	DDR2	800	2.50	6	15.00
2010	DDR3	1333	1.50	9	13.50
	DDR3	1600	1.25	11	13.75
2016	DDR4	1866	1.07	13	13.93
	DDR4	2133	0.94	15	14.06
	DDR4	2400	0.83	17	14.17
	DDR4	2666	0.75	19	14.25
	DDR4	2933	0.68	21	14.32
	DDR4	3200	0.62	22	13.75
2022	DDR5	4800	0.42	40	16.67

现代处理器的多核化发展趋势和大量数据密集型应用的出现，使得计算机对高容量主存的需求越来越迫切。DRAM 取代磁存储器成为计算机主存的主要存储介质已经过去半个世纪。时至今日，由于其在存储单元扩展和能耗效率方面的局限性，DRAM 很难进一步实现更大的容量。新型的非易失性存储器（Non-Volatile Memory，NVM）有望成为有效克服 DRAM 存在的存储单元扩展和能耗效率问题的一种替代方案，从而被考虑作为下一代主存的主要存储介质。

5.2 Cache 机制

层次存储系统可以简化为两层存储：下层存储容量大，以固定大小存储单元（例如块或者页）全局编址；上层存储容量小，在存取路径上更接近处理器（其速度也更快一些），也按照下层存储单元的形式组织，其存放的数据是下层存储的子集（包含性质），上层存储称为下层存储的缓存。如果利用局部性原则，把热点数据放置在上层，就可以提高层次存储系统的整体性能。这种缓存机制应用很广。两种典型的缓存结构是处理器片上缓存与片外内存构成的 Cache 结构，以及内存和外存构成的虚拟存储器结构。另外，计算机系统中文件缓存、域名缓存也采用了类似的设计思想。

如果处理器在缓存中找到了所需要的数据项，即发生了**缓存命中**。如果处理器没有在缓存中找到所需要的数据项，即发生了**缓存缺失**。从主存储器中提取固定大小且包含所需字的数据集，并将其放在缓存中，这个数据集称为**块**。**时间局部性**告诉我们：我们很可能会在不远的将来再次用到这个字，所以把它放在缓存中是有用的，在这里可以快速访问它。由于**空间局部性**，后面用到这个块中的其他数据的可能性也很高。访存局部性的主要来源如图 5.6 所示，图 5.7 则进一步给出了存储器访问局部性经典范例。

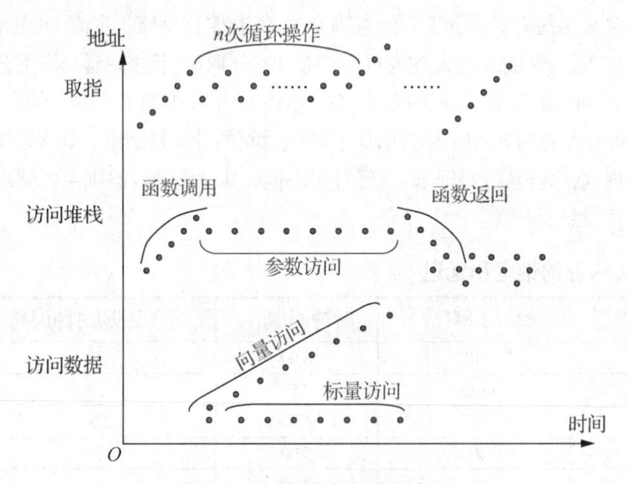

图 5.6　访存局部性的主要来源

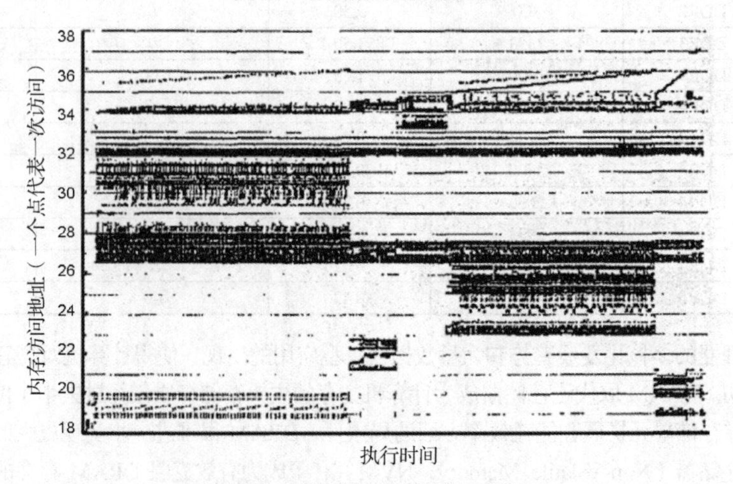

图 5.7　存储器访问局部性经典范例

发生缓存缺失时需要的访存时间取决于主存储器的延迟和带宽。延迟决定了提取块中第一个字的时间，带宽决定了提取这个块中其他内容的时间。缓存缺失由硬件处理，会导致采用循序执行方式的处理器暂停或停顿，直到数据可用为止。在采用乱序执行方式时，需要使用该结果的指令仍然必须等待，但其他指令可以在缺失期间继续执行。

虚拟存储器的结构与此类似，程序引用的所有对象不一定都要驻留在主存储器中。与缓存仅保存处理器常用的数据相似，虚拟存储器允许将不常用的数据暂时存放在外存中。地址空间通常被分为固定大小的数据集，称为页。在任何时候，每个页要么在主存储器中，要么在外存中。当处理器引用的数据所在的块不在缓存中，其所在页也不在主存储器中时，就会发生页错误，并把整个页从外存移到主存储器中。由于页错误消耗的时间太长，因此它们由软件处理，处理器不会停顿。在进行外存访问时，处理器通常会切换到其他任务。从更高级别抽象来看，缓存和主存储器在对引用局部性的依赖性方面、在大小和单位容量成本等方面的关系，类似于主存储器与外存的相应关系。

表 5.2 给出了各种计算机（从高端台式计算机到低端服务器）每一级存储层次结构的大小与访问时间范围，在远离处理器时，相应级别存储器的速度减缓，容量变大。

表 5.2　大型工作站或小型服务器存储层次结构的典型级别

级别	名称	典型容量	主要技术	访问时间/ns	带宽/（MB/s）	管理方	执行方
1	寄存器	小于 0.1 MB	具有多个端口的定制存储器、CMOS	0.15～0.30	1×10^5～1×10^6	编译器	缓存
2	缓存	256 KB～8 MB	片上 CMOS SRAM	0.5～1.5	1×10^5～4×10^5	硬件	主存储器
3	主存储器	小于 1TB	CMOS DRAM	30～200	5000～20000	操作系统	磁盘
4	磁盘	大于 2 TB	磁盘	5×10^6	50～500	操作系统/操作员	其他磁盘和光盘等

嵌入式计算机可能没有磁盘，存储器和缓存也小得多。在请求移向层次结构的更低级别时，访问时间延长，从而有可能以较低的反应速度来管理数据传输。“主要技术”一栏显示了这些功能所用的典型技术。表中给出的访问时间数据将随技术的演化而进一步缩短。存储层次结构各级之间的带宽以 MB/s 为单位给出。磁盘的带宽包括介质和缓冲接口的带宽。

5.2.1　缓存组织

1. 缓存性能回顾

存储系统中更高一级的存储器容量更小、速度更快，在局部性原则的作用下可以得到更频繁的使用，所以采用存储层次结构可以显著提高性能。评价缓存性能的一种方法是扩展第 1 章给出的处理器执行时间公式。我们现在考虑处理器在等待存储器访问而停顿时的周期数目，称为**存储器停顿周期**。整体执行性能由 CPU 时间来评价，根据前面章节中的内容我们知道，其值为 CPU 时钟周期与存储器停顿周期之和与时钟周期时间的乘积：

CPU 时间=(CPU 时钟周期+存储器停顿周期)×时钟周期时间

这个公式将实际情况进行了充分简化，比如：将处理缓存命中的时间放在 CPU 时钟周期里计算，以及假定处理器在发生缓存缺失时停顿。在 5.2.2 节里还将深入分析这些因素。

存储器停顿周期取决于缺失数和每次缺失的成本，后者称为**缺失代价**：

$$\text{存储器停顿周期}=\text{缺失数} \times \text{缺失代价}$$

这个公式还可以转化为另外一种形式，即提取出指令数（IC）公因子，其优点在于容易测量各个分量，包括指令数在内。

$$\text{存储器停顿周期}=\text{IC}\times \frac{\text{缺失数}}{\text{指令数}} \times \text{缺失代价}$$

$$=\text{IC} \times \frac{\text{访存数}}{\text{指令数}}\times \text{缺失率} \times \text{缺失代价}$$

这里对于预测执行式处理器，只计算提交的指令数。那么，可以采用同一方式来测量每条指令的存储器访问数：首先，每条指令需要一次存储器访问以取出指令；其次，很容易根据指令内容判断其是否还需要访问存储器以获取数据。

注意，这里的缺失代价其实是一个平均值，但在计算时却被作为常数来使用。在实际存储系统中发生缺失时，缓存后面的存储器可能因为先前的存储器请求仍在处理或存储器刷新而处于繁忙状态，访存时间并不确定。在处理器、总线和存储器的不同时钟周期之间进行交互时，时钟周期数也可能发生变化。所以本章的计算中，为简化原理讲解而忽略这些复杂情况，暂且为缺失代价使用单一数值。

缺失率就是缓存访问中导致缺失的访问比例（即导致缺失的访问数与总访问数之比）。缺失率可以用缓存仿真器测量，先按照给定参数配置好缓存仿真器，然后将指令与数据引用的地址跟踪输入仿真器，通过仿真程序来判断有哪些引用命中，哪些引用缺失，然后汇报命中与缺失总数。如今的许多微处理器都提供了用于计算缺失数与存储器引用数的硬件，借此测量缺失率要容易很多、快很多。

读取和写入操作的缺失率和缺失代价通常不同，这也是上述公式其实是近似计算的原因之一。考虑这一因素，存储器停顿周期就应该通过分别使用读写操作的次数、缺失代价（以时钟周期为单位）和缺失率来进行计算：

$$\text{存储器停顿周期}=\text{IC} \times \text{每条指令的读取操作} \times \text{读取缺失率} \times \text{读取缺失代价} +$$
$$\text{IC} \times \text{每条指令的写入操作}\times \text{写入缺失率}\times \text{写入缺失代价}$$

这里常常会使用一套简化计算方案，即合并计算读写操作，求出读取与写入操作的平均缺失率与缺失代价，最后得到的完整公式为：

$$\text{存储器停顿周期} = \text{IC} \times \frac{\text{访存数}}{\text{指令数}}\times \text{缺失率} \times \text{缺失代价}$$

缺失率是缓存设计中最重要的度量之一，但在后面章节将会看到，它不是唯一的度量标准。

例题　假如有一台计算机，当所有的存储器访问都在缓存中命中时，其每条指令的周期数（CPI）为 1.0。需访问数据的指令包括载入指令和存储指令，占指令总数的 50%。如果缺失代价为 25 个时钟周期，缺失率为 2%，当所有指令都在缓存中命中时，计算机可以加快多少倍？

解答　首先计算理想情况下所有访存完全命中时的性能：

$$\text{CPU执行时间} = (\text{CPU时钟周期} + \text{存储器停顿周期})\times\text{时钟周期}$$
$$= (\text{IC}\times\text{CPI} + 0)\times\text{时钟周期}$$
$$= \text{IC}\times 1.0\times\text{时钟周期}$$

现在，对于采用实际缓存的计算机，首先计算存储器停顿周期：

$$存储器停顿周期 = IC \times \frac{存储器访问数}{指令数} \times 缺失率 \times 缺失代价$$

$$= IC \times (1 + 0.5) \times 0.02 \times 25 = IC \times 0.75$$

式中，中间项(1+0.5)表示每条指令有 1 次指令访问和 0.5 次数据访问。总性能：

$$CPU执行时间_{缓存} = (IC \times 1.0 + IC \times 0.75) \times 时钟周期 = 1.75 \times IC \times 时钟周期$$

性能比是执行时间的倒数：

$$\frac{CPU执行时间_{缓存}}{CPU执行时间} = \frac{1.75 \times IC \times 时钟周期}{1.0 \times IC \times 时钟周期} = 1.75$$

没有缓存缺失时，计算机的速度为有缺失时的 1.75 倍。

一些设计师在测量缺失率时更愿意使用**每条指令的缺失数**，而不是每次存储器引用的缺失数。这两者的关系为：

$$\frac{缺失数}{指令数} = \frac{缺失率 \times 访存数}{指令数} = 缺失率 \times \frac{访存数}{指令数}$$

如果知道每条指令的平均存储器访问数，就可以将缺失率转换为每条指令的缺失数，以使用后面那个公式。例如，我们可以将上面示例中每次存储器引用的缺失率转换为每条指令的缺失数：

$$\frac{缺失数}{指令数} = \frac{缺失率 \times 访存数}{指令数} = 0.02 \times 1.5 = 0.03$$

一般地，每条指令的缺失数经常以每千条指令的缺失数给出，以整数而非小数表示。因此，上面的答案也可以表示为每 1000 条指令发生 30 次缺失。

表示为"每条指令的缺失数"的优点在于它与硬件实现无关。例如，前面提到的预测执行式处理器加载的指令数大约是实际执行指令数的两倍，如果测量每次存储器引用而非每条指令的缺失数，那就会人为地低估缺失率。其缺点在于每条指令的缺失数与体系结构相关，例如，对于 80x86 与 MIPS，每条指令的存储器访问平均数可能有很大不同。因此，对于仅使用单一系列计算机的架构师，常使用的是每条指令的缺失数。另外，不同体系结构，如 CISC 与 RISC 之间，在这个问题上表现出的差别也可以让人们深入理解这些体系结构。

例题　为了展示这两个缺失率公式的等价性，让我们重做上面的例题，这一次假定缺失率为每千条指令发生 30 次缺失。那么根据指令数，存储器停顿周期是多少？

解答　重新计算存储器停顿周期：

$$存储器停顿周期 = 缺失数 \times 缺失代价$$

$$= IC \times \frac{缺失数}{指令数} \times 缺失代价$$

$$= IC \times \frac{30}{1000} \times 25 = IC \times 0.75$$

答案与前例相同，由此可以证明这两个公式等价。

---

2. 存储层次结构的 4 个问题

对于存储层次结构的第一级也就是缓存来说，归纳起来有 4 个非常关键的问题。

问题 1：一个块可以放在上一级的什么位置，即**放何处**？

问题 2：如果一个块在上一级中，如何找到它，即**怎么找**？

问题 3：在缺失时应当替换哪个块，即**换哪块**？

问题 4：在写入时会发生什么，即怎样写？

这些问题的答案可以帮助我们理解存储器在层次结构的不同级别所做的不同权衡。因此，在随后的 5.4 节中还将重温这个问题。

（1）放置策略

根据对块放置位置的设计，可以将缓存组织方式分为以下 3 类。

① 如果每个块只能出现在缓存中的一个位置，就说这一缓存是**直接映射**的。这种映射通常是：块地址 mod 缓存中的块数。

② 如果一个块可以放在缓存中的任意位置，就说缓存是**全相联**的。

③ 如果一个块可以放在缓存中由有限个位置组成的组（Set）内，就说缓存是组相联的。组就是缓存中的一组块。块首先映射到组，然后块可以放在这个组中的任意位置。通常以位选择方式来选定组，即块地址 mod 缓存中的组数。如果组中有 *n* 个块，则称该缓存放置策略为 **“*n* 路组相联”**。

从直接映射到全相联的各种缓存组织实际上都可以表示为组相联的特例。直接映射就是 1 路组相联，拥有 *m* 个块的全相联缓存可以称为 “*m* 路组相联”。同样，直接映射可以看作拥有 *m* 个组，全相联可以看作仅有 1 个组。

如图 5.8 所示，这一缓存示例包含 8 个块帧，存储器有 32 个块，假设缓存中未装载数据。3 种缓存组织方式由左向右给出。在全相联中，来自较低层级的块 12 可以进入该缓存 8 个块帧的任意一个。采用直接映射时，块 12 只能进入块 4（12 mod 8）。组相联拥有这两者的一些共同特性，允许这个块放在第 0 组的任意位置（12 mod 4）。由于每个组中有 2 个块，因此这意味着块 12 可以放在缓存的块 0 或块 1 中。实际缓存包含数千个块帧，实际存储器包含数百万个块。拥有 4 个组、每组 2 个块的组相联组织方式称为 2 路组相联。

如今的绝大多数处理器缓存采用直接映射、2 路组相联和 4 路组相联组织方式，其原因将在稍后介绍。

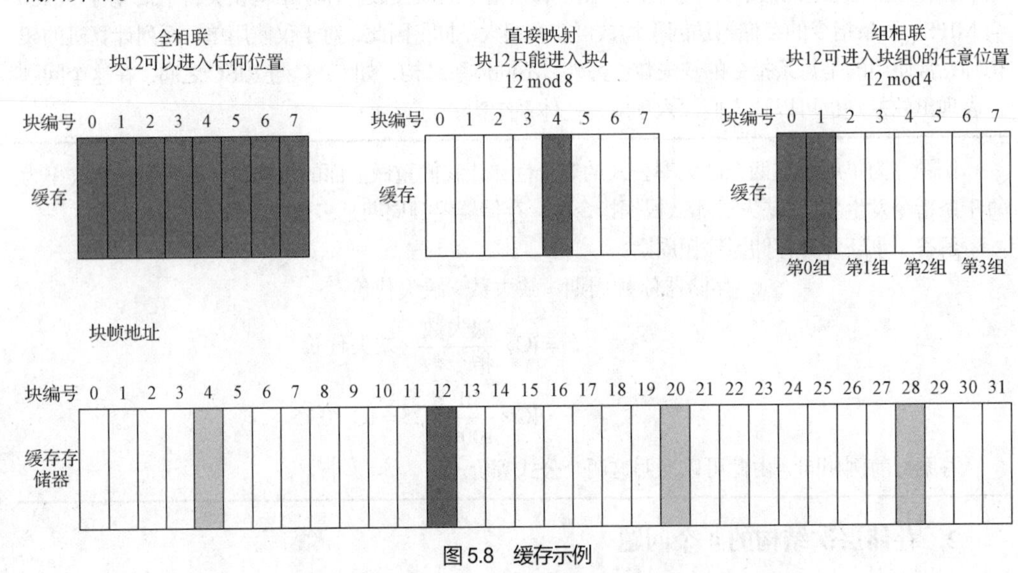

图 5.8 缓存示例

（2）查找方法

缓存中记录有每个块帧的地址标识，对于可能包含所需访问数据的缓存块，要对这些地址标识进行查看，以了解其是否与来自处理器的请求块地址匹配。由于速度非常重要，因此会对所有可能的标识进行并行扫描。

同时也必须找到一种方法来确认缓存块中是否包含有效信息。常见的方法是向标识中添加一个有效位，表明这一项是否包含有效地址。如果没有对这个位进行置位，那这个缓存块就不存储用以匹配所请求地址的数据。

在继续讨论下一问题之前，先来研究处理器请求地址与缓存地址标识的关系。图 5.9 显示了组相联或直接映射缓存中地址的 3 个组成部分。首先将地址划分为**块地址**和**块偏移**，然后将块地址进一步分为**标识字段**和**索引字段**。其中，标识字段用于检查组中的所有块，索引字段用于选择组，全相联缓存没有索引字段，块偏移字段是块中所需数据的地址。块偏移字段用于从缓存块中提取所请求的数据，索引字段用于选择组，进而通过对比标识字段来判断是否命中。尽管可以对标识之外的更多地址位进行对比，但并不需要如此，原因如下所述。

- 在对比中不必使用块偏移，因为在缓存中，整个块或者存在或者不存在，所以根据定义，同一块中的所有块偏移都会导致这一块被匹配。
- 核对索引也是不必要的，因为其已被用来选择组。例如，存储在第 0 组中的地址，其索引字段必须为 0，否则就不能存储在第 0 组中；第 1 组的索引字段必须为 1，以此类推。

这样一来，缓存标识的宽度就可以被充分减小，以此来节省相关的硬件和功率。

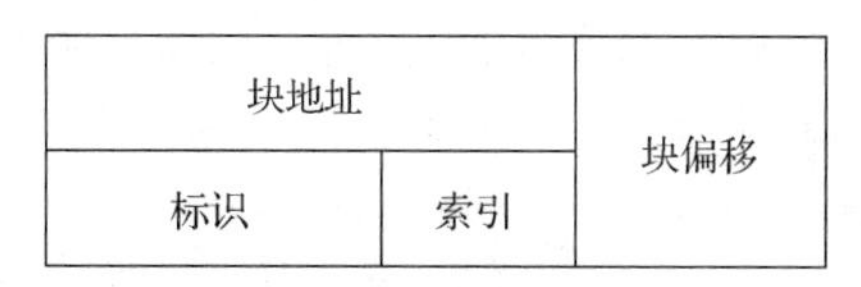

图 5.9　组相联或直接映射缓存中地址的 3 个组成部分

如果总缓存大小保持不变，增大相联度将增加每个组中的块数，从而减小索引的大小、增大标识的大小。图 5.9 中的标识-索引边界因为相联度增大而向右移动，到端点处就是全相联缓存，没有索引字段。因此索引大小和缓存大小、块大小及组相联度之间的关系如下：

$$2^{\text{索引}}=\frac{\text{缓存大小}}{\text{块大小}\times\text{组相联度}}$$

（3）替换方法

当发生缺失时，缓存控制器必须选择一个给所请求数据替换的块。直接映射组织方式的好处就是简化了硬件判断——事实上，简单到不需要进行选择：仅需查看一个块帧，以确定是否命中，而且只有这个块可以被替换。而对于全相联或组相联组织方式，在发生缺失时会有许多块可供选择。此时，主要有以下 3 种策略来选择替换哪个块。

① **随机**——为块地址进行均匀分配，随机选择候选块。一些系统生成伪随机块编号，以实现可重复的选择行为，这在调试硬件时有一定的用处。

② **最近最少使用**（Least Recently Used，LRU）——为尽可能保留不久后可能用到的信息，会记录下对数据块的访问历史。依靠过去的行为来预测未来行为，将替换掉未使用时间最久的块。LRU 依赖于局部性的一条推论：如果最近用过的块很可能被再次使用，那么放弃最近最少使用的块是一种不错的选择。

③ **先进先出**（FIFO）——因为 LRU 的计算可能非常复杂，所以这一策略通过确定最早访问的块来近似得到 LRU，而不是直接确定 LRU。

随机替换的一个好处是易于用硬件实现。随着要跟踪块数的增加，采用 LRU 策略的成本也变得越来越高，通常只能采用近似方法。一种常见的近似方法（通常称为“伪 LRU”）是为缓存中的每个组设置一组位标记，每个位标记对应缓存组中的 1 路，位数取决于组相联路数。在访问组

时开启一个特定位，这一位与包含所需块的路相对应；如果与一个组相关联的所有位都被开启，除最近被开启的位之外，将所有其他位关闭。在必须替换一个块时，处理器从相应被关闭的路中选择一个块，如果有多种选择，则随机选择。这种方法可以近似实现LRU，这是因为自上次访问组中的块之后，被选择用于替换的块没有被访问过。表5.3给出了LRU、随机和FIFO替换策略的缺失率差异，以每千条指令缺失数表示。

表5.3　LRU、随机和FIFO替换策略的缺失率差异

相联度	2路			4路			8路		
大小	LRU	随机	FIFO	LRU	随机	FIFO	LRU	随机	FIFO
16KB	114.1	117.3	115.5	111.7	115.1	113.3	109.0	111.8	110.4
64KB	103.4	104.3	103.9	102.4	102.3	103.1	99.7	100.5	100.3
256KB	92.2	92.1	92.5	92.1	92.1	92.5	92.1	92.1	92.5

对于大缓存，LRU和随机策略没有什么差别，当缓存较小时，LRU优于其他几种策略。当缓存较小时，FIFO通常优于随机策略。这是使用10项SPEC2000基准测试，采用64字节的块大小，针对Alpha体系结构测得的。其中，5个基准测试来自SPECint2000（测试案例：gap、gcc、gzip、mcf和perl），5个来自SPECfp（测试案例：applu、art、equake、lucas和swim）。本章的大多数图表中都将使用这些基准测试。

（4）写入方法

大多数处理器缓存访问都由读取指令引起。因为所有指令的加载都是读取，且大多数指令不会向存储器写入数据。以MIPS程序为例，其典型指令流中，Store指令占10%，Load指令占26%。那么，总存储器通信流量中，写入操作占10%/(100%+26%+10%)，大约为7%。在数据缓存通信流量中，写入操作占10%/(26%+10%)，大约为28%。要加快常见情景的执行速度，就意味着要围绕读取操作对缓存进行优化，尤其是处理器通常会等待读取的完成，而写入操作则常常不用等待完成。但Amdahl定律指出，既然写入依然有相当高的比例，为实现高性能设计目标也不能忽视写入操作的速度。

一般来说，常见情景也是容易提升速度的情景。可以在读取和比对标识的同时从缓存中读取块，所以只要有了块地址就开始读取块。如果读取命中，则立即将块中所需部分传送给处理器。如果读取缺失，除了让计算机额外付出一点功耗之外，仅需忽略所读数据即可。

写入操作则不能如此方便。要想修改一个块，必须先核对标识，以查看地址是否命中。由于标识核对不能并行执行，因此写入操作较读取操作来说通常需要更长的时间。另一种复杂性在于处理器还要指定写入的大小，通常介于1～8B，需要仅改变一个块的相应部分。而读取则与之不同，可以毫无顾虑地读取超出的字节。

不同的写入策略可以用来区分缓存设计。在写入缓存时，有下面两种基本策略。

- **直写**——数据被写入缓存中的块和低一级存储器中的块。
- **写回**——数据仅被写到缓存中的块。修改后的缓存块仅在被替换时才被写到主存储器。

为降低在替换时写回块的频率，通常会使用修改位或称为“脏”位的状态位，以表示块是脏的，即在缓存中经历了修改，还是干净的，即未被修改。如果它是干净的，则在缺失时不会写回块，因为在低级存储器中可以看到缓存中的相同数据。

写回和直写策略都有各自的优势。采用写回策略时，写入操作的速度与缓存的速度相同，一个块中的多次写入操作只需要对低一级存储器进行一次写入。由于一些写入内容不会进入存储器，因此写回策略使用的存储器带宽较小，使用写回策略对多处理器更具吸引力。由于写回策略对存储层次结构其余部分及存储器互联的使用少于直写，因此它还可以节省功耗，对于嵌入式应用极具吸引力。

相比于写回策略，直写策略更容易实现。缓存总是清洁的，所以它与写回策略不同，读取缺失永远不会导致对低一级存储器的写入操作。直写策略还有一个好处：低一级存储器中拥有数据的最新副本，从而简化了数据一致性。数据一致性对于多处理器和 I/O 来说非常重要，本书将在后续章节中对此进行详细介绍。多级缓存架构使直写策略更适合于高一级存储，这是因为写入操作只需要传播到下一个较低级别，而不需要传播到所有主存储器。

I/O 和多处理器更具矛盾性：它们一方面希望让处理器缓存使用写回策略，以减小存储器通信流量，另一方面又希望使用直写策略，以与低级存储器保持缓存内容一致。

如果处理器在直写期间必须等待写入操作的完成，则称处理器处于写入停顿状态。减少写入停顿的常见优化方法是写入缓冲区，利用这一优化方法，将数据写入缓冲区之后，处理器就可以立即继续执行，从而将处理器执行与存储器更新重叠起来。稍后将会看到，即使利用写入缓冲区也会发生写入停顿。

由于在开始执行写入操作时并不需要数据，因此在发生写入缺失时共有以下两种策略。

- **写入分派**——在发生写入缺失时将块读取到缓存中，随后对其执行写入命中操作。在这一很自然的策略中，写入缺失与读取缺失类似。
- **无写入分派**——这显然是一种不太寻常的策略，写入缺失不影响缓存，而是仅修改低一级存储器中的块。

因此在采用无写入分派策略时，在程序尝试读取块之前，这些块一直都在缓存之外，但在采用写入分派策略时，即使那些仅写入的块也会被保存在缓存中。

例题 假定一个拥有许多缓存项的全相联写回缓存，在开始时为空。下面是由 5 个存储器操作组成的序列（地址放在中括号内）：

```
Write Mem[100];
Write Mem[100];
Read Mem[200];
Write Mem{200];
Write Mem[100].
```

在使用无写入分派和写入分派策略时，命中数和缺失数为多少？

解答 对于无写入分派策略，地址 100 不在缓存中，在写入时不进行分派，所以前两个写入操作将导致缺失。地址 200 也不在缓存中，所以读取操作也会导致缺失。接下来对地址 200 进行的写入将会命中。最后一个访存操作是对地址 100 的写入操作，仍将造成缺失。所以对无写入分派策略来说，其结果是 4 次缺失和 1 次命中。对于写入分派策略来说，前面对地址 100 和地址 200 的访问导致缺失，由于地址 100 和地址 200 都可以在缓存中找到，因此其余写入操作将会命中。因此，采用写入分派策略时，其结果为 2 次缺失和 3 次命中。

任何一种写入缺失策略都可以与直写或写回策略一起使用。通常，写回缓存采用写入分派策略，希望对块的后续写入能够被缓存捕获。直写缓存通常使用无写入分派策略。其原因在于：即使存在对块的后续写入操作，这些写入操作仍然必须进入低一级存储器，实际上没有收益。

5.2.2 缓存性能

由于指令数与硬件无关，因此用这个数值来评价处理器性能看起来很公平，但是这存在不易

察觉的问题。缺失率指标也一样，也与硬件无关，评价存储层次结构性能的关键参数也主要集中在缺失率上。在随后的分析中将会发现，单纯使用缺失率进行评价，同样可能产生误导。存储层次结构性能的一个更好的度量标准是**存储器平均访问时间**：

$$存储器平均访问时间=命中时间+缺失率 \times 缺失代价$$

式中，**命中时间**是指在缓存中命中的时间；其他两项已经在前面介绍过。存储器平均访问时间的各个分量可以用绝对时间衡量，比如，一次命中的时间为0.25～1.0ns，也可以用处理器等待存储器的时钟周期数来衡量，比如一次缺失代价为150～200个时钟周期。注意，存储器平均访问时间仍然是性能的间接度量；尽管它优于缺失率，但并不能替代执行时间。

这个公式可以帮助我们决定是选择分离缓存还是统一缓存。

表5.4所示为比较不同大小的指令、数据与统一缓存中每千条指令的缺失数。

表5.4　比较不同大小的指令、数据与统一缓存中每千条指令的缺失数

大小/KB	指令缓存	数据缓存	统一缓存
8	8.16	44.0	63.0
16	3.82	40.9	51.0
32	1.36	38.4	43.3
64	0.61	36.9	39.4
128	0.30	35.3	36.2
256	0.02	32.6	32.9

指令引用所占百分比大约为74%。此数据的收集基于与表5.3相同的计算机和基准测试，采用2路相联缓存，块大小为64B。

例题　16KB指令缓存加上16KB数据缓存相对于一个32KB的统一缓存，哪一种的缺失率较低？利用表5.4中的缺失数数据来帮助计算正确答案，假定36%的指令为数据传输指令。假定一次命中需要1个时钟周期，缺失代价为100个时钟周期。对于统一缓存，如果两个请求一起抵达，却仅有一个缓存端口来进行服务，那么一次Load或Store请求的命中就另需一个时钟周期。利用第3章介绍的流水线技术，统一缓存会导致结构冲突。每种情况下的存储器平均访问时间为多少？假定采用具有写入缓冲区的直写缓存，忽略由于写入缓冲区导致的停顿。

解答　首先让我们将每千条指令的缺失数转换为缺失率。缺失率为

$$缺失率=\frac{\dfrac{每千条指令缺失数}{1000}}{\dfrac{存储器访问数}{指令数}}$$

由于每次指令访问都正好有一次存储器访问来提取指令，因此指令缺失率为

$$缺失率_{16KB指令缓存}=\frac{\dfrac{3.82}{1000}}{1.00}\approx 0.004$$

由于36%的指令为数据传输指令，因此数据缺失率为

$$缺失率_{16KB数据缓存}=\frac{\dfrac{40.9}{1000}}{0.36}\approx 0.114$$

统一缓存缺失率需要考虑指令和数据访问：

$$缺失率_{32KB统一缓存} = \frac{\frac{43.3}{1000}}{1.00 + 0.36} \approx 0.0318$$

如上所述，大约 74%的存储器访问为指令引用。因此，分离缓存的总缺失率为

$$(74\% \times 0.004) + (26\% \times 0.114) = 0.0326$$

因此，32KB 统一缓存的实际缺失率略低于两个 16KB 缓存。

存储器平均访问时间可分为指令访问时间和数据访问时间：

$$\begin{aligned}存储器平均访问时间 = &指令百分比 \times (命中时间 + 指令缺失率 \times 缺失代价) + \\ &数据百分比 \times (命中时间 + 数据缺失率 \times 缺失代价)\end{aligned}$$

因此，每种组织方式的时间为

$$\begin{aligned}存储器平均访问时间_{分离} &= 74\% \times (1 + 0.004 \times 200) + 26\% \times (1 + 0.114 \times 200) \\ &= (74\% \times 1.80) + (26\% \times 23.80) = 1.332 + 6.188 = 7.52\end{aligned}$$

$$\begin{aligned}存储器平均访问时间_{统一} &= 74\% \times (1 + 0.0318 \times 200) + 26\% \times (1 + 1 + 0.0318 \times 200) \\ &= (74\% \times 7.36) + (26\% \times 8.36) = 5.4464 + 2.1736 = 7.62\end{aligned}$$

因此，在这个示例中，尽管分离缓存（每时钟周期分别为指令和数据提供缓存端口，从而避免了结构性冲突）的实际缺失率较低，但其存储器平均访问时间要优于单端口统一缓存。

请大家思考一下，如果统一缓存也提供两个端口，缓存访问请求同时命中时是否需要额外时钟周期呢?

1. 存储器平均访问时间与处理器性能

一个显而易见的问题：以缓存缺失导致停顿计算的存储器平均访问时间能否用以预测计算实际系统性能。首先，还有其他原因会导致停顿，比如使用存储器的 I/O 设备产生争用。不过，由于存储层次结构导致的停顿远多于其他原因导致的停顿，因此设计人员经常假定所有存储器停顿都是由于缓存缺失导致的。我们这里也采用这一简化假定，但在评价实际系统的最终性能时，一定要充分考虑所有存储器停顿。

其次，上述问题的回答也受处理器的影响，如果采用循序执行处理器，那回答基本上就是肯定的。处理器会在缺失期间停顿，存储器停顿时间与存储器平均访问时间存在很强的相关性，现在假定采用循序执行，后文会继续讨论乱序执行处理器。

如 5.2.1 节所述，可以为 CPU 时间建立如下模型：

CPU时间=（CPU时钟周期+存储器停顿周期）× 时钟周期时间

这个公式会产生一个问题：一次缓存命中的时钟周期应看作 CPU 时间的一部分，还是存储器停顿周期的一部分？尽管每一种约定都有其合理性，但最广泛接受的是将命中的时钟周期看作 CPU 时间的一部分。

下面可以具体分析缓存对性能的影响。

例题 让我们对前一个示例使用循序执行计算机。假定缓存缺失代价为 200 个时钟周期，所有指令通常都占用 1.0 个时钟周期（忽略存储器停顿）。假定平均缺失率为 2%，每条指令平均有 1.5 次存储器引用，每千条指令的平均缓存缺失数为 30。如果考虑缓存的行为特性，对性能的影响如何？使用每条指令的缺失数及缺失率来计算此影响。

解答 $CPU时间 = IC \times (CPI_{执行} + \frac{存储器停顿周期}{指令数}) \times 时钟周期时间$

其性能（包括缓存缺失）为

$$\begin{aligned}\text{CPU时间}_{\text{包括缓存}} &= IC\times[1.0+(\frac{30}{1000}\times 200)]\times\text{时钟周期时间}\\ &= IC\times 7.00\times\text{时钟周期时间}\end{aligned}$$

现在使用缺失率预测性能：

$$\text{CPU时间} = IC\times(CPI_{\text{执行}}+\text{缺失率}\times\frac{\text{存储器访问数}}{\text{指令数}}\times\text{缺失代价})\times\text{时钟周期时间}$$

$$\begin{aligned}\text{CPU时间}_{\text{包括缓存}} &= IC\times[1.0+(1.5\times 2\%\times 200)]\times\text{时钟周期时间}\\ &= IC\times 7.00\times\text{时钟周期时间}\end{aligned}$$

在有、无缓存情况下，时钟周期时间和指令数均相同。因此，CPU 时间提高至 7 倍，CPI 从“完美缓存”的 1.00 增加到可能产生缺失的缓存的 7.00。在根本没有任何存储层次结构时，CPU 时间将再次提高到 1.0+1.5×200=301，比带有缓存的系统高出 40 多倍。

如上例所示，缓存特性可能会对性能产生巨大影响，此外，对于低 CPI、高时钟频率的处理器，缓存缺失会产生双重影响。

（1）$CPI_{\text{执行}}$ 越低，固定数目的缓存缺失时钟周期产生的相对影响越大。

（2）在计算 CPI 时，一次缓存缺失的代价是以处理器时钟周期进行计算的。因此，即使两个计算机的存储系统具有相同的层次结构，时钟频率较高的处理器在每次缺失时会占用较多的时钟周期，CPI 的存储器部分也相应较高。

对于低 CPI、高时钟频率的处理器，缓存的重要性更高，因此，如果在评估此类计算机的性能时忽略缓存行为，其误差更大。这再次印证了 Amdahl 定律。

尽管将存储器平均访问时间降至最低是一个合理的目标，不过更重要的是，最终目标是缩短 CPU 时间。下面的例子将说明为什么会有这种区别。

例题　两种不同的缓存组织方式对处理器性能的影响如何？假定完美缓存的 CPI 为 1.6，时钟周期时间为 0.35us，每条指令有 1.4 次存储器引用，2 个缓存的大小都是 128KB，两者的块大小都是 64 字节。其中一个为直接映射缓存，另一个为 2 路组相联缓存。对于组相联缓存，必须添加一个多路选择器，以根据标识匹配在组中的块之间做出选择。由于处理器的速度直接与缓存命中的速度联系在一起，因此假定必须将处理器时钟周期时间扩展 1.35 倍，其工作速度才能与组相联缓存的多路选择器相适配。对于一级近似，每一种缓存组织方式的缓存缺失代价都是 65ns。（在实践中，通常会四舍五入为整数个时钟周期。）首先，计算存储器平均访问时间，然后计算处理器性能。假定命中时间为 1 个时钟周期，128KB 直接映射缓存的缺失率为 2.1%，同等大小的 2 路组相联缓存的缺失率为 1.9%。

解答　存储器平均访问时间：

$$\text{存储器平均访问时间} = \text{命中时间} + \text{缺失率}\times\text{缺失代价}$$

因此，每种组织方式的时间：

$$\text{存储器平均访问时间}_{1\text{路}} = 0.35+(0.021\times 65)\approx 1.72\ (\text{ns})$$

$$\text{存储器平均访问时间}_{2\text{路}} = 0.35\times 1.35+(0.019\times 65)\approx 1.71\ (\text{ns})$$

2 路组相联缓存在存储器平均访问时间上略有优势。

处理器性能：

$$\text{CPU时间} = \text{IC} \times \left(\text{CPI}_{\text{执行}} + \frac{\text{缺失数}}{\text{指令数}} \times \text{缺失代价} \right) \times \text{时钟周期时间}$$

$$= \text{IC} \times \left(\begin{array}{l} (\text{CPI}_{\text{执行}} \times \text{时钟周期时间}) \\ + (\text{缺失率} \times \dfrac{\text{存储器访问数}}{\text{指令数}} \times \text{缺失代价} \times \text{时钟周期时间}) \end{array} \right)$$

将缺失代价×时钟周期时间替换为 65 ns，可得每种缓存组织方式的性能为

$$\text{CPU时间}_{1\text{路}} = \text{IC} \times [1.6 \times 0.35 + (0.021 \times 1.4 \times 65)] \approx 2.47 \times \text{IC}$$

$$\text{CPU 时间}_{2\text{路}} = \text{IC} \times [1.6 \times 0.35 \times 1.35 + (0.019 \times 1.4 \times 65)] \approx 2.49 \times \text{IC}$$

相对性能：

$$\frac{\text{CPU时间}_{2\text{路}}}{\text{CPU时间}_{1\text{路}}} = \frac{2.49 \times \text{IC}}{2.47 \times \text{IC}} = \frac{2.49}{2.47} \approx 1.01$$

与存储器平均访问时间的对比结果相反，直接映射缓存的平均性能略好一些，这是因为尽管两组组相联的缺失数较少，但针对所有指令都扩展了时钟周期。由于 CPU 时间是我们的基本评估，而且由于直接映射缓存的构建更简单一些，因此本示例中优选直接映射缓存。

思考 是什么原因造成了这种反转？应用程序中访存指令所占的比重是多少？

2. 缺失代价与乱序执行处理器

在乱序执行处理器中应该如何定义“缺失代价”？是考虑存储器缺失的全部延迟，还是仅考虑处理器必须停顿时的无重叠延迟？对于那些在完成数据缺失之前必须停顿的处理器来说，不存在这一问题。

首先，需要为乱序执行处理器重新定义存储器停顿，以考虑指令执行过程中可能的重叠情况，只有非重叠延迟才是真正造成停顿的关键因素：

$$\frac{\text{存储器停顿周期}}{\text{指令数}} = \frac{\text{缺失数}}{\text{指令数}} \times (\text{总缺失代价} - \text{重叠缺失延迟})$$

与此类似，由于一些乱序执行处理器会拉长命中时间，因此性能公式的命中时间部分将受到影响。同时，考虑乱序执行处理器中的存储器资源征用，缺失延迟也包含没有争用时的延迟和因为争用导致的延迟。

这里暂不考虑存储资源争用的复杂性，主要关注缺失延迟，为此需要确定以下各项。

- **存储器延迟长度**——在乱序执行处理器中如何确定存储器操作的起止时刻。
- **延迟重叠的长度**——如何确定与处理器相重叠的起始时刻，或者说，在什么时刻存储器操作必然造成处理器停顿。

由于乱序执行处理器的复杂性，因此不存在单一的准确定义。

由于在流水线退出阶段只能看到已提交的操作，因此我们说：如果处理器在一个时钟周期内没有退出（Retire）最大可能数目的指令，它就在该时钟周期内停顿。我们将这一停顿记在第一条未退出指令的账上，并不一定总能缩短执行时间，这是因为此时可能会暴露出另一种类型的停顿（原本隐藏在所关注的停顿背后）。

关于延迟，我们可以从存储器指令在指令窗口中排队的时刻开始测量，也可以从生成地址的时刻开始测量，还可以从指令被实际发送给存储器系统的时刻开始测量。只要保持一致，任何一种选项都是可以的。

例题 让我们重做上面的例题，但这一次假定具有较长时钟周期时间的处理器支持乱序执行技术，但仍采用直接映射缓存。假定 65ns 的缺失代价中有 30%可以重叠，也就是说，CPU 存储器平均停顿时间现在为 45.5ns。

解答 乱序执行处理器的存储器平均访问时间：

$$\text{存储器平均访问时间}_{\text{1路、乱序}} = 0.35 \times 1.35 + (0.021 \times 45.5) \approx 1.43\text{ns}$$

乱序缓存的性能为

$$\text{CPU时间}_{\text{1路、乱序}} = \text{IC} \times [1.6 \times 0.35 \times 1.35 + (0.021 \times 1.4 \times 45.5)] \approx \text{IC} \times 2.09$$

因此，尽管乱序执行处理器的时钟周期时间要小得多，直接映射缓存的缺失率也更高一些，但如果它能隐藏 30%的缺失代价，那仍然可以稍快一些。

总而言之，尽管乱序执行处理器存储器停顿的定义和测量比较复杂，但由于它们会严重影响性能，因此应当了解这些问题。这些问题的出现是因为乱序执行处理器容忍缓存缺失导致存在一定的延迟，不会对性能造成影响。因此，设计师在评估存储层次结构时，通常使用乱序执行处理器与存储器的模拟器，以确保一项帮助缩短平均存储器延迟的改进能够真的有助于提高程序性能。

下面用图 5.10 归纳本节的性能公式，以总结本节内容。其中第一个公式用于计算缓存索引大小，其余公式用于帮助评估性能，最后两个公式用于处理多级缓存，在 5.3 节会对其进行介绍。

索引大小与缓存大小和组相联度之间的关系为

$$2^{\text{索引}} = \frac{\text{缓存大小}}{\text{块大小} \times \text{组相联度}}$$

$$\text{CPU时间} = (\text{CPU时钟周期} + \text{存储器停顿周期}) \times \text{时钟周期时间}$$

$$\text{存储器停顿周期} = \text{缺失数} \times \text{缺失代价}$$

$$\text{存储器停顿周期} = \text{IC} \times \frac{\text{缺失数}}{\text{指令数}} \times \text{缺失代价}$$

$$\frac{\text{缺失数}}{\text{指令数}} = \text{缺失率} \times \frac{\text{访存数}}{\text{指令数}}$$

$$\text{CPU时间} = \text{IC} \times (\text{CPI}_{\text{执行}} + \frac{\text{存储器停顿时钟周期}}{\text{指令数}}) \times \text{时钟周期时间}$$

$$\text{CPU时间} = \text{IC} \times (\text{CPI}_{\text{执行}} + \frac{\text{缺失数}}{\text{指令数}} \times \text{缺失代价}) \times \text{时钟周期时间}$$

$$\text{CPU时间} = \text{IC} \times (\text{CPI}_{\text{执行}} + \text{缺失率} \times \frac{\text{存储器访问数}}{\text{指令数}} \times \text{缺失代价}) \times \text{时钟周期时间}$$

$$\frac{\text{存储器停顿周期}}{\text{指令数}} = \frac{\text{缺失数}}{\text{指令数}} \times (\text{总缺失延迟} - \text{重叠缺失延迟})$$

$$\text{存储器平均访问时间} = \text{命中时间}_{\text{L1}} + \text{缺失率}_{\text{L1}} \times (\text{命中时间}_{\text{L2}} + \text{缺失率}_{\text{L2}} \times \text{缺失代价}_{\text{L2}})$$

$$\frac{\text{存储器停顿周期}}{\text{指令数}} = \frac{\text{缺失率}_{\text{L1}}}{\text{指令数}} \times \text{命中时间}_{\text{L2}} + \frac{\text{缺失率}_{\text{L2}}}{\text{指令数}} \times \text{缺失代价}_{\text{L2}}$$

图 5.10 本节的性能公式汇总

5.3 Cache 优化

存储器平均访问时间公式为我们提供了一个框架，用于展示提高缓存性能的缓存优化方法：

存储器平均访问时间 = 命中时间 + 缺失率 × 缺失代价

因此，基本缓存优化方法分为以下 3 类。

- **降低缺失率**——更大的块、更大的缓存、更高的关联度。
- **降低缺失代价**——多级缓存，为读取操作设定高于写入操作的优先级。
- **缩短命中时间**——在索引缓存时避免地址转换。

表 5.5 汇总了这 6 种方法的实现复杂度和性能优势，作为本节内容的总结。改进缓存特性的经典方法是降低缺失率，我们给出 3 种实现技术。为了更好地理解导致缺失的原因，首先介绍一个模型（由 2019 年计算机系统结构领域最高奖获得者马克 • D • 希尔（Mark D. Hill））提出，将所有缺失分为 3 个简单类别。

- **强制（Compulsory）缺失**——在第一次访问某个块时，它不可能在缓存中，所以必须将其读到缓存中。这种缺失也被称为冷启动缺失或首次引用缺失。
- **容量（Capacity）缺失**——如果缓存无法容纳程序执行期间所需要的全部块，一些块必然会被放弃，过后再零星读取，所以会（在强制缺失之外）发生容量缺失。
- **冲突（Conflict）缺失**——如果块布置策略为组相联或者直接映射，则会（在强制缺失、容量缺失之外）发生冲突缺失，这是因为如果有太多块被映射进一个组，这个组中的某个块将暂时被放弃，过后另行读取。这种缺失也被称为碰撞缺失。其要点就是：由于对某些常用组的请求数超过 n，因此本来在全相联缓存中命中的情景会在 n 路组相联缓存中变为缺失。

考虑多处理器场景，还有“第四个 C”，即一致性（Coherency）缺失，这是因为要在多个处理器中保持多个缓存一致而进行缓存刷新所导致的，此处暂不讨论这种缺失。

表 5.5 显示了根据 3C 分类后的缓存缺失相对百分比。强制缺失在无限缓存中发生，容量缺失在全相联缓存中发生，冲突缺失在从全相联变为 8 路组相联、4 路组相联乃至更小的相联时发生。

表 5.5　每种缓存大小的总缺失率及根据 3C 分类后的缓存缺失相对百分比

缓存大小/KB	相联度	总缺失率	缺失率组成（相对百分比）					
			强制缺失		容量缺失		冲突缺失	
4	1	0.098	0.0001	0.1%	0.070	72%	0.027	28%
4	2	0.076	0.0001	0.1%	0.070	93%	0.005	7%
4	4	0.071	0.0001	0.1%	0.070	99%	0.001	1%
4	8	0.071	0.0001	0.1%	0.070	100%	0.000	0%
8	1	0.068	0.0001	0.1%	0.044	65%	0.024	35%
8	2	0.049	0.0001	0.1%	0.044	90%	0.005	10%
8	4	0.044	0.0001	0.1%	0.044	99%	0.000	1%
8	8	0.044	0.0001	0.1%	0.044	100%	0.000	0%
16	1	0.049	0.0001	0.1%	0.040	82%	0.009	17%
16	2	0.041	0.0001	0.2%	0.040	98%	0.001	2%
16	4	0.041	0.0001	0.2%	0.040	99%	0.000	0%
16	8	0.041	0.0001	0.2%	0.040	100%	0.000	0%
32	1	0.042	0.0001	0.2%	0.037	89%	0.005	11%
32	2	0.038	0.0001	0.2%	0.037	99%	0.000	0%
32	4	0.037	0.0001	0.2%	0.037	100%	0.000	0%
32	8	0.037	0.0001	0.2%	0.037	100%	0.000	0%

续表

缓存大小/KB	相联度	总缺失率	缺失率组成（相对百分比）					
			强制缺失		容量缺失		冲突缺失	
64	1	0.037	0.0001	0.2%	0.028	77%	0.008	23%
64	2	0.031	0.0001	0.2%	0.028	91%	0.003	9%
64	4	0.030	0.0001	0.2%	0.028	95%	0.001	4%
64	8	0.029	0.0001	0.2%	0.028	97%	0.001	2%
128	1	0.021	0.0001	0.3%	0.019	91%	0.002	8%
128	2	0.019	0.0001	0.3%	0.019	100%	0.000	0%
128	4	0.019	0.0001	0.3%	0.019	100%	0.000	0%
128	8	0.019	0.0001	0.3%	0.019	100%	0.000	0%
256	1	0.013	0.0001	0.5%	0.012	94%	0.001	6%
256	2	0.012	0.0001	0.5%	0.012	99%	0.000	0%
256	4	0.012	0.0001	0.5%	0.012	99%	0.000	0%
256	8	0.012	0.0001	0.5%	0.012	99%	0.000	0%
512	1	0.008	0.0001	0.8%	0.005	66%	0.003	33%
512	2	0.007	0.0001	0.9%	0.005	71%	0.002	28%
512	4	0.006	0.0001	1.1%	0.005	91%	0.000	8%
512	8	0.006	0.0001	1.1%	0.005	95%	0.000	4%

强制缺失率与缓存大小无关，而容量缺失率随缓存大小（容量）的增大而降低，冲突缺失率随相联度的增大而降低。注意，在不超过 128KB 时，大小为 N 的直接映射缓存的缺失率大约与大小为 $N/2$ 的 2 路组相联缓存的缺失率相同。大于 128KB 的缓存不符合这一规则。注意，“容量缺失”列给出的也是全相联缺失率。数据是使用 LRU 替换策略收集的。图 5.11 以图形方式展示相同数据。其中图 5.11（a）显示了绝对缺失率，图 5.11（b）显示了当缓存大小变化时，各类缺失占总缺失数的百分比。

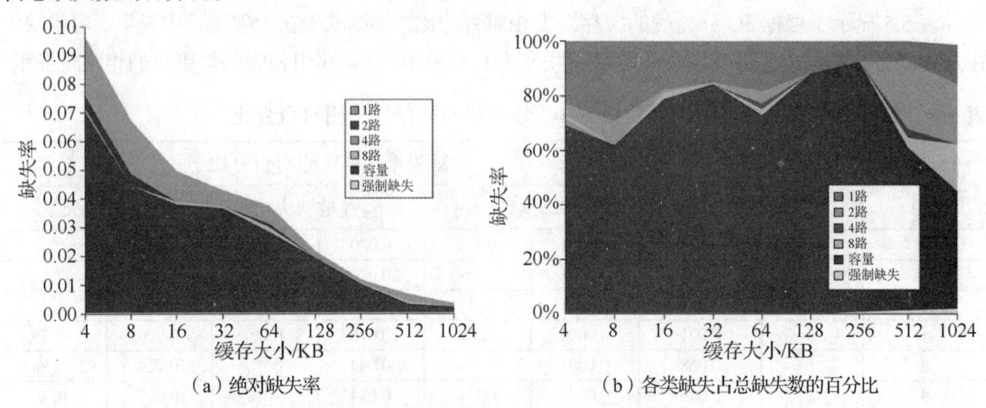

（a）绝对缺失率　　（b）各类缺失占总缺失数的百分比

图 5.11　以表 5.5 中的 3C 数据绘制每种不同缓存大小的总缺失率和缺失率组成

为了展示相联度的好处，将冲突缺失划分为每次相联度下降时所导致的缺失。一共有 4 类冲突缺失，如下所示。

- **8 路**——从全相联（无冲突）到 8 路相联时产生的冲突缺失。
- **4 路**——从 8 路相联到 4 路相联时产生的冲突缺失。
- **2 路**——从 4 路相联到 2 路相联时产生的冲突缺失。
- **1 路**——从 2 路相联到 1 路相联（直接映射）时产生的冲突缺失。

从图 5.11 中可以看出，SPEC2000 基准测试程序的强制缺失率非常低，对许多长时间运行的程序都是如此。这 3 种缺失，对计算机架构师来说，理论上冲突缺失最容易避免，采用全相联组织就可以避免所有冲突缺失，但是全相联的硬件实现成本非常高昂，可能会降低处理器时间频率，从而降低整体性能。

针对容量缺失，除了增大缓存之外没有什么特效方法。如果上一级存储器的容量远小于程序所需要的容量，将造成频繁的替换，那就会有相当一部分时间用于在层次结构的两级之间移动数据，一般称为**摆动**。这也意味着计算机的运行速度将更多取决于低级存储器的速度，甚至还会因为缺失开销变得更慢。

另外一种降低缺失率的方法是增大块，这可以降低强制缺失率，但稍后将会看到，更大的块可能会增加其他类型的缺失。

缓存缺失的 3C 分类可以帮助我们更深入地了解导致缺失的原因，但这个简单的模型也有它的局限性，尽管可让我们深入地了解了平均性能，但不能解释个体缺失。例如，由于较大的缓存可以将引用扩展到更多个块中，因此改变缓存大小会改变冲突缺失和容量缺失。因此，当缓存大小变化时，一个缺失可能会由容量缺失变为冲突缺失，换言之，分类不是绝对的。注意，3C 分类还忽略了替换策略，一方面是因为其难以建模，另一方面是因为它总体来说不太重要。本书主要探讨处理器缓存，所以不会过分聚焦行为特征，有兴趣的读者可以深入讨论。替换策略可能会实际导致异常行为，比如，在大相联度下得到较低的缺失率，这与 3C 模型的结果矛盾。也可以使用地址跟踪来确定存储器中的最优放置策略，以避免 3C 模型中的放置缺失。

遗憾的是，许多降低缺失率的方法均会增加命中时间或缺失代价。在使用这 3 种优化方法降低缺失率时，必须综合考虑提高整体系统速度的目标，使两者达到平衡。

5.3.1 降低缺失率

1. 增大块以降低缺失率

降低缺失率最简单的方法是增大块。图 5.12 针对一组程序及缓存大小，给出了缓存缺失率与块大小的相互关系。较大的块也会强制缺失。缺失率降低是因为局域性原则分为两个部分：时间局部性和空间局部性。较大的块充分利用了空间局部性的优势。

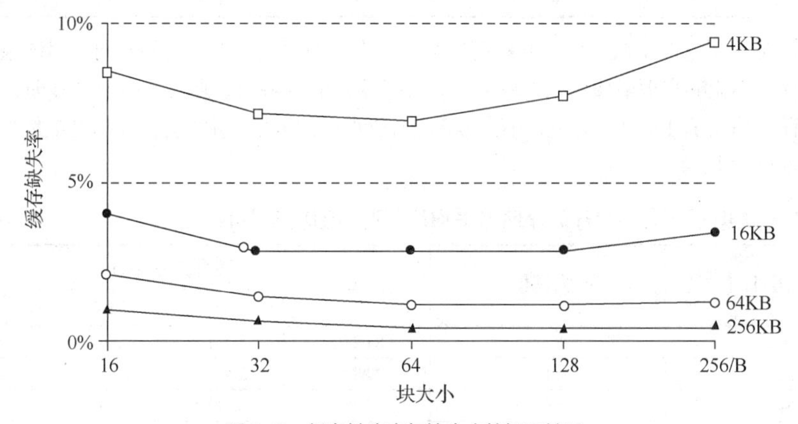

图 5.12　缓存缺失率与块大小的相互关系

注意，如果与缓存大小相比，块过大，则缺失率会上升。每条曲线表示一个不同块大小的缓存。表 5.6 所示为实际缺失率随块大小的变化。遗憾的是，如果包含块大小因素，SPEC2000 跟踪所需要的时间过长，所以这些数据是在 DECstation5000 上运行 SPEC92 获得的。

同时，较大的块也会提高缺失代价。由于减少了缓存中的块，因此较大的块可能会提高冲突缺失率，如果缓存很小，甚至还会提高容量缺失率。显然，没有理由要将块大小增大到会提高缺失率的程度。如果它会增加存储器平均访问时间，那降低缺失率也没有什么好处。缺失代价的增加造成的性能损失会超过缺失率的下降带来的收益。

表 5.6　图 5.12 实际缺失率随块大小的变化

块大小/B	缓存大小/KB			
	4	16	64	256
16	8.57%	3.94%	2.04%	1.09%
32	7.24%	2.87%	1.25%	0.70%
64	7.00%	2.64%	1.06%	0.51%
128	7.78%	2.77%	1.02%	0.49%
256	9.51%	3.29%	1.15%	0.49%

注意，对于 4KB 缓存，大小为 256B 的块的缺失率高于大小为 32B 的块。在本例中，缓存大小必须为 256KB，以使块大小为 256B 时能够降低缺失率。

例题　表 5.6 显示了图 5.12 中绘制的实际缺失率。假定存储器系统的开销为 80 个时钟周期，然后每 2 个时钟周期提交 16B。因此读取 16B 需要 80+2=82 个时钟周期，而读取 32B 就需要 80+2+2=84 个时钟周期，依次类推。对于表 5.6 中的每种缓存大小，哪种缓存大小的存储器平均访问时间最短？

解答　存储器平均访问时间为

$$存储器平均访问时间 = 命中时间 + 命中率 \times 缺失代价$$

如果我们假定命中时间为 1 个时钟周期，与块大小无关，那么在 4KB 缓存中，对 16B 块的存储器平均访问时间为

$$存储器平均访问时间 = 1 + (8.57\% \times 82) \approx 8.027\text{（时钟周期）}$$

在 256KB 缓存中，对 256 字节块的存储器平均访问时间为

$$存储器平均访问时间 = 1 + (0.49\% \times 112) \approx 1.549\text{（时钟周期）}$$

表 5.7 显示了这两个极端值之间所有块与缓存大小的存储器平均访问时间。粗体条目表示对于给定缓存大小能够实现最快访问的块大小。若缓存大小为 4KB，则块大小为 32B 时访问速度最快；若缓存大小大于 16KB，则块大小为 64B 时访问速度最快。事实上，这些也正是当前处理器缓存的常见块大小。

表 5.7　图 5.12 中不同大小缓存的存储器平均访问时间随块大小的变化

块大小/B	缺失代价	缓存大小/KB			
		4	16	64	256
16	82	8.027	4.231	2.673	1.894
32	84	**7.082**	3.411	2.134	1.588
64	88	7.160	**3.323**	**1.933**	**1.449**
128	96	8.469	3.659	1.979	1.470
256	112	11.651	4.685	2.288	1.549

在这些技术中，缓存设计者都在尝试尽可能同时降低缺失率和缺失代价。块大小的选择依赖于低级存储器的延迟和带宽。高延迟和高带宽鼓励采用大块，因为缓存在每次缺失时能够获取的

字节可以多出很多，而缺失代价却没有什么提高。在低延迟和低带宽时，采用小块是合适的，因为这种情况下采用较大块不能显著节省时间。例如，一个小块的两倍缺失代价可能接近一个两倍大小块的缺失代价。更多的小块还可能减少缺失冲突。图 5.12 和表 5.7 给出了以缺失率最低、存储器平均访问时间最短为基准选择块大小时的差别，注意，绝大多数的块大小为 32B 和 64B。

在了解了较大块对强制缺失和容量缺失的正面与负面影响之后，下面将研究较高容量和较高关联度的可能性。

2. 增大缓存以降低缺失率

降低表 5.5 和图 5.11 中的容量缺失率最明显的方法是增加缓存的容量，其明显的缺点是可能延长命中时间、增加成本和功耗。这一方法在片外缓存中尤其常用。

3. 提高相联度以降低缺失率

表 5.5 和图 5.11 显示了缺失率是如何随着相联度的增大而得以改善的。从中可以看出两条一般性的经验规律。第一条规律是：对于这些特定大小的缓存，从实际降低缺失次数的功效来说，8 路组相联与全相联是一样有效的，通过对比表 5.5 中的 8 路“相联度”条目与“容量缺失”列可以看到这一点，其中的容量缺失是使用全相联缓存计算得出的。

从图 5.10 中观察得到的第二条规律称为 **2：1 缓存经验规律**：大小为 N 的直接映射缓存与大小为 $N/2$ 的 2 路组相联缓存具有大体相同的缺失率。这一规律对图 5.11 中小于 128KB 的缓存也是成立的。

一般地，要改善存储器平均访问时间的一个方面，可能会导致另一方面的恶化。增大块可以降低缺失率，但会提高缺失代价；提高相联度则可能延长命中时间。因此，加快处理器时钟周期时鼓励使用简单的缓存设计，但提高相联度的代价是增加缺失代价，如下例所示。

例题 假定提高相联度会延长时钟周期时间，如下所示：

$$\text{时钟周期时间}_{2\text{路}} = 1.36 \times \text{时钟周期时间}_{1\text{路}}$$

$$\text{时钟周期时间}_{4\text{路}} = 1.44 \times \text{时钟周期时间}_{1\text{路}}$$

$$\text{时钟周期时间}_{8\text{路}} = 1.52 \times \text{时钟周期时间}_{1\text{路}}$$

假定命中时间为 1 个时钟周期，直接映射情景的缺失代价为到达第二级缓存的 25 个时钟周期，在第二级缓存中绝对不会缺失，还假定不需要将缺失代价四舍五入为整数个时钟周期。根据表 5.5 中的缺失率，对于哪种缓存大小来说，以下 3 种表述哪种是正确的？

$$\text{存储器平均访问时间}_{8\text{路}} < \text{存储器平均访问时间}_{4\text{路}}$$

$$\text{存储器平均访问时间}_{4\text{路}} < \text{存储器平均访问时间}_{2\text{路}}$$

$$\text{存储器平均访问时间}_{2\text{路}} < \text{存储器平均访问时间}_{1\text{路}}$$

解答 每种相联度的存储器平均访问时间：

$$\begin{aligned}\text{存储器平均访问时间}_{8\text{路}} &= \text{命中时间}_{8\text{路}} + \text{缺失率}_{8\text{路}} \times \text{缺失代价}_{8\text{路}} \\ &= 1.52 + \text{缺失率}_{8\text{路}} \times 25\end{aligned}$$

$$\begin{aligned}\text{存储器平均访问时间}_{4\text{路}} &= \text{命中时间}_{4\text{路}} + \text{缺失率}_{4\text{路}} \times \text{缺失代价}_{4\text{路}} \\ &= 1.44 + \text{缺失率}_{4\text{路}} \times 25\end{aligned}$$

$$\begin{aligned}\text{存储器平均访问时间}_{2\text{路}} &= \text{命中时间}_{2\text{路}} + \text{缺失率}_{2\text{路}} \times \text{缺失代价}_{2\text{路}} \\ &= 1.36 + \text{缺失率}_{2\text{路}} \times 25\end{aligned}$$

$$存储器平均访问时间_{1路} = 命中时间_{1路} + 缺失率_{1路} \times 缺失代价_{1路}$$
$$= 1.00 + 缺失率_{1路} \times 25$$

每种情况下的缺失代价相同，所以我们使其保持 25 个时钟周期。例如，对于一个 4KB 的直接映射缓存，存储器平均访问时间：

$$存储器平均访问时间_{1路} = 1.00 + (0.098 \times 25) = 3.45$$

对于 512 KB 8 路组相联缓存，存储器平均访问时间：

$$存储器平均访问时间_{8路} = 1.52 + (0.006 \times 25) = 1.67$$

利用这些公式及表 5.5 中的缺失率，得出的存储器平均访问时间如表 5.8 所示。该表显示，对于不大于 8KB、不超过 4 路组相联的缓存，本例中的公式成立。从 16KB 开始，较大相联度的较长命中时间超过了因为缺失率降低所节省的时间。

表 5.8　以表 5.5 中的缺失率作为本例参数得出的存储器平均访问时间

缓存大小/KB	相联度			
	1 路	2 路	4 路	8 路
4	3.44	3.25	3.22	**3.28**
8	2.69	2.58	2.55	**2.62**
16	2.23	**2.40**	**2.46**	**2.53**
32	2.06	**2.30**	**2.37**	**2.45**
64	1.92	**2.14**	**2.18**	**2.25**
128	1.52	**1.84**	**1.92**	**2.00**
256	1.32	**1.66**	**1.74**	**1.82**
512	1.20	**1.55**	**1.59**	**1.66**

表 5.8 中的粗体意味着这一时间长于左侧的时间，即较高的相联度延长了存储器平均访问时间。注意，在本例中，我们没有考虑较低时钟频率对程序其余部分的影响，因此低估了直接映射缓存的收益。

5.3.2　降低缺失开销

1. 采用多级缓存以降低缺失代价

降低缓存缺失率已经成为缓存研究的传统焦点，但缓存性能公式告诉我们：通过降低缺失代价同样可以获得降低缺失率所带来的好处。此外，图 5.5 表明：处理器的速度增长明显快于 DRAM，从而使缺失代价的相对成本随时间的推移而升高。

处理器与存储器之间的性能差距让架构师开始思考这样一个问题：是应当加快缓存速度以与处理器速度相匹配，还是让缓存更大一些，以避免加宽处理器与主存储器之间的鸿沟？

一个回答：两者都要。在原缓存与存储器之间再添加一级缓存可以简化这一矛盾。第一级缓存可以小到足以与快速处理器的时钟周期相匹配。而第二级缓存则可以大到足以捕获本来可能进入主存储器的访问，从而降低实际缺失代价。

尽管再添加一级层次结构的思路非常简单，但它增加了性能分析的复杂程度。第二级缓存的定义也并非总是那么简单。首先让我们为一个二级缓存定义存储器平均访问时间。用下标 L1 和 L2 分别指代第一级、第二级缓存，原公式为

$$存储器平均访问时间 = 命中时间_{L1} + 缺失率_{L1} \times 缺失代价_{L1}$$

和

$$缺失代价_{L1} = 命中时间_{L2} + 缺失率_{L2} \times 缺失代价_{L2}$$

得

$$存储器平均访问时间 = 命中时间_{L1} + 缺失率_{L1} \times (命中时间_{L2} + 缺失率_{L2} \times 缺失代价_{L2})$$

在这个公式中，第二级缓存的缺失率是针对第一级缓存未能找到的内容进行测量的。为了避免概念模糊，对二级缓存系统采用以下术语。

- **局部缺失率**——此比值即缓存中的缺失数与对该缓存进行存储器访问的总数之比。可以想到，对于第一级缓存，它等于$缺失率_{L1}$，对于第二级缓存，它等于$缺失率_{L2}$。
- **全局缺失率**——缓存中的缺失数与处理器生成的存储器访问总数之比。利用以上术语，第一级缓存的全局缺失率仍然为$缺失率_{L1}$，但对于第二级缓存则为$缺失率_{L1} \times 缺失率_{L2}$。

第二级缓存的局部缺失率很大，这是因为第一级缓存已经提前解决了存储器访问中便于实现的部分。这就是为什么说全局缺失率是一个更有用的度量标准：它指出在处理器发出的存储器访问中，有多大比例指向了存储器。

这是一个让**每条指令缺失数**度量闪光的地方。利用这一度量标准，不用再担心局部缺失率或全局缺失率的混淆问题，只需要扩展每条指令的存储器停顿，以增加第二级缓存的影响。

$$每条指令的平均存储器停顿时间=每条指令的缺失数_{L1} \times 命中时间_{L2} + 每条指令的缺失数_{L2} \times 缺失代价_{L2}$$

例题 假定在1000次存储器引用中，第一级缓存中有40次缺失，第二级缓存中有20次缺失。各级缺失率等于多少？假定第二级缓存到存储器的缺失代价为200个时钟周期，第二级缓存的命中时间为10个时钟周期，第一级缓存的命中时间为1个时钟周期，每条指令共有1.5次存储器引用。每条指令的存储器平均访问时间和平均停顿周期为多少？这里忽略写入操作的影响。

解答 第一级缓存的缺失率（局部缺失率或全局缺失率）为40/1000×100%=4%。第二级缓存的局部缺失率为20/40×100%=50%。第二级缓存的全局缺失率为20/1000×100%=2%，则

$$\begin{aligned}存储器平均访问时间 &= 命中时间_{L1} + 缺失率_{L1} \times (命中时间_{L2} + 缺失率_{L2} \times 缺失代价_{L2})\\ &= 1 + 4\% \times (10 + 50\% \times 200)\\ &= 1 + 4\% \times 110 = 5.4（时钟周期）\end{aligned}$$

为了知道每条指令会有多少次缺失，我们将1000次存储器引用除以每条指令的1.5次存储器引用，得到667条指令。因此，我们需要将缺失数乘以1.5，得到每千条指令的缺失数。于是得到每千条指令的L1缺失数为40×1.5=60（次），L2缺失数为20×1.5=30（次）。关于每条指令的平均存储器停顿，假定缺失数在指令与数据之间是均匀分布的，则

$$\begin{aligned}每条指令的平均存储器停顿 &= 每条指令的缺失数_{L1} \times 命中时间_{L2} +\\ &\quad 每条指令的缺失数_{L2} \times 缺失代价_{L2}\\ &= (60/1000) \times 10 + (30/1000) \times 200\\ &= 0.060 \times 10 + 0.030 \times 200 = 6.6（时钟周期）\end{aligned}$$

如果从存储器平均访问时间中减去第一级缓存的命中时间，然后乘以每条指令的平均存储器引用数，则可以得到每条指令平均存储器停顿值：

$$(5.4 - 1.0) \times 1.5 = 4.4 \times 1.5 = 6.6（时钟周期）$$

如本例所示，与缺失率相比，使用每条指令的缺失数进行计算可以有效区分多级缓存中的不同级别性能表现。

2. 使读取缺失的优先级高于写入缺失，以降低缺失代价

使读取缺失的优先级高于写入缺失这一优化方法是指缓存在完成写入操作之前就可以为读取操作提供服务。首先需要分析一下写入缓冲区的复杂性。采用直写缓存时，最重要的配套措施就是使用一个大小合适的写入缓冲区以减小写操作的延迟。但是，由于写入缓冲区可能包含读取缺失时所需要的更新值，因此这将会导致存储器访问内容的不一致。

例题 分析以下访存指令序列：

SD R3,512(R0) ;M[512] <-- R3 (cache index 0)

LD R1,1024(RO) ;R1 <-- M[1024] (cache index 0)

LD R2,512(RO) ;R2 <-- M[512] (cache index 0)

假定有一个直接映射直写缓存，它将 512 和 1024 映射到同一块中，假定有一个 4 字写入缓存区，在读取缺失时不会进行检查。那么 R2 中的值是否总等于 R3 中的值呢？

解答 这是存储器中的一个写后读（RAW）数据冲突。可以通过跟踪一次缓存访问来了解这种冲突。R3 的数据在存储之后被放在写入缓冲区中。随后的载入操作使用相同的缓存索引，因此产生一次缺失。第二条载入指令尝试将位置 512 处的值放到寄存器 R2 中，这样也会导致一次缺失。如果写入缓冲区还没有完成向存储器中位置 512 的写入，对位置 512 的读取就会将旧的值错误地放到缓存块中，然后放入 R2 中。如果没有事先防范，R3 是不等于 R2 的。

摆脱这一两难境地的最简单方法是让读取缺失一直等待到写入缓冲区为空为止。一种替代方法是在发生读取缺失时检查写入缓冲区的内容，如果没有冲突而且存储器系统可用，则继续执行读取缺失处理过程。几乎所有处理器都使用后一种方法，使读取操作的优先级高于写入操作。

处理器在写回缓存上的性能也可以改善。假定一次读取缺失将替换一个脏块，此时不是将这个脏块写到主存中，然后读取主存，而是先将这个脏块复制到缓冲区中，再读主存，最后写主存。这样，处理器的读取操作将会很快结束，而处理器可能正在等待这一操作的完成。和前一种情况类似，如果发生了读取缺失，处理器或者停顿到缓冲区为空，或者检查缓冲区中各个字的地址，以了解是否存在冲突。

5.3.3 缩短命中时间

这里主要介绍一种方法，即避免在索引缓存期间进行地址转换，以缩短命中时间。

处理器访问缓存的时候，如果使用的是虚拟地址，那么这种缓存就可被称为**虚拟缓存**，相应地，**物理缓存**用于表示使用物理地址的传统缓存。根据“加快常见情景速度”这一指导原则，因为命中的出现频率远高于缺失，命中时有这样两项任务就显得非常重要：索引缓存、对比地址。因此，有问题：在索引缓存中应当使用虚拟地址，还是使用物理地址；在标志对比中应当使用虚拟地址，还是使用物理地址。如果对索引和标志都完全采用虚拟寻址，那在缓存命中时就可以节省地址转换的时间，从而提高速度。那为什么不是所有系统结构都构建虚拟寻址的缓存呢？

一个原因是要提供保护。在将虚拟地址转换为物理地址时，必须检查页级保护，详见 5.4.1 节的介绍。一种解决方案是在缺失时从变换旁查缓冲器（Translation Look-aside Buffer，TLB）复制保护信息，为缓存添加一个字段来保存这一信息，然后在每次访问虚拟缓存时进行核对。

另一个原因：在每次切换进程时，虚拟地址会指向不同的物理地址，需要对缓存进行刷新。一种解决方案是增大缓存地址标志的宽度，增加一个**进程识别符标志**（Process Identifier，PID）。如果操作系统将这些标志指定给进程，那么只需要在 PID 被回收时才刷新缓存。也就是说，PID 可以区分缓存中的数据是否为进程而准备。

5.4 虚拟内存

当代计算机普遍采用多进程设计，每个进程都有自己的地址空间。让每个进程专门使用存储器的完整地址空间，成本太高，特别是许多进程连其自己的地址空间也只使用了一小部分。因此，必须有一种方法，用于在许多进程之间共享少量的物理空间。

有一种方法——虚拟存储器，将物理存储器划分为块，并分配给不同的进程。这种方法必然要求采用一种保护机制来限制各个进程，使其仅能访问属于自己的块。虚拟存储器的许多形式还缩短了程序的启动时间，因为程序启动之前不再需要物理存储器中的所有代码和数据。

尽管由虚拟存储器提供的保护对于目前的计算机来说是必需的，但共享并不是发明虚拟内存的原因。如果程序对物理内存来说变得过于庞大，就需要由程序员负责将其装进去。程序员将程序划分为片段，然后确认这些互斥的片段，在执行时间根据用户程序控制来加载或卸载这些覆盖段（Overlay）。程序员确保程序绝对不会尝试访问超出计算机现有的物理主存储器范围的内容，并确保会在正确的时间加载正确的覆盖段。显而易见，这降低了程序员的工作效率。

虚拟存储器的发明就是为了减轻程序员的这一负担，它自动管理表示为主存储器和辅助存储器的两级存储层次结构。图 5.13 显示了程序从虚拟存储器到物理存储器的映射，共有 4 个页面。

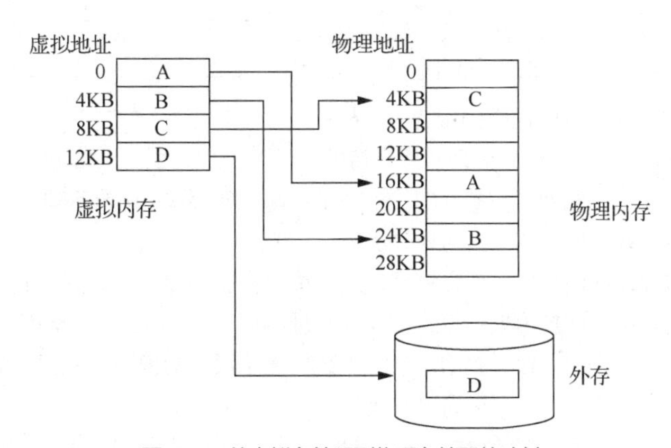

图 5.13 从虚拟存储器到物理存储器的映射

除了共享受保护的存储器空间和自动管理存储层次结构之外，虚拟存储器还简化了为执行程序而进行的加载过程。这种被称为再定位（Relocation）的机制允许程序在物理存储器中的任意位置运行，既可以放在物理存储器中的任何位置，也可以放在磁盘上，只需要改变它们之间的映射即可（在虚拟存储器成为主流之前，处理器中包含一个用于此目的的再定位寄存器）。如图 5.13 所示，左侧显示的是逻辑上位于相邻虚拟地址空间中的程序，包括 A、B、C 和 D 这 4 个页，其中有 3 个（A、B 和 C 页）的实际位置在物理主存储器中，另一个则位于磁盘上（D 页）。硬件解决方案的一种替代方法是使用软件，在每次运行一个程序时，改变其所有地址。

有关缓存的一般性存储层次结构与虚拟存储器类似，当然，其中有许多术语不同，如页或段表示块、页错误或地址错误表示缺失。有了虚拟存储器，处理器会给出虚拟地址，由软硬件组合方式转换为物理地址，再借此来访问主存储器。这一过程称为存储器映射或地址转换。今天，由虚拟地址控制的两级存储层次结构为 DRAM 和磁盘。表 5.9 所示为虚拟存储器存储层次结构参数的典型范围。

除了表 5.9 中提到的量化区别之外，缓存与虚拟存储器之间还有其他一些区别，如下所述。

- **发生缓存缺失时的替换主要由硬件控制，而虚拟存储器替换主要由操作系统控制**。缺失代价越大，正确做出决定就显得越重要，所以操作系统可以参与其中，花费一些时间来决定要替换哪些块。
- 处理器地址的大小决定了虚拟存储器的大小，但缓存大小与处理器地址大小无关。
- 除了在层次结构中充当主存储器的低一级后援存储之外，辅助存储器还用于文件系统。事实上，文件系统占用了大多数辅助存储器。它通常不在地址空间中。

表 5.9　虚拟存储器存储层次结构参数的典型范围

参数	第一级缓存	虚拟内存
块（页）大小	16～128B	4096～65536B
命中时间	1～3 时钟周期	100～200 时钟周期
缺失代价	8～200 时钟周期	1000000～10000000 时钟周期
访问时间	6～160 时钟周期	800000～8000000 时钟周期
传输时间	2～40 时钟周期	200000～2000000 时钟周期
缺失率	0.1%～10%	0.00001%～0.001%
地址映射	物理地址：25～45 位 缓存地址：14～20 位	虚拟地址：32～64 位 物理地址：25～45 位

虚拟存储器还包含几种相关技术。虚拟存储器系统可分为两类：页，采用大小固定的块；段，采用大小可变的块。页大小范围通常固定为 4096～8192B，而段大小是变化的。任意处理器所支持的最大段范围为 2^{16}～2^{32}B，最小段只有 1B。图 5.14 显示了分页和分段方式对代码和数据的划分示例。

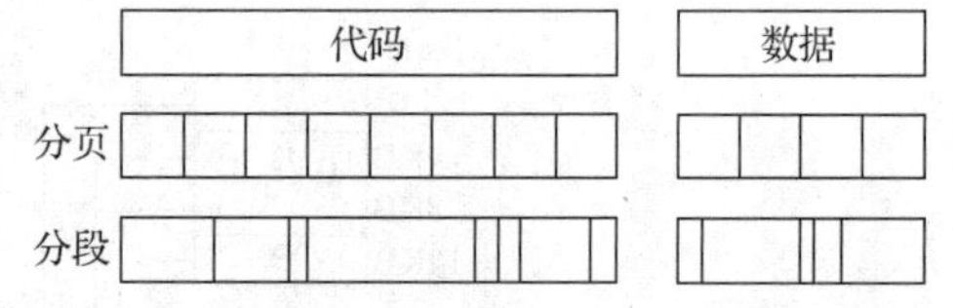

图 5.14　分页和分段方式对代码和数据的划分示例

是使用页虚拟存储器还是段虚拟存储器，这一决定会影响处理器。页寻址方式的地址是单一固定大小的，分为页编号和页内偏移量，与缓存寻址类似。单一地址对分段地址无效，可变大小的段需要 1 个字（2B）来表示段号，用 1 个字（2B）表示段内的偏移量，总共需要 2 个字（4B）。对编译器来说，不分段的地址空间更简单一些。

这两种方式的对比如表 5.10 所示。由于替换机制（表中第三行），今天很少再有计算机使用纯粹的分段方式。一些计算机使用一种名为页式分段的混合方式，在这种方式中，一个段由整数个页组成。由于存储器不需要是连续的，也不需要所有段都在主存储器中，从而简化了替换过程。最近的一种混合方式是由计算机提供多种页面大小，较大页面的大小为最小页面大小的整数倍，且为 2 的幂。例如，IBM 405CR 嵌入式处理器允许单个页面为 1KB、4KB（2^2×1 KB）、16KB（2^4×1KB）、64KB（2^5×1KB）、256KB（2^8×1KB）、1024KB（2^{10}×1KB）、4096KB（2^{12}×1KB）。

表 5.10　分页与分段的对比

类型名称	页	段
地址长度	一个字	两个字（段与段内偏移）
透明性	应用程序员不可见	应用程序员可能可见
替换机制	简单（所有块尺寸一致）	困难（需在内存中找出连续、可延展且未使用的区域）
空间浪费	内部碎片化（页内存中在未使用碎片）	外部碎片化（内存中存在未使用碎片）
外存访问效率	高（页大小可调整以平衡访问延迟与传输时间）	不确定（可能存在小段，内容仅有数字节）

两者均有可能造成存储空间的浪费，关键在于块大小和内存里的分段如何有效组织。使用动态指针的编程语言同时需要段和地址来访问存储器。还有一种混合方式，称为段页式，综合了两者的优势，段由页组成，块的替换相对更为简单，而段则仍被视为逻辑上的单元。

5.4.1 存储层次结构

前面在缓存中我们分析了存储层次结构的 4 个问题，现在需要在虚拟存储器中进行同样的分析。

1. 块可以放在主存储器中的什么位置?

虚拟存储器的缺失代价涉及旋转磁存储设备的访问，因此代价非常大。如果在较低缺失率与较简单放置算法之间进行选择，操作系统设计人员通常选择较低缺失率，因为后者缺失代价可能会非常高。因此，操作系统允许将块放在主存储器中的任意位置。根据图 5.8，这一策略可以标记为全相联。

2. 如果块在主存储器中，如何找到它?

分页和分段都依靠一种按页号或段号索引的数据结构。这种数据结构包含块的物理地址。对于分段方式，会将偏移量加到段的物理地址中，以获得最终物理地址。对于分页方式，偏移量只会被串接到物理地址（见图 5.15）。

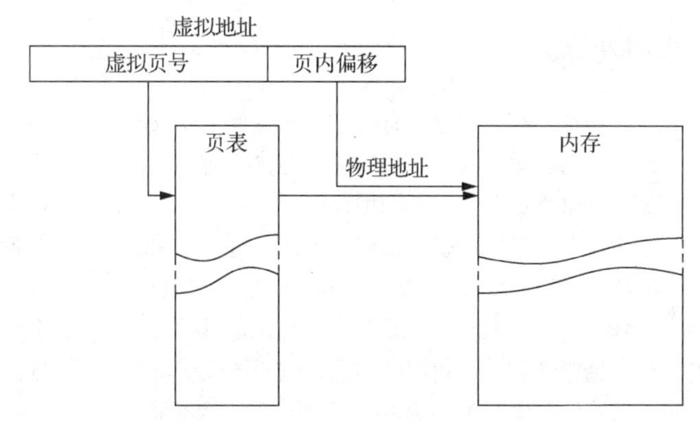

图 5.15 通过页表将虚拟地址映射到物理地址

这一包含页的物理地址的数据结构通常采用一种叫作分页表的形式。这种表通常根据虚拟页号进行索引，其大小就是虚拟地址空间中的页数。如果虚拟地址为 32 位、4KB 页，每个页表项(Page Table Entry，PTE）大小为 4B，则页表的大小为

$$\frac{2^{32}}{2^{12}} \times 2^{2} = 2^{22}$$

即 4 MB。

为了缩小这一数据结构，一些计算机向虚拟地址应用了一种散列功能。这种散列功能允许数据结构的长度等于主存储器中物理页的数目，这一数目可以远小于虚拟页的数目，这种数据结构被称为反转分页表。利用前面的例子，一个容量为 512MB 的物理存储器可能只需要 1 MB（8×512 MB/4 KB）的反转分页表，每个页表项另外需要 4B，用于表示虚拟地址。HP/Intel IA-64 同时支持传统页表和反转分页表，其体使用哪一种，由操作系统程序员决定。

为了缩短地址转换时间，计算机使用一个专门进行这些地址变换的缓存，称为变换旁查缓冲器，或者简称为变换缓冲器，后文将进行详细介绍。

3. 在虚拟存储器缺失时应当替换哪个块?

操作系统的最高指导原则是将页错误降至最低。几乎所有操作系统都在这一指导原则上保持一致，尝试替换 LRU 块，这是因为如果用过去的信息来预测未来，将来用到这种块的可能性较低。

为了帮助操作系统评估 LRU，许多处理器提供了使用位或参考位，从逻辑上来说，只要访问一个页，就应对其进行置位。（为了减少工作，通过仅在发生转换缓冲区缺失时对其进行置位，稍后将对此进行介绍。）操作系统定期对使用位清零，之后访问时再记录它们，以判断在一个特定时间段时使用了哪些页。通过这种方式进行跟踪，操作系统可以选择最近引用最少的一个页。

4. 在写入时发生了什么?

主存储器的下一级包含旋转磁盘或固态盘，其访问会耗时数百万个时钟周期。由于上下两级存储器在访问时间上的巨大差异，几乎不可能构建这样一种虚拟存储器：在处理器每次执行存储操作时都将主存储器直写到磁盘上。因此，这里总是采用写回策略。

由于对低一级的非必需访问会带来很高的成本，因此虚拟存储器系统通常会包含一个重写位。利用这一重写位，可以仅将上次读取磁盘之后经过修改的块写至磁盘。

5.4.2 快速地址变换

分页表通常很大，存储在主存储器中，有时它们本身就是分页的。分页意味着每次存储器访问在逻辑上至少要分两次进行，第一次访问是为了获得物理地址，第二次访问是为了获得数据。前面曾经提到，我们使用局部性原则来避免增加存储器访问数。将地址变换局限在一个特殊缓存中，访问存储器时就很少再需要第二次访问来转换数据。这一特殊地址变换缓存被称为变换旁查缓冲器（TLB），有时也称为变换缓冲器（Translation Buffer，TB）。

TLB 项就像是一个缓存项目，其中的标识保存了虚拟地址部分，数据部分保存了特殊页帧编号、保护字段、有效位，通常还有一个使用位和重写位。要改变页表中某一项的特殊页帧编号或保护字段，操作系统必须确保旧项不在 TLB 中，否则，系统就不能正常运行。注意，重写位表示对应页曾被改写过，而不是指 TLB 中的地址变换或数据缓存中的特殊块经过改写。操作系统通过改变页表中的值，然后使相应 TLB 项失效来重置这些位。

在从分页表中重新加载该项时，TLB 会获得这些位的准确副本。

图 5.16 给出了 Opteron 数据 TLB 的组织方式，并标出了每一个变换步骤。这个 TLB 使用全相联布置，因此，变换首先向所有标识发送虚拟地址（步骤 1 和步骤 2）。当然，这些标识必须标记为有效，以允许进行匹配。同时，根据 TLB 中的保护信息核对存储器访问的类型，以确认其是否有效（也在步骤 2 中完成）。

一次 TLB 命中的 4 个步骤用带圆圈的数字显示，这个 TLB 有 40 项。Opteron 页表项的各种保护字段与访问字段和缓存中的相似，TLB 中也不需要包含页偏移量的 12 位。匹配标识通过一个 40 选 1 多工器，高效地发送相应的物理地址（步骤 3）。然后将页偏移量与物理页地址合并，生成一个完整的物理地址（步骤 4）。地址大小为 40 位。

关于处理器时钟周期的确定，地址变换很可能会发挥至关重要的作用，所以 Opteron 使用虚拟寻址、物理标记的第一级缓存。

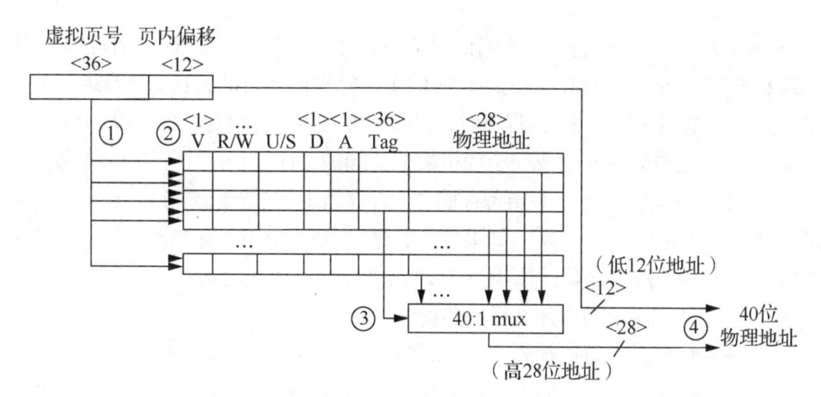

图 5.16　地址变换期间 Opteron 数据 TLB 的组织方式

5.4.3　页大小

显而易见的体系结构参数是页大小。页大小的选择问题实际就是在偏向较大页与偏向较小页之间进行平衡的问题。

（1）页表的大小与页大小成反比，因此，增大页的大小可以节省存储器空间（或其他用于存储器映射的资源）。

（2）在 5.3.1 节中曾经提到，分页较大时，可以允许缓存命中时间较短的较大缓存。

（3）与传递较小页相比，通过（向）辅助存储器传递较大页（有可能通过网络）的效率更高一些。

（4）TLB 项的数量受限，所以分页较大意味着可以高效地映射更多存储器，从而可以降低 TLB 缺失数量。

由于最后这个原因，近年来的微处理器决定支持多种页大小。对于一些程序，TLB 缺失对 CPI 的重要性可能与缓存缺失相同。

采用较小页的主要动机是节省存储空间。当虚拟内存的相邻区域不等于页大小的整数倍时，采用较小页可以减小存储的浪费空间。页面中这种未使用存储器的术语名称为内部碎片。假定每个进程有 3 个主要段（文本、堆和栈），每个进程的平均浪费存储量为页大小的 1.5 倍。对于有数百兆字节容量的存储器、页大小为 4KB 至 8KB 的计算机来说，这点浪费量是可以忽略的。当然，当页非常大（超过 32 KB）时，那就可能浪费存储（主存储器和辅助存储器）和 I/O 带宽了。最后一项关注是进程启动时间，许多进程都很小，较大的页可能会延长调用进程的时间。

本章附录

附录 E 进一步介绍了内存系统相关的扩展内容，并按照本章节相关主题进行分类。具体而言，在 E.1 节介绍通过避免在索引缓存期间进行地址转换，以缩短命中时间的方法（扩展 5.3.3 节），在 E.2 节对缓存优化的三类方法进行小结（增加 5.3.4 节），在 E.3 节举例介绍本章两种典型存储系统层次结构之间的关联和设计上的相互配合（增加 5.4.4 节）。

习　题

5.1　为准确理解局域性原则对证明缓存应用的重要性，用一个拥有第一级缓存和主存储器的

计算机进行实验（专注于数据访问）。不同访问类型的延迟如下（用 CPU 周期表示）：缓存命中，1 个周期；缓存缺失，105 个周期；禁用缓存时的主存储器访问时间，100 个周期。

（1）在运行一个总缺失率为 5%的程序时，存储器平均访问时间为多少（用 CPU 周期表示）？

（2）运行一个专门设计用于生成完全随机数据访问的程序，访问中不存在局域性。为此，使用一个大小为 256MB 的数组（整个数组都存储在主存储器中）。持续访问这一数组的随机元素（使用均匀随机数生成器来生成元素索引）。如果数据缓存大小为 64KB，存储器平均访问时间为多少？

（3）如果将（2）中得到的结果与禁用缓存时的主存储器访问时间对比，则可以说局域性原则在证明缓存使用正当性方面扮演着什么样的角色？

（4）观察到一次缓存命中可以得到 99 个周期的收益（1 个周期对 100 个周期），但它会在缺失时造成 5 个周期的损失（105 个周期对 100 个周期）。在一般情况下，我们可以将这两个量表示为 G（收益）和 L（损失）。使用这两个量（G 和 L），给出缓存应用不会产生反作用的高缺失率。

5.2　我们假定有大小为 512B 的缓存，块大小为 64B。我们还假定主存储器的大小为 2 KB。我们可以将存储器看作一个由 64B 块（M0、M1、……、M31）组成的数组。表 5.11 列出了在缓存为全相联缓存时，可以驻存于不同缓存块中的存储器块。

（1）如果缓存的组织方式为直接映射，请给出表中内容。

（2）如果缓存的组织方式为 4 路组相联，重复（1）中的工作。

表 5.11　可以驻存于不同缓存块中的存储器块

缓存块	组	路	可以驻存在缓存块中的存储器块
0	0	0	M0、M1、M2……M31
1	0	1	M0、M1、M2……M31
2	0	2	M0、M1、M2……M31
3	0	3	M0、M1、M2……M31
4	0	4	M0、M1、M2……M31
5	0	5	M0、M1、M2……M31
6	0	6	M0、M1、M2……M31
7	0	7	M0、M1、M2……M31

5.3　人们希望降低缓存的功率损耗，这一希望经常会影响到缓存的组织方式。为此，我们假定缓存在物理上分布到一个数据数组（保存数据）、标识数据（保存标识）和替换数组（保存替换策略所需要的信息）。此外，这些数组中的每一个数组都在物理上分布到多个可以分别独立（即给出下标后各自独立访问）访问的子数组中（每路一个子数组）；例如，4 路组相联 LRU 缓存将拥有 4 个数据子数组、4 个标识子数组和 4 个替换子数组。我们假定在使用 LRU 替换策略时，在每次访问时都会访问一次替换子数组；如果使用 FIFO 替换策略，会在每次缺失时访问一次替换子数组；在使用随机替换策略时不需要访问。对于一个具体缓存，已经确定对不同数组的访问具有表 5.12 所示的功耗权重。

表 5.12　访问不同数组的功耗权重

数组	功耗权重（每一被访问路）
数据数组	20 个单位
标识数组	5 个单位
其他数组	1 个单位

估计以下配置的缓存功耗（以功率单位表示）。我们假定缓存为 4 路组相联缓存。这里不考虑主存储器访问功率（尽管它也非常重要）。给出 LRU、FIFO 和随机替换策略下的缓存功耗。

（1）一次缓存读取命中。同时读取所有数组。

（2）针对缓存读取缺失，采取与（1）中相同的做法（这里要用到替换子数组）。

（3）假定缓存访问分跨在两个周期内，采取与（1）中相同的做法（这里要用到替换子数组）。在第一个周期内，访问所有标识子数组。在第二个周期内，仅访问那些标识匹配的子数组。

（4）对缓存读取缺失，重复（3）部分（第二个周期没有数据数组访问）。

（5）假定添加了预测待访问缓存路的逻辑，重复（3）部分。在第一个周期时，仅访问预测路的标识子数组。一次路命中（在预测路内的地址匹配）意味着缓存命中。发生路缺失时则在第二个周期内查看所有标识子数组。在路命中时，在第二周期内仅访问一个数据子数组（标识匹配的那个子数组）。假定存在路命中。

（6）假定路预测器缺失（选择的路是错误的），重复（5）部分。当其失败时，路预测器另外增加一个周期，在这个周期中访问所有标识子数组。假定一次缓存读取命中。

（7）假定一次缓存读取缺失，重复（6）部分。

（8）对于工作负载，具有以下统计数字的一般情况，重复（5）、（6）和（7）部分：路预测器缺失率=5%，缓存缺失率=3%。（考虑不同替换策略。）

5.4　我们使用一个具体示例来对比直写缓存与写回缓存的写入带宽需求。我们假定有一个大小为 64KB 缓存，其行大小为 32B。缓存会在写入缺失时分配一行。如果配置为写回缓存，它会在需要替换时写回整个脏行。我们还假定该缓存通过一个宽度为 64 位（8B）的总线连接到层次结构的下一级。在这一总线上进行 8B 写入访问的 CPU 周期数为（即每次与下一级存储器以 8B 传输）

$$10+5\left(\left\lceil\frac{B}{8}\right\rceil-1\right)$$

例如，一次 8B 写入将需要 $10+5\left(\left\lceil\frac{B}{8}\right\rceil-1\right)$ 个周期，而使用同一公式时，12B 的写入将需要 15 个周期。参考下面的 C 语言代码段，回答以下问题：

```
#define PORTION 1… Base=8*i;
for (unsigned int j=base; j<(base+PORTION); j++) //假定 j 已被存储在寄存器中
    data[j]=j;
```

（1）对于一个直写缓存，j 循环的所有迭代中，在向存储器执行写入存储时，一共花费多少个 CPU 周期？

（2）如果缓存配置为写回缓存，有多少个 CPU 周期花费在写回缓存行上？

（3）将 PORTION 改为 8，重复（1）部分。

（4）在替换缓存行之前，对同一缓存行至少进行多少次数组更新，才会使写回缓存占优？

5.5　你正要采用一个处理器（顺序执行，运行频率为 1.1 GHz，排除存储器访问在外的 CPI 为 0.7）构建系统。只有载入和存储指令能从存储器读写数据，载入指令占全部指令的 20%，存储指令占 5%。此计算机的存储器系统包括一个分离的第一级缓存，在命中时不会产生任何代价。I 缓存和 D 缓存都是直接映射缓存，大小分别为 32 KB。I 缓存的缺失率 2%，块大小为 32B，D 缓存为直写缓存，缺失率为 5%，块大小为 16B。D 缓存上有一个写入缓冲区，消除了 95%写入操作的停顿。512 KB 写回、统一 L2 缓存的块大小为 64B，访问时间为 15ns，由 128 位数据总线连接到第一级缓存，运行频率为 266 MHz，每条总线每个时钟周期可以传送一个 128 位字。在发往此系统第二级缓存的所有存储器引用中，80%的引用无须进入主存储器就可以得到满足。另外，在被替换的所有块中，50%为脏块。主存储器的宽度为 128 位，访问延迟为 6Ons，在此之后，可以在这个宽为 128 位、频率为 133MHz 的主存储器总线上以每个周期传送一个字的速率来传送任意数目的总线字。

（1）指令访问的存储器平均访问时间为多少？

（2）数据读取的存储器平均访问时间为多少？

（3）数据写入的存储器平均访问时间为多少？

（4）包括存储器访问在内的整体 CPI 为多少？

5.6　在将缺失率（每次引用的缺失数）转换为每条指令的缺失数时，需要用到两个参数：每条所提取指令的引用数，所提取指令中实际提交的比例。

（1）每条指令的缺失数的公式最初包含这 3 个参数：缺失率、访存数和指令数。这些参数中的每一个都代表实际事件。将每条指令的缺失数写为缺失率乘以**每条指令的存储器访问数**，会有什么不同？

（2）推测处理器会提取一些最终不会提交的指令。5.2.1 节中每条指令缺失数是指执行路径上每条指令的缺失数，也就是说，仅包括那些为运行程序而必须实际执行的指令。将 5.2.1 节中每条指令的缺失数的公式转换为仅使用缺失率、提取每条指令的引用数和提交指令占所提取指令的比例。为什么要依靠这些参数而不是 5.2.1 节公式中的参数？

（3）（2）部分的转换可能会得出一个错误值：提取每条指令的引用数不等于任意特定指令的引用数。重写（2）部分的公式，以纠正这一错误。

5.7　如果系统采用直写第一级缓存，再以写回第二级缓存（而非主存储器）提供后备支援，则可以简化合并写入缓冲区。解释为什么可以这样做。拥有完整写入缓冲区（而不是前面提出的简单版本）时能否有所帮助？

5.8　LRU 替换策略基于以下假定：如果最近访问地址 A1 的频率低于地址 A2，那么未来再次访问 A2 的时机要早于 A1。因此，为 A2 指定了高于 A1 的优先级。试讨论，当一个大于指令缓存的循环连续执行时，这一假定为什么不成立。例如，考虑一个全相联 128B 指令缓存，其块大小为 4B（每个块可以正好容纳一条指令）。此缓存使用 LRU 替换策略。

（1）对于一个拥有大量迭代的 64B 循环，渐近指令缺失率为多少？

（2）对于大小为 192B 和 320B 的循环，指令缺失率为多少？

（3）如果缓存替换策略改为最近使用最多（Most Recently Used，MRU）（替换最近访问最多的缓存行），64、192、320B 的循环中的哪一种将因为这一策略而受益？

（4）提出执行性能可能优于 LRU 的其他替换策略。

5.9　从统计的角度来看，增加缓存的相联度（所有其他常数保持恒定）可以降低缺失率，但也可能导致一些不正常情景：对于特定工作负载，增加缓存相联度反而会使缺失率提高。考虑同等大小的直接映射缓存与 2 路组相联缓存的对比。假定组相联缓存使用 LRU 替换策略。为进行简化，假定块大小为 1B。现在构造一组会在 2 路相联缓存中产生更多缺失的字访问。

（提示：使构造的访问全部指向 2 路组相联缓存中的单个组，从而使同一种跟踪独占访问直接映射缓存中的两个块。）

5.10　考虑一个由第一级缓存和第二级缓存组成的两级存储层次结构。假定两个缓存在写入命中时都使用写回策略，两者的块大小相同。列出在以下事件中采取的操作。

（1）当缓存组织方式为包含式层次结构时，发生第一级缓存缺失。

（2）当缓存组织方式为互斥式层次结构时，发生第二级缓存缺失。

（3）在（1）部分和（2）部分的基础之上，考虑被逐出行为脏行或干净行的可能性（需要更新和不需要更新的可能性）。

5.11 禁止某些指令进入缓存可以降低冲突缺失率。

（1）画出一个程序层次结构，其中最好禁止一部分程序进入指令缓存。（提示：考虑一个程序，其代码块所在的循环嵌套要深于其他块所在的嵌套。）

（2）给出一些软件或硬件技术，用于禁止特定块进入指令缓存。

5.12 某个程序运行于拥有 TLB 的计算机上，页表缓存如表 5.13 所示。

表 5.13 某程序页表缓存

虚拟页号	物理页号	有效项
5	30	1
7	1	0
10	10	1
15	25	1

表 5.14 所示是一组由程序访问的虚拟页号。指出每个访问是否会发生 TLB 命中或缺失，如果访问页表，发生页命中还是页错误，如表 5.15 所示。如果未被访问，则在页表列下放入一个 X。

表 5.14 页号

虚拟页号	物理页号	是否存在
0	3	是
1	7	否
2	6	否
3	5	是
4	14	是
5	30	是
6	26	是
7	11	是
8	13	否
9	18	否
10	10	是
11	56	是
12	110	是
13	33	是
14	12	否
15	25	是

表 5.15 命中或缺失

被访问的虚拟页	TLB（命中或缺失）	页表（命中或缺失）
1		
5		
9		
14		

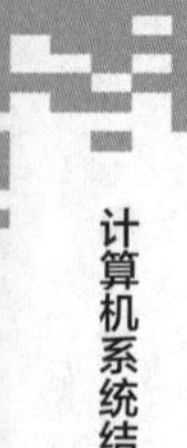

续表

被访问的虚拟页	TLB（命中或缺失）	页表（命中或缺失）
10		
6		
15		
12		
7		
2		

5.13　一些存储系统使用软件处理 TLB 缺失（将其作为异常），而另外一些则使用硬件来处理 TLB 缺失。

（1）这两种用于处理 TLB 缺失的方法有哪些折中？

（2）用软件进行的 TLB 缺失处理是否总是慢于用硬件进行的 TLB 缺失处理？请解释原因。

（3）为什么浮点程序的 TLB 缺失率通常高于整数程序的缺失率？

5.14　TLB 应当有多大？TLB 缺失通常非常快（加上异常成本，少于 10 条指令），因此，仅为了使 TLB 缺失率降低一点而使用庞大的 TLB 是不值得的。使用 SimpleScalar 模拟器和一个或多个 SPEC9S 基准测试，计算以下 TLB 配置的 TLB 缺失率和 TLB 开销（以处理 TLB 缺失所浪费的时间百分比表示）。假定每个 TLB 缺失需要 20 条指令。

（1）128 项，2 路组相联，大小为 4～64KB（均为 2 的幂）页面。

（2）256 项，2 路组相联，大小为 4～64KB（均为 2 的幂）页面。

（3）512 项，2 路组相联，大小为 4～64KB（均为 2 的幂）页面。

（4）1024 项，2 路组相联，大小为 4～64KB（均为 2 的幕）页面。

（5）多任务环境对 TLB 缺失率和 TLB 开销的影响如何？上下文切换频率对 TLB 开销有什么样的影响？

5.15　利用类似于 Hewlett-Packard/Precision Architecture（HP/PA）的保护机制，可提供一种比 Intel Pentium 体系结构更灵活的保护。在这种机制中，每个页表项包含一个“保护 ID”（键），还有对该页的访问权限。在每次引用中，CPU 将页表项中的保护 ID 与存储在 4 个保护 ID 寄存器中的保护 ID 逐一对比（对这些寄存器进行访问时要求 CPU 处于管理员模式）。如果寄存器内容与页表项中的保护 ID 都不匹配，或者如果该访问不是授权访问（比如，写入只读页），则会产生异常。

（1）进程如何在任意给定时刻都拥有 4 个以上的有效保护 ID？换句话说，假定进程希望同时拥有 10 个保护 ID。请给出一种可以实现这一愿望的机制（可能需要来自软件的帮助）。

（2）请解释：如何利用这一模型，用一些不能相互改写的较小段代码（微内核）组合构造出操作系统。与整体操作系统（在这种操作系统中，操作系统的任意代码都可以写入任意存储器位置）相比，这种操作系统可能拥有哪些优势？

（3）简单地改变这一系统的设计，就能使每个页表项有两个保护 ID，一个用于读取访问，一个用于写入或执行访问（如果可写位或可执行位都未被置位，则不使用这一字段）。为读取与写入功能使用不同保护 ID 有什么好处？（提示：这样能否简化进程之间数据与代码的共享？）

6

第 6 章　外存系统

6.1　外存系统

前 5 章从处理器的视角来考虑指令的执行和数据的存取。处理器通过指令访问内存，从而通过地址存取寄存器和内存中的数据。但内存容量有限、单位存储成本较高、断电后数据会丢失。为了持久化、低成本、可靠地保存大量数据，需要使用外存。本章主要介绍存储设备和存储系统（本章中，如果没有特别说明，默认存储设备/系统就是指外存设备/系统）。处理器不能直接访问外存，需要通过输入/输出（I/O）机制，由硬件和软件协作完成 I/O 过程和数据管理。

6.1.1　存储层次

计算机完整的存储系统包含内存和外存，从处理器角度从内至外可将存储系统分为多个层次，呈现“金字塔”结构，如图 6.1 所示。每层的数据存取时间、传输带宽和存储容量明显不同。第 0 层一般是指处理器内部的寄存器组和一级、二级缓存。第 1 层是指主存或者内存，包含易失性内存（DRAM）和 NVM，CPU 可以通过指令直接访问内存中的数据。第 2 层是外存，相对于内存，外存不能直接被 CPU 访问，必须通过 I/O 机制进行数据存取，并且提供大容量和非易失的数据存储能力，典型的外存有磁盘驱动器（Hard Disk Drive，HDD，后文简称磁盘）和固态盘（Solid-State Drive，SSD）。第 3 级存储设备往往通过挂载（Mount）和卸载（Dismount）操作连接到计算机系统，通常称为离线存储，典型设备有磁带和光盘。第 0 层存取延迟时间大约为纳秒级，其容量为 KB 到 MB 级；第 1 层存取延迟时间大约为百纳秒级，其容量为 GB 级；第 2 层存取延迟时间大约微秒到毫秒，其容量为 TB 级。存储系统层次化的主要原因在于满足成本约束的情况，平衡存储容量和性能，使容量和成本接近最下层，而性能接近最上层。存储层次化的不利之处在于必须设计复杂的数据管理机制以保证数据正确地在不同层上下流动。

近年来，NVM 不断发展，具有接近内存的性能和字节寻址的特性，同时具有外存的非易失性，因此模糊了内、外存传统边界。由于机械硬盘、固态盘和 NVM 表现出不同的物理存取和性能特征，它们能够适用于不同的存储环境和工作负载。因此在未来的很长一段时间内，这些存储设备将会长期共存。

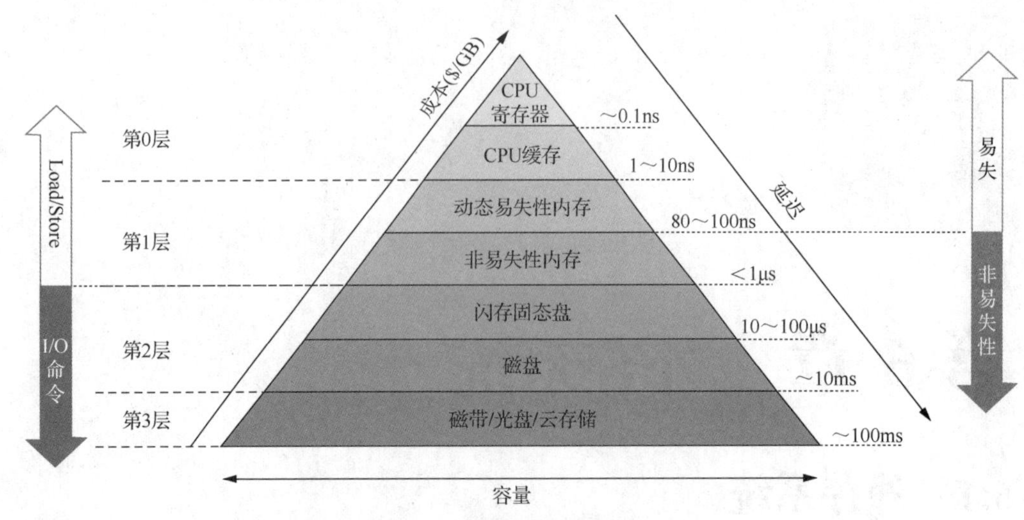

图 6.1　存储系统金字塔层次结构

从数据角度来看，负责市场调研的国际数据公司（International Data Corporation，IDC）在 2021 年的分析报告中指出，2020 年全球累计产生的数据总量已经达到 64.2 ZB（1 ZB=10^{21}B），并且在 2020 年至 2025 年间仍将以约 23%的年均复合增长率继续增长。面对飞速增长的数据，人们对数据存储的需求也在不断地提高。IDC 在 2018 年的分析报告中指出，在 2018 年至 2021 年间，所有存储设备的总出货量（以存储容量计算）将超过过去 20 年的 6.9ZB 总出货量。IDC 还预测，从 2018 年到 2025 年，所有存储设备的总出货量必须超过 22ZB 才能满足全球存储需求。其中，大约 59%的存储容量来自磁盘，大约 26%的存储容量来自固态盘，如图 6.2 所示。

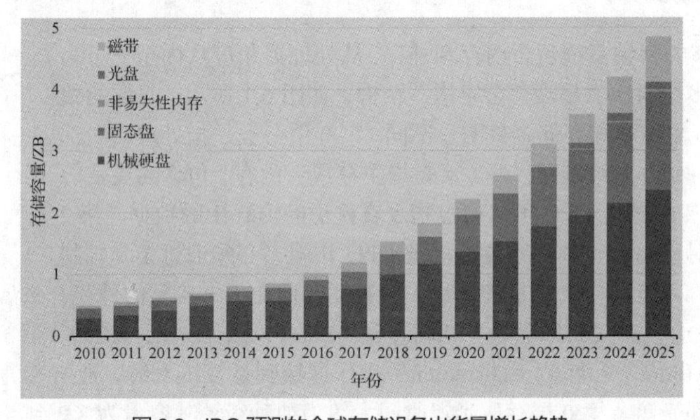

图 6.2　IDG 预测的全球存储设备出货量增长趋势

接下来具体介绍几种主流的存储设备的特性，如表 6.1 所示。目前主流的存储设备包括磁盘、闪存固态盘和 NVM，它们有着各自的特性和优缺点。针对它们的不同特性，需要优化和设计相应的存储系统来充分发挥性能，做到扬长避短，从而提升整体性能。

表 6.1　主流存储设备的特性

存储特性	磁盘	闪存固态盘	NVM
容量/GB	10^3～10^4	10^2～10^3	10^1～10^2
物理寻址单元大小/B	512	10^3～10^4	8～64

续表

存储特性	磁盘	闪存固态盘	NVM
企业级成本/（元/GB）	0.3	2	70
I/O 带宽（IOPS）	10^2	10^4～10^6	10^4～10^8
峰值带宽/（MB/s）	10^2	10^2～10^3	10^3～10^4
单读 I/O 延迟/μs	10^4	10～10^2	10^{-2}～10^{-1}
单写 I/O 延迟/μs	10^4	10^2～10^3	10^{-1}～1
原地更新	是	否	可
存储单元更新次数	∞	10^2～10^6	10^6～10^8
接口类型	SATA 或 SAS	SATA、PCIe 或者 NVMe	内存总线
设备类型	块设备	块设备	内存设备
随机 I/O 性能	低	高	高
I/O 队列	单个队列	多核、多个队列	CPU 内存控制器
I/O 调度器	块设备驱动	块设备驱动	CPU 内存控制器
I/O 响应模式	异步/同步	异步/同步	异步/同步
I/O 并行度	低	中、高	高
负载适应	连续大块 I/O 读写	随机/连续读 I/O	字节级离散型 I/O
读写对称性	对称	写代价高	写代价高

6.1.2 主流存储设备

1. NVM

近年来，NVM 逐渐进入市场，可使用多种物理存储材料，包括 PCM、自旋转移力矩随机存取存储器（Spin Transfer Torque Random Access Memory，STTRAM）、阻变式存储器（Resistive Random Access Memory，RRAM）。Intel Optane 内存模块（Persistent Memory Module，PMM）是第一种大规模、商业化的 NVM 产品。NVM 既具有持久性，又可以实现按字节寻址、快速读写等功能，具有广泛的应用前景。

PMM 被插在内存总线上，连接到处理器的集成内存控制器（Integrated Memory Controller，IMC），如图 6.3 所示。IMC 位于异步 DRAM 自刷新（Asynchronous DRAM Refresh，ADR）域中。Intel 的 ADR 特性确保了到达 ADR 域的缓存数据将会在断电后依然被写到 PMM 中。IMC 为每个 PMM 维护了一对读写等待队列，其中，写队列位于 ADR 域。一旦数据到达写等待队列，ADR 就可以确保数据即使在电源故障时依然可以被写到持久性介质中。

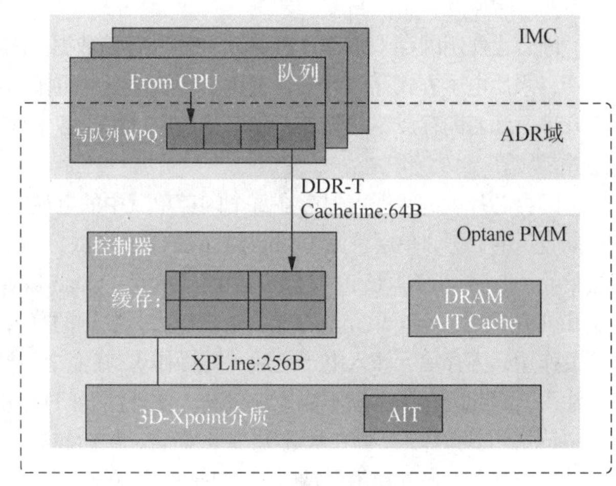

图 6.3　Optane PMM 架构

IMC 使用 DDR-T 接口以缓存行

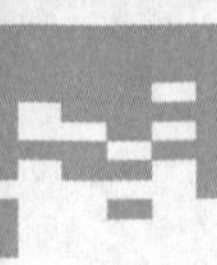

（CacheLine）粒度（即 64B）与 PMM 进行通信。对 PMM 的访问首先到达 PMM 上的控制器（XPController），它负责协调对 PMM 底层介质的访问。XPController 执行用于磨损均衡和坏块管理的内部地址转换，并为此维护一个地址映射表（Address Indirection Table，AIT），实现 CPU 逻辑地址到 PMM 物理存储单元的映射。

在完成地址转换后，就可以访问实际的存储介质了。由于 PMM 使用 3D-XPoint 相变材料，其访问粒度为 256B（XPLine），因此，XPController 需要将较小的 64B 的请求转换为较大的 256B 访问请求，这会引起写放大。为此，PMM 在 XPController 中放置了一个小的写合并缓冲区（XPBuffer），以合并相邻的写请求。

用户可以将多个 PMM 设备配置成交错模式（Interleaving Mode），以此来构成一个更大的存储体，并提升整体访问带宽。在访问模式上，PMM 可以配置成内存模式（Memory Mode）或应用直接访问模式（App Direct Mode）来提供不同的存储和访问特性。在内存模式下，PMM 被当作更大容量的 DRAM 来扩展内存容量，传统的 DRAM 则作为 PMM 的直接映射缓存。该模式既不保证数据持久性，也不允许应用直接访问 PMM。而在应用直接访问模式下，PMM 可用于持久存储，通过 mmap 机制直接暴露给应用程序和操作系统，应用和系统可以使用 CPU 的 Load 和 Store 指令直接访问它的空间。

相比于磁盘和固态盘，Optane PMM 具有更高的访问性能，尤其是随机性能。但最新的实验结果表明，单块 Optane PMM 的最高读写带宽分别只有 2.3 GB/s 和 6.6 GB/s，远远低于 DRAM 的带宽，而且存在严重的读写性能不对称。磁盘与固态盘的顺序读写性能和 4KB 随机读写性能对比如表 6.2 所示。

表 6.2　磁盘与固态盘的顺序读写性能和 4KB 随机读写性能对比

设备	顺序读性能	顺序写性能	随机读性能	随机写性能
HDD：Western Digital Blue	156MB/s	135MB/s	1.19MB/s	2.47MB/s
HDD：Western Digital Gold	172MB/s	173MB/s	1.16MB/s	5.62MB/s
HDD：Seagate Barracuda	164MB/s	161MB/s	0.82MB/s	1.51MB/s
SSD：Samsung 980 Pro (PCIe)	2543MB/s	2190MB/s	72.8MB/s	171MB/s
SSD：Samsung 860 Evo (SATA)	489MB/s	418MB/s	38.5MB/s	95.8MB/s
SSD：WD Black SN750 (PCIe)	1416MB/s	1900MB/s	47.7MB/s	160MB/s

2. 固态盘

固态盘使用闪存（NAND Flash）介质来存储数据。闪存芯片可以使用现有的半导体工业技术生产，采用电子方式存储数据，避免了传统硬盘的机械延迟，因此可以提供低访问延迟和高读写吞吐率。随着闪存成本的降低，固态盘被广泛用于各个计算机系统领域，包含嵌入式开发领域、超算领域。

闪存芯片中的数据由保存在每个闪存单元中的电荷电压表示。不同类型的闪存单元可以存储不同数量的数据，单层单元（Single-Layer Cell，SLC）、两层单元（Double-Level Cell，MLC）、三层单元（Triple-Level Cell，TLC）和四层单元（Quad-Level Cell，QLC）分别存储 1 位、2 位、3 位和 4 位数据。每个单元能存储的数据越多，数据的写入和读取速度越低。闪存单元的浮栅门起开关作用，闪存单元注入电子之后（写操作），在完全释放所存电子之前（擦除操作），不支持再次注入，因此闪存固态盘不能原地更新。此外浮栅门开关次数有限，因此闪存单元会有擦写寿命（Program/Erase Cycle，P/E 次数）。一般而言，层阶越高，闪存单元 P/E 次数越低。此外，由于闪存单元会漏电，通常使用保持时间（Retention Time）刻画数据有效保存时间。这也意味着固态盘长期不用也可能导致数据错误。

由于闪存芯片的读写特性，闪存固态盘具有复杂的系统结构，如图 6.4 所示。一个固态盘内部通常包含多个闪存芯片（Chip），每个芯片包含一个或多个逻辑单元，每个逻辑单元包含一个或多个闪存平面（Plane），闪存平面可以被并行地访问。一个闪存平面被划分为上千个闪存块（Block），一个块进一步被划分为几百个闪存页（Page）。块是基本的擦除单位，而页是基本的读写单位。闪存页在被写之前，必须先擦除其中的数据，而擦除操作一次必须擦除一整个闪存块。因此，在擦除之前，闪存块中有效的数据必须被迁移到其他块中的空闲页上，这称为垃圾回收（Garbage Collection，GC）。在块被擦除完之后才能对块中的页进行写操作。垃圾回收也存在严重的写放大。写放大意味着用户写入 1KB 数据，在物理芯片层可能需要写入更多（4KB 甚至更多）的数据。

除了闪存芯片外，固态盘内部还包含主机接口和固态盘控制器（含 DRAM）。其中，主机接口负责与主机端进行通信；固态盘控制器主要包含一个闪存转换层（Flash Translation Layer，FTL），用来隐藏 NAND 闪存的内部特性，为主机端提供统一的访问接口和逻辑块地址（Logical Block Address，LBA）。闪存转换层主要负责处理 I/O 请求，实现用户逻辑块地址到固态盘内部物理块地址的映射。此外，闪存转换层还负责实现磨损均衡和垃圾回收等功能。

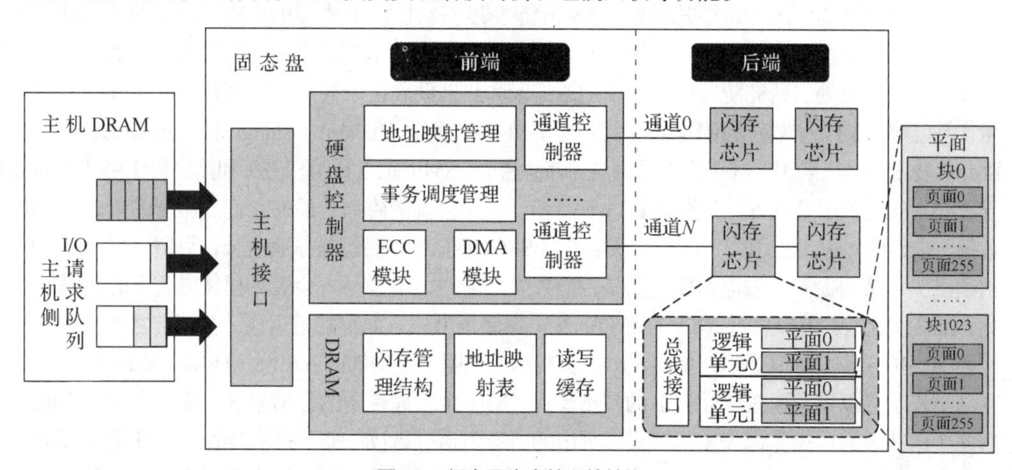

图 6.4　闪存固态盘的系统结构

随着 NAND 闪存技术的不断发展，固态盘的性能和容量也在持续上升。传统固态盘已经可以提供大约 500MB/s 以上的顺序读写带宽，以及 150μs～200μs 的访问延迟。更高端的 NVMe SSD，比如 Samsung Z-NAND SSD、Intel Optane SSD 和 Toshiba XL-Flash，甚至可以提供高达 3GB/s 的顺序访问性能和 10us 左右的访问延迟。

3. 磁盘

在目前的存储系统中，机械硬盘凭借高单盘存储容量和低单位存储成本，依然是数据存储的主力，常常被用于大容量存储系统中。一次磁盘存取延迟大约为 10ms，比 DRAM 慢 10 万倍；但单位容量的成本比内存低 2 个数量级，比固态盘低 1 个数量级。因此互联网云数据中心，例如 Facebook，通常采用磁盘作为主要存储介质来构建大规模存储系统。

机械硬盘主要由盘片、磁头、主轴与传动轴等组成，其内部结构如图 6.5 所示。一块机械硬盘中一般会包含多个盘片，每个盘片包含两个面，每个盘面都有一个读/写磁头。每个盘面被划分成一条条磁道，每条磁道又进一步被划成相同数量的扇区。扇区是硬盘的最小物理读写单位，大小通常是 512 字节。一个磁盘包含一个或者多个共轴的圆形盘片，每个盘片包含大量同心磁道，每个盘片上的相同磁道构成了一个圆柱面。每条磁道上包含一组连续扇区。主轴马达保持盘片匀速转动，当要读写数据时，磁头会移动到相应的磁道，然后等待相应扇区转到磁头位置时，磁头上的读写装置开始工作。磁盘处理一个读写 I/O 时，其总延迟包括磁头寻道延迟、盘片旋转延迟和数据传输延迟。读写同一磁道上的数据，可避免额外的寻道时间。

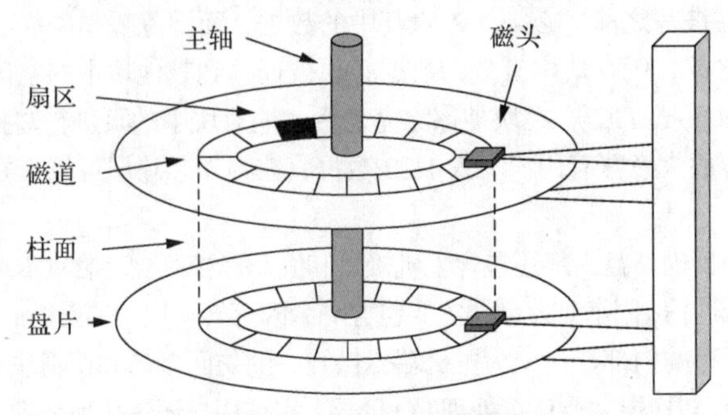

图 6.5 机械硬盘的内部结构

磁记录技术的发展不断提升磁盘上的磁记录密度，采用了 20 多年的巨磁阻效应的垂直磁记录已把磁记录密度提升到 1TB/ft^2（1ft=0.3048m），并且磁头用于翻转磁簇的能量密度也很难再进一步提高。目前正处于研究阶段的微波辅助磁记录和热辅助磁记录技术是未来磁密度提升的重要技术，但目前还未能大规模应用到实际产品中。近年来，叠瓦式磁记录（Shingled Magnetic Recording，SMR）技术被提出来用于进一步提升磁盘的存储密度。SMR 磁盘利用写磁头和读磁头作用范围的差异，实现磁道的层叠放置，如图 6.6（a）所示。对于传统的磁盘，即使它们是用窄的读磁头读取数据，它们的磁道也采用较宽的写磁头。而在 SMR 磁盘中，磁道被紧密叠放，只留下足够的空间给读磁头，从而提升了磁道密度。但是，当数据更新时，重叠写入会破坏相邻磁道上的数据。因此，SMR 磁盘表面被划分为多个存储带，每个存储带由一系列窄磁道组成，存储带之间通过一条被称为保护区的宽磁道分隔，如图 6.6（b）所示。其逻辑结构如图 6.6（c）所示，SMR 磁盘中的存储带表示可以安全地按顺序覆盖的最小单元。对一个存储带中的任何扇区（除了存储带中的最后一个扇区）的写操作都需要对该存储带中的所有磁道进行读—修改—写操作。因此叠瓦式磁盘适用于顺序写数据，其价格较低，适合作为归档存储介质。除了可以提升单个磁盘的容量密度，还可以在单个硬盘中增加更多的磁盘数量，日立公司发明的密封充氦技术使得磁盘之间的距离能减小，目前大容量磁盘内部盘片多达 8 片。

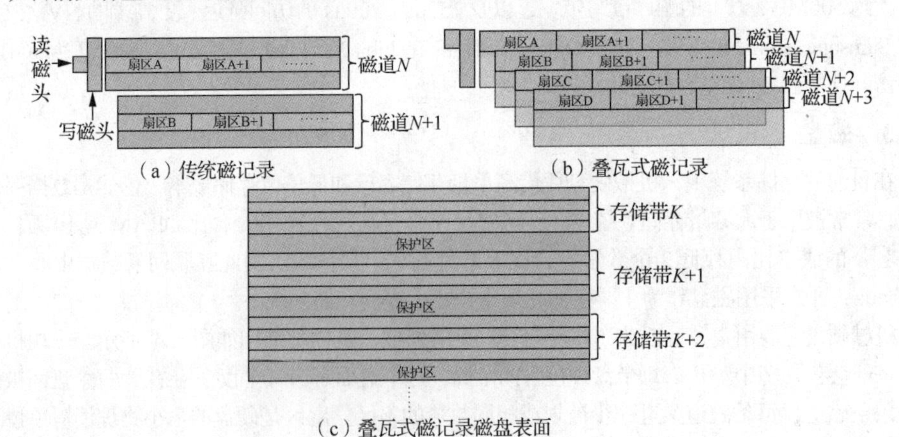

图 6.6 磁盘内部磁道布局

不管是传统的磁盘还是 SMR 磁盘，当访问某个扇区时，磁头需要沿着盘片的半径方向运动，找到对应的磁道。同时磁盘盘片以每分钟几千转的速度（比如，5400r/min、7200r/min、10000r/min，甚至 15000r/min）旋转，磁头可以定位到磁道上的指定扇区，进而执行数据读写操作。机械硬盘的数据访问延迟主要包含磁头寻道延迟、盘片旋转延迟和数据传输延迟。磁头寻道是相当耗时的。目前，常用的机械硬盘的寻道时间在 9ms 左右，即使高端企业级机械硬盘也大约需要 4ms 的寻道时间。旋转延迟主要取决于盘片的旋转速度，近似于盘片旋转半周的时间，因此对于不同转速（5400r/min、7200r/min、10000r/min 和 15000r/min）的硬盘，旋转延迟大约分别为 5.56ms、4.17ms、3.00ms 和 2.00ms。而数据传输延迟约为零点几毫秒，相较于磁头寻道时间和盘片旋转时间，可以忽略不计。

因此，对于顺序访问，由于避免了大量的寻道时间和旋转时间，机械硬盘可以提供很好的读写吞吐率，为 100～200MB/s。然而对于随机访问操作，机械硬盘的性能会急剧下降。这是因为每个操作都需要进行高延迟的机械寻道和旋转操作，会严重影响访问性能。根据 UserBenchmark 测试结果，4KB 的随机读写性能只有几兆字节每秒，相比于顺序性能要低两个数量级以上，具体性能如表 6.2 所示。

例题 对于磁盘而言，读写一个 512 字节扇区的平均磁盘访问时间是多少？假设此时磁盘空闲，没有排队延迟；平均寻道时间是 5ms，顺序传输速度是 200MB/s，转速是 7200r/min，控制器的开销是 0.1ms。

解答 平均磁盘访问时间 = 平均寻道时间 + 平均旋转延迟 + 传输时间 + 控制器开销=5+0.5/7200+0.5/200+0.1=5+0.000069+0.0025+0.1=5.102569（ms）

---

4. 其他存储设备

除主流的 NVM、磁盘和固态盘之外，还有用于长期保存数据的磁带和光盘，以及移动存储的 USB 闪存盘。这 3 种存储设备可以离线保存数据，一般具有更低的性能和存储成本。USB 闪存盘也采用闪存介质，为了降低成本，一般使用低质量的闪存芯片。磁带和光盘介质与读写驱动器是分离的，介质需要放到相应的驱动器中才能进行读写。磁带同样使用磁性材料记录数据，但是读写需要沿着磁带方向顺序寻址，因此随机性能更低。此外，磁带不像磁盘需密封保存，并且磁带是卷起来放置的，时间长了容易粘连和长霉，因此对于外部保存环境要求较高。

光盘在塑料基底上增加光敏记录层，通过激光改变记录点的状态从而记录信息。光盘驱动器也通过光路读写旋转中的光盘，因此光盘性能较低。使用无机材料的光盘能够保存数据超过 50 年，而近年发展起来的全息存储和多维存储技术，能够让单张光盘容量增加到太字节甚至十几太字节，可用于长期存储数据。

6.2 输入/输出系统

处理器和外部设备交换数据，不能像存取内存数据一样，通过指令直接寻址访问，而是需要执行 I/O 操作。I/O 操作需要硬件和软件协同处理。I/O 硬件包括主机处理器、I/O 设备、两者之间的物理通道（例如总线）和 I/O 控制硬件等；而 I/O 软件是负责协调多个硬件部件完成 I/O 操作的程序，包括驱动程序等。

6.2.1 I/O 硬件结构

I/O 设备（I/O Devices）通常分成两类：块设备（Block Device）和字符设备（Character Device）。块设备存取数据的单位是固定大小、可寻址的块。存储设备基本都是块设备，例如磁盘、固态盘、蓝光光盘、USB 盘等。字符设备以字符为单位发送或接收一个字符流，不考虑寻址。常见的字符设备有打印机、键盘和鼠标等。

计算机系统中的 I/O 设备通过一级或者多级总线直接或者间接连接到 CPU。通常，越靠近 CPU 的总线和设备速度越快。为了避免过多设备竞争共享总线，快速总线通过桥接方式连接到慢速总线，从而扩展连接多个慢速设备，这样形成多级总线结构。例如内存通过 DDR 总线和 CPU 相连。早期台式计算机通过系统总线连接北桥芯片，它内部集成外设部件互连（Peripheral Component Interconnect，PCI）控制器。PCI 总线是并行总线，连接显卡、主机卡和存储控制器。存储控制器可以进一步扩展小型计算机系统接口（Small Computer System Interface，SCSI）总线、串行连接小型计算机系统接口（Serial Attached SCSI，SAS）总线和串行先进技术总线附属接口（Serial Advanced Technology Attachment Interface，SATA）总线等，连接一个或者多个磁盘。此外通过南桥芯片扩展连接更多慢速设备，如图 6.7（a）所示。

PCI 总线是并行总线，排线频率提升困难，因此近年来采用串行总线方式，也就是 PCIe（PCI Express）总线。为了提高 I/O 性能，Intel 服务器级 CPU（Xeon）直接把内存控制器、设备管理器和 PCIe 控制器集成到 CPU 内部，减小不同总线之间的转换开销，如图 6.7（b）所示。事实上，不同计算机系统采用不同的 I/O 硬件结构，例如部分嵌入式设备采用单片系统（System on Chip，SoC）结构，把所需的 I/O 控制器全部集成到一个芯片中，减小系统整体面积和能耗。

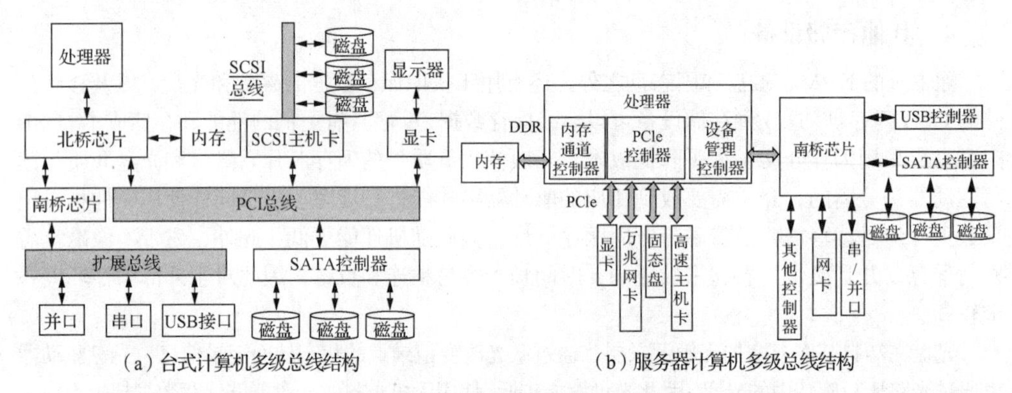

图 6.7　典型计算机多级总线连接外部设备

PCIe 是目前流行的高速总线，包含一个根组件（Root Complex）、多个终端点（End Point）和多个数据通道（Lane），根组件包含多个根端口（Root Port），一对根端口和终端点组成一个点对点连接对，减轻多个终端点在并发传输时的总线竞争。PCIe 使用交换组件（Switch）扩展连接更多终端点，还可以通过桥接芯片扩展连接到更多慢速总线。因此 PCIe 总线作为骨干可以通过树方式连接大量外部设备，每个设备在总线地址（Bus Address）空间中都有唯一地址。

PCIe 协议已经有 20 多年的历史，目前 PCIe 6.0 已经发布，单个通道带宽能够到达 8.0GB/s，主要通过提高频率、优化编码方式（128b/130b 编码）、增加通道数量提升整体带宽。PCIe 版本及特性如表 6.3 所示。

表 6.3 PCIe 版本及特性

PCIe 版本	发布年份	传输速率	编码方式	吞吐量/通道	吞吐量（16X）
1.0	2003	2.5 GT/s	8b/10b	250 MB/s	4.0 GB/s
2.0	2007	5.0 GT/s	8b/10b	500 MB/s	8.0 GB/s
3.0	2010	8.0 GT/s	128b/130b	1.0 GB/s	16.0 GB/s
4.0	2017	16.0 GT/s	128b/130b	2.0 GB/s	32.0 GB/s
5.0	2019	32.0 GT/s	128b/130b	4.0 GB/s	64.0 GB/s
6.0	2021	64.0 GT/s	PAM-4, FLIT	8.0 GB/s	256 GB/s

主机对所有设备进行统一编址，一般采用两种方式：第一种方式是构建独立的设备地址空间，对所有设备端口和内部寄存器统一编址；第二方式是统一内存地址映射方式，把设备端口和内部寄存器映射到内存虚拟地址空间。统一设备地址空间适合大量数据传输情况。当然显卡能够结合这两种方式，控制逻辑使用第一种方式，而数据传输逻辑使用第二种方式。采用第一种方式，一般需要输入输出内存管理单元（Input-Output Memory Management Unit，IOMMU）实现物理内存地址和总线地址的快速翻译。

设备可以看成“I/O 处理器”，接收并处理主机发出的 I/O 请求。I/O 设备有自己的内置控制器，通过 I/O 接口连接总线，具体执行设备和主机之间的数据交换。设备控制器是可编址的设备，内部包含数据输入/输出寄存器、状态寄存器、命令寄存器、总线地址译码器和设备内部存储器。主机通过设备驱动程序和设备控制器交互完成内存和数据之间的数据实际传输；还具有对传输过来的数据进行校验检测的功能。设备控制器接收和识别从主机发送过来的指令，进而执行相应的内部操作；在完成后，通知主机。

6.2.2 I/O 控制过程

主机通过设备驱动程序（Device Driver）具体执行 I/O 过程，例如给鼠标控制器发送指令，告诉下一步应该移动到哪里。驱动程序通过设置寄存器和设备进行通信，包括发送指令、读取设备状态和数据等。由于不同设备可能具有不同寄存器结构、通信协议、逻辑和时序，因此需要相匹配的设备驱动程序。主机和设备之间的 I/O 过程一般采用 3 种模式：程序控制 I/O、中断（Interrupts）驱动 I/O 和直接存储器访问（Direct Memory Access，DMA）驱动 I/O。

1. 程序控制 I/O

程序控制 I/O 也称为可编程 I/O，是指由 CPU 执行 I/O 程序实现和设备的数据交换，包括启动数据传输、访问设备上的寄存器等。CPU 发出命令，然后等待 I/O 操作完成。由于 CPU 的速度比 I/O 设备的速度快很多，因此程序控制 I/O 导致 CPU 必须等待很长时间才能等到处理结果。CPU 在等待时会采用轮询（Polling）或者忙等待（Busy Waiting）的方式。

采用轮询方式时，CPU 发出 I/O 操作命令，将数据写入数据输出寄存器，设置命令寄存器中的命令就绪位，从而通知设备。当设备控制器感知到命令就绪位，它首先设置忙位，然后设备控制器读取命令寄存器，识别写入位，从数据输出寄存器中读取数据字节，执行相应操作。CPU 会定期检查状态位是否为“忙”，直到它清除为止，过程中 I/O 设备不会直接通知 CPU 操作完成，也不会中断 CPU。如果发生错误，设备控制器设置状态寄存器中的错误位，返还错误；或者操作正确完成后，清除忙位，表示操作完成。

如果设备和主机都很快，并且有大量数据要传输，通过轮询可以快速和高效实现。但是，如果主机长期不断循环测试忙状态，或者频繁检查数据准备情况，则整体效率会降低。

2. 中断驱动 I/O

当 CPU 和设备在性能上有巨大差异时，程序控制 I/O 会浪费大量 CPU 时间。而中断驱动 I/O 允许仅在设备有数据要传输或操作完成时通知 CPU 处理，其他时间 CPU 可以处理其他程序。中断可以进一步分为内部中断和外部中断。内部中断是由 CPU 执行指令引起的中断，例如未定义指令、越权指令、段页故障等，进一步分为故障、自陷和终止。内部中断获得发出的异常信号，并执行相应的处理例程，例如除以 0、无效内存访问或尝试访问内核模式指令。时间片和上下文切换也可以使用自陷中断机制来实现。外部中断是由 CPU 外部事件触发的中断。对于外部中断驱动的 I/O，CPU 设置一条中断请求线，每条指令执行完前（例如 WB 阶段）都会检测到该线。设备控制器通过在中断请求线上触发信号来引发中断，CPU 执行中断处理过程。首先把 CPU 当前状态保存，并将控制权转移到内存中固定地址处的中断处理程序。也就是 CPU 捕获中断并调度中断处理程序。中断减少了 CPU 和 I/O 设备的等待时间，但也引入了额外开销。

现代计算机系统还需面对更加复杂的情况：①在关键处理期间需要屏蔽中断处理；②确定所调用的中断处理程序；③设置中断优先级，区分高、低优先级中断，以进行适当的响应。对于外部中断，为了处理这些情况，大多数 CPU 现在有两条中断请求线：一条不可屏蔽，主要针对严重错误处理；另一条可屏蔽，CPU 可以在关键处理期间暂时忽略。在启动时，系统通过扫描已连接的设备，并将相应的处理程序地址加载到中断向量表中。在操作期间，设备会通过中断发出错误信号或完成信号。中断机制接收一个地址，该地址是中断向量表的偏移量。该表以偏移地址索引中断号，在相应地址中保存中断处理程序链表的头指针地址。现代中断硬件还支持中断优先级，允许系统在处理高优先级中断时仅屏蔽低优先级中断，或者允许高优先级信号中断低优先级中断的处理。中断处理程序确定中断的原因，执行必要的处理，执行状态恢复，并保证在中断处理完成后，将控制权返还给 CPU。

虚拟内存系统检测到缺页中断时，发出一个 I/O 请求后进行上下文切换，将被中断的进程移动到等待队列中，并选择另一个进程来运行。当 I/O 请求完成时（即请求的页面已加载到物理内存中），可以中断处理程序将等待进程从等待队列移动到就绪队列，或采用其他调度算法和策略。

系统调用是通过软件中断实现的，也就是自陷。当（库）程序需要在内核模式下执行工作时，它会在某些寄存器中设置命令信息和可能的数据地址，然后引发软件中断，系统进行状态保存，然后调用适当的中断处理程序在内核模式下处理请求，软件中断通常具有低优先级。

中断还用于控制内核操作，例如，磁盘读取操作的完成涉及两个中断：高优先级中断确认设备完成，并发出下一个磁盘请求，以使硬件不会闲置；较低优先级的中断将数据从内核内存空间转移到用户空间，然后将进程从等待队列转移到就绪队列。Solaris OS 使用多线程内核和优先级线程将不同的线程分配给不同的中断处理程序。这允许“同时”处理多个中断，并确保高优先级中断优先于低优先级中断和用户进程被处理。

3. DMA 驱动 I/O

DMA 能进一步减少数据传输过程中的 CPU 干预，DMA 控制器暂时接管总线控制设备与内存之间的数据交换。DMA 传输过程涉及处理器、内存、总线控制器和外部设备，一般由处理器和外部设备发起 DMA，而总线控制器负责在设备和内存中交换数据。主机向 DMA 控制器发出命令，指示数据所在的位置、数据传输目标位置以及要传输的数据字节数。DMA 控制器负责整个数据传输过程，然后在传输完成时中断 CPU。

简单的 DMA 控制器是现代计算机系统的标准组件，许多总线主控器（Bus-Master）中包含自己的 DMA 控制器。DMA 控制器和设备之间的握手是通过 DMA 请求和 DMA 确认两条线完成的。

DMA 执行时，CPU 无法同时访问相应总线（例如 PCI 总线或 DDR 总线），但仍可访问内部寄存器及缓存。

DMA 可以根据物理地址或映射到物理地址的虚拟地址来完成。后一种方法称为直接虚拟内存访问（Direct Virtual Memory Access，DVMA），它允许在不使用存储管理部件（Memory Management Unit，MMU）的情况下将数据从虚拟内存地址直接传输到另一个设备。用户进程的 DMA 可以加快操作，但出于安全和保护原因，现代系统通常禁止使用，因此 DMA 通常运行在内核模式。

6.2.3 I/O 处理模式

I/O 处理是 CPU 和设备之间的交互处理过程，可以抽象为请求-服务模型或者客户端-服务器模型。主机发出 I/O 请求，设备进行服务响应。这个模型可以应用到用户层、操作系统层和设备层的请求处理，请求程序发出请求，服务程序完成请求。

1. I/O 处理模式

从请求程序来看，I/O 请求可以分为同步和异步模式。在同步模式下，程序发起 I/O 请求之后，就一直等待请求或者异常信息返回，在等待期间请求程序停止执行。在异步模式下，请求程序发出请求后，无须等待结果就直接返回，执行后续代码；而服务程序在完成请求后，会通知（中断或者消息）请求程序。在异步模式下，有些请求程序会向服务程序注册相应的回调函数，由服务程序在完成后执行回调函数。总体而言，异步模式需要额外对请求程序进行异步编程。

从服务程序来看，有阻塞 I/O（Blocking I/O）和非阻塞 I/O（Non-blocking I/O）两种模式。阻塞 I/O 的特点是请求程序调用 I/O 操作之后，服务程序执行相应 I/O 操作，执行期间不响应请求程序。仅在完成 I/O 之后，再通过“唤醒”手段通知请求方获取结果（唤醒方式有回调、事件通知等），调用才返回。例如应用程序发起读取文件数据请求后就等待完成消息，文件系统作为服务程序在完成磁盘读取、复制数据到内存操作之后，才通知应用程序继续执行。阻塞 I/O 造成请求程序等待 I/O 完成，浪费等待时间。非阻塞 I/O 调用后，服务程序会立即返回当前状态，让请求程序可以执行其他操作。非阻塞 I/O 返回的是当前的调用状态，为了获取完整的数据，应用程序需要重复调用 I/O 操作来确认数据是否操作完成。非阻塞也需要精心设计服务程序。同步和异步的区别在于：请求线程在调用 I/O 后是否立刻返回。阻塞和非阻塞的区别在于：服务端在服务 I/O 时是否阻塞请求线程。

综合请求和服务程序，下面给出 5 种常用 I/O 处理模型。

（1）同步阻塞 I/O 模型：是最常用和简单的 I/O 模型，从 I/O 请求发起，到所有请求数据准备好或者出错前，请求程序一直处于等待状态，服务程序也无须应答。

（2）异步阻塞 I/O 模型：请求程序发出请求之后不需要等待，服务程序完成后，通过“唤醒”手段（回调、事件通知等）通知请求方获取结果。例如应用程序请求操作系统内核启动某个操作之后就执行后序指令，而操作系统在整个操作完成后通知应用程序。

（3）同步非阻塞 I/O 模型（同步轮询模型）：从 I/O 请求发起，到所有请求数据准备好或者出错之前，请求程序一直处于不断查询的状态（轮询）；服务程序会更新处理状态。

（4）非阻塞 I/O 复用模型：有多个请求程序发送请求给服务程序，服务程序轮流检查相应的 I/O 条件是否满足（输入准备好、数据准备好等），一旦满足就通知相应的请求程序读写数据或触发相应的回调函数。在此模型中，多个请求程序将文件描述符、I/O 状态的检测等交给服务程序，服务程序也不断检查相应的数据是否准备好，在 I/O 完成后执行相应的回调。

（5）非阻塞信号驱动 I/O 模型：需要开启 Socket 信号驱动 I/O 功能。通过系统调用执行一个信号处理函数（此系统调用立即返回，进程继续执行，非阻塞），当数据准备就绪时，为该进程生成一个 I/O 信号，通过信号回调通知应用程序读取数据。

后两种模型是服务程序需要支持多个并发请求程序时所采用的，请求程序可以采用同步或者异步模式。非阻塞 I/O 通常采用异步 I/O，其中，I/O 请求立即返回，允许进程继续执行其他任务，当 I/O 操作完成且数据可用时，服务程序通知请求进程（通过更改进程变量，或软件中断或回调函数）。

在多进程、多线程环境下使用阻塞 I/O 时，若发出同步 I/O 请求，请求进程通常会移至等待队列，并在请求完成时移回就绪队列，同时允许其他线程运行。对于非阻塞 I/O，无论请求的 I/O 操作是否（完全）发生，I/O 请求都会立即返回，允许请求线程检查处理状态或者可用数据，而不会完全挂起。

I/O 软件处理的第二个重要目标就是错误处理（Error Handling）。通常情况下，错误应该交给硬件层面去处理。例如，设备控制器发现了读错误，会尽可能地去修复这个错误。如果设备控制器处理不了这个问题，那么设备驱动程序应该进行处理，设备驱动程序会再次尝试读取操作，很多错误都是偶然性的，如果设备驱动程序无法处理这个错误，才会把错误提交给上层进行处理，很多时候，上层无须知道下层是如何解决错误的。I/O 请求失败的原因有很多，可能是暂时性的（缓冲区溢出），也可能是永久性的（磁盘崩溃）。I/O 请求通常会返回一个错误位（或更多）来标识。UNIX 系统设置全局变量 errno，已经定义 100 个明确值，每个代表特定错误。

2. 数据 I/O 优化处理

当两个设备（例如 CPU 和磁盘）之间有明显的速度差异时，通常会配置数据缓冲区（Buffer）。例如慢速设备把缓冲区写满后，会一次将数据全部发送到快速设备。为了保证设备持续写入，可以使用双缓冲区，在每个缓冲区变满时交替使用。例如，图像显示中常采用双缓冲区，在缓冲区中生成整个图像之后再显示到屏幕上。此外，数据传输大小有显著差异时，缓冲区可将消息分解成较小的数据包进行传输，然后在接收端重新组装。但缓冲机制会导致多次内存拷贝，例如，当应用程序请求磁盘写入时，数据会从用户的内存区域复制到内核缓冲区。现在操作系统支持零拷贝机制避免多次复制。

缓存（Cache）机制利用不同存储介质之间的性能差异和访问局域性，把数据副本保存在比通常存储数据的位置更快的访问位置。缓冲和缓存非常相似，不同之处为缓冲区保存给定数据项的唯一副本，而缓存保存下一级存储中的部分数据。缓冲和缓存通常共同使用，相同的存储空间可以同时使用这两个机制。例如，将缓冲区写入磁盘后，内存中的副本可以用作缓存副本，直到缓冲区需要用于其他用途。

注意，服务程序可以服务多个请求程序，因此可以使用请求队列维护等待请求，在此基础之上，也可以进一步执行队列调度优化整体性能。

6.2.4 I/O 性能

第 1 章介绍过计算机性能指标，包括响应时间和吞吐量，它们同样适用于 I/O。对于存储系统而言，这两个指标往往具有平衡关系，如图 6.8 所描述的吞吐量与响应时间的一般关系。I/O 处理遵循请求-服务模型，请求程序把请求放在请求队列中，等待请求完成；服务器程序依次取出请求进行处理。响应时间从请求发起时开始计算，到请求完成时为止。吞吐量是服务器在单位时间内完成的请求数。I/O 响应时间定义为请求放置到缓冲区到完成的时间间隔。吞吐量与响应时间整体是呈反比的，例如在最小响应时间下仅达到 11%峰值吞吐率，而在峰值吞吐率下，响应时间是最小响应时间的 7 倍。

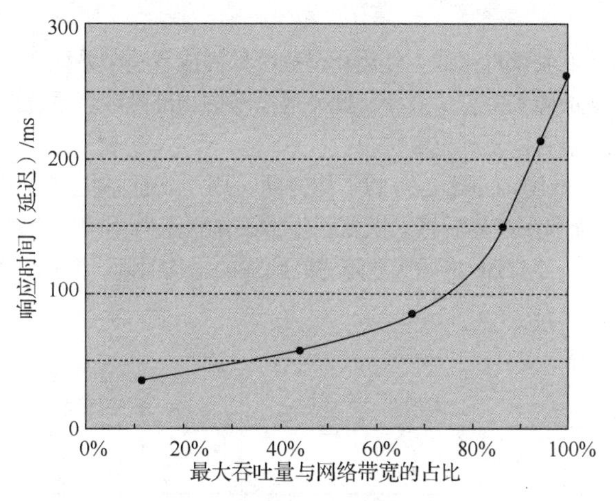

图 6.8　吞吐量与响应时间的一般关系

在实际存储系统评价中，经常使用单位时间内处理的 IOPS 作为一种 I/O 处理吞吐率指标，也使用单位时间内的数据传输速度（单位：MB/s）作为吞吐率指标。下面通过一个例子分析其评价结果的差异性。往往通过逐渐增加请求强度的方法测试系统最大的带宽。

例题　假设 I/O 系统具有单个磁盘，磁盘读写带宽为 200MB/s。测试程序在一个 I/O 请求完成后立刻发送下一个请求，测试结果表明 1MB 大小的请求的响应时间是 5ms；而 0.1MB 大小的请求的响应时间为 2ms。这两种请求的实际磁盘吞吐率是多少？

解答　那么 1s 内能够执行的 I/O 数量：$IOPS_{1MB}$=200 个；$IOPS_{0.1MB}$=500 个。

$$磁盘吞吐率_{1MB} = 200 \times 1MB/s = 200MB/s$$

$$磁盘吞吐率_{1MB} = 500 \times 0.1MB/s = 50MB/s$$

也就是在第一种情况下，磁盘带宽能够被 100%利用；而在第二种情况下，磁盘带宽利用率为 25%。所以 IOPS 数值不能很好地反映实际的性能。

从服务器角度来看，应该尽可能提高吞吐量，提升服务器的使用率，例如设置更大的缓冲区。注意，此处是请求触发服务器处理，因此实际吞吐率也依赖于请求器的请求发生速度，当请求发送速度（强度）达到服务器处理最大能力（处理带宽）时，即使继续增加请求强度，吞吐率也不会再提高了，因此在实际系统中，往往通过这种方法测试系统最大的带宽。但随着实际吞吐率提高，平均响应时间也会急剧增加，因此高吞吐量的区域响应时间更长；相反，追求低响应时间可能降低整体吞吐量。

6.3　存储可靠性

存储设备是数据持久化载体，其首要功能就是保证数据不丢失。因此对数据进行有效的保护已成为存储系统最为关键的要求。当计算和传输设备产生错误时，可以通过重新计算或者重新传输保证数据可靠性，但前提是相应的数据保存完好，一旦存储设备中任务关键数据丢失，这些任务可能就无法重新执行。第 1 章介绍了可靠性基本指标，本节将进行更加全面的介绍，首先介绍可靠性相关概念，然后介绍存储系统可靠性的衡量指标和可靠性保障方法。

6.3.1 可靠性

计算机系统由多个软硬部件组成，在运行过程中部件或者整个系统都有出错的风险。可通过设计合理方案减少系统故障和降低失效率。此外还需考虑当部件或者系统出错时，系统是否能够继续实现规定的功能；能否恢复到正常状态。

MTTF 指系统发生故障前正常运行的平均时间，用于表征系统整体可靠性（Reliability）；MTTR 指用于修复系统和在修复后将它恢复到正常工作状态所用的平均时间，用于表征系统可维护性（Maintainability）；MTBF 指两次故障之间间隔的平均时间。它们三者之间的关系如图 6.9 所示。

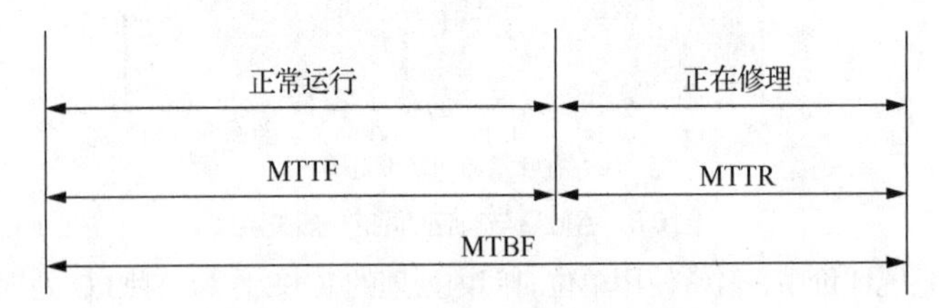

图 6.9　MTTF、MTTR、MTBF 之间的关系

系统可用性（Availability）定义为系统可以为用户所使用时间的百分比，即正常运行时间的百分比可用性，也就是系统处于正常功能状态的时间比例，见下式：

$$\text{Availability} = \frac{\text{MTTF}}{\text{MTTF} + \text{MTTR}}$$

根据可靠性和可用性的定义，系统总处于服务状态和非服务状态，前者到后者的转换是由故障导致的，而通过恢复过程能够使系统状态从后者重新转换为前者。从可用性的定义可以看出，提高系统可用性的基本方法有两种：增大 MTTF 或减小 MTTR。增大 MTTF 要求提高系统的可靠性，减小 MTTR 即减小故障的恢复时间，采用多控制器或多盘阵列可通过减小系统的 MTTR 来提高可用性。

一般增大 MTTF 有 4 种方法。

（1）避错（Fault Avoidance）：设计、构造时，考虑如何避免发生故障，避错要求增加设备的可靠性。然而，进一步提高单个设备的可靠性非常困难且花费很大，随着产品迭代和技术发展，其提升空间逐渐缩小。

（2）容错（Fault Tolerance）：利用冗余，使故障发生时，系统能照常提供服务。容错采用多个部件，在故障发生时接替故障部件使系统正常工作。其缺点是必须使用更多的部件来作为冗余部件。但如果冗余部件不仅作为备份，还与主设备同时提供服务，这样也可以提高系统的性能。

（3）除错（Error Removal）：利用校验，在错误出现后能够主动纠正。系统产生一些校验码，在错误发生后可以通过校验码纠正错误。其缺点是系统需要产生冗余码，冗余码的传送占用了网络带宽，影响了有效数据的传输效率。

（4）差错预测（Error Forecasting）：利用评估，预测差错的出现、形成和结果。系统在执行前都要进行判断，预测运行后的结果，在确认不出错的情况才执行下一步的操作。其缺点是每执行一步都要进行计算和判断。

6.3.2 部件串并联系统的可靠性评估

接下来介绍系统可靠性静态模型，描述系统采用不同部件组合情况下的整体可靠性。如图 6.10（a）所示，系统包含 N 个部件，全部工作正常时，系统才正常工作；任一部件失效时，系统就失效，称为串联系统。用 R 和 F、r_i 和 f_i 分别表示系统和第 i 个部件处于正常和失效状态的平均概率（与使用寿命无关），则依据串联系统的定义，串联系统的正常事件是“交”的关系，也就是各部件都正常工作，则有：$R=r_1 \cap r_2 \cdots \cap r_N$。

如图 6.10（b）所示，系统包含 N 个部件，只要其中一个工作正常，则系统就正常工作，只有全部部件都失效时，系统才失效，这样的系统就称并联系统。则依据并联系统的定义，并联系统中异常事件是“交”的关系，也就是各部件都不正常工作时，系统才失效，则有：$F=f_1 \cap f_2 \cdots \cap f_N$。因此可以根据部件的串并联组织结构和部件的失效率，整体评估系统的可靠性。

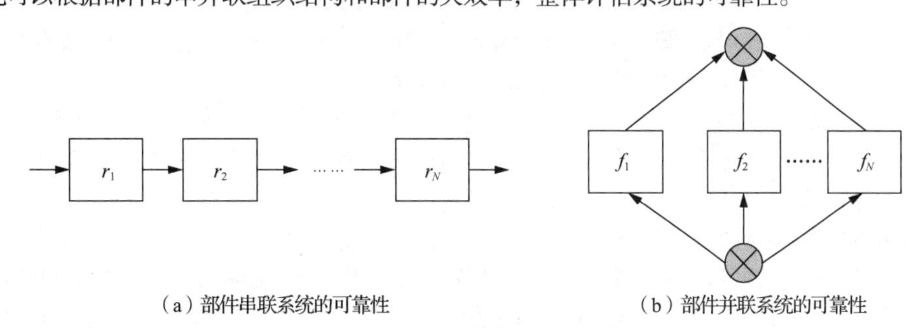

（a）部件串联系统的可靠性　　（b）部件并联系统的可靠性

图 6.10　部件串并联系统的可靠性

下面进一步给出串并联组合模式下的系统可靠性模型。假设系统中每个部件的可靠性是相同的，n 代表串行步骤的个数，m 代表并行步骤的个数。

首先讨论串并联系统的可靠性，如果 n 个部件先构成的组件是串联结构的，而 m 个部件进一步构成并联结构，则系统的整体可靠性 $R(t)=1-[1-R_i^n(t)]^m$。

接下来讨论并串联系统的可靠性，如果 m 个部件先构成的组件是并联结构的，而 n 个部件进一步构成串联结构，则系统的整体可靠性 $R(t)=[1-(1-R_i(t))^m]^n$。

正如第 1 章所述，计算机系统中器件越多可靠性降低：N 个器件的可靠性一般只有单个器件的 $1/N$。我们主要讨论采取容错技术来提高系统可靠性，从而使数据得到有效的保护。

6.4 磁盘阵列

为了提高存储系统的容量、性能和可靠性，可以使用并行设计原则，通过增加多个磁盘、构建合理的冗余机制来实现。独立磁盘冗余阵列（Redundant Arrays of Independent Disks，RAID）的概念和分类是由美国加州大学伯克利分校戴维 · A. 帕特森等人提出的，虽然 IBM 公司之前就实现了一种多磁盘系统容错原型，但是缺少系统的分析和归类。RAID 最初代表廉价磁盘的冗余阵列，I 也被认为是独立的意思。RAID 是典型系统综合优化技术。

微课视频

6.4.1 RAID 概念

RAID 最初是为了集成多个小的廉价磁盘来代替大的昂贵磁盘，同时希望单个磁盘失效时不会影响数据的可用性而开发的基于冗余的数据保护技术。RAID 通过使用多磁盘并行同时存取数

据来大幅提高存储系统的数据吞吐量。这些磁盘在逻辑上又构成单一磁盘，所以使用 RAID 可以达到单个磁盘几倍、几十倍甚至上百倍的容量。RAID 提供的容错功能够确保数据可用性。由于磁盘的 MTTF 为数十年，MTTR 仅为小时级，那么通过冗余可以使多个磁盘的可靠性比单个磁盘更高。RAID 中如果单个磁盘发生故障，可以依赖冗余磁盘重建丢失数据，但每种 RAID 只能在自己的容错范围内保证数据可用性。早期的 RAID 主要使用在磁盘子系统之中，目前 RAID 技术也使用在固态盘内部的各个芯片，或者固态盘阵列，甚至分布式存储系统之中。

RAID 按照实现原理分为不同的级别或标准，不同的级别 RAID 之间工作模式是有区别的。每一种级别代表一种数据组织和分布模式，至于需要选择哪一种级别的 RAID，视具体的环境和应用场合而定。

首先介绍 RAID 中用到的逻辑卷（Logical Volume）、条带（Striping）和校验（Parity）概念。虽然 RAID 是由多块物理磁盘构成的冗余阵列，但从用户角度看是独立的存储设备，也就是虚拟"硬盘"，称为用户逻辑卷。逻辑卷进一步分解为一组条带。一个条带（Stripe）由多个数据块片段（Chunk 或者 Strip）组成，每个数据块放置在不同的硬盘上。遵守校验规则(n,k)的 RAID 中，也就是 n 个用户数据块产生 k 个校验数据块，这 n 乘 k 个数据块构成一个条带。例如一个条带有 5 个数据块，将它们条带化存储到 5 个磁盘中，每个数据块将同时写入各自的磁盘。大多数 RAID 在数据块级进行条带化存储，但也可以在位或字节级进行条带化存储。数据块的大小由系统管理员决定，数据块大小对性能有直接影响，因此它是磁盘和主机交换数据的单位，较小的数据块就可能需要系统执行比实际请求大小更多的 I/O。但数据块太大，硬盘之间的并行性就难以利用。在 RAID 中，校验数据可分布在系统中的所有磁盘上。如果一个磁盘发生故障，可以通过其他磁盘上的数据和校验数据重建这个故障磁盘上的所有数据。

数据条带化存储也确保数据处理负载在磁盘间概率性地平均分配，同时通过并发写入多个数据块而提高整体性能，即提高整体数据吞吐率并缩短 I/O 总响应时间。但系统的可靠性和性能通常受限于最差的磁盘，这点尤其体现在异构 RAID 中。

在规则容错范围内，部分硬盘失效，应用程序仍然可以存取 RAID 中的数据，这情况称为降级读写。此时，如果有足够空余盘能够使用，RAID 会把失效硬盘中的数据在空余盘上全部恢复，重新构造完整的 RAID，这个过程称为 RAID 重构。

6.4.2 RAID 级别

根据磁盘阵列的结构、目的、要求及数据处理特点，RAID 一般分为 7 个级别（标准），即 RAID 0～RAID 6。

1. RAID 0

RAID 0 即数据仅分条（Data Stripping），也称无冗余校验的并行阵列，有时被称为磁盘柜（Just a Bunch of Disk，JBOD）。整个逻辑盘的数据被分条分布在多个磁盘上，可以并行读和写，但没有冗余能力，如图 6.11 所示。主机写入数据时，RAID 控制器将分块的数据写到磁盘阵列中的各个硬盘上；读出数据时，RAID 控制器从各个硬盘上读取数据，把这些数据恢复为原来的顺序后传给主机。理想情况下，5 个硬盘的并行操作可使同一时间内的磁盘读写速度提升 5 倍。但由于总线带宽等多种因素的影响，实际的提升速率会低于理论值。这种方法的优点是能够提高主机读写速度，因此 RAID 具有很高的数据传输率，其读写速度在所有 RAID 级别中是最快的。RAID 0 至少需要 2 个硬盘，如果阵列由 N 个磁盘组成，则阵列的总容量是单个磁盘容量的 N 倍，没有冗余损失。这种数据上的并行操作可以充分利用总线的带宽。

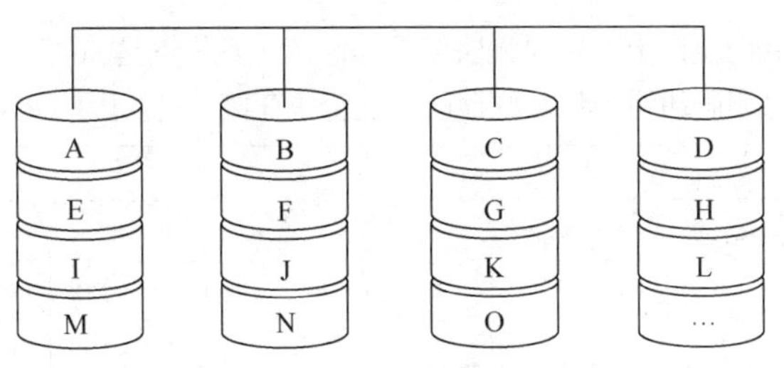

图6.11 RAID 0示例

RAID 0也有明显的缺点，由于磁盘阵列中存储空间没有冗余，在提高性能的同时，不具有数据可靠性。任何一个磁盘损坏都会影响整个系统，因而安全系数和可靠性反而比单个的磁盘还要低。因此，RAID 0不适用于需要具有数据高可用性的关键应用，而是适用于对数据安全要求不高，但对速度要求很高的应用。

2. RAID 1

RAID 1即硬盘镜像（Disk Mirroring），简称镜像，具备冗余和容错特性，是最简单、古老的磁盘冗余方案，但成本也最高。磁盘阵列中的硬盘被分成相同的两组，互为镜像，在整个镜像过程中，只有一半的磁盘容量是有效的，如图6.12所示。RAID 1的操作方式是把用户写入硬盘的数据完全自动复制到另外一个硬盘上，任何一个硬盘故障都不会影响系统的正常运行。当任意一个磁盘出现故障时，可以利用其镜像上的数据恢复。当原始数据繁忙时，也可直接从镜像中读取数据，提高了读的性能。如果某硬盘失效，系统会忽略该硬盘，继续保持系统的正常运行，不需要重组失效的数据，从而提高了系统的容错能力。RAID 1甚至可以在一半数量的硬盘出现问题时不间断地工作。RAID 1对数据的操作仍采用分块后并行传输的方式，所以不仅提高了读写速度，也加强了系统的可靠性。

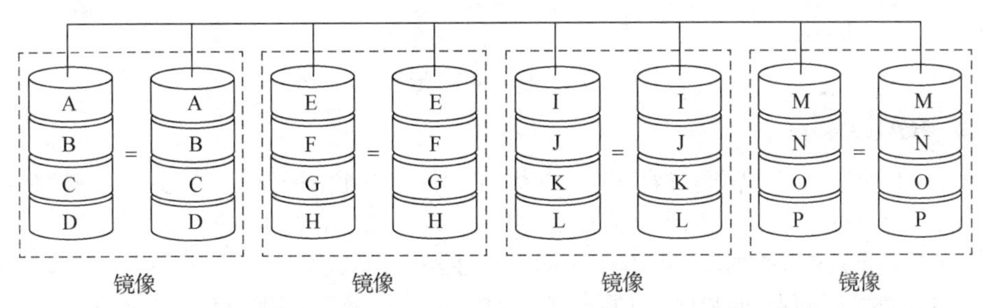

图6.12 RAID 1示例

RAID 1至少需要2个硬盘，容量大小等于N/2，有容错功能。在所有级别RAID中，RAID 1提供的数据安全保障最高，尤其适用于存储重要数据，如服务器和数据库存储等要求可靠性高的领域。近年来由于硬盘价格不断下降，在系统成本中的比例也减小，这种结构在其他领域也有应用。

RAID 1的缺点是由于数据完全备份，两个硬盘只能提供一个硬盘的容量，冗余度为50%。故其利用率低，存储成本高，相对的费用是磁盘阵列中最高的。

3. RAID 2

RAID 2是存储器式的磁盘阵列，按照汉明码（Hamming Code）的思路构建按位冗余，它本质上是RAID 0，只是加入了汉明码来做数据的纠错，如图6.13所示。汉明码是广泛用于内存和磁盘纠错的编码，不仅可以用来检测数据错误，还可以用来修正错误，但汉明码只能发现和修正一

位错误，对于两位或者两位以上的错误无法发现和修正。其优点是加入了数据纠错机制，其缺点是需要额外的磁盘做汉明码纠错，且按位存取不适合块存储设备。因此 RAID 2 没有实际应用。

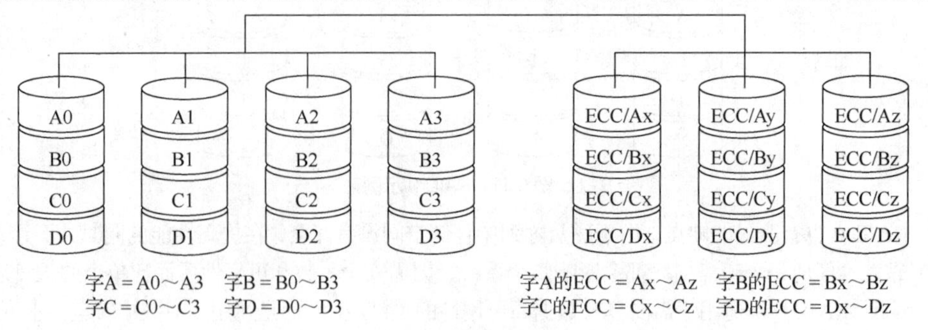

图6.13　RAID 2 示例

4. RAID 3

RAID 3 为交叉奇偶校验磁盘阵列。写数据时：为每行数据形成奇偶校验位并写入校验盘。读出数据时：如果控制器发现某个磁盘故障，就可以根据故障盘以外的所有其他磁盘中的正确数据恢复故障盘中的数据。RAID 3 条带宽度是 1 字节或 1 位，是通过异或运算实现的细粒度的磁盘阵列，不适用于块设备，如图 6.14 所示。

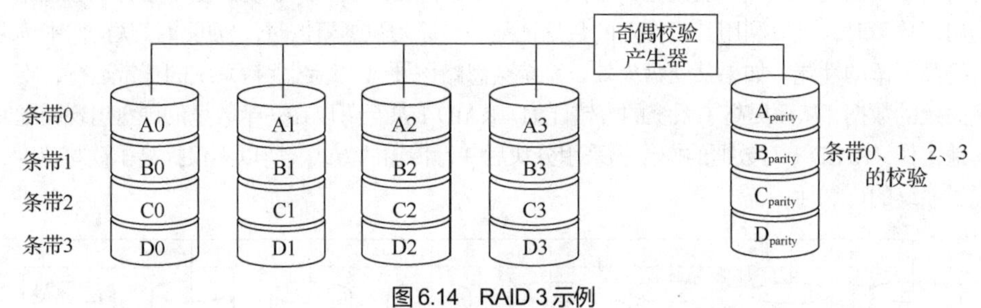

图6.14　RAID 3 示例

5. RAID 4

RAID 4 是块交叉奇偶校验磁盘阵列，如图 6.15 所示，它把数据分成多个数据块，按照一定的容错算法，存放在 N+1 个硬盘上，实际数据占用的有效空间为 N 个硬盘的空间总和，第 N+1 个硬盘上存储的数据是校验数据。与 RAID 0 不同的是，RAID 4 在数据分块之后计算它们的奇偶校验，然后把分块数据和奇偶校验数据一并写到第 N+1 个硬盘中，这对数据的存取速度和可靠性都有所改善。当阵列中任意一个硬盘损坏时，可以利用其他数据盘和奇偶校验盘上的数据重构原始数据。更换一个新硬盘后，系统可以重新恢复完整的校验数据。

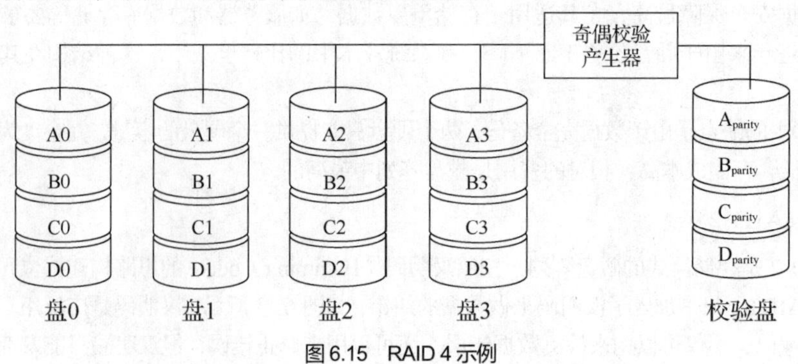

图6.15　RAID 4 示例

RAID 4 至少需要 3 个硬盘，容量大小等于 N-1。与 RAID 0 相比，RAID 4 在读写速度方面相对较慢。在硬盘利用率方面，RAID 3 比 RAID 1 要高，RAID 3 比较适合大文件类型且安全性要求较高的应用。RAID 4 的缺点是用一个专用盘存放校验数据，由于任何数据的改变都要修改相应的数据校验信息，存放数据的磁盘有多个且能并行工作，但存放校验数据的硬盘只有一个，该硬盘的负担较重，会带来校验数据存放的瓶颈。

6. RAID 5

RAID 5 是块交叉分布奇偶校验磁盘阵列，是一种兼顾存储性能、数据安全和存储成本的存储解决方案，可以理解为是 RAID 0 和 RAID 1 的折中方案，如图 6.16 所示。它没有单独指定的奇偶盘，而是交叉地存取数据及奇偶校验数据于所有磁盘上，从而缓解了 RAID 4 中的瓶颈问题，这样每一个磁盘都有数据，也都有校验码。

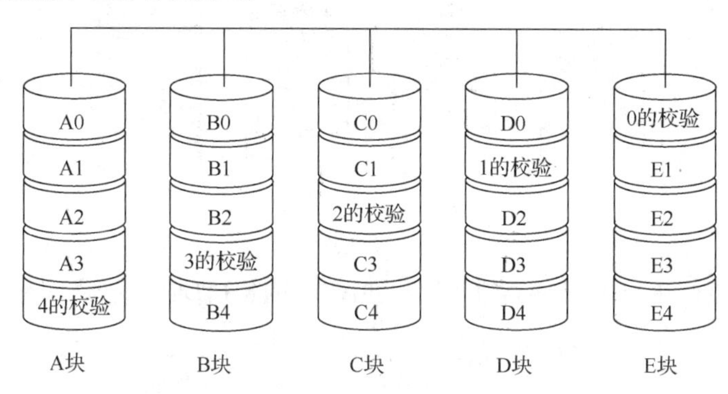

图 6.16 RAID 5 示例

由于增加了校验盘，磁盘阵列的可靠性大大高于单个磁盘，特别是阵列有系统重构的功能。如果有一个磁盘坏了，通过校验码和其他磁盘上的数据，可以正确地复原损坏盘上的数据。许多磁盘阵列中，常常带有一个热备份盘，一旦有磁盘损坏，系统自动将复原的数据写入热备份盘，恢复为有冗余的状态。用户将损坏的磁盘拔下，换上新盘，新盘在系统中作为热备份盘工作。RAID 5 可以为系统提供数据安全保障，但保障程度要比 RAID 1 低，而磁盘空间利用率要比 RAID 1 高。RAID 5 具有和 RAID 0 相近似的数据读取速度，只是多了奇偶校验数据，写入数据的速度比对单个磁盘进行写入操作稍慢。同时由于多个数据对应一个奇偶校验数据，RAID 5 的磁盘空间利用率要比 RAID 1 高，存储成本相对较低。RAID 5 更适合小数据块、随机读写的数据。

RAID 5 由 3 个或以上的硬盘组成，容量大小等于 N-1。如果有一些硬盘的容量比较大，系统只能按最低容量的硬盘算。绝大部分 RAID 5 中，所有硬盘容量大小都相同，用户数据和校验数据会平均分布到这几个硬盘中，如果有一个硬盘失效，系统可根据其他硬盘的容错数据计算出失效硬盘用户数据，故其容错率是 100%。RAID 5 的缺点是若有两个硬盘同时失效，所有数据均会即时丢失。只要在第二个硬盘损坏之前，及时换上新盘，通过在硬盘上恢复丢失数据，RAID 5 就能恢复到正常状态。但是如果重构没有启动或者完成，第二个磁盘也不可访问时，则数据就会丢失。一般通过扩展可用性概念，使用平均数据丢失时间（Mean Time To Data Loss，MTTDL）来存储系统的可用性，具体的公式：

$$\mathrm{MTTDL}_{\mathrm{RAID\ 5}} = \frac{\mu + (2n-1)\lambda}{n(n-1)\lambda^2}$$

$$\mathrm{MTTDL}_{\mathrm{RAID\ 5}} \approx \frac{\mu}{n(n-1)\lambda^2} = \frac{\mathrm{MTTF}_{\mathrm{disk}}{}^2}{n(n-1)\times \mathrm{MTTR}_{\mathrm{disk}}}$$

其中，μ 是恢复率，即 MTTR 的倒数，λ 为失效率，也就是 MTTF 的倒数。$\mu >> \lambda$，因此可以得到近似 MTTDL 的值。

7. RAID 6

RAID 6 与 RAID 5 相比，增加了第二个独立的奇偶校验数据块，如图 6.17 所示，两个独立的奇偶校验数据块使用不同的算法，数据的可靠性非常高，即使两个磁盘同时失效，也不会影响数据的使用，但需要分配给奇偶校验数据更大的磁盘空间。相较于 RAID 5，RAID 6 有更大的"写损失"，RAID 6 的写性能较差，较差的性能和实施的复杂性使得 RAID 6 很少被使用。

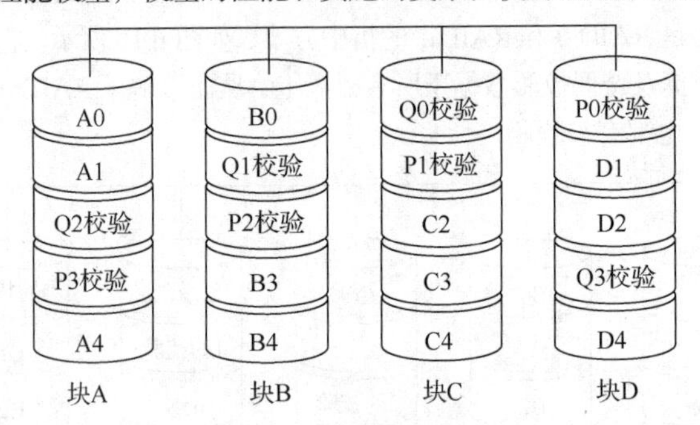

图 6.17　RAID 6 示例

相较于 RAID 5，RAID 6 有更高的可靠性。RAID 6 的 MTTDL 公式为

$$\mathrm{MTTDL}_{\mathrm{RAID\ 6}} \approx \frac{\mathrm{MTTF_{disk}}^3}{n(n-1)(n-2)\times \mathrm{MTTR}_{\mathrm{disk}}^2}$$

除了以上介绍的 7 个级别的 RAID 外，还有一些比较常用的非标准 RAID，如 RAID 10/01/51，RAID10 是 RAID 1 和 RAID 0 的组合。RAID 10 先把所有硬盘两两组成 RAID 1 对，再在多个磁盘对之间构建 RAID 0。各种 RAID 在传输速度、冗余度、I/O 并行能力、降级读和重构性能等多方面具有不同的特点。

6.5　存储系统结构

随着大数据应用的发展，存储系统不仅需要高性能 I/O 和可靠大容量存储，还需要提供数据存储组织管理的能力，应用程序可以通过标准接口方便地存取海量数据。结合计算机系统分层设计原则，当前数据存储系统也采用分层架构，本节首先介绍存储处理架构，然后介绍本地存储，包括设备驱动程序、块存储空间和文件系统，最后介绍网络存储系统和存储 I/O 路径分析。

6.5.1　存储处理架构

微课视频

应用程序需要使用抽象和丰富的语义访问存储设备中的数据。大部分应用程序通过文件系统或者数据库等数据管理系统保存它们的数据，而不直接访问存储设备。

针对各种应用的数据存储需求，现有的存储系统也采用分层设计原则。如图 6.18 所示，存储系统硬件包含 3 个部分：主机、总线和存储设备。主机存储处理过程进一步分为应用程序、文件系统、块存储模块、通用块设备驱动程序和 I/O 驱动模块。I/O 驱动模块发送 I/O 请求通过总线达到设备端，设备控制器解析 I/O 请求，转换为对物理存储介质进行读写。注意，应用数据请求逐层下发送到设备，之后再逐层向上响应请求。每层都执行特定的处理，因此称为存储栈（Storage Stack）。

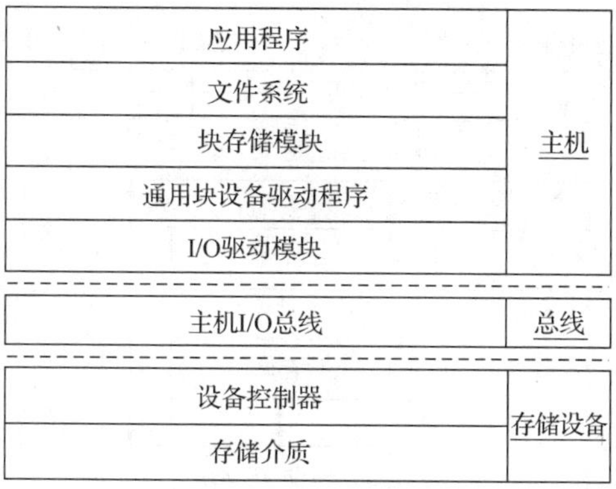

层次	类别
应用程序	主机
文件系统	
块存储模块	
通用块设备驱动程序	
I/O驱动模块	
主机I/O总线	总线
设备控制器	存储设备
存储介质	

图 6.18 存储处理过程分层结构（存储栈）

总之，存储栈中每一层都会逻辑存取下一层中的数据。这意味着，每一个存储层都需要给上层提供存储视图（存储空间），类似于指令集体系结构中的虚拟内存编址和存取。本地数据存储过程可以抽象为“在三级存储空间执行两次映射”，第一次映射是文件命名空间到逻辑存储空间（数据块/页空间）的映射；第二次映射是逻辑存储空间（卷/单元）到物理存储空间（存储设备/分区/单元）的映射。第一次映射需要构建额外索引维护每个文件映射，索引自身也需存储。第二次映射通常采用地址算术映射方式。存储栈层间具有确定性接口，层内各自优化。文件系统通常负责文件命名空间到逻辑存储空间的映射；卷（分区）管理通常负责维护逻辑存储空间到物理存储空间的映射。

文件系统为用户和应用程序提供文件目录树视图，内部把文件/目录读写请求转换为逻辑块层请求。而逻辑块层向上提供统一数据块地址空间，内部把逻辑块请求转换为设备块 I/O 请求。此外通用块层也提供 I/O 合并、写吸收等 I/O 优化调度，之后发送到相应的设备驱动层，执行设备相关的优化，例如针对磁盘，I/O 调度方法对 I/O 请求重排序，减少磁盘来回寻道。I/O 控制驱动程序执行物理 I/O，通过总线发送给设备控制器。而设备控制器具体负责对其内部存储介质的数据读写。

存储栈能够逐层隐藏内部复杂性，保持本层存取接口不变，实现功能扩展和性能优化，但也引入了层间的处理开销。由于传统磁盘延迟为毫秒级，和内存有 6 个数量级的性能差距，并且存储栈软件开销为微秒级，此外，磁盘随机性能比顺序性能低 2 个数量级，因此通过增加软件调度减少实际物理I/O数量或者转换I/O模式是常见优化思路。但是对于近年来低延迟的固态盘和NVM（延迟为微秒级，甚至纳秒级），软件开销就不可忽视，因此优化相应的存储栈成为研究热点。

6.5.2 本地存储

图 6.19 所示为 Linux 存储系统结构，包括应用程序、操作系统和存储设备之间的数据处理流程，应用程序通过用户态标准 I/O 库，调用标准文件接口存取文件数据。文件系统把文件请求转换为相应数据块读写操作，通过缓存层、块存储层和设备驱动层，最终交给存储设备。具体而言，用户态标准 I/O 库会发起系统调用进入操作系统内核态，进而调用相应虚拟文件系统接口函数。虚拟文件系统层提供通用文件存取接口，可以同时接收多个文件操作请求，进而调用具体文件系统实例的文件系统处理函数，虚拟文件系统层可以构建在多个文件系统实例之上。具体的文件系统会把文件请求转换为相应数据块存取。为了提高性能，操作系统提供页缓存机制加速数据块的存取。仅在数据块读缺失或者脏块写入存储设备时，把相应块请求发送到通用块 I/O 层，这种内核处理模式保证文件系统实例是全局共享的，能够为多个应用程序提供并发文件操作服务。

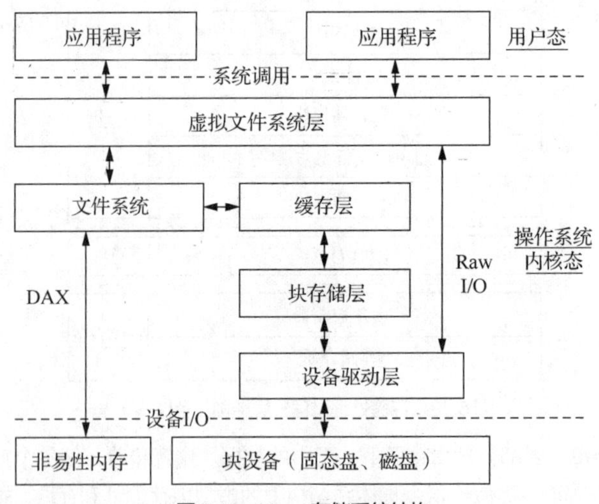

图 6.19　Linux 存储系统结构

一些应用程序需要直接存取设备，通过直接调用设备驱动程序的读写接口执行“裸”（Raw）I/O。虽然在内核中实现跨层调用是可行的，但是无法享受缓存加速和 I/O 优化调度功能。另外，很多文件系统也提供 mmap 机制，把文件内部存储空间直接映射到虚拟内存之中，这样可以使用载入和存储指令直接存取文件中的数据。

近年来，随着低延迟、可字节存取的 NVM 出现，块存储层和页缓存功能不仅不再无益，还引入了额外延迟。因此很多 NVM 文件系统采用 DAX 机制旁路页缓存和块存储层，并使用 mmap 机制利用 NVM 的字节存取能力。

1. 设备驱动程序

不同的设备具有不同的内部结构和操作时序，现代操作系统为每个设备提供设备驱动程序。设备驱动程序定义一组编程接口，完全隐藏设备的工作细节，内部把这些调用映射到物理设备的特有 I/O 操作上，包括对设备进行初始化、参数有效性检查、执行 I/O 过程、管理电源和日志等。其他程序通过标准化调用实现高层设备存取，从而独立于特定设备的驱动程序。这也是计算机分层设计原则的应用。

设备驱动程序会检查设备以确定请求是否能够被处理，如果能，则把相应的 I/O 指令发送给设备，在大多数情况下会等待直到设备完成该指令。在阻塞模式下，设备驱动程序可以通过中断来解除阻塞状态。在非阻塞模式下，设备驱动程序可以通过轮询检测完成信号，尽快响应请求完成。设备驱动程序必须是可重入的，因为设备驱动程序会阻塞和唤醒，然后再次阻塞。设备驱动程序不允许进行系统调用，但是它们通常需要与内核的其余模块进行交互。

存储设备的 I/O 过程在主机和设备之间传输数据块，其 I/O 请求语义比较简单，通常包含读/写、设备 ID、请求起始地址和请求数据块数量。

2. 块存储空间

最简单的块存储（Block-Based Storage）空间由一组大小固定的单元线性编址构成，这些大小固定的单元通常称为数据块（有时也称为页、段等），每个数据块具有唯一的地址编号，存储空间大小就是数据块数量和块大小的乘积。存取块地址空间中的数据比较简单，可以通过数据地址计算得到所属块地址和块内偏移。

现有存储系统中，可能有 3 个地方提供块存储空间。首先每个文件内部具有一个线性存储空间，严格来说，应用程序存取文件时，使用字节寻址，但是实际处理文件时，数据要放入内存页中，因此在操作系统层面，实际使用文件页编址。其次是逻辑卷，文件系统通过分区机制把一个大的逻辑卷划分为多个小逻辑卷。一个存储设备可以划分为多个逻辑卷，例如在一个磁盘上建立多个分区）；多个存储设备也可以构成一个存储卷，例如 RAID。操作系统分区通过卷管理器将这些逻辑卷映射到物理存储介质上的物理块。文件系统格式化分区，就是建立文件系统的数据布局。卷管理器可以在线地进行块地址空间的合并、重映射、扩容和缩减操作。

CPU 访问的内存空间一般都是按照字节编址，其指令直接寻址范围显然受到 CPU 字长的限制。CPU 访问外储系统时，可以使用 I/O 请求中的间接寻址扩充可访问的外存储空间。数据块的逻辑地址称为逻辑块地址，而存储设备上具体磁盘的物理扇区或者固态盘的物理页数称为物理块地址（Physical Block Address，PBA）。存储设备控制器（也称为固件，英文名为 Firmware）维护用户数据逻辑地址到物理地址的映射，这种映射应该是高效和可靠的。例如磁盘物理地址由磁道、扇区和柱面等构成，而设备驱动程序对磁盘操作的接口应该采用逻辑块。为了隐藏磁盘内部的物理差异，设备逻辑块到物理块的映射是由存储设备自己负责的。对于固态盘而言，由于异地更新和磨损均衡要求，这个映射关系更大、更复杂，需要专门的高性能 FTL 来完成。

3. 文件系统

文件系统已广泛使用了 40 多年，最初用于管理磁盘文件，目前各种存储设备（例如内存、闪存、光盘和磁带等）都有相应的文件系统。文件系统和存储设备相辅相成。存储设备是文件系统的底层物理“经济基础”，文件系统是存储设备的逻辑“上层建筑”。为了更好地发挥存储设备的存取特性，服务数据处理应用，两者需要密切配合。文件系统为应用提供文件/目录数据抽象及相应处理接口，内部维护文件逻辑空间到物理存储空间之间的映射，并执行数据处理操作，屏蔽底层存储特性和 I/O 过程。对应用程序而言，文件系统是最重要的数据管理和存储系统。对文件和目录的操作属于高层存取语义，方便应用程序的使用；而数据块接口为低层简单块存取语义。文件系统实现文件和文件目录结构到逻辑卷空间之间的映射。映射核心是一组数据，称为元数据。

抽象而言，存储系统中每个数据对象需要有唯一的名字（或者 ID），这样应用程序能通过名字编程访问数据对象，因此也可以认为逻辑存储空间就是存储对象的名字空间。文件是抽象的数据容器（数据对象），具有独立逻辑地址空间。应用程序可以把数据序列化后保存到文件之中，不同类型的文件具有特定的内部数据组织格式（数据结构），例如标准视频和音频文件等。文件目录抽象容易被用户理解。文件系统以文件和目录结构形式对外提供统一的文件目录存储空间，也称为命名空间，其通常是树形结构的，容易扩展，方便寻址，有利于大量文件的组织和管理。

文件命名空间一般会有根目录，其他文件和目录都有从根目录开始的绝对路径，因此绝对路径加上文件/目录名就构成相应的绝对名，通过绝对名可以对文件、目录进行统一编址和存取。文件大小可以不同。目录可以看成无数据内容的特殊“文件”，主要用于记录文件和子目录。外部文件目录可以以子树形式整体挂载到本地文件目录树中的特定目录下，这一特性使得文件目录树非常方便扩展，从而拓展命名空间，例如远程网络附接存储（Network Attached Storage，NAS）系统挂载到本地文件系统中，使得应用程序通过编程方式统一存取。

文件系统还提供文件存取操作，电气电子工程师学会（Institute of Electrical and Electronics Engineers，IEEE）制定的可移植操作系统接口（Portable Operating System Interface of UNIX，POSIX）是应用程序访问文件系统的应用程序接口（Application Program Interface，API）标准，定义了文件级存取接口及其操作语义。POSIX 虽然最早为 UNIX 操作系统设计，但目前几乎所有的文件系统都遵守这一标准或者能够与之兼容。最早的 POSIX 标准制定于 1988 年，之后又修订过多次，最新的标准为（IEEE Std 1003.1-2008），其中对于文件和目录操作部分几乎没有改动，这也成为事实上的标准文件操作语义集。除文件名之外，文件还可以定义很多属性，如创建时间、文件大小和所有者等，表 6.4 列出了常用的文件/目录操作接口。

表 6.4 常用的文件/目录操作接口

文件操作类型	文件/目录操作接口
文件系统	Mount、unmount、interrupt
元数据操作	LOOKUP、FORGET、BATCH FORGET、CREATE、UNLINK、LINK、RENAME、RENAME2、OPEN、RELEASE、STATFS、FSYNC、FLUSH、ACCESS
数据操作	READ、WRITE
属性操作	GETATTR、SETATTR
扩展属性操作	SETXATTR、GETXATTR、LISTXATTR、REMOVEXATTR
符号链接	SYMLINK、READLINK
目录操作	MKDIR、RMDIR、OPENDIR、RELEASEDIR、READDIR、READDIRPLUS、FSYNCDIR
锁操作	GETLK、SETLK、SETLKW
其他	BMAP、FALLOCATE、MKNOD、IOCTL、POLL、NOTIFY REPLY

6.5.3 网络存储系统

在单机系统中，CPU 通过外部（可能是多级）总线连接到物理存储设备，操作系统管理和组织存储设备中的数据，并且通过存储栈存取，这种本地存储结构称为直连式存储（Direct Attached Storage，DAS）结构。DAS 结构受限于总线电气特性和带宽，不能连接过多的存储设备。

正如第 1 章描述的，计算机市场的发展会导致更多的专用计算机出现，与业务需求更好地适配，因此提供大容量数据存储服务的独立计算机系统（存储服务器）也相继出现并发展，能够专注于可靠地存储和高效管理更多的数据。因此需要：①容纳更多的存储设备；②数据被多个用户共享；③优化 I/O 过程。在充分吸收网络技术的基础上，具有大容量、可共享和可扩展的网络存储系统应需而生。目前，较为典型的 4 种基本网络存储结构是存储区域网（Storage Area Network，SAN）、NAS、小型计算机系统接口（Internet Small Computer System Interface，ISCSI）存储和分布式文件系统。

6.5.4 存储 I/O 路径分析

数据可以在本地存储设备中存储，也可以在网络中存储，甚至可以存储在远程网络节点或者云中。分析数据存取性能涉及许多具体的细节，一个重要的方法就是分析数据的存取路径。事实上存取路径包括物理过程和逻辑过程，前者是数据在硬件上实际传输数据的过程，而后者是软件对数据的处理过程。存取路径就是从数据请求到物理存储设备之间的交互通道。之所以称为交互通道，其原因在于它不是单向的，而是双向的，无论是读还是写过程都需要数据和命令的传输，这两个方面的过程往往占据双向过程中的某一边。

前面讨论了计算机系统存储层次结构，物理存取路径的起点或终点是 CPU，典型物理路径经过系统主机总线、主机 I/O 总线、主机 I/O 控制器、主机总线控制器（Host Bus Adapter，HBA）、I/O 总线或者网络连接，到达存储设备和外存系统，最后存取实际的存储介质。需要指出由于存储设备和外存系统自身也是计算设备，因此它们具有和上述主机内部的物理路径类似的内部物理路径。而数据或者命令在物理路径上流动都需要部件的处理单元参与，并且主机对于存储设备或者系统发出 I/O 指令（不仅限于处理器的指令集，还包括应用程序的 I/O 请求）触发实际的数据存取过程。当前随着技术的发展，交换型的数据通道也可能取代传统总线型的物理数据通道成为物理路径的一部分，例如 InfiniBand 高速网络在高性能存储系统中就可以起到系统主机总线的作用。

逻辑存取路径主要涉及存储过程中的软件。逻辑存取路径的软件部分包括应用软件、操作系统、文件系统和数据库、卷管理器和设备驱动程序，以及存储设备的嵌入式系统软件等。实际上，物理存取路径和逻辑存取路径是一致的，是实际存取路径在物理和逻辑上的不同表现形式。如果物理存储路径需要通过传输控制协议/互联网协议（Transmission Control Protocol/Internet Protocol，TCP/IP）网络到远程 NAS 设备存取数据，逻辑存取路径包括本机的 TCP/IP 协议栈和远程 NAS 的 TCP/IP 协议栈。正是由于软件和硬件相互合作才能完成数据请求。

I/O 请求的响应时间就是数据和请求命令（或者写确认）在存取路径往返的总延迟。因此一种减少响应时间的方法就是缩短实际的存取路径。在存储系统每层的接口处设计 Cache 机制提高请求在本层的命中率，可减少 I/O 请求的响应时间。

可使用并行机制提高存取性能。在大容量存储系统中应用发出的文件读请求需要从多个存储节点获取数据，那么一条存取路径往往在主机系统 I/O 栈的底层分裂为几个相对独立（横向和纵向）的子 I/O 路径（I/O 路径是位于两个部件或者设备之间传送数据的通道），分别从相应的存储节点读取数据。例如应用通过分布式文件系统存取文件，一个文件请求有可能分裂成对应的多个存储节点的相应分条文件发出的子 I/O 请求。因此通过分析所有请求的 I/O 路径及其在每个环节的延迟，能够更好地分析存储系统中各个部件和整体的性能，进而为优化系统设计提供支持。

例题 一个 Lustre 存储集群使用 InfiniBand 作为互连网络。一个客户端要更新本地缓存文件的 256B 数据，并要求立刻写到远程存储节点的 NVM 中。一次网络远程过程调用的最小单元为 4KB、延迟为 5000ns，整个过程如图 6.20 所示，请计算全部的写时间。

解答 如图 6.20 所示，写过程包含 4 个步骤。第一步，应用程序把 256B 数据通过写系统调用写入本地缓存中，花费 1000ns，注意文件系统最小的写单位是 4KB，本例中假设 256B 数据能够在客户端缓存中填充满 4KB 数据页；第二步，客户端向元数据服务器通过远程过程调用（Remote Procedure Call，RPC）获取该数据页所在的存储节点，花费 5000ns；第三步，客户端再次通过 RPC 把 4 KB 数据写入目的存储节点的内存，花费 5000ns；第四步，存储节点把内存中的数据写入 NVM 中，花费 1000ns。因此写请求总共花费 12000ns。

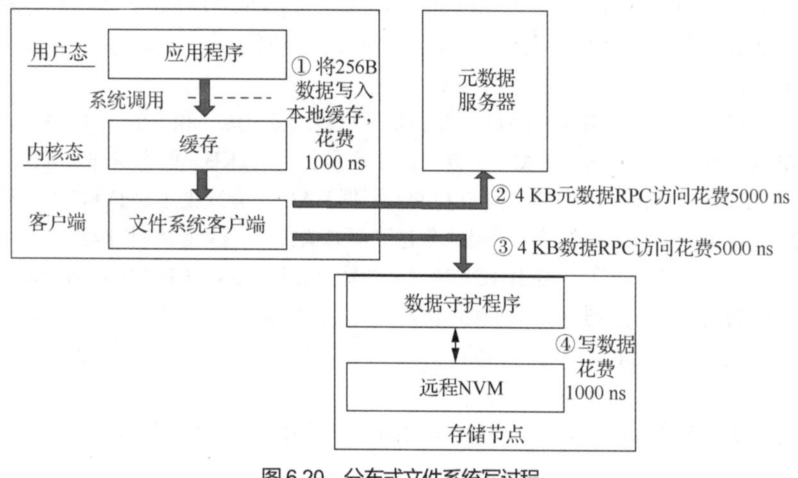

图 6.20　分布式文件系统写过程

本章附录

附录 F 进一步介绍了外存系统相关的高级内容，并按照本章相关主题进行了分类。具体而言，附录 F 在 6.3 节基础之上讲解了可靠性概念及度量（附录 F.1.1）、容错机制（附录 F.1.2）；在 6.4 节基础之上讲解了磁盘阵列实现（附录 F.2.1）；在 6.5 节基础之上讲解了文件系统（附录 F.5.1）和网络存储系统（附录 F.5.2）；还讲解了排队理论（附录 F.6）。

习　题

6.1　对于磁盘而言，读写一个 1MB 数据的平均磁盘访问时间是多少？假设此时磁盘空闲，没有排队延迟；平均寻道时间是 8ms，顺序传输速度是 200MB/s，转速是 540r/min，控制器的开销是 0.1ms。

6.2　大规模数据中心的存储集群中经常使用三副本策略保存数据集，也就是每一个数据集分别有 3 份副本存储在 3 个独立的节点上，而且这些节点连接到不同的交换机端口，3 个副本不在同一个机柜内。假设每个节点的可用性为 99%（包括节点、网络等因素）。假设每个节点的失效是完全独立的。

（1）请问 3 个副本节点的数据不可用性为多少?

（2）如果采用纠删码机制，所有数据以分条方式存储，一个数据分条包含 5 个数据块，分布在 5 个独立存储节点中，一个数据条带中能够最多容忍 2 个节点相应数据块错误或者是不可访问，请计算每个数据条带的不可用性是多少。

6.3　采用 RAID 10 方式组织 6 个磁盘，分析系统可靠性。（精确计算结果到小数点后 4 位。）

6.4　有 1 个由 6 个磁盘组成的磁盘阵列系统，若每个磁盘的容量为 1TB，每个磁盘的随机读写带宽为 50 IOPS。

（1）采用 RAID 4 方式组织时，其有效容量（可用于存放数据而非校验的最大容量）为多少 TB？采用 RAID 6 方式组织时呢?

（2）当采用 RAID 4 与 RAID 5 方式组织时，若上层负载为 100%随机写，且所有写请求在整个地址空间是均匀分布的，写请求大小与 RAID 分块大小一致且对齐，试计算系统最大吞吐率（每秒处理的上层 I/O 数）。

6.5　某服务器的存储子系统包括 I/O 控制器（带宽为 3.0GB/s）和 5 个 SATA 3.0 控制器（带宽为 600MB/s），5 个固态盘构成 RAID 5 方式，分条大小为 512KB。固态盘写 64KB 的平均延迟为 1ms，读 64KB 的平均延迟为 0.5ms，I/O 控制器根据 RAID 5 方式把用户 I/O 请求分解到每个固态盘上，然后通过 SATA 3.0 总线将每个请求发送到固态盘接口。假设 I/O 控制器延迟和 SATA 3.0 总线延迟忽略不计，但是计算 512KB 校验块时需要额外花费 1ms。CPU 向存储子系统每秒发出 100 个 512KB 的读请求，达到 I/O 控制器的 I/O 请求呈泊松分布，假设每个固态盘延迟相同。

（1）请计算 512KB 读请求的服务时间。

（2）请计算 512KB 写请求的服务时间。

（3）请计算上述情况下的读请求平均响应时间（使用附录 F 中的排队理论计算）。

7

第 7 章　数据级并行

7.1　数据级并行

现实世界中，存在大量向量、矩阵和多维张量数据（统称为向量）的运算，除了出现在科学计算领域，还广泛出现在多媒体数据（图像、声音等）和机器学习等领域。以 ChatGPT 为代表的人工智能大模型对大量张量数据进行密集运算，需要极高算力硬件加速器（例如 NVIDIA H100）充分发挥数据并行潜力。

微课视频

向量运算可以转化为内部分量的独立运算，分量之间具有天然的数据级并行性。图 7.1 展示了两个向量相加的 C 语言代码、标量代码、向量代码。SISD 计算机每次进行分量运算时都需要提取并执行相应运算指令；MIMD 计算机仍然使用标量代码在多个处理器上执行。SIMD 计算机可以对多个分量同时执行相同的操作，单条 SIMD 指令能同时发射多个分量运算，减少取指和译码操作。因此 SIMD 在向量计算方面比 MIMD 更高效。此外，向量作为一个整体，程序员可使用顺序编程思维方式开发算法。

# C 语言代码	# 标量代码	# 向量代码

for (i=0; i<64; i++)
  C[i] = A[i] + B[i];
	li x4, 64
	loop:
	  fld f1, 0(x1)
	  fld f2, 0(x2)
	  fadd.d f3,f1,f2
	  fsd f3, 0(x3)
	  addi x1, x1, 8
	  addi x2, x2, 8
	  addi x3, x3, 8
	  subi x4, x4, 1
	  bnez x4, loop
		li x4, 64
		vsetvl x4
		vld v1, (x1)
		vld v2, (x2)
		vadd v3,v1,v2
		vst v3,(x3)

图 7.1　向量处理的 C 语言代码、标量代码和向量代码对比

SIMD 计算机有 3 种典型的实现：向量处理器、多媒体 SIMD 扩展指令集硬件单元和图形处理单元（GPU）。

向量处理器及其向量体系结构出现要比其他两个早三十多年，内部以流水线方式来实现向量运算，与其他 SIMD 计算机实现相比，更容易理解和编译。但为了匹配数据处理速度，需要把数据缓存在处理器内部。此外，其作为高性能处理器，市场规模较小，价格较高。

通常多媒体 SIMD 扩展指令集硬件单元是通用处理器中增加的特定 SIMD 硬件，用于优化并

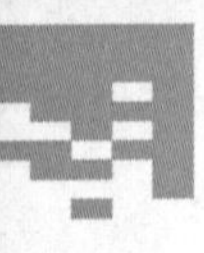

行数据处理，尤其是执行多媒体应用程序。x86 体系结构在 1996 年以增加多媒体 SIMD 扩展指令（MMX）开始，之后 20 多年不断升级流式 SIMD 扩展（SSE）和高级向量扩展（Advance Vector Extension，AVX），一直发展到今天 AVX 支持 512 位运算。

GPU 不是通用处理器，其芯片中的大部分晶体管主要用于实现运算单元，而不是实现复杂流水线和片上缓存等通用处理器主要部件。GPU 峰值数值运算性能高于通用多核 CPU，但需要和通用处理器共同工作。

由于向量指令集体系结构是多媒体 SIMD 指令的超集，具有更全面的编译模型，而且 GPU 也相似于向量体系结构，因此首先介绍向量指令集体系结构。为了方便记忆，通过图 7.2 给出向量处理的抽象表示，下面是向量数据，上面是多个处理通道，每个处理通道可以采用流水线架构。

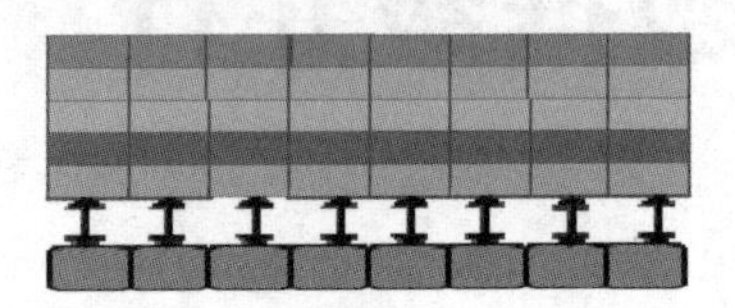

图 7.2　向量处理的抽象表示

7.2　向量处理器

7.2.1　向量指令集体系结构

处理器通过指令集识别数据类型，因此向量计算机的指令集必须定义、识别和处理向量。不同于标量，即使是 64 位双精度数在存储器中都是对齐连续放置的，只需要确定起始地址和数据类型。而向量可能在存储器中分散放置其数据元素；在读取后，需要存储到大型寄存器组中；之后才能对这些寄存器组中的数据进行操作，最后将结果存回存储器中。一条向量指令内部会导致数十个数据元素独立进行“寄存器-寄存器”操作。编译器把这些大型寄存器组作为缓冲区，用于隐藏存储器延迟，并充分利用存储器带宽。向量载入或存储操作涉及多个数据元素，因此也采用流水线，但仍会消耗存储器的带宽，整体而言具有较大存储器延迟。

1. 向量体系结构

RISC-V 有向量扩展指令集（RISC-V Vector Instruction Set Extension，RVV），称为 RV64V，其标量部分为 RISC-V 标量架构，向量部分是 RISC-V 的向量扩展，包含 32 个向量寄存器，以及所有的向量功能单元。向量和标量寄存器有大量的读取和写入端口，以允许同时进行多个向量操作。一组交叉开关将这些端口连接到向量的输入和输出功能单元。图 7.3 展示了 RV64V 的基本结构和主要组件。

RV64V 指令集体系结构的主要组件如下。

（1）向量寄存器组：是长度固定的寄存器组，用于保存向量。RV64V 向量寄存器组有 32 个 64 位宽的寄存器。向量寄存器组需要提供足够的端口，保证多条向量操作高度重叠，支持向所有向量功能单元发送数据。其采用一对交叉交换器将读写端口（至少共有 16 个读取端口和 8 个写入端口）连接到功能单元的输入或输出。

（2）向量功能单元：包括浮点加、浮点乘、浮点除等单元，每个单元都完全实现流水化，每个时钟周期都能启动一个新的操作。需要控制单元来检测冲突，既包括功能单元的结构冲突，又包括关于寄存器访问的数据冲突。图 7.3 显示 RV64V 有 6 个功能单元。简单起见，仅描述浮点功能单元。

（3）向置载入/存储单元：用于从存储器中载入向量或者将向量存储到存储器中。RV64V 向量载入与存储操作是完全流水化的，所以在初始延迟之后，可以在向量寄存器与存储器之间以每个时钟周期一个字的带宽存取数据。这个单元通常也会处理标量的载入和存储。

（4）标量寄存器：可以提供数据，作为向量功能单元的输入，还可以计算传送给向量载入/存储单元的地址。RV64V 有 31 个通用寄存器和 32 个 RV64G 浮点寄存器。在从标量寄存器组中读取标量值时，向量功能单元的一个输入会锁住这些值。

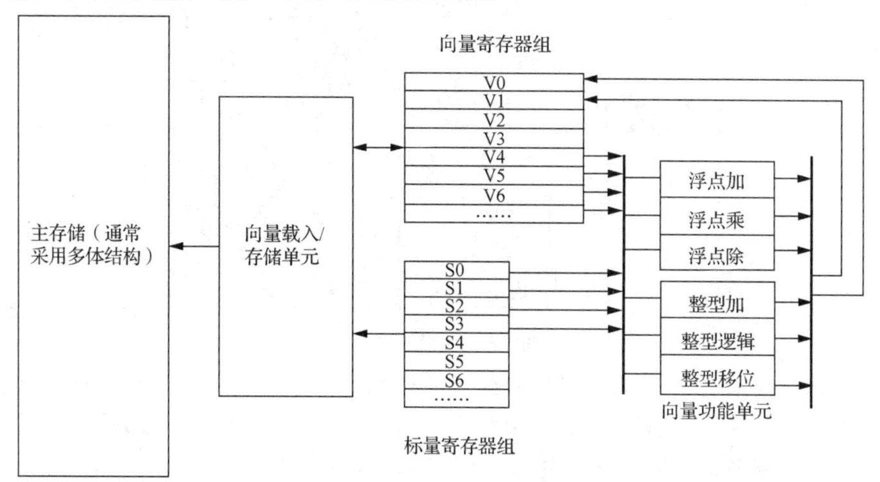

图 7.3　RV64V 的基本结构

2. 向量处理单元实现方式

向量处理同时让多个数据元素执行同样的操作，可以采用时间或者空间并行方式进行运算。在使用完全流水线处理（时间并行）时，每一拍启动一组数据元素执行操作，如果流水线有装入和清空时间，越长的向量能获得越高的流水线使用效率。因此，向量设计可以采用慢而宽的执行单元，以较低功率获得高性能。此外，向量指令集中各个元素是相互独立的，这样不需要进行成本高昂的相关性检查。注意，流水线能提升吞吐率，但不能减少向量的整体执行时间。为了减少执行时间，可以采用多个部件并行处理方式，在单周期内对许多元素同时进行操作，但这会明显增加硬件成本和能量消耗。现实中往往采用折中方案，使用多个流水化功能单元，每条流水线称为车道。图 7.4 所示为向量处理单元实现方式。

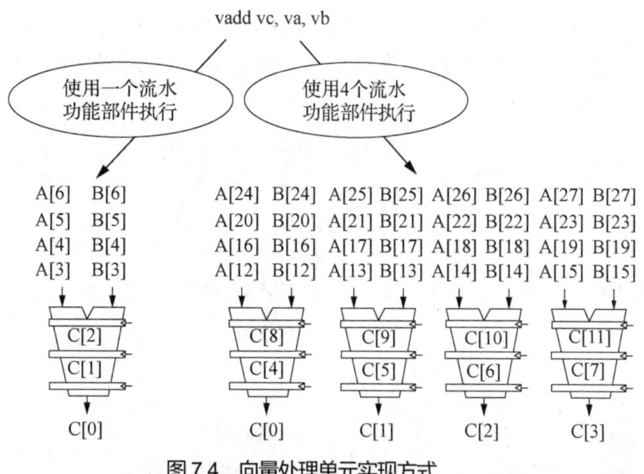

图 7.4　向量处理单元实现方式

如果前后相邻的向量指令存在真数据相关，那么无须等待前一个向量中的全部元素执行完，而是当前向量功能执行的元素完成后直接重定向下一个向量功能单元，也就是把两个前后功能单元组装成更长的流水线，称为链接（Chaining）。因此每条向量指令只会因为等待每个向量的第一个元素而停顿，然后后续元素会沿着流水线顺畅流动。因此真数据相关操作是可被“链接”在一起的。图 7.5 所示为向量链接方式。

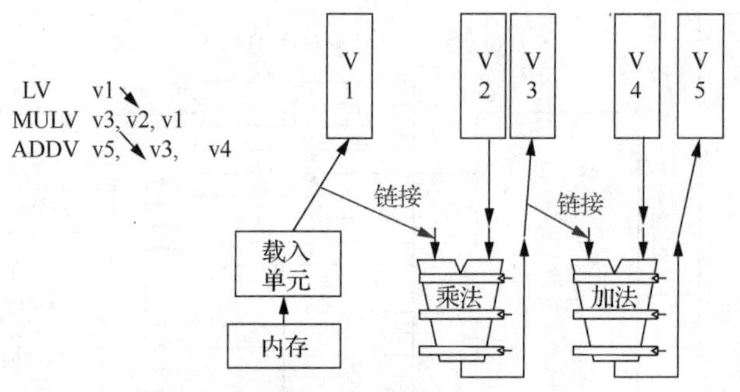

图 7.5 向量链接方式

在实践中经常采用以下方式来实现链接：允许处理器同时读、写一个特定的向量寄存器，但同一时间读、写不同元素。最近的链接实现采用灵活设置，允许向量指令链接到几乎任意其他活动向量指令，只要不导致结构冲突就行。所有现代向量体系结构都支持灵活链接。

7.2.2 向量处理器工作方式

接下来通过实际程序描述向量处理器的工作方式。

1. 向量处理过程

使用向量处理器执行下述程序：

```
Y=a*X+Y
```

X 和 Y 是向量，最初保存在存储器中，a 是一个标量。SAXPY 或 DAXPY 循环构成了 Linpack 基准测试的内层循环。SAXPY 表示“单精度 a×X 加 Y”；DAXPY 表示“双精度 a×X 加 Y”。Linpack 是一组线性代数例程，Linpack 基准测试包括执行高斯消元法的例程。

首先假定向量寄存器的元素数（长度）为 64，与向量运算长度匹配。

例题 RV64G 是 RISC-V 的双精度浮点指令集。给出 DAXPY 循环的 RV64G 和 RV64V 代码。对于这个例子，假设 X 和 Y 有 32 个元素，X 和 Y 的起始地址分别在 x5 和 x6 中。

解答 RISC-V 代码：

```
        fld     f0,a            #载入标量 a
        addi    x28, x5, #256   #载入最后地址
Loop:   fld     f1,0(x5)        #载入 LoadX[i]
        fmul.d  f1,f1,f0        #a*X[i]
        fld     f2,0(x6)        #载入 LoadY[i]
        fadd.d  f2,f2,f1        #a*X[i]+Y[i]
        fsd     f2,0(x6)        #存到 Y[i]
        addi    x5,x5,#8        #X 索引增加
        addi    x6,x6,#8        #Y 索引增加
        bne     x28,x5,Loop     #检查是否完成循环
```

这是 DAXPY 循环的 RV64V 代码：

```
vsetdcf    4*FP64         #设置 4 个双精度浮点向量寄存器
fld        f0,a           #载入标量 a
vld        v0,x5          #载入向量 X
vmul       v1,v0,f0       #向量乘标量
vld        v2,x6          #载入向量 Y
vadd       v3,v1,v2       #向量加
vst        v3,x6          #存向量和
vdisable                  #禁用向量寄存器
```

注意，汇编器确定要生成哪个版本的向量操作。因为乘法有一个标量操作数，所以它生成 vmul.vs，而 add 没有，它生成 vadd.vv。

---

vsetdcf 初始指令将前 4 个向量寄存器配置保存为 64 位浮点数。最后一条指令禁用所有向量寄存器。

向量处理器大幅缩减了指令数量，仅执行 8 条指令，每条指令使得 32 个元素同时执行，而 RV64G 几乎要执行 258 条，差不多一半指令用于实施循环。如果循环间是无关的，那么这些循环就可以向量化。如果编译器把循环转换为向量化代码，称为可向量化。

RV64G 与 RV64V 之间的另一个重要区别是流水线互锁的频率。在简单的 RV64G 代码中，每个 fadd.d 都必须等待 fmul.d，每个 fsd 都必须等 fadd.d。

下面的例子中，RV64G 中的流水线停顿频率大约比 RV64V 高 32 倍。软件流水线或循环展开可以减少 RV64G 中的流水线停顿，但很难大幅缩减指令发射速度方面的巨大差别。

例题 乘加运算一个常见的应用是对窄数据进行乘法运算，再以宽尺寸进行累加，以提高乘积之和的准确性。如果 X 和 a 是单精度的，上例双精度浮点数代码将如何变化。接下来，将 X、Y 和 a 从浮点数转换为整数。

解答 以下代码中的更改带有下画线。仅需要做两个小改动：配置指令包括一个单精度向量，标量负载现在是单精度的。

```
vsetdcf       1*X32,3*X64      #1 个 32 位、3 个 64 位整型寄存器
fld           f0,a             #载入标量 a
vld           v0,x5            #载入向量 X
vmul          v1,v0,f0         #向量乘标量
vld           v2,x6            #载入向量 Y
vadd          v3,v1,v2         #向量加
vst           v3,x6            #存向量和
vdisable                       #禁用向量寄存器
```

请注意，在此设置中，RV64V 硬件将隐式执行从较窄单精度到更宽双精度的转换。从单精度浮点数转换为整数几乎同样简单，但我们现在必须使用整数加载用于保存标量值的指令和整型寄存器：

```
vsetdcfg      1*X32,3*X64      #1 个 32 位、3 个 64 位整型寄存器
lw            x7,a             #载入标量 a
vld           v0,x5            #载入向量 X
vmul          v1,v0,x7         #向量乘标量
```

```
vld        v2,x6        #载入向量 Y
vadd       v3,v1,v2     #向量加
vst        v3,x6        #存向量和
vdisable                #禁用向量寄存器
```

2. 向量执行时间

向量操作的执行时间主要取决于 3 个因素：①操作向量的长度；②结构冲突；③数据相关。给定向量长度和处理速率，处理速率就是向量单元生成新结果的速率。RV64V 可以看成一条车道，每个周期产生 1 个结果。现代向量计算机通常采用多条并行流水线（多车道）的向量功能单元，每个时钟周期可以生成两个或多个结果。

为了简化对向量执行和向量性能的分析，引入编组指令组（Convoy）的概念，它是一次执行的一组向量指令。稍后可以看到，可以通过 Convoy 数目来评估一段代码的性能。Convoy 中的指令不能存在任何结构冲突，如果有，则需要串行化执行。上例中，vld 和 vmul 就属于同一 Convoy。为了保持分析过程的简单性，假定只有一个 Convoy 完成才能执行其他指令（标量或向量）。除了具有结构冲突的向量指令序列之外，一组写后读相关指令可以放置到不同 Convoy；也可以通过链接把它们编进一条 Convoy。

为了评估 Convoy 的执行时间，将其执行所花费的时间称为钟鸣（Chime）。执行由 m 个 Convoy 构成的向量序列需要 m 次钟鸣。如果向量长度为 n，对于简单的 RV64V，近似执行时间为 $m \times n$ 个时钟周期。钟鸣近似值可以忽略一些处理开销（例如流水线装入和排空时间），则钟鸣数会小于 Convoy 的实际执行时间。钟鸣对长向量的近似要优于对短向量。如果知道向量序列中的 Convoy 数，那就可以用钟鸣数表示执行时间。

例题 下列编组代码需要多少次钟鸣？每个浮点操作的执行周期数是多少，假设每个功能部件都有数据，且忽略向量指令发射开销。

```
vld      v0,x5        #载入向量 X
vmul     v1,v0,f0     #向量乘标量
vld      v2,x6        #载入向量 Y
vadd     v3,v1,v2     #向量加
vst      v3,x6        #存向量和
```

解答 第一个编组从第一条 vld 指令开始。vmul 指令取决于第一条 vld 指令，但链接允许它在同一个编组中。第二条 vld 指令必须在一个单独的编组中，因为先前有一条 vld 指令的加载/存储单元与其存在结构冲突。vadd 指令依赖于第二条 vld 指令，但它可以再次通过链接在同一个编组中。最后，vst 指令与第二个编组中的 vld 指令有结构冲突，所以它必须进入第三个编组。因此向量按以下编组执行：

```
1        vld        vmul
2        vld        vadd
3        vst
```

这个指令序列需要 3 次编组，需要 3 次钟鸣，每个结果执行两个浮点操作，因此每个浮点操作花费 1.5 个时钟周期（忽略向量发射开销）。注意，本例中第一个编组中两条指令同时执行，花费 1 个时钟周期，但大多数向量处理器需要 2 个时钟周期。

这个例子表明，在长向量中，钟鸣模型近似是正确的。例如，对于有 32 个元素的向量，钟鸣数是 3，所以该序列大约需要 96 个时钟周期。在 2 个单独时钟周期中发射编组的开销会很小。

钟鸣模型中忽略的最重要开销就是向量启动时间。启动时间主要由向量功能单元的流水线延迟决定。对于 RV64V，使用与 Cray-1 相同的流水线深度，不过在更多的现代处理器中，这些延迟有增加的趋势，特别是向量载入操作的延迟。如果所有功能单元都被完全流水化，则浮点加、浮点乘、浮点除、向量载入的流水线深度分别为 6 个、7 个、20 个、12 个时钟周期。

7.2.3 多车道

向量指令的形式和传统标量指令相同，但用一条向量指令就能让数十、上百个运算操作同时执行。这是因为多个深度流水线向量功能单元具有高度时间和空间并行能力。向量指令让所有源向量寄存器第 N 个元素同步运算，构造出高度流水线的向量单元，这种模式形成一条处理通道。在此基础之上，可以通过添加更多车道来提高向量功能单元的峰值吞吐量。图 7.6 给出了一种四车道向量单元结构。向量寄存器分散在各个车道中，每个车道保存每个向量寄存器每 4 组元素中的 1 组。此图显示了 3 个向量功能单元，包括浮点加法流水线、浮点乘法流水线和向量载入-存储单元。向量算术单元各包含 4 条流水线，每个车道 1 条，它们共同完成一条向量指令。注意，向量寄存器组的每一部分只需要为其车道本地的流水线提供足够的带宽即可。本图没有给出为向量-标量指令提供标量操作数的路径，而是由标量处理器（或控制处理器）向所有车道广播标量值。这样，从单车道变为四车道之后，将一次钟鸣的时钟周期数由 32 个变为 8 个。由于多车道带宽非常大，因此应用程序和体系结构都必须支持较长向量；否则，指令供给速度跟不上运算速度。

每个车道都包含向量寄存器组的一部分和来自每个向量功能单元的一个执行流水线。以每个时钟周期一个元素组的速度执行向量指令。第一个车道保存所有向量寄存器的第一个元素（元素 0），所以任何向量指令的第一个元素都会将其源操作数与目标操作数放在第一车道中。这种分配方式使该车道自身的算术流水线无须与其他车道通信就能完成运算。主存储器的访问也只需要车道内的链接，从而避免了车道间的通信，进而减小了构建高并行执行单元所需要的连接成本与减少了寄存器组端口。

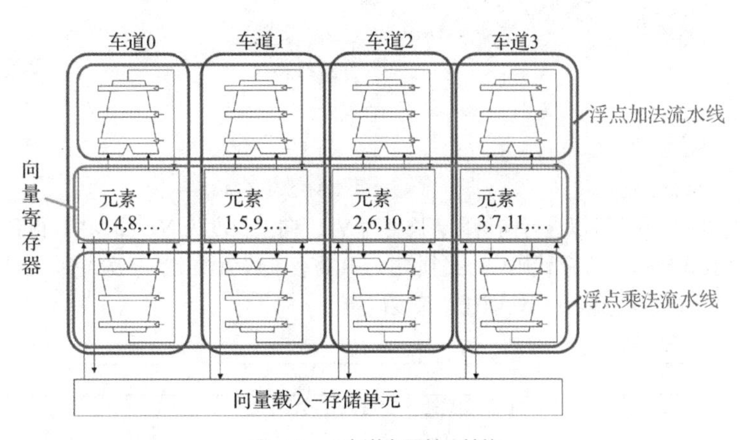

图 7.6 四车道向量单元结构

多车道是一种提高向量性能的常见技术，它不需要增加太多控制复杂性，也不需要对现有机器代码进行修改。它还允许设计人员在晶片面积、时钟频率、电压和能耗之间进行权衡，而且不需要牺牲峰值性能。如果向量处理器的时钟频率减半，只需要使车道数目加倍就能保持其性能。

7.2.4 处理变长向量

向量寄存器是固定长度的，其最大元素数目定义为最大向量长度（Maximal Vector Length，MVL），前面的例子中 MVL 为 32。不过，实际的向量长度是多样的，通常不等于 MVL。此外，在编译时，向量长度通常是不可知的。有时，一段代码内可能有不同长度的向量。例如，考虑以下代码：

```
for(i=0;i<n;i=i+1)
        Y[i]=a*X[i]+Y[i];
```

这些向量的运算次数取决于 *n*，其值通常仅在运行时确定。*n* 值还可能是某个过程（该过程中包含上述循环）的参数，可能会动态改变。

一个解决方案就是增加一个向量长度寄存器（Vector Length Register，VLR）。VLR 控制所有向量运算的长度，包括向量载入-存储操作。但 VLR 值小于或等于向量寄存器 MVL。向量寄存器长度可以随着计算机的发展而增大，可以不需要改变指令集。但是多媒体 SIMD 扩展没有与 MVL 对应的参数，所以在每次增大向量长度时都会改变指令集。

如果 *n* 值在编译时未知，则可能大于 MVL，这时需要引入分段开采（Strip Mining）技术，把长向量切成一组长度等于或者小于 MVL 的“短”向量，每次执行一个。可以创建两个循环，一个循环负责处理迭代数为 MVL 倍数的情况，另一个循环负责处理所有其他迭代及小于 MVL 的情况。在实践中，编译器通常会生成一个分段开采循环，为其设定一个参数，通过改变长度来处理这两种情况。我们用 C 语言给出 DAXPY 循环的分段开采版本：

```
        vsetdcfg    2DPFP       #设置 2 个 64 位双精度浮点向量寄存器
        fld         f0,a        #载入标量 a
loop:   setvl       t0,a0       #vl=t0=min(mvl,n)
        vld         v0,x5       #载入向量 X
        slli        t1,t0,3     #t1=vl*8 字节
        vmul        v1,v0,f0    #向量乘标量
        vld         v2,x6       #载入向量 Y
        vadd        v3,v1,v2    #向量加
        sub         a0,a0,t0    #n-=vl(t0)
        vst         v3,x6       #存向量和
        add         x6,x6,t1    #增加 Y 指针 vl*8
        bnez        a0,loop     #如果 n! =0，则循环
        vdisable                #禁用向量寄存器
```

以上代码的内层循环可以进行向量化，长度为 VL。向量长度为 *N* mod MVL 得到 *N* 段 MVL，剩余 *R* 个元素小于 MVL。在此代码中，必须对 VLR 寄存器设置两次，一次设为 MVL，另一次设为 *R*。图 7.7 展示了使用分段开采处理任意长度向量。

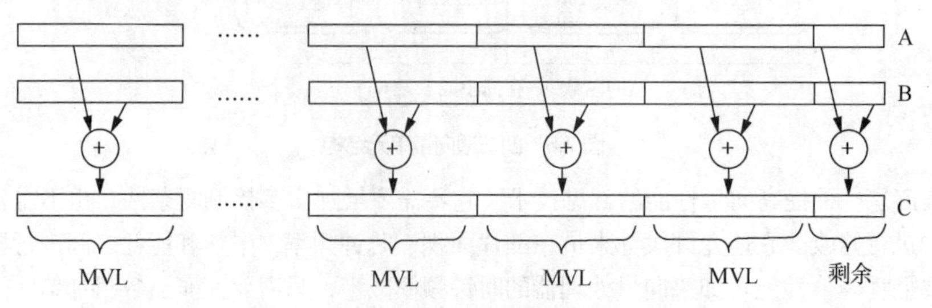

图 7.7　使用分段开采处理任意长度向量

7.2.5 处理分支向量

处理向量时，向量化程度低源于元素处理存在条件（IF 语句）和稀疏矩阵。程序中的 IF 语句会在循环中引入控制相关，所以不能简单使用向量模式运行。考虑用 C 语言编写的以下循环：

```
for(i=0;i<64;i=i+1)
    if(X[i]!=0)
        X[i]=X[i]-Y[i];
```

由于这一循环体需要条件执行，因此它通常是不能进行向量化的；但是，如果对 ***X***[i]! =0 的迭代可以运行内层循环，那就可以实现减法的向量化。

这一功能的常见扩展称为向量掩码控制。可通过断言寄存器使用布尔向量来控制一条向量指令中每个元素运算的条件执行。在启用向量断言寄存器时，任何向量指令都只允许位为 1 的相应向量元素执行。向量断言寄存器全置为 1，后续向量指令将针对所有向量元素执行。现在可以用下列代码执行以上循环，假定 X、Y 的起始地址分别为 Rx 和 Ry：

```
        vsetdcfg    2DPFP       #设置 2 个 64 位双精度浮点向量寄存器
        vsetpcfgi   1           #设置 1 个断言寄存器
loop:   setvl       t0,a0       #vl=t0=min(mvl,n)
        vld         v0,x5       #载入向量 v0
        vld         v1,x6       #载入向量 v1
        fmv.d.x     f0,x0       #为 x0 赋值 0（f0）
        vpne        p0,v0,f0    #如果 v0(i)!=f0，则设置 p0(i)为 1
        vadd        v3,v1,v2    #基于掩码的减
        vsub        v0,v0,v1    #n-=vl(t0)
        vst         v0,x5       #存结果到 X
        vdisable                #禁用向量寄存器
        vpdisable               #禁用断言寄存器
```

编译器写入程序调用转换过程，将 IF 语句修改为无分支代码序列。但是，使用向量断言寄存器是有开销的，即使是掩码为 0 的元素，仍然会占用相同的执行时间。不过，通过消除分支和相应的控制相关性，即使有时会做一些无用功，也可以加快条件指令的执行速度。

向量处理器与 GPU 之间的一个区别就是它们处理条件语句的方式不同。向量处理器将断言寄存器作为体系结构的一部分，依靠编译器来显式操控断言寄存器。而 GPU 使用硬件来操控 GPU 软件无法看到的内部断言寄存器，以实现相同效果。在这两种情况下，无论掩码是 1 还是 0，硬件都需要花费时间来执行向量元素，所以浮点数处理速率在使用掩码时会下降。

7.2.6 高带宽内存组

载入/存储向量单元的行为要比算术功能单元的行为复杂得多。载入操作的开始时间就是它从存储器向寄存器中载入第一个字的时间，如果在无停顿情况下执行向量操作，那么向量处理速率就等于提取或存储新字的速率。如果存储器组发生停顿，则会降低有效吞吐量。

一般情况下，载入/存储单元的启动代价要高于算术单元：在许多处理器中要多于 100 个时钟周期。对于 RV64V，假定起始时间为 12 个时钟周期，与 Cray-1 相同。最近的向量计算机使用缓

存来降低向量载入与存储的延迟。

为了保持每个时钟周期提取或存储一个字的速率，存储器系统必须提供足够的数据读写带宽。将访问对象分散在多个独立的存储体中，保证所需速率。稍后将会看到，拥有大量存储体可以高效地处理、访问多行或多列数据的向量载入或存储指令。大多数向量处理器都使用多存储体模式，允许进行多个独立访问，而不是进行简单的存储器交错，其原因有以下 3 个。

（1）许多向量计算机每个时钟周期可以执行多个载入或存储操作，存储体周期通常比处理器周期高几倍。为了支持多个并发内存操作，存储器系统需要有多个个体，并能够独立控制对这些个体的寻址。

（2）大多数向量处理器支持载入或存储非连续数据字的功能。在此类情况下，需要进行独立的体寻址，而不是交叉寻址。

（3）大多数向量计算机支持多个处理器共享存储器，所以每个处理器都会生成自己的独立寻址流。

将这些原因综合起来，得出向量处理器需要大量的独立存储体，如下例所示。

例题　Cray T932 最多配置 32 个处理器，每个处理器每个时钟周期能够完成 4 次加载和 2 次存储。处理器时钟周期为 2.167ns，而内存系统的 SRAM 时钟周期为 15ns。计算允许所有处理器完全工作的最小内存带宽和最小内存条数。

解答　每个周期的最大内存访问数量为 192（32 处理器×6 个访问）。每个 SRAM 组忙周期数为 15/2.167≈6.92 个时钟周期，四舍五入为 7 个时钟周期。因此至少有 192×7=1344 个存储体。

Cray T932 实际上有 1024 个存储体，所以早期型号不能同时维持所有处理器的全部带宽。随后进行了内存升级，用流水线同步 SRAM 替换了异步 SRAM，将内存周期减半，从而提供了足够的带宽。

7.3　SIMD 指令集

向量处理器是支持向量指令集的完整向量专用处理器硬件形态，通常仅用在高性能超算领域。流行的商用处理器最开始都是从标量开始的，随着应用领域扩展到多媒体、高性能计算、机器学习等领域，需要在兼容已有软件的基础之上，扩展支持向量处理。因此 SIMD 以多媒体扩展指令集的方式出现。

多媒体应用程序操作的数据通常小于 32 位。图形程序大量使用 8 位来表示三基色中的每一种颜色，再用 8 位来表示透明度。根据不同的应用程序，音频采样通常用 8 位或 16 位来表示。假定有一个 256 位加法器，通过划分这个加法器中的进位链，处理器可以同时对一些短向量进行操作，这些向量可以是 32 个 8 位操作数、16 个 16 位操作数、8 个 32 位操作数或者 4 个 64 位操作数。这些经过划分的加法器的额外成本很小。图 7.8 所示为 64 位 SIMD 寄存器和计算使用方式。表 7.1 总结了典型的多媒体 SIMD 指令。请注意，IEEE 754-2008 浮点标准添加了半精度（16 位）和四精度（128 位）浮点运算。和向量指令一样，SIMD 指令规定了对数据向量的相同操作。一些向量计算机拥有大型寄存器组，比如 RV64V 向量寄存器，8 个向量寄存器中的每一个都可以保存 64 个 64 位操作数，SIMD 指令与之不同，它指定的操作数较少，因此使用的寄存器组也较小。

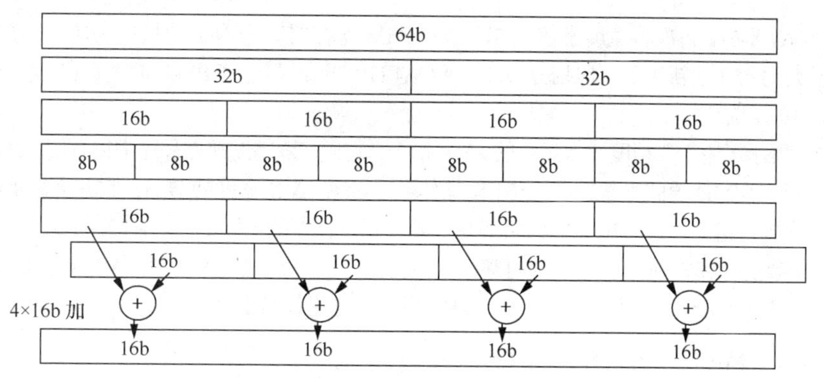

图 7.8　64 位 SIMD 寄存器和计算使用方式

表 7.1　典型的多媒体 SIMD 指令

指令类型	操作数
无符号加减	32 个 8 位、16 个 16 位、8 个 32 位或 4 个 64 位
最大/最小	32 个 8 位、16 个 16 位、8 个 32 位或 4 个 64 位
平均	32 个 8 位、16 个 16 位、8 个 32 位或 4 个 64 位
左/右移位	32 个 8 位、16 个 16 位、8 个 32 位或 4 个 64 位
浮点计算	16 个 16 位、8 个 32 位、4 个 64 位或 2 个 128 位

向量体系结构专门针对向量化编译器提供了适应性指令集，与之相对，SIMD 扩展指令集主要进行了以下 3 项简化：①无向量长度寄存器；②无步幅或者集中-分散数据传输指令；③无掩码寄存器。

多媒体 SIMD 指令需要在指令码中确定操作数位长，例如不同操作数的加法需要不同指令，因此 x86 体系结构显式添加了数百条 MMX、SSE 和 AVX 指令。而向量体系结构使用向量长度寄存器和隐含的最大向量长度适应操作数的变化，从而避免使用大量操作码。多媒体 SIMD 没有如向量体系结构那样的复杂寻址方式，也就是步幅访问和集中-分散访问。多媒体 SIMD 通常不会像向量体系结构那样，为了支持元素的条件执行而提供掩码寄存器。这增加了编译器生成 SIMD 代码的难度，也加大了 SIMD 汇编语言编程的难度。

对于 x86 体系结构，1996 年增加的 MMX 指令，确定了 64 位浮点寄存器，所以基本指令可以同时执行 8 个 8 位运算或 4 个 16 位运算。这些指令与其他各种指令结合在一起，包括并行 MAX 和 MIN 运算指令、各种掩码和条件指令、数字信号处理运算指令以及在媒体库中有用的专用指令。注意，MMX 复用浮点数据传送指令来访问存储器。

1999 年推出了 SSE，增加了宽为 128 位的独立寄存器，SSE 指令可以同时执行 16 个 8 位运算、8 个 16 位运算或 4 个 32 位运算。它还能并行执行单精度浮点运算。由于 SSE 拥有独立寄存器，因此它需要独立的数据传送指令。Intel 公司在 2001 年的 SSE2、2004 年的 SSE3 和 2007 年的 SSE4 中添加了双精度 SIMD 浮点数据类型、4 个单精度浮点运算或两个并行双精度运算的指令，从而提高了 x86 计算机的峰值浮点运算性能，只需要程序员将操作数并排放在一起即可。每一代计算机中都添加了一些专用指令，用于加快实现一些重要的特定多媒体功能的速度。

2010 年扩展了 AVX，再次将寄存器的宽度加倍，变为 256 位，并提供了一些指令，将针对所有较窄数据类型的运算数目翻了一番。表 7.2 给出了可用于进行双精度浮点运算的 AVX 指令。AVX2 在 2013 增加了 30 条新指令，例如收集（VGATHER）和向量移位（VPSLL、VPSRL、VPSRA）。

2017 年的 AVX-512 再次将宽度翻倍至 512 位（ZMM 寄存器），寄存器数量再次翻倍，达到 32 个，并增加了大约 250 条新指令，包括分散（VPSCATTER）和屏蔽（OPMASK）寄存器。AVX 将来会扩展到 1024 位。

表 7.2 展示了用于双精度浮点运算的 AVX 指令，它们在双精度浮点程序中很有用。256 位 AVX 指令意味着在 SIMD 模式下执行 4 个 64 位操作数。随着 AVX 宽度的增加，它允许添加组合短操作数的数据排列指令，这些短操作数用来并行处理宽寄存器的不同部分。AVX 将 32 位、64 位或 128 位操作数混合放置到一个 256 位的寄存器中。例如，BROADCAST 在 AVX 寄存器中复制 64 位操作数 4 次。AVX 也包括多种乘、加、减法指令，这里仅给出两个。

表 7.2 用于双精度浮点运算的 AVX 指令

基准测试名	描述
VADDPD	加上 4 个紧凑双精度操作数
VSUBPD	减去 4 个紧凑双精度操作数
VMULPD	乘以 4 个紧凑双精度操作数
VDIVPD	除以 4 个紧凑双精度操作数
VFMADDPD	乘、加 4 个紧凑双精度操作数
VFMSUBPD	乘、减 4 个紧凑双精度操作数
VCMPxx	对比 4 个紧凑双精度操作数（EQ、NEQ、LT、LE、GT、GE……）
VMOVAPD	移动对齐的 4 个紧凑双精度操作数
VBROADCASTSD	将一个多精度操作数广播至 256 位寄存器中的 4 个位置

一般来说，扩展的目的是加快那些专用库函数的运行速度，而不是由编译器来生成这些库，但近年来的 x86 编译器正在尝试生成此类代码，尤其是针对浮点运算密集的应用程序。

相较于全功能的向量处理器，多媒体 SIMD 扩展的优势在于简单：第一，尽量复用现有硬件，添加标准算术单元；第二，无须维护额外向量处理状态；第三，有限向量长度减少了对存储器带宽的需要；第四，SIMD 复用现有内存访问和缺页处理机制。SIMD 扩展对于操作数的每个 SIMD 指令用独立的数据传送（这些操作数在存储器中是对齐的），所以它们不能跨越页面边界。固定长度的简短 SIMD“向量”还能够引入一些符合新媒体标准的指令。

例题 假设 RISC-V 增加了 256 位 SIMD 向量指令，指令增加后缀“4D”。本例主要考虑浮点指令。一次能对 4 个双精度浮点指令进行处理。和 SIMD 处理器一样，假设有 4 条车道，RV64P 扩展 F 寄存器具有 256 位全宽度，使用 RISC-V 的 SIMD 指令执行 DAXPY 循环。假设 X 和 Y 的起始地址分别在 x5 和 x6 中。

解答 这是 RISC-V 的 SIMD 代码：

```
         fld          f0,a          #载入标量 f0
         splat.4D     f0,f0         #a 的 4 个副本
         addi         x28,x5,#256   #最后载入的地址
loop:    fld.4D       f1,0(x5)      #载入 X[i]...X[i+3]
         fmul.4D      f1,f1,f0      #a*X[i]...a*X[i+3]
         fld.4D       f2,0(x6)      #载入 Y[i]...Y[i+3]
         fadd.4D      f2,f2,f1      #a*X[i]+Y[i]...a*X[i+3]+Y[i+3]
         fsd.4D       f2,0(x6)      #存储 Y[i]...Y[i+3]
```

```
        addi        x5,x5,#32    #X 索引增加
        addi        x6,x6,#32    #Y 索引增加
        bne         x28,x5,Loop  #检查是否循环
```

因为每条 RISC-V 双精度指令被它的 4D 等效指令替换，每次计算后数据位置的增量从 8 增加到 32，并添加 splat 指令，在 f0 的 256 位中生成 4 个 a 的副本。RISC-V 的 RV64G SIMD 指令相较于动态指令调度的 RV64V 几乎减少了 4 倍：分别执行了 67 条和 258 条指令。当向量长度不是 4 的倍数时，由于需要分段开采，通常在运行时才能确定减少量。

由于 SIMD 多媒体扩展的特有本质，使用这些指令的最简便方法就是通过库或汇编语言实现。最近的扩展变得更加规整，为编译器提供了更为规范的编译目标。通过借用向量化编译器技术，这些编译器也开始自动生成 SIMD 指令。例如，目前的高级编译器可以生成 SIMD 浮点指令，大幅提高代码的性能。但是，程序员必须确保存储器中的所有数据都与运行代码的 SIMD 单元的宽度对齐，以防止编译器为本来可以向量化的代码生成标量指令。

7.4 图形处理单元

GPU 最早作为主机的显卡用来加速图形处理和视频显示。后来以 NVIDIA 为代表的 GPU 厂商提供专用编程语言能够利用 GPU 的计算能力，GPU 成为一种通用计算平台（General-Purpose GPU，GPGPU），目前已经在高性能图像处理（例如高画质游戏）、机器学习和超算等计算密集型领域被广泛应用，也是人工智能、加密货币等产业的硬件基础。NVIDIA 不断推出高算力 GPU，2010 以来市值增加了 100 多倍。2022 年年底，以 ChatGTP 为代表的大模型训练可能需要上千个 A100 高端 GPU 才能提供足够的算力。

7.4.1 GPU 编程模型

GPU 目前仍作为计算加速器，而不是通用处理器，因此需要和主机 CPU 协作运行。为了充分发挥 GPU 的计算能力，需要在 CPU 和 CPU 之间、主机存储器和 GPU 存储器之间进行合理调度。

NVIDIA 开发出一种类似 C 语言的编程语言和相应的编程环境，从而帮助 GPU 程序员开发异构并行计算，这称为计算统一设备体系结构（Compute Unified Ddevice Architecture，CUDA），提供一种跨 CPU 和 GPU 平台的并行 C/C++编程语言，类似于 OpenGL。

GPU 的编程模型基于 CUDA 线程，作为基础的并行调度单元。编译器和硬件可以将大量 CUDA 线程聚合在一起，利用 CPU 提供的各种并行类型：多线程、MIMD、SIMD 和指令级并行。因此，NVIDIA 将 CUDA 编程模型定义为单指令多线程（Single Instruction Multiple Thread，SIMT）。这些线程可以分块，在执行时以多个线程为一组，称为线程块，而执行整个线程块的硬件称为多线程 SIMD 处理器。

下面给出 CUDA 程序示例。

为了区分 GPU 与主机 CPU，CUDA 使用_device_或_global_表示前者，使用_host_表示后者。

被声明为_device_或_global_functions 的 CUDA 变量被分配给 GPU 存储器，可以供所有多线程 SIMD 处理器访问。

对在 GPU 上运行的函数 name 进行拓展函数调用的语法为

```
name < <<dimGrid, dimBlock>> > (… parameter list…)
```

其中，dimGrid 和 dimBlock 分别用于定义线程块个数和线程块大小（用线程表示）。

除了块识别符（blockIdx）和每个块的线程识别符（threadIdx）之外，CUDA 还为每个块的线程数提供了一个关键字（blockDim）。

DAXPY 循环的传统 C 语言代码：

```
// 调用 DAXPY
daxpy(n, 2.0, x, y);
// DAXPY in C
void daxpy(int n, double a, double *x, double *y)
{
for (int i = 0; i < n; ++i)
y[i] = a*x[i] + y[i];
}
```

下面是 CUDA 版本，在一个多线程 SIMD 处理器中启动 *n* 个线程，每个向量元素一个线程，每个线程块中有 256 个 CUDA 线程。GPU 首先根据块 ID、每个块中的线程数以及线程 ID 来计算相应的元素索引 *i*。只要这个索引没有超出数组的范围（$i<n$），它就会执行乘法运算和加法运算。

```
// 调用 DAXPY，每个线程块中有 256 个线程
__host__
int nblocks = (n+ 255) / 256;
daxpy<<<nblocks, 256>>>(n, 2.0, x, y);
// CUDA 运行 DAXPY
__global__
void daxpy(int n, double a, double *x, double *y)
{
    int i = blockIdx.x*blockDim.x + threadIdx.x;
    if (i < n) y[i] = a*x[i] + y[i];
}
```

对比 C 语言代码和 CUDA 代码。C 语言代码中循环的所有迭代都与其他迭代相互独立，也就是无循环间相关，可将循环转换为并行代码，其中每个循环迭代都变为一个独立线程。CUDA 代码中，程序员指定网格大小及每个 SIMD 处理器中的线程数，从而确定 CUDA 中的并行度。由于为每个元素都分配了一个线程，因此在向存储器中写入结果时不需要在线程之间实行同步。GPU 硬件负责并行执行和线程管理。为了简化硬件处理调度，CUDA 要求线程块能够按任意顺序独立执行。尽管不同的线程块可以使用全局存储器中的原子存储器操作进行协调，但它们之间不能直接通信。

许多 GPU 硬件概念被 CUDA 隐藏，从而提高编程效率。但是程序员在用 CUDA 编写程序时还是需要理解 GPU 硬件视图，从而提升性能。例如 32 个线程分为一组可以从 GPU 中获得最佳性能；需要将访问数据保存在一个或一些存储器块内，提高存储局域性。和许多并行系统一样，CUDA 需要在编程性和性能之间进行折中选择，因此暴露部分硬件特性，让程序员能够显式控制硬件。

7.4.2 GPU 计算结构

下面介绍 GPU 基本概念体系，使用 CUDA 术语来描述软件，用向量处理器相关概念介绍硬件，并介绍 NVIDIA GPU 的官方术语。

表 7.3 列出了本节使用的一些描述性的术语、主流计算中的向量处理器术语、官方 NVIDIA GPU 术语，以及这些术语的解释。本节的后续部分将使用该表左侧的描述性术语来解释 GPU 的微体系结构特征。

表 7.3　GPU 术语解释

类型	描述性术语	向量处理器术语	NVIDIA GPU 术语	解释
程序抽象	可向量化循环	可向量化循环	网格	在 GPU 上执行的可向量化循环，由一个或者多个可以并行执行的线程块（可向量化循环）构成
	向量化循环体	分段开采后的向量化循环	线程块	可以在 GPU 上执行的可向量化循环，由一个或者多个 SIMD 指令线程构成，它们可以通过局部存储器通信
	SIMD 车道操作序列	标量循环的一次迭代	CUDA 线程	SIMD 指令线程的垂直切片，对应于一个 SIMD 车道所执行的一个元素。结果存储依赖于掩码和断言寄存器
机器对象	SIMD 指令线程	向量指令线程	Warp	一种传统线程，但它包含在多线程 SIMD 处理器上执行的 SIMD 指令中。结果存储依赖于元素的掩码
	SIMD 指令	向量指令	PTX 指令	在多个 SIMD 车道上执行的单一 SIMD 指令
处理硬件	（多线程）向量处理器	流水处理器	流水处理器	多线程 SIMD 处理器执行 SIMD 指令的线程，与其他 SIMD 处理器无关
	线程块调度器	标量处理器	Giga 线程引擎	将多个线程块（向量化循环）指定给多线程 SIMD 处理器
	SIMD 线程调试程序	多线程 CPU 中的线程调度器	Warp 调度程序	当 SIMD 指令线程做好执行准备之后，用于调度和发射这些线程的硬件；包括一个记分牌，用于跟踪 SIMD 线程执行
	SIMD 车道	向量车道	线程处理器	SIMD 通道执行针对单个元素的 SIMD 指令。根据掩码条件存储结果
存储器硬件	GPU 存储器	主存储器	全局存储器	可供 GPU 中所有多线程 SIMD 处理器访问的 DRAM
	专用存储器	栈或线程局部存储（操作系统）	局部存储器	每个 SIMD 车道专用的 DRAM 存储器部分
	局部存储器	局部存储器	共享存储器	一个多线程 SIMD 处理器的快速本地 SRAM，不可供其他 SIMD 处理器使用
	SIMD 车道寄存器	向量车道寄存器	线程处理器寄存器	跨越完整线程块（向量化循环体）分配的单一 SIMD 车道中的寄存器

下面以 NVIDIA 的 GPU 为例，使用 Pascal 体系结构阐述上面 CUDA 术语。GPU 硬件包含一组用来执行线程块（向量化循环体）的多线程 SIMD 处理器，也就是说，GPU 是一个由多线程 SIMD 处理器组成的多处理器，例如 Pascal P100 系统有 56 个多线程 SIMD 处理器。为了在不同多线程 SIMD 处理器的 GPU 型号之间实现透明的可扩展功能，线程块调度程序将线程块（向量化循环体）指定给多线程 SIMD 处理器。NVIDIA-GPU 架构围绕可扩展的多线程流式多处理器（Streaming Multiprocessors，SM）阵列构建。网格的块被枚举并分发到具有可用执行能力的多处理器。一个线程块的线程在一个 SM 上并发执行，多个线程块可以在一个 SM 上并发执行。当线程块终止时，新块在空出的 SM 上启动。SM 旨在同时执行数百个线程。为了充分利用 SM 能够提供的多线程硬件能力，提出了单指令多线程（single-instruction, multiple-thread，SIMT）架构，也就是设置多个线程执行相同的指令序列，并且存取各自的数据集。注意，从 SM 硬件角度来看，这些线程不一定同时执行，可以分批分时执行。这意味着逻辑线程数不依赖于硬件线程数，可以在运行时动态调度。

和向量体系结构一样，GPU 能很好地解决数据级并行问题，GPU 和向量处理器都拥有集中-

分散数据传送和掩码寄存器，GPU 处理器的寄存器要比向量处理器更多。向量计算机通常在编译时用软件来实现指令调度等功能，而 GPU 使用运行时硬件调度实现相应功能，其原因在于 GPU 中有标量处理器实现软件调度功能。不同于大多数向量体系结构，GPU 在单个多线程 SIMD 处理器中使用多线程机制来隐藏存储器延迟。如要在向量体系结构和 GPU 中编写高效代码，程序员还需要考虑 SIMD 操作分组。

网格是运行在 GPU 上、由一组线程块构成的代码。为了更好地理解网格与向量化循环、线程块与循环体（已经进行了分段开采）之间的关系，图 7.9 展示了网格图、线程块和 SIMD 指令线程与向量-向量乘法指令的映射关系。以两个向量相乘为例（***A*=*B**C**），每个向量包含 8192 个元素。执行所有 8192 个元素的乘法运算的 GPU 代码被称为网格（或向量化循环）。为了将它分解为更便于管理的大小，网格可以由线程块（或向量化循环体）组成，由于向量中有 8192 个元素，每个线程块最多包含 512 个元素，因此就有 16（16=8192/512）个线程块。一条 SIMD 指令一次执行 32 个元素的乘法运算。因此一个线程块包含 16（16=512/32）个线程。网络、线程块和 CUDA 线程是在 GPU 硬件中实现的编程抽象，可以帮助程序员组织自己的 CUDA 代码。线程块类似于向量长度为 512 的分段开采向量循环。

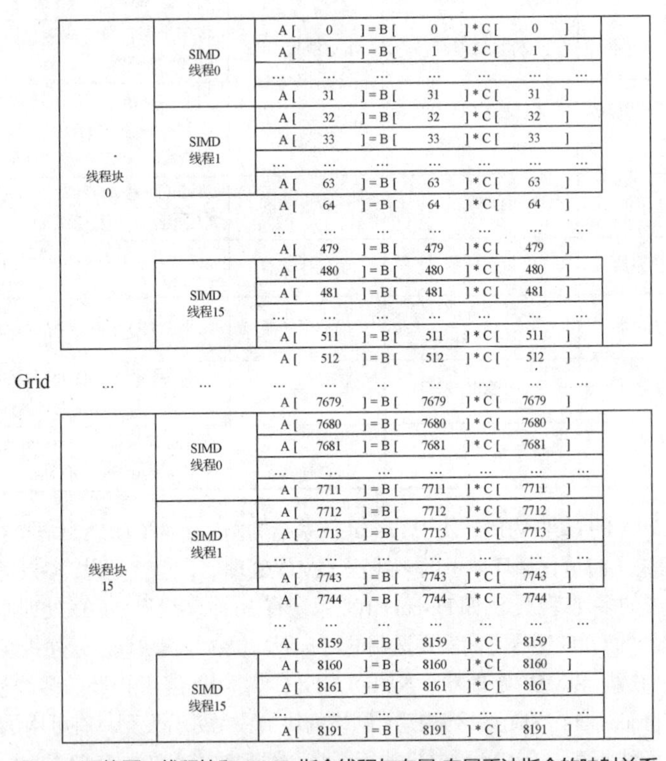

图 7.9 网格图、线程块和 SIMD 指令线程与向量-向量乘法指令的映射关系

线程块调度程序将线程块指定给执行代码的多线程 SIMD 处理器。线程块调度程序与向量体系结构中的控制处理器有些相似。它决定了循环所需要的线程块数，在完成循环之前，一直将它们分配给不同的多线程 SIMD 处理器。在这个示例中，会将 16 个线程块分配给多线程 SIMD 处理器，以计算这个循环的所有元素。

图 7.10 为多线程 SIMD 处理器的简化框图。与向量处理器类似，但它有许多并行功能单元，每个都是深度流水化的，而不是像向量处理器中仅向量处理单元流水化。SIMD 处理器都是具有

独立 PC 的完整处理器，使用线程进行编程。它有 16 个 SIMD 车道。SIMD 线程调度程序使用 64 个程序计数器的表对 64 个独立 SIMD 指令线程进行调度。请注意，每个车道有 1024 个 32 位寄存器。SIMD 指令宽度为 32，所以这个示例中每个 SIMD 指令线程将执行 32 个元素运算，因此线程块将包含 512/32=16 个 SIMD 线程（见图 7.9）。由于线程由 SIMD 指令组成，因此 SIMD 处理器必须拥有并行功能单元来执行运算，称为 SIMD 车道，它与 7.2 节的向量车道非常类似。

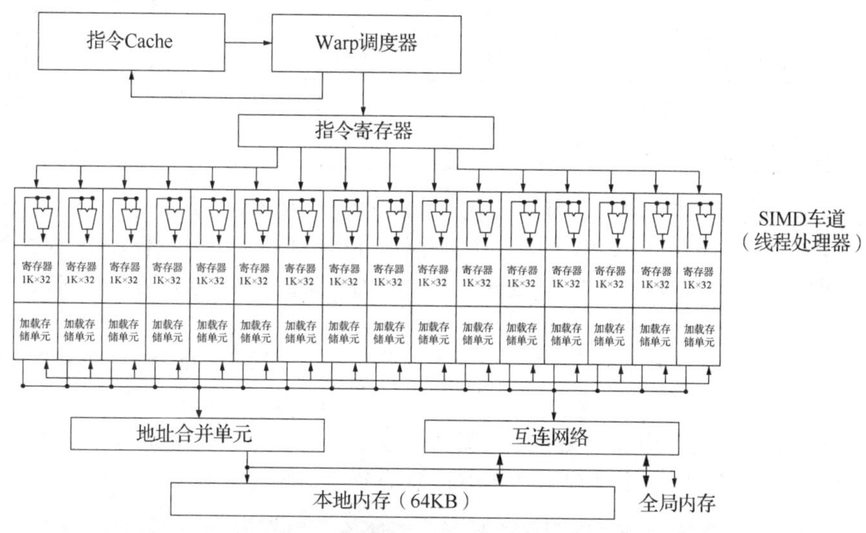

图 7.10　多线程 SIMD 处理器的简化框图

NVIDIA 的 GPU 微架构不断进化，到 2022 年已有 9 种微架构，分别是 Tesla、Fermi、Kepler、Maxwell、Pascal、Volta、Turing、Ampere 和 Hopper，表 7.4 给出了 H100（Hopper 架构）、A100（Ampere 架构）和 V100（Turing 架构）的参数。

表 7.4　NVIDIA 的 GPU 3 种微架构参数

参数	H100	A100	V100
FP32 CUDA 核数	16896	6912	5120
Tensor 核数	528	432	640
峰值频率/GHz	1.78	1.41	1.53
内存时钟/（GB/s）	4.8（HBM3）	3.2（HBM2e）	1.75（HBM2）
内存总线位宽/bit	5120	5120	4096
内存带宽/（TB/s）	3	2	0.9
VRAM 容量/GB	80	80	16/32
FP32 向量处理速度（TFLOPS）	60	19.5	15.7
FP64 向量处理速度（TFLOPS）	30	9.7	7.8
INT8 张量处理速度（TOPS）	2000	624	N/A
FP16 张量处理速度（TFLOPS）	1000	312	125
FP32 张量处理速度（TFLOPS）	500	156	N/A
FP64 张量处理速度（TFLOPS）	60	19.5	N/A

续表

互连网络	NVLink4 18 个 link（900GB/s）	NVLink3 12 个 link（600GB/s）	NVLink2 6 个 link（300GB/s）
GPU	GH100（814mm^2）	GA100（826mm^2）	GV100（815mm^2）
晶体管数量/10 亿	80	54.2	21.1
TDP/W	700	400	300/350
制造工艺	TSMC 4N	TSMC 7N	TSMC 12nm FFN
接口	SXM5	SXM4	SXM2/SXM3
微架构	Hopper 架构	Ampere 架构	Volta 架构

图 7.11 为 Hopper H100 GPU 的芯片平面图，非常规整。具体地说，硬件创建、管理、调度和执行的机器对象是 SIMD 指令线程。它是一个包含专用 SIMD 指令的传统线程。SIMD 指令线程有自己的 PC，它们运行在多线程 SIMD 处理器上。SIMD 线程调度程序包括一个记分牌，用于标识哪些 SIMD 指令线程已经做好运行准备，然后将它们发送给分发单元，以在多线程 SIMD 处理器上运行。它与传统多线程处理器中的硬件线程调度程序相同，用于对 SIMD 指令线程进行调度。因此 GPU 硬件有两级硬件调度程序：①线程块调度程序，将线程块（向量化循环体）分配给多线程 SIMD 处理器，确保线程块被分配给其局部存储器拥有相应数据的处理器；②由 SIMD 处理器内部的 SIMD 线程调度程序来调度应当何时运行 SIMD 指令线程。

图 7.11　Hopper H100 GPU 的芯片平面图

Hopper H100 GPU 有 800 亿个晶体管，包含 132 个多线程 SIMD 处理器，总计 16896 个 CUDA 核心，每个处理器都有 L1 和 L2（50 MB）高速缓存，5120 位宽的内存总线。Hopper H100 GPU 有 4 个 HBM3 端口，支持 80GB 内存容量。

每个 SIMD 处理器中的车道数在各代 GPU 中是不同的。对于 Pascal，宽度为 32 的 SIMD 指令线程被映射到 16 个物理 SIMD 车道，所以一个 SIMD 指令线程中的每条 SIMD 指令需要两个时钟周期才能完成。每个 SIMD 指令线程以锁定步骤方式执行，仅在开始时进行调度。将 SIMD 处理器类比为向量处理器，有 16 个车道，向量长度为 32，钟鸣为 2 个时钟周期。请注意，GPU 的 SIMD 处理器中的车道数最多可以是线程块中的线程数，就像向量处理器中的通道数一样，可以在 1 和最大向量长度之间变化。例如，不同代的 GPU，每个 SIMD 处理器的通道数在 8～32。

SIMD 指令线程是相互独立的，SIMD 线程调度程序可以选择任何已经准备就绪的 SIMD 指令线程，而不需要立刻执行线程序列中的下一条 SIMD 指令。SIMD 线程调度程序的记分牌，用于跟踪最多 64 个 SIMD 线程。之所以需要这个记分牌，是因为存储器访问指令占用的时钟周期数可能无法预测，如 Cache 或者 TLB 表命中和缺失。图 7.12 给出的 SIMD 线程调度程序在不同时间以不同顺序选取 SIMD 指令线程。GPU 架构师假定 GPU 应用程序拥有众多的 SIMD 指令线程，因此，实施多线程既可以隐藏 DRAM 的延迟，又可以提高多线程 SIMD 处理器的使用率。调度器选择一个就绪 SIMD 指令线程并同步向所有 SIMD 车道发出指令执行 SIMD 线程。因为 SIMD 指令的线程是独立的，所以调度器每次可能会选择不同的 SIMD 线程。

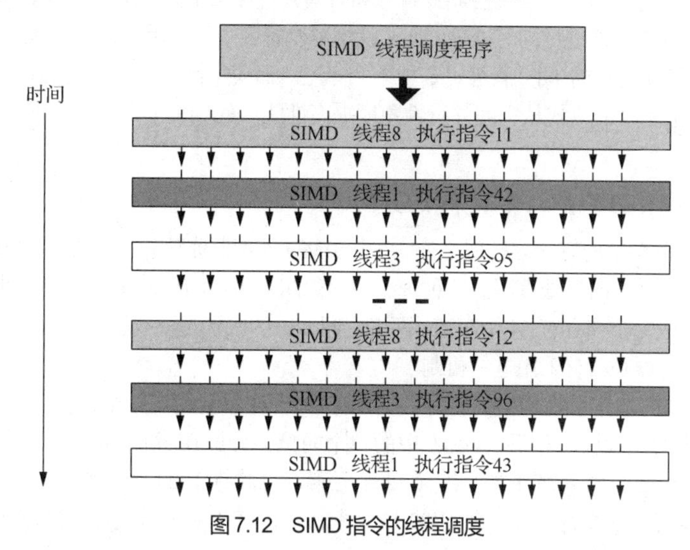

图 7.12 SIMD 指令的线程调度

还是以向量乘法运算为例，每个多线程 SIMD 处理器必须将两个向量的 32 个元素从存储器载入寄存器中，通过读、写寄存器来执行乘法运算，然后将结果从寄存器存回存储器中。为了保存这些存储器元素，SIMD 处理器拥有 32768～65536 个 32 位寄存器，每个车道 1024 个，具体数量依赖于 GPU 型号。就像向量处理器一样，这些寄存器从逻辑上划分了向量车道或者 SIMD 车道。

每个 SIMD 线程被限制为不超过 256 个寄存器，可认为一个 SIMD 线程最多拥有 256 个向量寄存器，每个向量寄存器有 32 个元素，每个元素的宽度为 32 位，双精度浮点操作数使用两个相邻的 32 位寄存器。也可以认为每个 SIMD 线程拥有 128 个 32 个元素的向量寄存器，每个元素宽度为 64 位。寄存器使用和最大线程数之间存在权衡；线程更少的寄存器意味着更多的线程是可能的，更多的寄存器意味着更少的线程。也就是说，并不是所有的 SIMD 线程都需要有最大数量的寄存器。Pascal 设计师相信如果所有线程都具有最大数量的寄存器，会导致寄存器使用效率低。

为了能够执行多个 SIMD 指令线程，需要在创建 SIMD 指令线程时在每个 SIMD 处理器上动态分配一组物理寄存器，并在退出 SIMD 线程时加以释放。例如，可以有一个线程块有 16 个 SIMD 线程，其中每个线程使用 36 个寄存器；另外一个线程块有 32 个 SIMD 线程，每个线程有 20 个寄存器。后续线程块可能以任何顺序出现，并且寄存器不得不按需分配。虽然这种可变性会导致碎片化并使某些寄存器不可用，但实际上针对给定向量化循环（“网格”），大多数线程块使用相同数量的寄存器。硬件必须知道每个线程块的寄存器在大容量寄存器文件中的位置。这种灵活性需要路由、仲裁并存储在硬件中，因为给定线程块的特定寄存器最终可能出现在寄存器文件中的任何位置。

注意，CUDA 线程就是 SIMD 指令线程的垂直切片，与 SIMD 车道上执行的元素相对应；CUDA 线程与 POSIX 线程完全不同，不能执行系统调用。

与通用处理器不同，NVIDIA 编译器的指令集目标是硬件指令集的一种抽象。并行线程执行为编译器提供了一种稳定的指令集，可以实现各代 GPU 之间的兼容性。

7.4.3 向量体系结构、多媒体扩展指令集和 GPU 的异同

GPU 和向量体系结构、多媒体扩展指令集有许多相似之处。一个向量的每个元素可以并行处理，具有数据级并行潜力，可以从空间并行性和时间并行性两个方面进行处理。SIMD 处理器中一条指令对多个数据元素进行同时处理，那么就需要设置多个处理单元，每个单元处理一个元素。因此 SIMD 处理器更强调空间并行性，需要多个车道。而向量体系结构在提出时，由于硬件成本很高，更多采用流水线的方式从空间并行性角度提高性能。而 GPU 同时挖掘时间并行性和空间并行性。

1. 向量体系结构与 GPU 之间的异同

GPU 与向量体系结构有很多类似之处。单个 SIMD 处理器像独立 MIMD 处理核一样，就好像是向量计算机拥有多个向量处理器。这种观点将 NVIDIA Tesla P100 看作具有多线程硬件支持的 56 核处理器，其中每个核心有 64 个车道。两者之间最大的区别是多线程机制，它是 GPU 的基础，而大多数向量处理器则没有采用这一机制。

分析 GPU 和向量体系结构中的寄存器，RV64V 寄存器组拥有整个向量，也就是说，由 64 个双精度值构成的连续块。相反，GPU 中的单个向量会分散在所有 SIMD 车道的寄存器中。RV64V 处理器有 32 个向量寄存器，各有 32 个元素，总共有 1024 个元素。一个 GPU 的 SIMD 指令线程最多拥有 256 个寄存器，各有 32 个元素，总共有 8192 个元素。这些额外的 GPU 寄存器支持多线程。

假定向量处理器有 4 个车道，多线程 SIMD 处理器也有 4 个 SIMD 车道，在二者车道工作方式相似时，二者工作效果也非常类似。但实际上，GPU 中的车道要多很多，所以 GPU 的钟鸣更短一些。尽管向量处理器可能拥有 2～8 个车道，向量长度例如为 32（因此，钟鸣为 4～16 个时钟周期），多线程 SIMD 处理器可能拥有 8～16 个车道。SIMD 线程的宽度为 32 个元素，所以 GPU 钟鸣仅为 2 或 4 个时钟周期。这一差别就是使用“SIMD 处理器”作为描述性术语的原因，这一术语更接近 SIMD 设计，而不是传统的向量处理器设计。

与向量化循环最接近的 GPU 术语是网格，PTX 指令与向量指令最接近，这是因为 SIMD 线程向所有 SIMD 车道广播 PTX 指令。

关于两种体系结构中的存储器访问指令，所有 GPU 载入指令都是集中指令，所有 GPU 存储指令都是分散指令。如果 CUDA 线程的地址引用同一缓存/存储器块的邻近地址，那 GPU 的地址接合单元将会确保较高的存储器带宽。向量体系结构采用显式单位步幅，而 GPU 编程则采用隐式单位步幅，这二者的对比说明为什么在编写高效 GPU 代码时，需要程序员从 SIMD 运算的角度来思考，尽管 CUDA 编程模型与 MIMD 看起来非常类似。由于 CUDA 线程可以生成自己的地址、步幅以及集中-分散访问，因此在所有向量体系结构和 GPU 中都可以找到寻址向量。

这两种体系结构采用了非常不同的方法来隐藏存储器延迟。向量体系结构通过计算功能的深度流水化访问让向量的所有元素分担这一延迟，所以每次向量载入或存储只需要付出一次延迟代价。因此，向量载入和存储类似于在存储器和向量寄存器之间进行的块传送。与之相对的是，GPU 使用多线程隐藏存储器延迟。

关于条件分支指令，两种体系结构都使用掩码寄存器来实现。两个条件分支路径即使在未存储结果时也会占用时间以及（或者）空间。区别在于，向量编译器使用软件显式管理掩码寄存器，而GPU硬件和汇编程序则使用分支同步标记来隐式管理它们，使用内部栈来保存、求补和恢复掩码。

前面曾经提到，GPU的条件分支机制很好地处理了向量体系结构的分段开采问题。如果向量长度在编译时未知，那么程序必须计算应用程序向量长度的模和最大向量长度，并将最大向量长度存储在向量长度寄存器中。分段开采循环随后为向量长度寄存器重设剩余循环部分的最大向量长度。这种情况用GPU处理起来要更容易一些，因为它们将会一直迭代循环，直到所有SIMD车道到达循环范围为止。在最后一次迭代中，一些SIMD车道将被掩码屏蔽，然后在循环完成后恢复。

向量计算机的控制处理器在向量指令的执行过程中扮演着重要角色。它向所有向量车道广播操作，并广播用于向量-标量运算的标量寄存器值。它还执行一些在GPU中显式执行的隐式计算，比如自动为单位步幅和非单位步幅载入、存储指令递增存储器地址。GPU中没有控制处理器。最类似的是线程块调度程序，它将线程块（向量循环体）指定给多线程SIMD处理器。GPU中的运行时硬件机制一边生成地址，另一边还会检查它们是否相邻，这在许多DLP应用程序中都是很常见的，其功耗可能要低于控制处理器。

向量计算机中的标量处理器执行向量程序的标量指令。也就是说，它执行那些在向量单元中可能速度过慢的运算。尽管与GPU相关联的系统处理器与向量体系结构中的标量处理器最为相似，但独立的地址空间再加上通过PCle总线传送，往往会耗费数千个时钟周期的开销。对于在向量计算机中执行的浮点运算，标量处理器可能要比向量处理器慢一些，但它们的速度比值不会大于系统处理器与多线程SIMD处理器的速度比值（在给定开销的前提下）。

因此，GPU中的每个向量单元必须进行本来指望在向量计算机标量处理器上进行的。也就是说，如果不是在系统处理器上进行运算然后发送结果，而是使用断言寄存器和内置掩码禁用其他SIMD车道，仅留下其中一个SIMD车道，并用它来完成标量操作，那可以更快一些。向量计算机中比较简单的标量处理器可能要比GPU解决方案更快一些、功耗更高一些。如果系统处理器和GPU将来更紧密地结合在一起，了解一下系统处理器能否扮演标量处理器在向量及多媒体SIMD体系结构中的角色，那将是很有意义的。

2. 多媒体SIMD计算机与GPU的异同

从高层角度来看，具有多媒体SIMD扩展指令集的多核计算机的确与GPU有一些相似之处。这两种多处理器都使用多个SIMD车道，只不过GPU的处理器更多一些，车道要多很多。它们都使用硬件多线程来提高处理器利用率，不过GPU为大幅增加线程数目提供了硬件支持。由于GPU中的一些创新，现在这两者的单、双精度浮点运算性能比相当。它们都使用缓存，不过GPU使用的流式缓存要小一些，多核计算机使用大型多级缓存，以尝试完全包含整个工作集。它们都使用64位地址空间，不过GPU中的物理主存储器要小得多。

除了在处理器、SIMD车道、硬件线程支持和缓存大小等方面存在差异之外，还有许多体系结构方面的差异。传统计算机中，标量处理器和多媒体SIMD指令紧密集成在一起；它们由GPU中的I/O总线隔离，甚至还有独立的主存储器。GPU中的多个SIMD处理器使用单一地址空间，但这些缓存不像传统的多核计算机中那样是一致的。具有多媒体SIMD扩展指令集的多核计算机与GPU不同，它不支持集中-分散存储器访问。

3. 小结

通过前面的介绍，可以看出GPU实际上就是多线程SIMD处理器，只不过与传统的多核计算

机相比，GPU 的处理器更多，每个处理器的车道更多，多线程硬件更多。例如，Pascal P100 GPU 拥有 56 个 SIMD 处理器，每个处理器有 64 个车道，硬件支持 64 个 SIMD 线程。Pascal 支持指令级并行，可以通过两个 SIMD 线程向两个 SIMD 车道发射指令。另外，GPU 缓存较少：Pascal 的 L2 缓存大小为 4MB。

CUDA 编程模型将所有这些并行形式的包含在单一抽象中，即 CUDA 线程中。因此，可以认为 CUDA 程序员在对数千个线程进行编程，而实际上他们是在许多 SIMD 处理器的许多车道上执行各个由 32 个线程组成的块。希望获得良好性能的 CUDA 程序员一定要记住，这些线程是分块的，一次执行 32 个，而且为了从存储器系统获得良好性能，其地址需要是相邻的。

7.5 昇腾处理器

昇腾处理器是华为公司研发的高性能 AI 芯片，本质上是一个片上系统（System on Chip，SoC），主要应用在与图像、视频、语音、文字处理相关的场景。其主要的组成部件包括特制的计算单元、大容量的存储单元和相应的控制单元。不同于前面介绍的 SIMD 扩展指令集和 GPU 提供的数据分量并行处理模式，昇腾处理器主要使用 AI 计算核心（AI Core）去处理标量、向量和张量相关的计算密集型算子，AI 计算核心内部采用达芬奇架构，直接针对矩阵和张量运算进行专门优化，采用专用领域加速思想，这将在第 10 章详细介绍。

7.5.1 昇腾处理器结构

整个处理器逻辑架构如图 7.13 所示。该处理器大致可以划为系统控制处理器（Control CPU）、面向计算密集型任务的 AI 计算核心（AI Core）、面向非矩阵计算任务的 AI 处理器（AI CPU）、层次化的片上系统缓存/缓冲区、数字视觉预处理模块（Digital Vision Pre-Processing，DVPP）和 I/O 接口。为了能够实现 AI 计算任务的高效分配和调度，配备了专用 CPU 作为任务调度器（Task Scheduler，TS），其专门服务于 AI Core 和 AI CPU 调度，而不承担任何其他的事务和工作。另外，芯片提供有 DDR（Double Data Rate）/HBM（High Bandwidth Memory）接口，用来存放大量的数据，其中 HBM 内存增加芯片内部并行度，具有非常高的带宽。当该芯片作为计算服务器的加速卡使用时，会通过 PCIe 总线接口和服务器其他单元实现数据互换。以上所有这些模块通过基于 CHIE 协议规范（Coherent Hub Interface Issue E）的片上网络（Network on Chip，NoC）相连，实现模块间的数据连接通路并保证数据的共享和一致性。

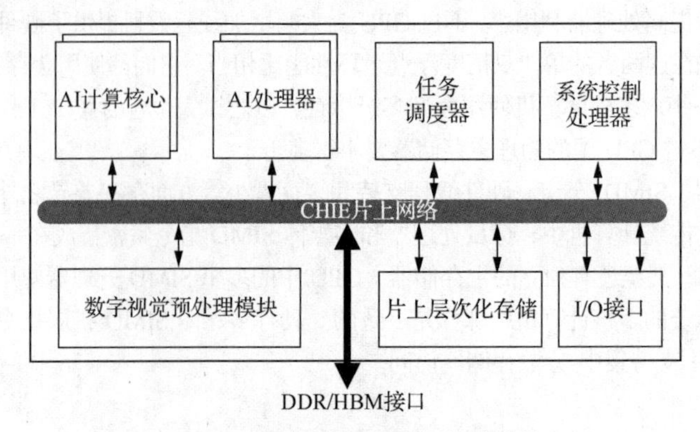

图 7.13　昇腾 AI 处理器芯片的逻辑架构

采用了达芬奇架构的 AI Core 通过特别设计的架构和电路实现了高通量、大算力和低功耗，特别适合处理深度学习中神经网络必须的常用计算如矩阵相乘等。由于采用了模块化的设计，因此可以很方便地通过叠加模块的方法提高后续芯片的计算力。针对深度神经网络参数量大、中间值多的特点，还特意在该芯片上为 AI 计算引擎配备了片上缓冲器（on-Chip Buffer），提供高带宽、低延迟、高效率的数据交换和访问。能够快速访问到所需的数据对于提高 AI 算法的整体性能至关重要，同时将大量需要复用的中间数据缓存在片上对于降低系统整体功率损耗意义重大。

DVPP 主要完成图像和视频的编/解码，支持 4K 分辨率（4K 是指 4096 像素×2160 像素的分辨率，表示超高清分辨率视频）视频处理，支持 JPEG 和 PNG 等格式图像的处理。来自主机端存储器或网络的视频和图像数据，在进入昇腾 AI 处理器芯片的 AI 计算引擎处理之前，需要生成满足处理要求的数据输入格式、分辨率等，因此需要调用 DVPP 进行预处理以实现格式和精度转换等要求。DVPP 主要实现视频解码（Video Decoder，VDEC）、视频编码（Video Encoder，VENC）、JPEG 编/解码（JPEG Decoder/Encoder，JPEGD/E）、PNG 解码（PNG Decoder，PNGD）和图像预处理（Vision Pre-Processing Core，VPC）等功能。图像预处理可以完成对输入图像的上/下采样、裁剪、色调转换等多种功能。数字视觉预处理模块采用了专用定制电路的方式来实现高效率的图像处理功能，对应于每一种不同的功能都会设计一个相应的硬件电路模块来完成计算工作。在 DVPP 收到图像和视频处理任务后，会通过 DDR 从内存中读取需要处理的图像和视频数据并分发到内部对应的处理模块进行处理，待处理完成后将数据写回到内存中等待后续步骤。

昇腾 AI 处理器面向不用应用场景，目前推出了两种型号的处理器，分别是 2018 年发布的昇腾 310 和 2019 年发布的昇腾 910。它们都是基于达芬奇硬件架构的，前者服务于推理场景，后者用于训练场景。

7.5.2 昇腾 910

昇腾 910 是华为遵从昇腾 AI 处理器逻辑架构规范，面向 AI 模型训练任务打造的处理器。它的整数精度算力为 640 TOPS，功耗为 310W，制程是 7nm。它在设计之初可以提供 16 TOPS 的整数精度算力（8 TOPS 的 FP16 算力），经过底层软件架构层面的优化之后，整数精度算力提升到 640 TOPS（FP16 精度提升到 320 TOPS）。

1. 昇腾 910 整体架构

昇腾 910 包含 Virtuvian 的主芯片、4 个 HBM 堆栈式芯片和 Nimbus 的 I/O 芯片。主要由 6 个硬件子系统构成，分别是 AI 计算子系统（AI Core）、CPU 计算子系统、存储子系统（层次化的片上系统缓存/缓冲区）、任务调度子系统、数字图像视频处理子系统、内部连接子系统，以及低速外设接口子系统（Nimbus V3 外部通信模块），如图 7.14 所示。这些部件通过 1024 位的二维网格结构的 CHIE 片上网络连接起来。此处包含 4 个 DVPP，可以处理 128 通道全高清视频解码（H.264/H.265）。除了 DVPP 之外的 6 个子系统的具体特性如下。

（1）AI 计算子系统

由 AI Core 构成，基于达芬奇架构，是昇腾 AI 芯片的计算核心。主要负责执行矩阵、向量计算密集的算子任务。昇腾 910 集成了 32 个 AI Core。

（2）CPU 计算子系统

集成 16 个华为基于 ARM v8-A 架构规范自主研发的 Taishan（泰山） V110 CPU 核心，每 4 个核心构成一个簇。这些 Taishan 核心一部分部署为 AI CPU，承担部分 AI 计算功能（负责执行不适合运行在 AI Core 上的算子）；另一部分部署为系统控制 CPU，负责整个 SoC 的控制功能。两类 CPU 占用的 CPU 核数由软件控制。

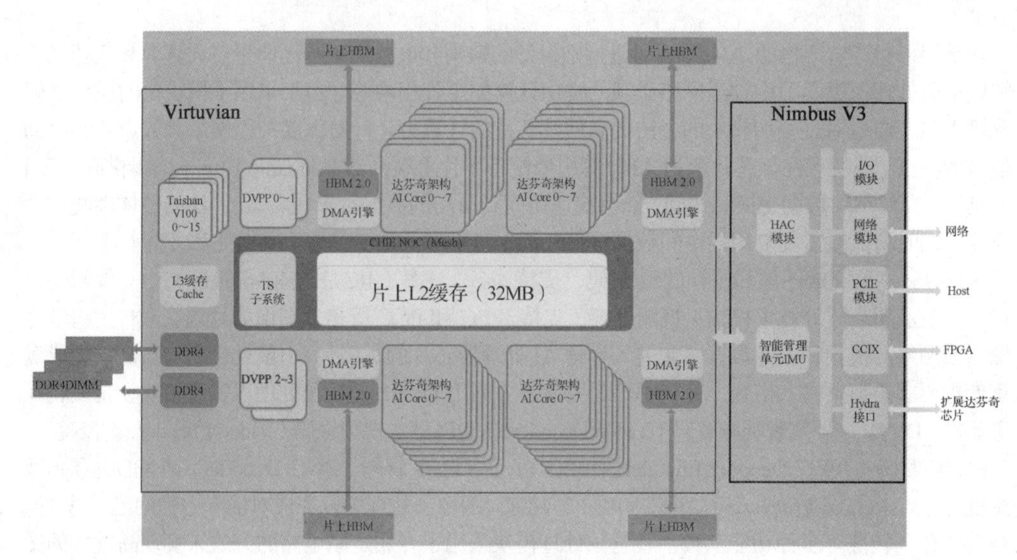

图 7.14 昇腾 910 整体架构

（3）任务调度子系统

由一个独立的 4 核 A55 簇（ARMv8 64 位架构），负责任务调度。把算子任务切分之后，通过硬件调度器（HWTS），分发给 AI Core 或 AI CPU。前一阶段为软核，后一阶段为硬核。简言之，软硬核结合模式极大地提升了系统性能。

（4）存储子系统

片内有层次化的存储结构。AI Core 内部有两级内存缓冲区，SoC 片上还有 64MB L2 缓存，专门为 AI Core 和 AI CPU 提供高带宽、低延迟的内存访问服务。芯片连接了 4 个 HBM 2.0 颗粒，存储容量总计 32GB；还集成了 DDR 4.0 控制器，可提供 DDR 内存。

（5）内部连接子系统

各主要部件通过 1024 位的二维网格结构的 CHIE 片上网络连接起来。片上网络由 6 行 4 列构成，时钟频率运行在 2.0GHz，能够为每个达芬奇 AI Core 分别提供 128Gb/s 的读、写带宽，为片上 L2 缓存提供 4.0Tb/s 的访问带宽，为 HBM 主存提供 1.2Tb/s 的带宽。对于 NUMA 的连接，配有 3 个 HCCS 接口，每个带宽为 240Gb/s。

（6）低速外设接口子系统

Nimbus V3 提供 16 倍速的 PCIe 4.0 接口和 Host CPU 对接。提供两个 100G NIC（支持 ROCE V2 协议）用于跨服务器传递数据；集成 1 个 A53 CPU 核，执行启动、功率损耗控制等硬件管理任务。在硬件上，这相当于是黑匣子功能，不仅可以提供软件异常定位手段，而且可以记录硬件异常场景的关键信息。

2. 昇腾 AI 异构计算架构 CANN

昇腾 AI 异构计算架构（Compute Architecture for Neural Networks，CANN）是专门为高性能深度神经网络计算需求所设计和优化的一套架构。在硬件层面，昇腾 AI 处理器所包含的达芬奇架构在硬件设计上进行计算资源的订制化设计，在功能实现上进行深度适配，为深度神经网络计算性能的提升提供了强大的硬件基础。在软件层面，CANN 所包含的软件栈则提供了管理网络模型、计算流及数据流的功能，支撑起深度神经网络在异构处理器上的执行流程。

CANN 作为昇腾处理器的 AI 异构计算架构，支持业界多种主流的 AI 框架，包括 MindSpore、

TensorFlow、Pytorch、Caffe 等，并提供 1200 多个基础算子。同时，CANN 具有开放易用的昇腾计算语言（Ascend Computing Language，AscendCL）编程接口，实现对网络模型进行图级和算子级的编译优化、自动调优等功能。CANN 对上承接多种 AI 框架，对下服务 AI 芯片与编程，是提升昇腾 AI 处理器计算效率的关键平台，CANN 的系统架构如图 7.15 所示。

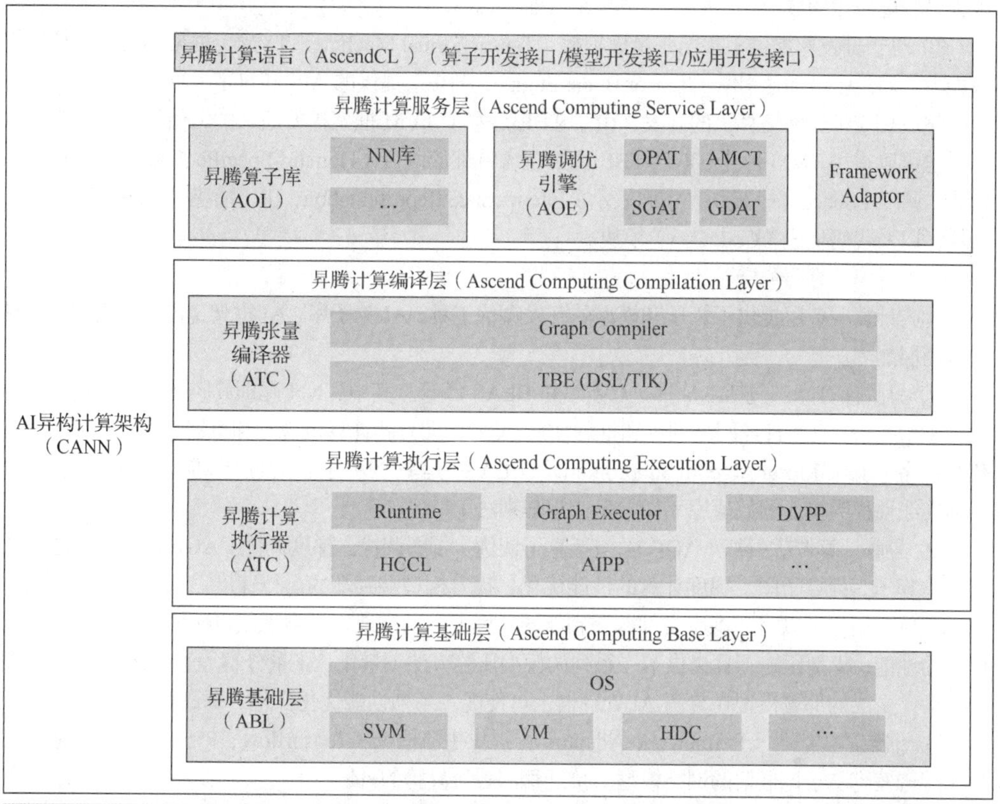

AI异构计算架构（CANN）

昇腾计算语言（AscendCL）（算子开发接口/模型开发接口/应用开发接口）

昇腾计算服务层（Ascend Computing Service Layer）

昇腾算子库（AOL）：NN库、…

昇腾调优引擎（AOE）：OPAT、AMCT、SGAT、GDAT

Framework Adaptor

昇腾计算编译层（Ascend Computing Compilation Layer）

昇腾张量编译器（ATC）：Graph Compiler、TBE (DSL/TIK)

昇腾计算执行层（Ascend Computing Execution Layer）

昇腾计算执行器（ATC）：Runtime、Graph Executor、DVPP、HCCL、AIPP、…

昇腾计算基础层（Ascend Computing Base Layer）

昇腾基础层（ABL）：OS、SVM、VM、HDC、…

图注：

AscendCL：Ascend Computing Language，昇腾计算语言
ATC：Ascend Tensor Compiler，昇腾张量编译器
ACE：Ascend Computing Executor，昇腾计算执行器
AOL：Ascend Operator Library，昇腾算子库
AOE：Ascend Optimization Engine，昇腾调优引擎
ABL：Ascend Base Layer，昇腾基础层
NN：Neural Network，神经网络
Framework Adaptor：框架适配器
OPAT：Operator Auto Tune，算子自动调优
SGAT：SubGraph Auto Tune，子图自动调优
GDAT：Gradient Auto Tune，梯度自动调优
Graph Compiler：图形编译器
TBE：Tensor Boost Engine，张量加速引擎
DSL：Domain Specific Language，领域特定语言
TIK：Tensor Iterator Kernel，张量迭代内核
Runtime：运行管理器
Graph Executor：图形执行器
AMCT：Ascend Model Compression Toolkit，昇腾模型压缩工具
HCCL：Huawei Collective Communication Library，华为集合通信库
DVPP：Digital Vision Pre-Processing，数字视觉预处理
AIPP：Artificial Intelligence Pre-Processing，人工智能预处理
OS：Operating System，操作系统
HDC：Host Device Communication，主机设备通信
SVM：Shared Virtual Memory，共享虚拟内存
VM：Virtulization Machine，虚拟化

图 7.15　CANN 系统架构

CANN 提供了功能强大、适配性好、可自定义开发的 AI 异构计算架构，自顶向下分为以下 5 部分。

（1）昇腾计算语言接口

昇腾计算语言（AscendCL）接口为昇腾计算开放编程框架，包含模型开发、应用开发、算子开发等各类用户编程接口，具体如下所示。

① 模型开发：用户可以通过开放的昇腾图管理接口进行构图，并编译为离线模型，用于在昇腾 AI 处理器上进行离线推理。

② 应用开发：提供设备（Device）管理、上下文（Context）管理、流（Stream）管理、内存管理、模型加载与执行、算子加载与执行、媒体数据处理、图（Graph）管理等 API 库，供用户开发人工智能应用领域。

③ 算子开发：提供了基于张量虚拟机（Tensor Virtual Machine，TVM）框架的自定义算子开发能力，通过张量加速引擎（Tensor Boost Engine，TBE）提供的 API 和自定义算子编程开发界面可以完成相应神经网络算子的开发，由于 TBE 是基于 TVM 框架扩展而来的，使得用户在开发算子时也可以采用 TVM 原生接口。TBE 内部包含特性域语言（Domain-Specific Language，DSL）模块、调度（Schedule）模块、中间表示（Intermediate Representation，IR）模块、编译优化（Pass）模块，以及代码生成（CodeGen）模块。

（2）昇腾计算服务层

昇腾计算服务层提供了算子和模型的开发调优工具、AI 算子库、AI 框架适配、系统管理工具等应用层能力。

① 昇腾计算库：包括 NN 库、CV 库和 BLAS 库等。其中，NN 库即昇腾神经网络加速库，内置丰富算子，支撑神经网络训练和推理加速；CV 库即昇腾计算机视觉和机器学习库；基础线性代数程序（Basic Linear Algebra Subprograms，BLAS）是一个应用程序接口标准，即面向昇腾平台的标准线性代数操作的数值库（如矢量或矩阵乘法）。

② 昇腾计算调优引擎（AOE）：包括算子调优、子图调优、梯度调优。AOE 用于自动地完成模型中算子、计算子图、梯度计算的性能优化，提升模型端到端的运行速度。调优完成后输出知识库文件，用户可以将知识库文件部署到新的环境上。同样地，模型无须再次调优即可获得之前调优的性能；模型压缩工具提供了一系列的模型压缩方法（量化、张量分解等），对模型进行压缩处理后，生成的部署模型在昇腾 AI 处理器上可使能一系列性能优化操作，提高性能。

③ 框架适配组件（Framework Adaptor）：提供主流框架（Tensorflow、Pytorch 等）的适配插件，用于兼容基于该框架的网络模型直接迁移部署至昇腾 NPU。

（3）昇腾计算编译层

该层由昇腾张量编译器（Ascend Tensor Compiler，ATC，也称为计算编译引擎）构成，具体包括以下部分。

① 图形编译器（Graph Compiler）：作为图编译和运行的控制中心，提供图运行环境管理、图执行引擎管理、算子库管理、子图优化管理、图操作管理和图执行控制。

② 张量加速引擎（TBE）：利用 AscendCL 提供的开发算子接口，可以直接使用 TBE 提供的自动调度（Auto Schedule）机制，执行算子编译。

（4）昇腾计算执行层

该层由昇腾计算执行引擎（Ascend Computing Execution，ACE）构成，具体包括以下几部分。

① 运行管理器（Runtime）：为神经网络的任务分配提供了资源管理通道。昇腾 AI 芯片 Runtime 运行在应用程序的进程空间中，为应用程序提供存储（Memory）管理、设备（Device）管理、执行流（Stream）管理、事件（Event）管理、核（Kernel）函数执行等功能。

② 图形执行器（Graph Executor）：为图执行提供最优执行引擎匹配、端到端执行路径优化、最低执行开销，支持不同的物理运行环境部署。

③ 数字视频预处理（DVPP）：主要实现视频编/解码（VDEC/VENC）、JPEG 编/解码（JPEG D/E）、PNG 解码（PNGD）、图像预处理（VPC，包括抠图、缩放、叠加、黏贴、格式转换）。

④ 华为集合通信库（HCCL）：负责 HCCL 算子信息管理。HCCL 实现参与并行计算中所有计算单元（Worker）的梯度聚合（Allreduce）功能，为昇腾多机多卡训练提供高效的数据传输能力。

⑤ 人工智能预处理（AIPP）：用于在 AI Core 上完成图像预处理，包括改变图像尺寸、色域转换（转换图像格式）、减均值/乘系数（改变图像像素），数据处理之后再进行真正的模型推理。

（5）昇腾计算基础层

昇腾计算基础层为 CANN 各层提供基础服务，如共享虚拟内存（Shared Virtual Memory，SVM）、设备虚拟化（Virtual Machine，VM）、主机-设备通信（Host Device Communication，HDC）等。

CANN 在训练场景和推理场景有不同的软件安装包和运行软件栈。训练场景的运行环境有 AI 计算图编译、算子编译及执行加速引擎，包括图形编译器（Graph Compiler）、图形执行器（Graph Executor）、TBE、HCCL，以及 Host CPU 算子等。推理场景的运行环境无须部署图编译相关的组件，也没有 HCCL 和 Host CPU 的算子。

本章附录

附录 G 进一步介绍了向量计算机相关的高级内容，并按照本章相关主题进行了分类。具体而言，附录 7 在 7.2 节的基础之上讲解了 RV64V 向量指令集（附录 G.1.1）、处理多维数组（附录 G.1.2）、向量处理稀疏矩阵（附录 G.1.3）和向量体系结构编程（附录 G.1.4）；在 7.3 节的基础之上讲解了 Roofline 可视性能模型（附录 G.2.1）；在 7.4 节的基础之上增加了 GPU 指令集体系结构（附录 G.4.1）、GPU 条件分支（附录 G.4.2）、GPU 存储器结构（附录 G.4.3）、Pascal GPU 体系结构新特性（附录 G.4.4）、概念辨析（向量体系结构、扩展指令集和 GPU 概念辨析）（附录 G.4.5）。

习　题

7.1　考虑以下代码，它将两个包含单精度复数值的向量相乘：

```
for(i=0;i<300;i++){
c_re[i]=a_re[i]*b_re[i]-a_im[i]*b_im[i];
c_im[i]=a_re[i]*b_im[i]+a_im[i]*b_re[i];
}
```

假定处理器的运行频率为 700MHz，最大向量长度为 64。载入/存储单元的启动开销为 15 个时钟周期，乘法单元为 8 个时钟周期，加法单元为 5 个时钟周期。

（1）此内核的运算强度为多少？给出理由。

（2）将此循环转换为使用分段开采的 RV64V 汇编代码。

（3）假定采用链接和单一存储器流水线，需要多少次钟鸣？每个结果值需要多少个时钟周期（包括启动开销）？

（4）如果向量序列被链接在一起，每个复数结果值需要多少个时钟周期（包括开销）？

（5）现在假定处理器有 3 条存储器流水线和链接。如果该循环的访问过程中没有组冲突，每个结果需要多少个时钟周期？

7.2　对比向量处理器与一种“CPU+GPU”的异构系统的性能。我们将前者称为向量计算机，

将后者称为异构计算机。在异构系统中，主机处理器的标量性能优于GPU，所以在这种情况下，所有标量代码都在主机处理器上执行，而所有向量代码都在GPU上执行。假定目标应用程序包含一个向量内核，运算强度为0.5FLOP/被访问DRAM字节；但是，这个应用程序还有一个标量组件，必须在此内核之前和之后执行该组件，以分别准备输入向量和输出向量。对于示例数据集，此代码的标量部分在向量处理器和异构系统的主机上都需要400ms的执行时间。此内核读取包含200MB数据的输入向量，输出数据包含100MB数据。向量处理器的峰值存储器带宽为30GB/s，GPU的峰值存储器带宽为150GB/s。异构系统有一些额外开销，在调用该内核前后，需要在主存储器和GPU本地存储器之间传送所有输入向量。此异构系统的DMA带宽为10GB/s，平均延迟为10ms。假定向量处理器和GPU的性能都受存储器带宽的限制。计算两种计算机执行这一应用程序所需要的时间。

7.3　以下内核执行时域有限差分法（Finite-Difference Time-Domain，FDTD）的一部分，用来计算三维空间的Maxwell方程，它是SPEC06fy基准测试的一部分：

```
for(intx=0;x<NX-l;x++){
for(inty=0;y<NY-l;y++){
for(intz=0;z<NZ-l;z++){
intindex=x*NY*NZ+y*NZ+z;
if(y>0&&x>0){
material=IDx[index];
dHl=(Hz[index]-Hz[1ndex-incrementY])/dy[y];
dH2=(Hy[Index]-Hy[1ndex-1ncrementZ])/dz[z];
Ex[index]=Ca[materlal]*Ex[1ndex]+Cb[mateHal]*(dH2-dHl);
}}}}
```

假定dH1、dH2、Hy、Hz、dy、dz、Ca、Cb和Ex等都是单精度浮点型数组，IDx是无符号整型数组。

（1）这一内核的运算强度为多少？

（2）这一内核是否可以执行向量或SIMD？说明理由。

（3）若这一内核将在存储器带宽为30GB/s的处理器上执行，则此内核是受存储器的限制还是受运算的限制？

（4）假定其峰值运算吞吐量为85GFLOP/s，计算单精度浮点运算强度。

7.4　假定有一种包含10个SIMD处理器的GPU。每条SIMD指令的宽度为32，每个SIMD处理器包含8个车道，用于执行单精度运算和载入/存储指令，也就是说，每个非分支SIMD指令每4个时钟周期可以生成32个结果。假定内核的分支将导致平均80%的线程为活动的。假定在所执行的全部SIMD指令中，70%为单精度运算指令、20%为载入/存储指令。由于并不包含所有存储器延迟，因此假定SIMD指令平均发射率为0.85。假定GPU的时钟频率为1.5GHz。

（1）计算这个内核在这个GPU上的吞吐量，单位为GFLOP/s。

（2）将单精度车道数增大至16。吞吐量的加速比为多少？

（3）将SIMD处理器数增大至15（假定这一改变不会影响所有其他性能度量，代码会扩展到增加的处理器上）。吞吐量的加速比为多少？

（4）增加缓存可以有效地将存储器延迟缩减40%，这样会将指令发射率增加至0.95，吞吐量的加速比为多少？

7.5　研究几个循环，分析它们在并行化方面的潜力。

（1）以下循环是否存在循环间相关？

```
for(i=0;i<100;i++){
A[i]=B[2*i+4];
B[4*i+5]=A[i];
}
```

（2）在以下循环中，找出所有真相关、输出相关和反相关。通过重命名来消除输出相关和反相关。

```
for(i=0;i<l00;i++){
A[i]=A[i]*B[i];/*SI*/
B[1]=A[i]+c; /*S2*/
A[i]=C[i]*c;/*S3*/
C[i]=0[i]*A[i];/*S4*/
```

（3）考虑以下循环：

```
for(i=0;i<100;i++){
A[i]•A[i]+B[1];/*SIV
B[i+1]»C[i]+D[1];/*S2*/
}
```

S1 和 S2 之间是否相关？这一循环是否为并行的？如果不是，说明如何能使其并行。

7.6 列出并介绍至少 4 种可以影响 GPU 内核性能的因素。换句话说，哪些由内核代码导致的运行时行为会降低内核执行时的资源利用率？

7.7 假定一个 GPU 具有以下特性：

（1）时钟频率为 1.5GHz；

（2）包含 16 个 SIMD 处理器，每个处理器包含 16 个单精度浮点单元；

（3）片外存储器带宽为 100Gb/s。

不考虑存储器带宽，假定所有存储器延迟可以隐藏，则这一 GPU 的峰值单精度浮点吞吐量为多少 GFLOP/s？在给定存储器带宽限制下，这一吞吐量是否可持续？

8

第 8 章　多处理器

8.1　多处理器概念

微课视频

如第 1 章所描述的那样，1987 年到 2003 年近 20 年的时间内，单处理器性能每年增长约 52%，这源于器件和系统结构两方面的共同推动，前者体现在更多晶体管、更高主频等器件进步；后者体现在更多部件、更深流水线、更佳分支预测和更大的 Cache 等计算机系统结构优化。但是从 2003 年开始，处理器的时钟频率、功率和可利用 ILP 几乎保持不变。并且登纳德定律已经失效，处理器功率整体受限。这些因素共同作用导致了单处理器性能增长率减缓，近年年增长率仅约为 3.5%。既然单处理器性能有限，那么自然的想法就是通过增加处理器个数或者处理器核数提升整体性能。2003 年之后，从低端到高端的各类处理器普遍为多核处理器、多处理器。2004 年开始，Intel 公司就主要通过增加核数来推动处理器整体性能提升。因此本章主要讨论多处理器、多核处理器的系统结构和关键技术。

通常认为多处理器属于 MIMD 模型，其每个核/处理器是通用的，可以独立执行程序，因此能提供线程级并行（Thread-Level Parallelism，TLP），具有良好的灵活性和可扩展性，并可借助规模优势，降低软硬件整体开发难度和成本。多处理器中多个处理器通过共享网络和全局存储（缓存、内存和外存）连接在一起。其抽象结构如图 8.1（a）所示，多个多核处理器共享网络和全局存储器。图 8.1（b）所示是其结构的简化抽象。

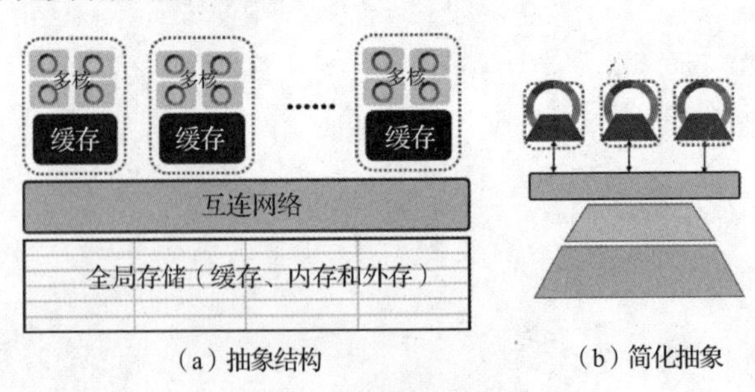

（a）抽象结构　（b）简化抽象

图 8.1　多处理器抽象结构

尽管多处理器的出现已经有几十年了，但从嵌入式应用到高端服务器的计算领域中，TLP 近期才开始被普遍应用。多处理器通过两种不同的软件模型来开发 TLP。第一种模型是指运行一组紧密耦合的线程，协同完成同一项作业进程，称为作业级并行（Job-Level Parallelism，JLP）。第二种模型是指一位或多位用户发起的请求需要多个不同进程协同完成，请求之间是相对独立的，称为请求级并行（Request-Level Parallelism，RLP）。

第 4 章介绍过同时多线程，多个线程以交错形式运行。多核处理器也支持多线程，但会引入同步问题。注意，本章主要讨论含有少量（2～32 个）处理器的多处理器，这是应用广泛的多处理器配置。至于更大规模（包含 32 个以上的多处理器）的多处理器领域，主要用于大型科学计算任务。

8.1.1 多处理器系统结构

多处理器系统结构可以按其存储器物理组织结构进行分类，分为集中式共享存储器结构和分布式共享存储器结构。

1. 存储器结构

集中式共享存储器结构也称为 SMP 结构。其中，各处理器共享存储器，能够平等、对称地访问存储器（内存），物理存储器可以是共享的片内缓存或者片外存储器。其是常见的多处理器结构，处理器通常不超过 8 个，因此从不会严重竞争共享总线。在多核处理器中，多核也共享缓存，在结构上属于 SMP 结构。SMP 结构也称为均匀存储器访问（Uniform Memory Access，UMA）结构，这是因为所有处理器访问共享存储器的延迟都是一致的。图 8.2 描述了这类多处理器结构。

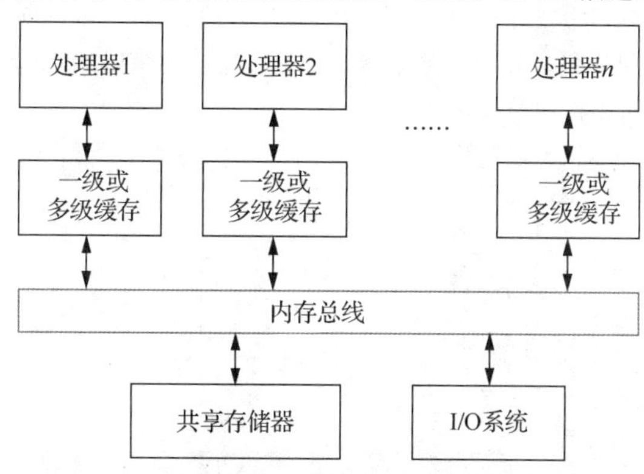

图 8.2 集中式共享存储器结构

分布式共享存储器（Distributed Shared Memory，DSM）结构通过高速互连网络连接多个处理器节点，图 8.3 展示了此基本结构，其中每个处理器节点包含独立的处理器、存储器、I/O 和网络接口，处理器能够共享分布式存储器。2011 年之后处理器通常是多核的，包括专用缓存，具有高速互连网络连接所有处理器及其专用缓存。后面若没有特别说明，处理器核及其缓存统一称为处理器及存储器。当访问本地存储器时，其速度要远远快于访问远端存储器的速度。处理器访问本地存储器和远程存储器的性能是不同的，但是所有存储器都是全局共享的。物理存储器的分散放置有两个优点：①系统可扩展性较好，可以扩展到更大的规模；②本地存储器的访问延迟较小，如果大多数的访问是访问局部存储器，则可降低对远程存储器和互连网络的带宽要求。随着处理器性能的快速提高，以及处理器存储器带宽需求的相应增加，越来越多的多处理器也采用分布式共享存储器结构。

DSM 多处理器也称为非一致存储器访问（Non-Uniform Memory Access，NUMA），因为数据访问时间取决于其在存储空间中的位置。DSM 使得处理器之间传送数据的过程变得更复杂，运行在一个处理器上的程序存取不同处理器的内存时，具有不同的访问延迟。因此，为了更好地利用本地快速存储，DSM 应用软件开发人员必须理解这种差异，并设计更好的数据结构和流程。

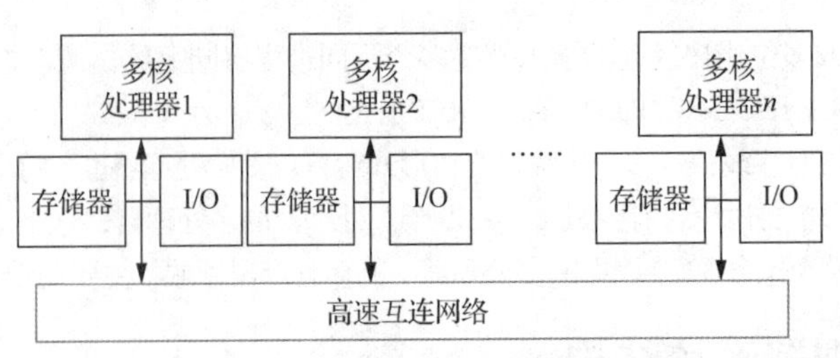

图 8.3 分布式共享存储器结构

2. 存储编址模式

接下来从存储器编址和访问方式的角度对多处理器系统结构类型进行描述。首先从存储地址逻辑空间组织结构方面进行分类，如图 8.4 所示，这是程序员能够看到的存储地址空间，总体分为两类：全局共享地址空间和分布式独立地址空间。对于全局共享地址空间，无论是物理上集中共享的存储器，还是物理上分离的存储器，都在逻辑上统一进行编址，各个处理器共享同一个全局统一逻辑地址空间。SMP 和 DSM 都可采用这种编址模式。共享存储器通信机制的主要优点有 5 点：①能够与常用的对称式多处理器很好地配合；②易于编程，采用单一存储空间模型开发应用程序，而把重点放到对性能影响较大的数据访问上；③简化编译器设计；④当通信数据量较小时，通信开销较低，带宽利用较好；⑤可以采用 Cache 机制来减小远程通信的频度，减少通信延迟以及对共享数据的访问冲突。分布式存储器、多处理器使用全局共享地址空间结构，具有不同的内存存取延迟，但是对于程序员是透明的。

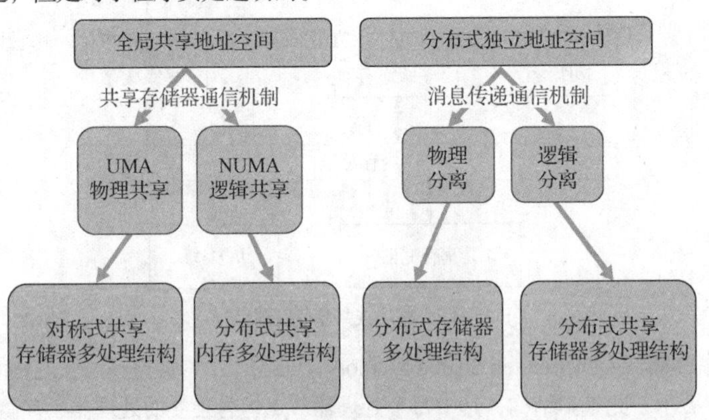

图 8.4 多处理器系统结构分类

而分布式独立地址空间是指整个系统的存储地址空间由多个独立内存编址空间构成。即使对于物理共享的存储器，也可以在逻辑上把物理存储器划分为多个独立编址区域，分配给不同的节点管理。而对于分布式存储器、多处理器，可以让不同节点中的地址空间之间保持逻辑上的相互独立，这样每个节点中的存储器只能由本地的处理器进行访问，远程的处理器不能直接对其进行访问。一些安全处理器为不同进程提供完全物理独立的内存地址空间，从而实现安全隔离。

基于上述两类存储编址模式，可以将处理器通信机制分为两类：共享存储器通信机制和消息传递通信机制。共享存储器通信机制基于全局共享地址空间，各个处理器用 Load 和 Store 指令对全局共享的存储地址进行存储-载入操作。而消息传递通信机制基于分布式独立地址空间，处理器访问各个独立存储空间时，需要显式地传递消息，消息包含操作类型、目的处理器、其内部地址以及传送的数据。在消息传递通信机制中，一个处理器要对远程存储器上的数据进行访问或操作时：首先向目标处理器发送消息，请求传递数据或对数据进行操作，例如使用 RPC；当目的处理器接收到消息后，执行相应操作或代替远程处理器进行内存访问，并发送一个应答消息将结果返回。

根据消息处理机制的不同，消息传递进一步分为同步消息传递和异步消息传递。在同步消息传递中，当请求处理器发送一个消息后，一直要等到应答完成，它才继续运行。而在异步消息传递中，当请求处理器发送一个消息后，可以处理其他事情，数据发送方在得到所需数据后，通知请求处理器进行后续处理。全局共享地址空间基于共享存储器通信机制，能够在对称式共享存储器多处理结构和分布式共享内存多处理结构上实现。同样，分布式独立地址空间基于消息传递通信机制，也能在两种物理分布式结构上实现。

消息传递通信机制的主要优点有 4 点：①硬件简单；②通信显式，容易分析通信开销；③显式通信可以让编程者参与开发并行程序；④同步操作很自然地与发送消息关联，减小同步错误的可能性。

注意，共享存储器也可以支持消息传递，这相对简单。而消息传递硬件支持共享存储器就困难得多，所有对共享存储器的访问均要求管理系统（例如操作系统）提供地址转换和存储保护功能，即将存储器访问转换为消息的发送和接收。

在 SMP 结构和 DSM 结构这两种体系结构中，线程之间的通信是通过共享存储完成的，也就是说，任何一个拥有正确寻址权限的处理器都可以向任意存储器位置发出存储器访问。

3. 多路多核处理器结构实例

早期，多个处理器和存储器通过共享总线互连，是典型的 SMP 结构。近年来，多核处理器迅速发展，多个核心也通过共享总线互连。目前，大多数多核多路高性能服务器往往采用 NUMA 结构，前端总线（Quick Path Interconnect，QPI）实现 CPU 之间的互连；CPU 通过内存总线和内存直接相连；CPU 通过 I/O 总线连接高速设备，这些总线控制器都集成在处理器中。因此，多路 CPU 对存储器的访问是非对称的：对本地存储器的访问更快一些（如 40ns），而对远程存储器的访问要慢一些（如 200ns）。在多核处理器内部，所有核心共享分布式的二级或者三级片上缓存，从一个核心访问共享缓存时，仍然是非对称的。图 8.5 所示为 4 路 4 核处理器示例，每个处理器内部有 4 个核和片内 Cache。Intel 采用 QPI 连接多个处理器，而片内采用总线或者二维环网连接内部多个处理器核心或者控制器节点（缓存、内存、QPI 和 I/O 控制器等）。这种存取的异构性对于应用程序是透明的，因此现代操作系统往往对进程/线程进行调度，通过迁移进程/线程实现数据的就近存取。也可以提供亲和性接口，由程序绑定处理器或者处理器核。NVIDIA 也提出 NVLink 方式用于连接多个 GPU，构成多路处理器结构。

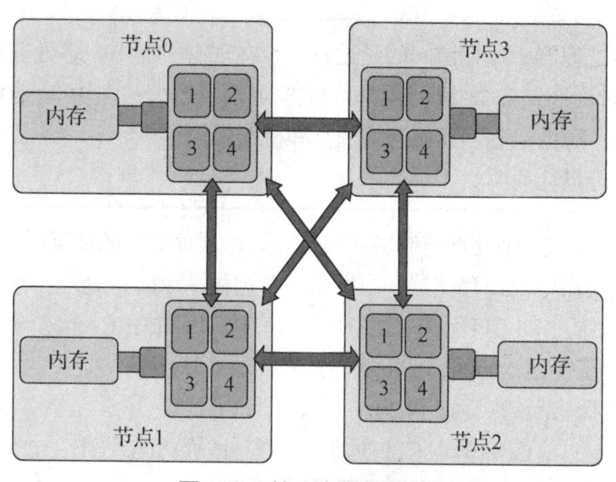

图 8.5　4 核 4 路处理器示例

8.1.2 并行处理的挑战

多处理器需要同时支持多进程和单进程任务。多处理器中最好每个处理器执行独立线程或进程，这需要软件系统隐式调度或程序员显式分配。但理想的并行较难实现。首先，程序内部并行度可能有限；其次，处理器之间通信的成本较高。回忆 Amdahl 定律，系统加速比受限于不可加速部分的比例。因此并行处理具有两个挑战。下面通过 3 个例子来进行量化说明。

第一个挑战是程序内部并行度有限，示例如下。

例题 假设 100 个处理器能够获得 80 的系统加速比，求原计算程序中串行部分最多可占多大的比例。

解答 假定此程序以并行和串行两种模式运行，并行模式下所有处理器同时工作，因此并行部分加速比就是处理器的数目，由 Amdahl 定律可知：

$$80=1/(\text{并行部分比例}/100+(1-\text{并行部分比例}))$$

$$\text{计算并行部分比例}=0.9975$$

为了让 100 个处理器实现 80 倍的加速比，原计算中只能有 0.25%的处理器是串行的。当然，为实现正比例加速，整个程序必须是完全并行的。在实践中，完全并行和完全串行的程序都是很少的。通常运行在处理器部分并行模式下。

Amdahl 定律能够用于分析可变加速比情况。

例题 假设一个程序运行在一台有 100 个处理器的机器上，程序可以使用 1、50 或 100 个处理器。假设 95%的程序可以使用 100 个处理器，剩下有多少比例的程序使用 50 个处理器，才能获得 80 的全局加速比？

解答 由 Amdahl 定律可知：

$$80=1/(0.95/100+X/50+(1-0.95-X))$$

得到：

$$0.76+1.6X+4.0-80X=1$$

$$X\approx 0.048$$

如果有 95%的程序可使用 100 个处理器，大约需要有 4.8%的程序可使用 50 个处理器，仅 0.2%的程序必须串行。

第二个挑战是多处理器中远程访问的延迟较大，在现有机器中，多处理器内部多核之间通信延迟为 35～50 个时钟周期，多个处理器之间的数据通信延迟大约为 100～300 个时钟周期。远程访问延迟主要取决于：通信机制、互连网络种类和机器规模。

再用一个例子进行量化说明。

例题 假设有一台有 32 个处理器的多处理机，对远程存储器的访问时间为 100ns。除了通信以外，所有其他访问均命中局部存储器。当发出一个远程请求时，处理器挂起。处理器的时钟频率为 4GHz，如果指令基本的 CPI 为 0.5，并假设所有访存均命中 Cache，求在没有远程访问的情况下和有 0.2%的指令需要远程访问的情况下，前者比后者快多少？

解答 有 0.2%远程访问的实际 CPI 为

$$\begin{aligned}\text{CPI}&=\text{基本 CPI}+\text{远程访问率}\times\text{远程访问开销}\\&=0.5+0.2\%\times\text{远程访问开销}\end{aligned}$$

远程访问开销为

$$远程访问时间/时钟周期时间=100ns/0.25ns=400（时钟周期）$$

$$CPI=0.5+0.2\%\times400=1.3$$

因此在没有远程访问的情况下，机器速度是有 0.2%远程访问的机器速度的 1.3/0.5=2.6 倍。实际的性能分析要复杂得多，因为本地存储层次结构也会缺失，远程访问时间也不是一个常数值，在有多个远程访问竞争情况下，延迟会显著增加。

总结一下，并行度不足、远程通信开销大是多处理器性能提升的难点。应用程序并行度不足的问题必须通过软件来解决，例如，程序员根据多处理器特点，针对作业进行多线程并发编程。远程延迟过大而导致的影响可以由体系结构和程序员来降低。例如，可以利用硬件机制（如缓存共享数据）或软件机制（如重新调整数据结构，增加本地访问的数量）来降低远程访问的频率。

8.2 互连网络

多处理器系统由处理器、内存、I/O 设备等各种部件组成。为了使计算机内多个高速部件或者多个计算机之间能够高效、并行协同工作，首先需要将这些部件物理连接起来，并实现数据的传输和交换，部件之间的通信网络称为互连网络（Interconnection Network），它可能连接 CPU 处理器内的多个核、多个 CPU 处理器、CPU 处理器和内存、一个 CPU 内存和其他 CPU 内存、多个计算机，甚至多个计算机网。对于多处理器系统而言，互连网络是 SIMD 计算机和 MIMD 计算机的关键。互连网络的主要设计目标是：在成本、能耗等的约束下，在尽可能短的时间内传输尽可能多的数据，避免成为系统的瓶颈。

微课视频

8.2.1 互连网络概念

图 8.6 展示了互连网络的基本结构，它连接多个端节点，每个端节点都包含部件，并通过软件接口和硬件接口连接互连网络。

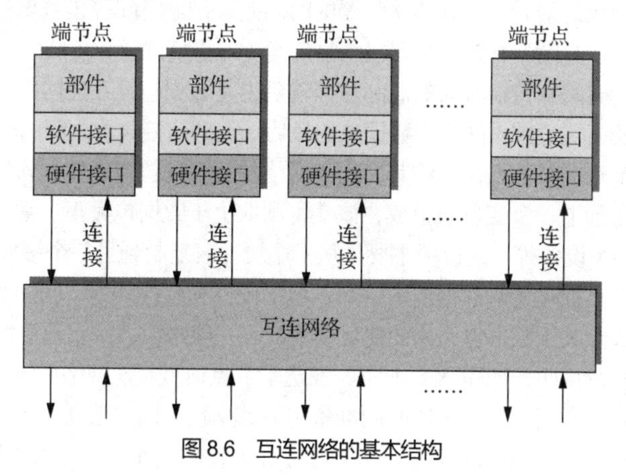

图 8.6 互连网络的基本结构

1. 互连网络分类

整体而言，存在 4 种互连网络：片上网络（On-Chip Network，OCN）、存储区域网（SAN）、局域网（Local Area Network，LAN）和广域网（Wide Area Network，WAN）。

OCN 也称为 NoC（Network on Chip），主要用于芯片微架构内功能单元的互连，包括片内寄存器文件、缓存、计算模块以及功能 IP 模块。OCN 能够连接几十到几百个部件，连接距离在厘米级。大多数高性能芯片 OCN 一般都是定制设计的，以减轻芯片交叉线导致的延迟。例如，IBM 公司的 CoreConnect、ARM 公司的 AMBA 和 Sonic 公司的智能互连。Intel 公司采用 28nm 制程的 Stratton 可以连接 200 个处理内核，网络峰值高达 200 Tb/s。

SAN 用于多处理器之间、处理器-内存互连，也用于连接服务器和数据中心环境中的存储器和 I/O 组件。通常，可以连接数百台这些设备，并且一些超级计算机 SAN 支持成千上万台设备的互连，例如 IBM BlueGene/L 超级计算机。一般 SAN，最大互连距离通常为几十米，但一些 SAN 互连距离跨越数百米。例如，流行的 InfiniBand 标准于 2000 年年底推出，距离可达 300m，带宽达 120Gb/s。

LAN 用于在机房、整个建筑物或校园环境中互连计算机，可以将个人计算机（Personal Computer，PC）互连成集群。最初，LAN 最多只能连接 100 台设备，但通过桥接 LAN 可以连接几千台设备。最大互连距离可达几十千米。例如，以太网有支持 40km 远距离互连的 10 Gb/s 版本。

WAN 用于连接分布在全球的计算机系统，这需要互联网支持。WAN 可远距离连接数千千米内的数百万台计算机。异步传输方式（Asynchronous Transfer Mode，ATM）是远距离网络连接机制。

2. 互连网络性能

下面先讨论传输单个数据包时的延迟，然后讨论传输多数据包时的有效带宽（也称为吞吐量）。

带宽通常指数据包传输的最大速率，其中数据包包括包头、有效载荷和尾部。带宽单位传统上是每秒位或者每秒字节数。带宽也用于表示介质（即网络连接）的测量速度。聚合带宽是指网络提供的总数据带宽，有效带宽或吞吐量是网络提供给应用程序的实际带宽。

飞行时间是数据包第一位到达目的接收器的时间，包括链路上的传播延迟和由于其他原因引起的网络延迟，例如链路中继器和网络交换机造成的延迟。WAN、LAN、SAN 和 OCN 的飞行时间量级单位分别是 ms、μs、ns 和 ps。

传输时间是数据包通过网络的时间，不包括飞行时间。衡量它的一种方法是计算数据包第一位到达接收器和数据包的最后一位到达接收器的时间差。传输时间等于数据包的大小除以网络的数据带宽链接。此度量假设没有其他数据包竞争带宽（即零负载或无负载网络）。

传输延迟是飞行时间和传输时间的总和。传输延迟是数据包在互连网络中花费的时间。换句话说，它是数据包的第一位进入网络到数据包的最后一位到达接收器之间的时间差。

发送开销是端节点准备数据包并将其发送到网络的时间，包括硬件和软件处理开销。假设发送开销由一个常数项加上一个变量项组成，该变量项取决于数据包大小。常数项包括内存分配、包头准备、设置 DMA 设备等。变量项主要是从一个缓冲区复制到另一个缓冲区的延迟。

接收开销是端节点处理传入数据包的时间，包括硬件和软件开销。同样假设接收开销由一个常数项加上一个取决于关于数据包大小的变量项组成。一般来说，接收开销大于发送开销。

下面通过例子进行说明，如图 8.7 所示，发送端节点通过互连网络传输一个数据包给接收端节点。从发送端节点来看，首先花一段时间准备传输数据包，例如数据打包，也就是发送开销；之后它把这个包通过自己的端口发送出去。从它的角度来看，网络传输时间为数据包大小除以实际带宽。从接收端节点来看，发送端节点发送的第一字节需要通过网络才能到达，这段时间称为飞行时间；之后它需要依次逐字节地接收所有数据，接收时间就是网络传输时间；然后进一步进行数据包处理，例如解包，称为接收开销。因此总的通信延迟等于软件开销加上网络延迟，前者包含发送开销和接收开销；后者包含飞行时间和网络传输延迟。传输延迟表达为下述公式：传输延迟=发送开销 +飞行时间 + 数据包大小/网络带宽 + 接收开销。

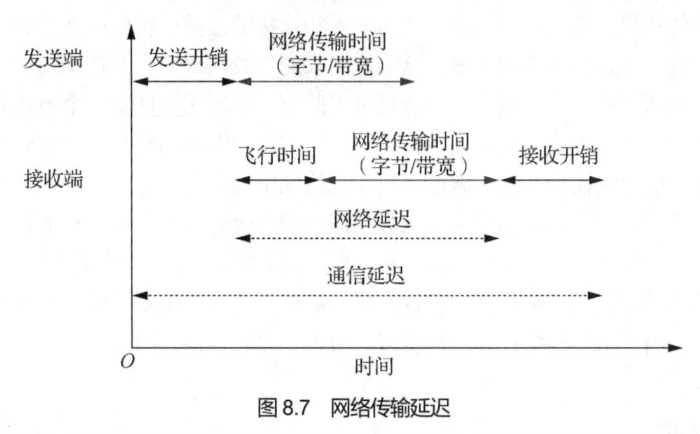

图 8.7 网络传输延迟

例题 假设有一个带宽为 8Gbit/s 的专用双工链路网络，通过 OCN、SAN、LAN 或 WAN 连接两个设备，数据包大小是 100B（包括标头）。终端节点每个数据包的发送开销为 x+0.05ns/B，接收开销为 4/3(x)+0.05ns/B，其中 x 对于 OCN、SAN、LAN 和 WAN 分别为 0、0.3、3μs 和 30μs。一个设备到另一个设备互连距离分别为 0.5cm、5m、5000m 和 5000km，假设飞行时间仅包含链路传播延迟（即没有切换或其他延迟源）。信号传输速度是真空中光速的 2/3。请计算发送数据包的总延迟。

解答 传输延迟=发送开销 +飞行时间 + 数据包大小/网络带宽 + 接收开销

由于不同参数单位差别较大，在计算时，第一行参数标出相应的单位，第二行再换算成统一单位。

对于 OCN：

传输延迟 $_{OCN}$=(100B×0.05ns/B)+0.5cm/(2/3×300000km/s)+100B/8Gbits/s+(100B×0.05ns/B)

=5 ns + 0.025 ns + 100 ns + 5 ns=110.025 ns

对于 SAN：

传输延迟 $_{SAN}$=0.30 μs+ (100B×0.05ns/B)+5m/(2/3×300000km/s)+100B/8Gbits/s+0.4 μs+ (100B×0.05ns/B)

=0.305 μs + 0.025 μs + 0.1 μs + 0.405 μs=0.835 μs

对于 LAN：

传输延迟 $_{LAN}$=3.00μs + (100B×0.05ns/B)+5000m/(2/3×300000km/s)+100B/8Gbits/s+4.0μs+ (100B×0.05ns/B)

=3.005 μs + 25 μs + 0.1 μs + 4.005 μs=32.11 μs

对于 WAN：

传输延迟 $_{WAN}$=30.0μs + (100B×0.05ns/B)+5000km/(2/3×300000km/s)+100B/8Gbits/s+40μs + (100B×0.05ns/B)

=30.005 μs + 25 000μs + 0.1 μs + 40.005 μs=25.07ms

8.2.2 互连网络结构

1. 网络拓扑

网络拓扑结构可以使用图表示，通过有向边或无向边描述节点间的连接关系。互连网络的结构特征可以通过分析相应的拓扑图得出。

网络拓扑结构具有几个关键参数。首先是网络规模，也就是网络中节点的个数，它反映了网络所能连接部件的数量。其次是节点度，是与节点相连接的边数，也就是通道数，可以进一步分为入度和出度。进入节点的边数叫入度，从节点出来的边数叫出度。互连网络中，出于复杂度和成本考虑，一般期望节点度不要过大。接着是节点距离，是网络中任意两个节点间通路所经历边数的最小值。其中，网络中节点间距离的最大值，就定义为网络的直径。它反映了最坏情况下，一对节点完成通信的时间代价。为了降低延迟，当然期望网络直径尽可能地小。另一个结构参数是等分宽度，就是当把一个网络切分为节点数相同的两部分时，在各种可能的切分方法中，被切边数的最小值。这个参数反映了在最坏情况下，一组节点向另一组节点实施并发数据传输的性能，反映了网络支持的最大流量。最后是对称性，如果从任何节点角度看，网络拓扑结构都相同，就称其为对称网络。由于对称网络比较容易实现，编程也比较容易，因此一般而言期望网络尽可能设计为对称的。

2. 互连函数

互连网络可以看成输入节点到输出节点之间的一组互连映射关系，这种关系可以用互联函数来进行形式化表示，也就是在互连函数 f 的作用下，输入端 x 连接到输出端 $f(x)$。互连函数可以有多种表示方法，包括枚举法、开关状态图、列表法、循环。互连函数 $f(x)$ 采用循环表示即（$x_0, x_1, x_2, \cdots, x_{j-1}$）；$f(x_0)=x_1$，$f(x_1)=x_2$，…，$f(x_{j-1})=x_0$，$j$ 称为该循环的长度。一般情况下，节点号可以使用二进制表示。设 $n=\log_2 N$，则可以用 n 位二进制来表示 N 个输入端和输出端的二进制地址，其互连函数表示为：$f(x_{n-1}x_{n-2}\cdots x_1x_0)$。注意在用循环表示时，$x_i$ 指的是节点 x_i；而互连函数表示中，x_i 指一个节点二进制地址的第 x_i 位，不要混淆。一个互连网络可以通过开关切换的方式形成多种映射关系，所以需要用“互连函数族”来定义一个网络，反映网络对于不同传输置换的支持能力。

下面介绍几种常用的基本互连函数及其主要特征。

$$I(x_{n-1}x_{n-2}\ldots x_1x_0)=x_{n-1}x_{n-2}\ldots x_1x_0$$

第一种是恒等函数 I，它实现了同号输入端和输出端之间的连接。这个表达起来比较简单，函数输出就是自己。

第二种是交换函数 E，实现了二进制地址编码中第 k 位互反的输入端与输出端之间的连接。交换函数主要用于构造立方体互连网络（见图 8.8）和各种超立方体互连网络。

$$E\left(x_{n-1}x_{n-2}\cdots x_{k+1}x_kx_{k-1}\cdots x_1x_0\right)=x_{n-1}x_{n-2}\cdots x_{k+1}\bar{x}_kx_{k-1}\cdots x_1x_0$$

网络节点数为 N 时，共有 $\log_2 N$ 种互连函数，表示地址中每一位交换。通常用 Cube_i 来表示节点二进制地址第 k 位形成的连接关系，称为立方体函数。

图 8.8（a）所示为 8 节点的立方体网络，节点度为 3，其连接拓扑显示为立方体的形状。我们使用 Cube_0、Cube_1、Cube_2 这 3 个函数对网络置换操作进行描述。

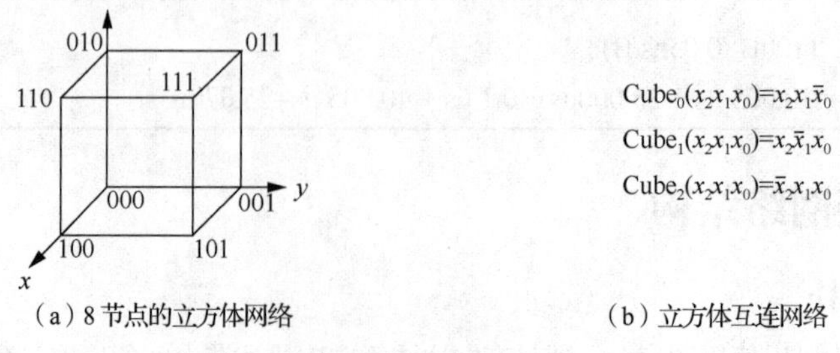

（a）8 节点的立方体网络　　（b）立方体互连网络

图 8.8　立方体互连网络

第三种互连函数是均匀洗牌函数（ σ ）。它将输入端分成数目相等的两半（前一半和后一半），按类似均匀混洗扑克牌的方式，交叉地连接到输出端，而输出端相当于混洗的结果，也称为混洗函数。shuffle 函数用于把输入端的二进制编号循环左移一位。

$$\sigma(x_{n-1}x_{n-2}\cdots x_1x_0)=x_{n-2}x_{n-3}\cdots x_1x_0x_{n-1}$$

第四种是移数函数（ α ），它把各输入端都错开一定的位置后连到输出端。它的数学表达式是加减 k 后再取模 N。

$$\alpha(x)=(x\pm k)\bmod N \qquad 1\leqslant x\leqslant N-1，1\leqslant k\leqslant N-1$$

PM2I 函数是特殊的移数函数。P 和 M 分别表示加和减，2*I* 表示 2 的 *i* 次方。公式为：

$$\mathrm{PM2}_{+i}(x)=x+2^i \bmod N$$

$$\mathrm{PM2}_{-i}(x)=x-2^i \bmod N$$

其中，$0\leqslant x\leqslant N-1$，$0\leqslant i\leqslant n-1$，$n=\log 2N$，$N$ 为节点数。

将输入端左右偏移 2 的 i 次方后，取模 N 连到输出端。

由于 $0\leqslant i\leqslant n-1$，有 n 个不同值，因此 PM2I 互连网络共有 $2n$ 个互连函数。互连网络通常可以分为两大类：一类是静态互连网络，另一类是动态互连网络。静态互连网络就是各节点之间有固定的连接通路且在运行中不能改变的网络。动态互连网络由交换开关构成，是可按运行程序的要求，动态地改变连接状态的网络。

3. 静态互连网络

静态互联网络的拓扑结构在运行时是固定的，包括线性阵列、树形和星形网络、网格形网络、Illiac 网络和环形网络。

线性阵列是一维线性网络，N 个节点用 $N-1$ 个两两相连的链路连成一串。它的网络结构参数：端节点的度为 1，其余节点的度为 2，网络直径为 $N-1$，等分宽度 $b=1$。线性阵列和总线网络是有区别的，总线网络是动态网络，所有节点共享一个物理通道，在同一时刻，只有一对节点使用总线进行通信。而线性阵列中，只有相邻节点间有通信链路，在不冲突的情况下，可以使多对节点同时并行传送数据。

如果把线性阵列首尾相连，就可以得到环形结构，根据链路特性，可以有单向环、双向环，环形阵列是一种对称互连结构。它所有节点的度都是 2。如果是双向环，网络直径为 $N/2$。如果是单向环，网络直径为 $N-1$。环的等分宽度 $b=2$。

如果 N 较大，网络直径也比较大，它对应的节点传输延迟也会比较大。为了进一步减小传输延迟，可以引入带弦环，也就是环上每个节点到所有与其距离为 2 的整数幂的节点间都增加一条附加链路，构成循环移数网络。在 16 节点循环移数网络中，0 和 1 节点的连接关系可以看作循环移数 i 取 0，0 和 8 节点的连接关系可以看作循环移数 i 取 3。节点度为 7，直径为 2。对于规模 $N=2^n$ 的循环移数网络，其节点度为 $2n-1$，直径为 $n/2$。

下面来介绍树形网络结构和星形网络结构（简称树形结构和星形结构）。图 8.9（a）所示是一棵 5 层 31 个节点的二叉树。对于有 $N=2^k-1$ 个节点的、一棵 k 层完全平衡的二叉树，最大节点度为 3，直径为 $2(k-1)$，等分宽度 $b=1$。如果是星形结构，如图 8.9（b）所示，节点度较高，为 $N-1$，直径较小，是常数 2，等分宽度 b 为 $N/2$ 的向下取整。但是星形网络可靠性较差，中心节点是单一故障点，如果其出现问题，整个系统就会瘫痪。从树形结构来看，越往上层走，越聚集，顶层节点会成为传输瓶颈。因此，提出胖二叉树结构，如图 8.9（c）所示。其整体拓扑结构和二叉树类似，但是越往上层，相应的链路带宽也越大。

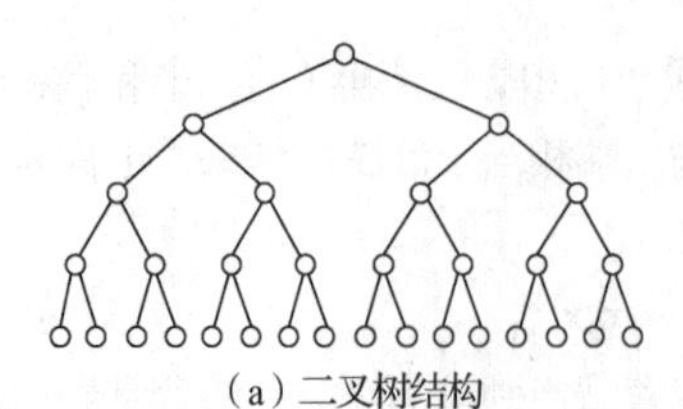

（a）二叉树结构

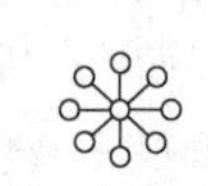

（b）星形结构

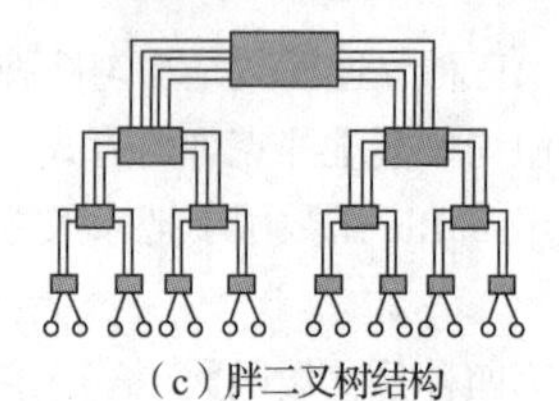

（c）胖二叉树结构

图 8.9　二叉树结构、星形结构和胖二叉树结构

图 8.10（a）所示是一个 3×3 的网格形网络结构。对于规模为 $N=n\times n$ 的二维网格形网络，内部节点度是 4，边节点度是 3，角节点度是 2，网络直径 $D=2(n-1)$，等分宽度为 n。围棋盘就采用这种结构。如果由 $N=n\times k$ 个节点构成 k 维（每维 n 个节点）网格形网络，内部节点度 $d=2k$，网络直径 $D=k(n-1)$。

图 8.10（b）所示是 Illiac 网络结构，其名称源于采用了这种网络结构的 Illiac Ⅳ型计算机。与二维网格形网络结构相比，它把每一列的两个端节点分别连接起来，再把所有行的首尾依次相连为一长串。对于规模为 $n\times n$ 的 Illiac 网络，所有节点的度都为 4，网络直径为 $n-1$，只有纯网格形网络直径的一半，等分宽度为 $2n$。

图 8.10（c）所示是环形网络结构。它把 Illiac 网络结构每一列的两个端节点连接起来。不同之处是，它把每一行的两个端节点分别连接起来，而不是把所有行串在一起，是环形阵列和网格形阵列的组合。对于 $n\times n$ 的环形网络，节点度为 4，和 Illiac 网络一样，网络直径为 $2\times(n/2)$的向下取整，等分宽度 $b=2n$。Intel Xeon 处理器内部的片上网络就是 6×6 的环形网络。

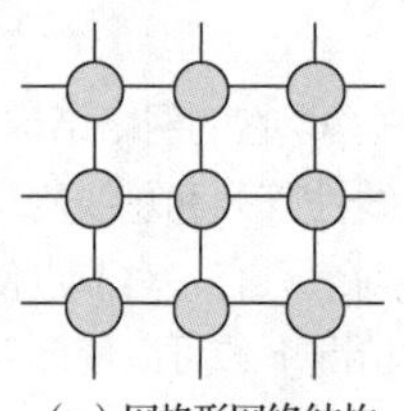

（a）网格形网络结构

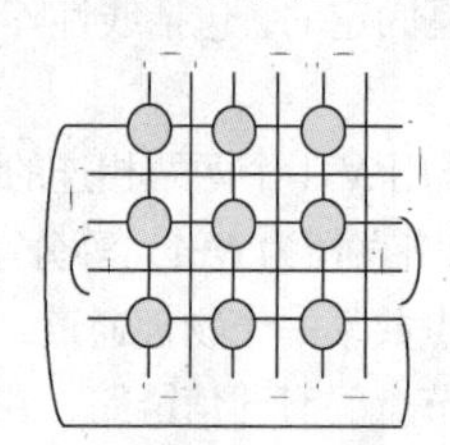

（b）Illiac 网络结构

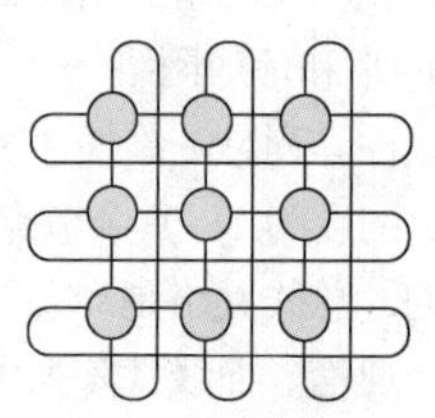

（c）环形网络结构

图 8.10　网格形网络、Illiac 网络和环形网络结构

在极端状态下，可以形成全连接网络。任意一对节点间都有直接相连的链路，直径为 1，传输性能最优。但是连接数量为 n 的平方，成本也最高。

4. 动态互连网络

动态互连网络能够在运行时改变网络拓扑，主要分为 3 种形式：总线网络、交叉开关网络和多级互连网络。

（1）总线网络由一组导线和插座构成，经常被用来实现计算机系统中处理器模块、存储模块和外围设备等之间的互连，是简单、常用的互连网络。任意时刻，总线只能用于一个源（主部件）到一个或多个目的（从部件）之间的数据传送。当同时有多个请求时，需要由总线仲裁逻辑按照一定规则分配给某个请求使用。和其他动态互连网络相比，总线网络简单、实现成本低，但是带宽相对较小，由于它一次只能处理一个请求，因此容易成为系统瓶颈。为解决单总线带宽有效问题，一般采用多个总线或多级总线。

（2）交叉开关网络是单级开关网络，能根据程序的传输需求，设置开关状态为开或者关，在源和目的之间形成动态连接，同时实现多对节点之间的无阻塞连接。相较于其他动态互连网络，其带宽和互连特性最好。对于 $n\times n$ 的交叉开关网络，可以无阻塞地实现 $n!$种置换。但同时，其成本也是昂贵的。对于 $n \times n$ 交叉开关网络，需要 n^2 套交叉点开关以及大量的连线。

（3）多级互连网络是由多列开关和级间连接构成的通用多级互连网络，如图 8.11 所示，每一列开关构成一级。这里每一级都采用了多个 $a \times b$ 开关模块、a 个输入和 b 个输出。理论上，a 和 b 不一定相等，实际上，a 和 b 经常为 2 的整数幂。2×2 开关是常使用的。通常在 N 个节点的网络中，多级 ICN 由 n（$n = \log_2 N$）级构成。相邻各级开关之间都有固定的级间连接。这个固定连接用互连函数描述。所以一般是固定连接的网络类型确定了多级互连网络的名称。经典的多级互连网络有多级立方体网、多级混洗交换网和多级 PM2I 网。多级互连网络中常用的是二元交换开关，有 4 种基本接通状态：直连、交换、上播和下播。在进行数据置换时只能使用前两种。如果要实现广播和选播，需要用到上播和下播两种开关连通状态。开关的不同状态，可以通过上层应用编程设置相应控制信息，实现不同网络连接设定。

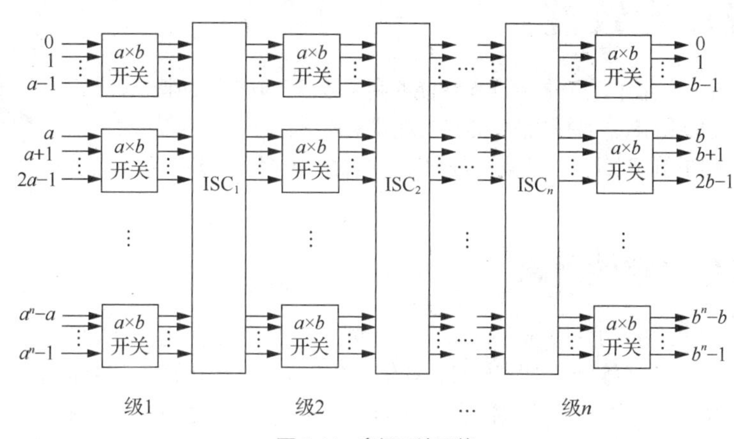

图 8.11　多级互连网络

5. SAN 实例 InfiniBand

InfiniBand 是 InfiniBand 贸易协会（InfiniBand Trade Association，IBTA）于 2000 年 10 月提出的一种工业级的系统网络通信协议，它提供基于交换机的点到点双向串行链路结构，用于处理器节点之间以及处理器节点与输入/输出节点（如磁盘或存储器）之间的高速互连。

InfiniBand 通过交换机在节点之间直接创建一个专用的受保护通道，并通过适配器执行远程直接存储器访问（Remote Direct Memory Access，RDMA）和发送/接收卸载，以方便数据和消息的移动。适配器一端通过 PCIe 接口连接到 CPU，另一端通过 InfiniBand 网络端口连接到 InfiniBand 子网，能够提供灵活的拓扑、路由算法和仲裁技术。它可提供直通交换、多个虚拟通道、服务质量控制、基于信用的链路级流量控制、加权循环公平调度、可编程转发表、信子网管理、端到端路径建立和虚拟目的地命名等功能。

在传统的系统级网络中，应用程序必须依赖于操作系统将数据从应用程序的虚拟缓冲区传输到网络堆栈和线路上，并且接收端的操作系统必须有类似的参与。InfiniBand 采用 RDMA 实现通过网络在应用程序之间直接传输数据的能力，无须操作系统参与的零复制传输。另一端的应用程序只需直接从远程内存中读取消息，无须内存所在的 CPU 干预。一旦连接建立，InfiniBand 体系结构确保通道能够在隔离和安全的情况下，将不同大小的消息传送到远程内存的虚拟地址空间。这样可减少 CPU 开销和网络处理开销。例如，对于在 Mellanox MHEA28-XTC 上测量的 4B 的标准数据包，通道适配器连接到 3.4GHz Intel Xeon 主机，发送和发送/接收的接收开销分别为 0.946μs 和 1.423μs，而 RDMA 分别为 0.910μs 和 0.323μs。

InfiniBand 流量控制是硬件实现的，而 TCP 是软件实现的。InfiniBand 提供了基于 Credit 的流控制（其中发送节点发送的数据不会超过链路另一端的接收缓冲区公布的 Credit 量），传输层不需要像 TCP 窗口算法那样的丢包机制来确定动态传输的数据包数量。这使得 InfiniBand 能够以极低的延迟和 CPU 使用率为应用程序提供 400GB/s 的数据传输速率。InfiniBand 有很好的可扩展性，可以在单个扁平子网中容纳约 40000 个节点。

RDMA 含有两类操作，即双边（Two-Sided）操作和单边（One-Sided）操作。双边操作，例如 RDMA send 和 RDMA recv，需要远端处理器的参与：远端 CPU 需要轮询 RDMA 消息（RDMA Message）队列并对消息进行处理。双边操作的请求/应答模式与基于 TCP/IP 的套接字编程相类似，但 RDMA 双边操作的 RPC 能够获取比基于 TCP/IP 的 RPC 更高的吞吐率。

8.3 缓存一致性

第 5 章介绍了缓存-内存存储层次结构能够利用数据存取局域性特征，降低对存储器带宽的要求，对称共享存储多处理器采用缓存-内存存储层次结构，也能缩短平均访问时间。但当多个处理器同时存取内存中的共享数据时也会引入一致性问题。

8.3.1 缓存一致性概念

本节以 SMP 为例说明分析缓存（Cache）一致性问题。为了简化讨论，单个处理器具有自己专用的 Cache；而低层存储器为所有处理器提供一个全局共享的存储地址空间。每个处理器会通过 Cache 来存取存储器中的共享数据。但如果处理器修改自己缓存中的共享数据，私有缓存和共享存储器对于同一个存储地址存在两个不同值，这就会导致数据的不一致。这个问题同样存在于多核处理器，一般靠近核的缓存是专用的，如 L1 和 L2；底层缓存（如 L3）是全局的。当共享数据进入私有 Cache 时，可能会产生缓存一致性问题。

图 8.12 通过例子说明 3 个处理器（P1、P2 和 P3）读写引起的 Cache 一致性问题。初始时，内存数据 u 的值为 5。P1 读取 u，把 u 保存在其私有 Cache 中。之后 P3 也读取 u，并保存到自己的 Cache 中。然后，P3 更新 u(7)。这时，P1、P2 的 Cache 和内存保存 u，但是其值不同。如果之后 P1 再次读取 u，这时取 5 还是 7 呢？如果 P2 读取 u，又会获得什么值呢？因此，当多个处理器 Cache 中有同一存储块的副本时，如果其中某个处理器对其 Cache 中的数据进行修改，会使得该块与其他处理器 Cache 和内存中的相应块不一致。

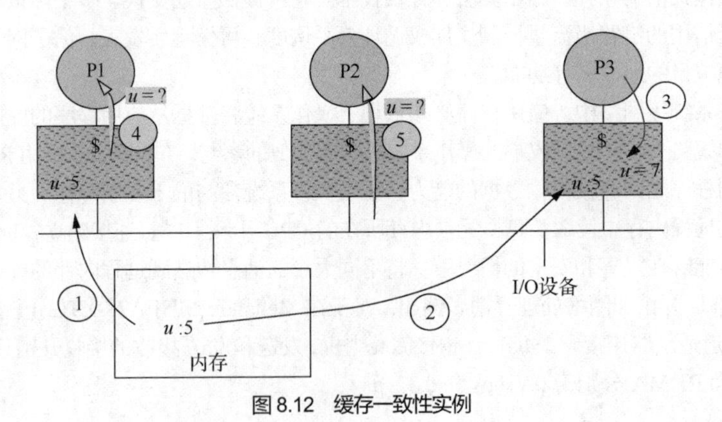

图 8.12　缓存一致性实例

因此需要一种机制保证多处理器缓存一致，就是每次读取某一数据项时都会返回该数据项的最新写入值。这个需求虽然简单，但实现起来比较复杂。从处理器角度来看，读取操作总是会返回最新值，则多处理器具有视图一致性（Coherence）。从存储器角度来看，它看到的数据读写次序和程序发起读写请求顺序是一样的，则称为存储器顺序一致性（Consistency）。

下述条件保证了视图一致性。

（1）处理器P对单元X进行一次写之后又对单元X进行读，读和写之间没有其他处理器对单元X进行写，则P读到的值总是前面写进去的值。

（2）处理器P对单元X进行写之后，另一处理器Q对单元X进行读，读和写之间无其他写操作，则Q读到的值应为P写进去的值。

（3）对同一单元的写是串行化的，即任意两个处理器对同一单元的两次写，从各个处理器的角度来看顺序都是相同的，也称为写串行化。

第一个条件保证了程序读写操作的顺序。第二个条件保证了存储视图一致性，否则当处理器总是读到一个旧值时，可能导致缓存不一致。第三个条件写操作串行化很重要。假定处理器P1和P2先后写入地址X，写串行化可以确保每个处理器在某一时刻看到的都是由P2写入的结果。如果写未串行化，处理器可能先看到P2写入的结果，之后看到P1写入的结果。为了避免此类问题，就要确保所有处理器看到的写X操作次序相同，也就是写串行化。

尽管上述3个条件确保了视图一致性，但什么时候才能看到写入值也是一个很重要的问题。不能要求某个处理器向X中写入一个取值之后，在短期内，另一个读取X的处理器就能够立刻得到这个写入值。写入值的读延迟问题由存储器顺序一致性模型解决。视图一致性和顺序一致性（连贯性）是互补的：视图一致性确定了向同一存储器位置的读写行为，而顺序一致性则确定了访问不同存储器位置的读写次序行为。

现在给出两个假定。第一，直到所有的处理器均看到了写的结果，写操作才算完成；事实上这个假定是比较严格的，会严重影响性能。第二，处理器的任何访存均不能改变写的顺序，也就是说，允许处理器对读进行重排序，但必须保证以程序规定的顺序进行写。这两个假定是指：如果一个处理器先后写入位置A和位置B，那么任何能够看到B中新值的处理器也必须能够看到A中的新值。这两个假定允许处理器调整读取操作的顺序，但强制要求处理器必须按照程序顺序来完成写入操作。

多个处理器保持视图一致性的协议被称为缓存一致性协议，其实现的关键在于跟踪、记录、共享数据块的状态。目前该协议有两类：监听（Snooping）式协议和目录（Directory）式协议，分别采用不同技术来跟踪共享状态。在多个处理器中维护一致性，需要多个处理器、通信部件、内存等部件都遵循共同的规则，这样才能保证并行程序执行的正确性，因此这个共同的规则也称为Cache一致性协议。

（1）监听式协议：如果一个缓存拥有某一物理存储块的数据副本，它需要跟踪该块的共享状态。在SMP中，Cache通常连在共享存储器的总线上，当某个Cache需要访问存储器时，它会把请求放到总线上广播出去，其他各个Cache控制器通过监听式总线（它们一直在监听）来判断它们是否有总线上请求的数据块。如果有，就进行相应的操作。监听式协议也可应用于多核多处理器。

（2）目录式协议：如果多处理器内并不存在一条共享物理总线，物理存储器中数据块的共享状态被保存在一个特殊的、称为目录的位置。目录是一种集中的数据结构。对于存储器中的每一个可以调入Cache的数据块，在目录中设置一个目录项，用于记录该块的状态以及哪些Cache中有副本等相关信息。目录简单的实现方案是，让存储器中的每一块都在目录中设置一个目录项，

但这会带来大量的存储器空间开销。目录可以是物理集中或分布式的。在 SMP 中，可以使用集中目录，或者关联到某个串行化控制点，比如多核处理器中的底层缓存。在 DSM 中，物理集中的目录会造成单点争用，因此要使用分布式目录机制，但也更复杂。

8.3.2 监听一致性协议

1. 写失效协议

为了满足一致性需求，需要确保处理器在写入某一数据项之前，获取对该数据项的独占访问权限。这种类型的协议称为写失效协议（Write Invalid Protocol），因为它在执行写入操作时会使其他副本失效。到目前为止，这是常用的协议。独占式访问确保在写入某数据项时，不存在该数据项的任何其他可读或可写副本：这一数据项的所有其他缓存副本都作废。

处理器对于 Cache 写也有两种策略，分别为直写和写回。前者写时同时更新 Cache 和内存中相应的值之后才算完成，保证 Cache 和内存中的数据是一致的，但是性能较差；而后者仅把数据写到 Cache 中就返回，性能好，但是 Cache 和内存中的数据是不一致的。

表 8.1 给出了一个写失效协议的例子，采用了写回缓存，分析了两个处理器先写、后读某一数据块的情景。由于写操作需要独占访问，其他所有数据块副本都必须失效。再次读取时，数据已失效的处理器会在缓存中发生缺失，从而强制读取数据块的新副本。对于写入操作，需要执行写监听一致性协议操作的处理器拥有独占访问权限，禁止任何其他处理器同时写入。如果两个处理器尝试同时写入同一数据，仅有一个会成功，会导致另一处理器的副本失效。另一处理器要完成自己的写入操作，必须首先获得此数据的新副本（新值）。因此，这一协议实现了写入串行化。

表 8.1　两个处理器先写、后读某一数据块情景下的写失效协议

处理器活动	总线活动	P_A的缓存内容	P_B的缓存内容	存储器 X 的内容
				0
P_A读取 X	缓存无 X 内容	0		0
P_B读取 X	缓存无 X 内容	0	0	0
P_A写 1 到 X	对于 X 失效	1		0
P_B读取 X	缓存无 X 内容	1	1	0

表 8.1 所示的例子中假定 P_A和 P_B缓存开始时都没有保存 X，存储器中的 X 值为 0。每行处理器和存储器内容给出了完成处理器及总线操作之后的取值。空格表示没有操作或没有缓存副本。当处理器 B 中发生第二次缺失时，处理器 A 写回该取值，同时取消来自存储器的响应。此外，处理器 B 中的缓存内容和 X 的存储器内容都被更新。存储器的这一更新过程是在数据块变为共享状态时进行的，这种更新简化了协议，但只能在替换该块时才可能跟踪所有权，并强制进行写回。这就需要引入另外一个 “拥有者”状态，表示某个块可以共享，但当拥有该块的处理器在改变或替换它时，需要更新所有其他处理器和存储器。如果多核处理器使用了共享缓存（比如 L3），那么所有存储器都透过这个共享缓存看到；在这个例子中，L3 就像存储器一样，一致性协议必须由每个核心的专用 L1 和 L2 处理。

写失效协议的另一种实现方法是在写入一个数据项时更新该数据项的所有缓存副本。这种类型的协议被称为写入更新协议或写入广播协议。由于写失效协议必须将所有写入操作都广播到共享缓存线上，因此它要占用相当大的带宽。为此，如今多处理器大部分选择实现写失效协议。

2. 基本实现思想

写失效协议中，共享总线或其他广播介质来执行失效操作。在较早的多处理器中，用于实现一致性的是共享存储器及 CPU 之间的总线。在多核处理器中，总线可能是专用缓存（Intel Core i7 中的 L1 和 L2）和共享外部缓存（Intel Core i7 中的 L3）之间的连接。在执行失效操作时，处理器需要获得总线访问权限，并在总线上广播要使其失效的地址。所有处理器持续监听总线，监视这些地址，检查总线上的地址是否在自己的缓存中。如果在，则使缓存中的相应数据失效。

在写入一个共享块时，执行写入操作的处理器必须获取总线访问权限来广播其失效。如果两个处理器尝试同时写入共享块，它们会争用总线。多个处理器尝试写入同一块时，由总线实现写入操作的串行化。第一个获得总线访问权限的处理器会使它正写入块的所有其他副本失效。这也意味着，在获得总线访问权限之前，无法实际完成共享数据项的写入操作。

对于写回缓存，定位最新数据值较为困难，因为数据项的最新值可能放在专用缓存中，而不是共享缓存或存储器中。不过，写回缓存可以为缓存缺失和写入操作使用相同的监听机制：每个处理器都监听放在共享总线上的所有地址。如果处理器发现自己拥有的是请求数据的“脏副本”，它必须从另一个处理器的专用缓存（L1 或 L2）获取最新缓存块，这一过程花费的时间通常长于从 L3 进行获取的时间。由于写回缓存对存储器带宽的要求较低，因此它可以支持更多、更快速的处理器。

实施监听过程中需要标记缓存块状态，每个缓存块的有效位能简化失效、缺失操作。若要标识缓存块是否共享，可以为每个缓存块添加共享状态位，就像有效位和“脏位“一样。当某一处理器对处于共享状态的缓存块进行写入时，该缓存块在总线上发送失效操作，将这个缓存块标记为独占。如果一个缓存块只有唯一副本，则拥有该唯一副本的核心通常被称为该缓存块的拥有者。

在发送失效操作时，拥有者缓存块的状态由共享改为非共享（或改为独占）。如果另一个处理器稍后请求这一缓存块，必须再次将状态改为共享。由于监听缓存也能看到所有缺失，因此它知道另一处理器什么时候请求了独占缓存块，应当将状态改为共享。每个总线事务都必须检查缓存地址标记，这些标记可能会干扰处理器缓存访问。另一种方法是在共享的 L3 缓存中使用一个目录，这个目录指示给定块是否被共享，哪些核心可能拥有它的副本。利用目录信息，可以仅将失效操作发送给拥有该缓存块副本的缓存。这就要求 L3 必须总是拥有 L1 或 L2 中所有数据项的副本，这一属性被称为包含性。

监听一致性协议中每个 Cache 除了包含物理存储器中块的数据副本之外，也保存着各个块的共享状态信息，在每个处理器节点内，通常是在每个核心中使用有限状态控制器来实施的一致性协议。这个控制器响应由处理器、总线（或其他广播介质）发出的请求，改变所选缓存块的状态，并使用总线访问数据或使其失效，图 8.13（a）展示了监听总线结构。从逻辑上来说，可以看作每个块有一个相关联的独立控制器；也就是说，对不同块的监听操作或缓存请求可以独立进行，如图 8.13（b）所示。在实际中，单个控制器允许交错执行以不同块为目标的多个操作。也就是说，即使仅允许同时执行一个缓存访问或一个总线访问，也可以在一个操作尚未完成之前启动另一个操作。另外，尽管我们的介绍以总线为例，但在实现监听协议时可以使用任意互连网络，只要其能向所有一致性控制器及其相关专用缓存进行广播即可。

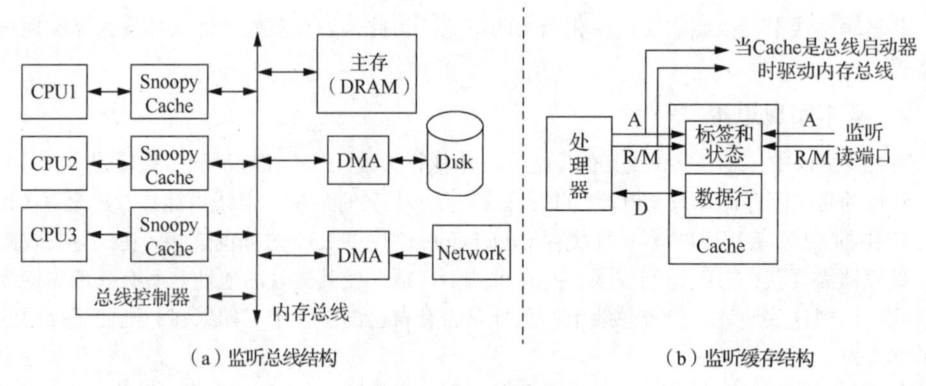

图 8.13 监听协议硬件结构

3. MSI 一致性协议

下面详细介绍基本三状态监听协议，称为 MSI 协议，源自每个数据块有 3 种状态即已修改（Modified）、共享（Shared）和无效（Invalid），如图 8.14 所示。共享状态表明专用缓存中的块可能被共享，已修改状态表明在专用缓存中更新了这个块。注意，已修改状态隐含表明这个块是所在处理器独占的块。表 8.2 给出了由处理器发出请求（在表的上半部分）和发送的总线请求（表的下半部分）及其处理。接收来自处理器和共享总线的请求，并根据请求类型、它在本地缓存中是命中还是缺失、请求中指定的本地缓存块状态，做出回应。这一协议针对写回缓存，但可以很容易改为直写方式（同时更新缓存和内存）。对于直写缓存，只需要将已修改状态重新解读为独占情况，并在执行写入操作时以正常方式更新缓存。这一基本协议进一步分为 3 种情况，也就是本地处理器不发生或发生数据块替换的两种情况，第三种是响应来自总线的请求。

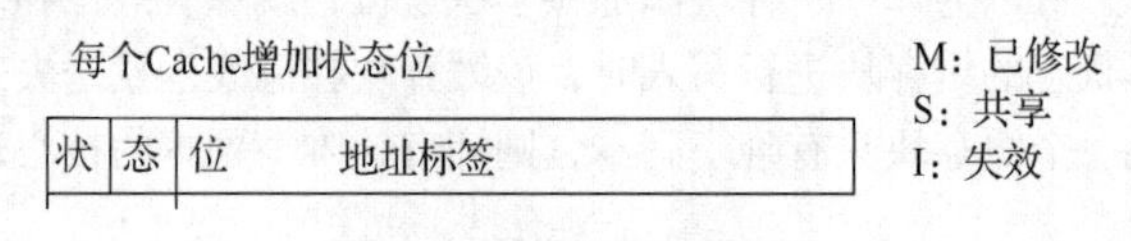

图 8.14 数据块的 MSI 协议

表 8.2 缓存一致性机制

请求类型	对象	本地缓存块状态	缓存操作类型	功能与解释
读取命中	处理器	共享或已修改	正常命中	读取本地缓存中的数据
读取缺失	处理器	无效	正常缺失	将读取缺失放在总线上
读取缺失	处理器	共享	替换	地址冲突缺失：将读取缺失放在总线上
读取缺失	处理器	已修改	替换	地址冲突缺失：写回块，然后将读取缺失放在总线上
写入命中	处理器	已修改	正常命中	在本地缓存中写数据
写入命中	处理器	共享	一致性	将失效操作放在总线上。这些操作称为更新或者拥有者缺失，因为它们不能提取数据，只能改变状态
写入缺失	处理器	无效	正常缺失	将写入缺失放在总线上
写入缺失	处理器	共享	替换	地址冲突缺失：将写入缺失放在总线上
写入缺失	处理器	已修改	替换	地址冲突缺失：写回块，然后将写入缺失放在总线上
读取缺失	总线	共享	无操作	允许共享缓存或存储器为读取缺失提供服务

续表

请求类型	对象	本地缓存块状态	缓存操作类型	功能与解释
读取缺失	总线	已修改	一致性	尝试共享数据：将缓存块放在总线上，并将状态改为共享
失效	总线	共享	一致性	尝试写共享块：使缓存块失效
写入缺失	总线	共享	一致性	尝试写共享块：使缓存块失效
写入缺失	总线	已修改	一致性	尝试将独占块写到其他位置，写回该缓存块，并在本地缓存中使其状态失效

表 8.2 中第四列缓存操作类型可以是正常命中、正常缺失（与单处理器缓存看到的情况相同）、替换（单处理器缓存替换缺失）或一致性（保持缓存一致性所需）。正常操作或替换操作可能会根据块在其他缓存中的状态而产生一致性操作。对于由总线监听到的读取缺失、写入缺失或无效操作，仅当读取或写入地址与本地缓存中的块匹配，而且这个块有效时，才需要采取动作。

在将一个失效动作或写入缺失消息放在总线上时，任何拥有这个缓存块副本的处理器，均会作废这个副本。对于写回缓存中的写入缺失，如果这个块正在专用缓存中且是独占的，那么缓存也会写回这个块；否则，将从这个共享缓存或存储器中读取该块。

图 8.15 展示了 CPU 私有写回缓存的写入失效、缓存一致性协议，给出了缓存中每个块的状态及状态转换。缓存状态以圆圈表示，状态名称下面的括号中给出了本地处理器允许执行但不会产生状态转换的访问。导致状态转换的事件以常规字体标记在转换弧上，因为状态转换而生成的总线动作以下画线标记在转换弧上。事件操作应用于 CPU 私有缓存的块，而不是缓存中的特定地址。因此，一个共享状态的缓存块产生读取缺失时，是针对这个缓存块的缺失。

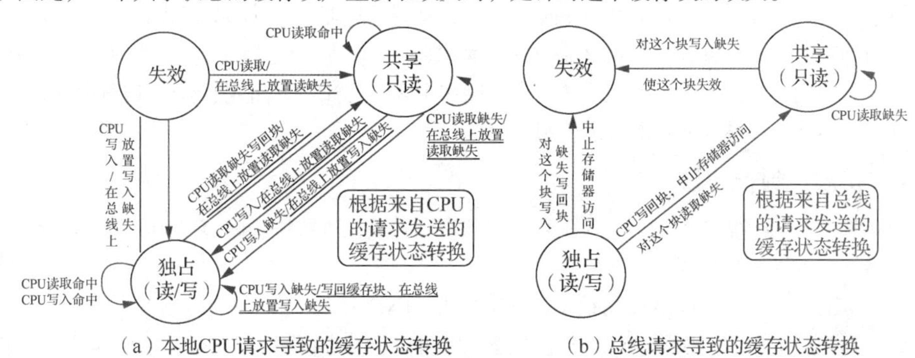

图 8.15　写入失效、缓存一致性协议

当处理器的请求地址与本地缓存块的地址不匹配时，会发生独占状态或共享状态的读取缺失及独占状态的写入缺失。这种缺失是标准缓存替换缺失。在尝试写入处于共享状态的块时，会产生失效操作。每当发生总线事务时，所有包含总线事务指定缓存块的 CPU 私有缓存都会执行图 8.15（b）所示的操作。此协议假定，对于在所有本地缓存中都不需要更新的数据块，存储器（或共享缓存）会在发生对该块的读取缺失时提供数据。在实际实现中，这两部分状态图是结合在一起的。实践中，失效协议还有许多细节差异，包括引入独占未修改状态，说明处理器和存储器是否会在缺失时提供数据。在多核处理器中，共享缓存（通常是 L3，但有时是 L2）充当着存储器的角色。

MSI 协议的所有状态在单处理器缓存中也都是需要的，分别对应无效状态、有效（干净）状态、待清理状态。在写回单处理器缓存中会需要图 8.15（a）所示弧线所表示的大多状态转换。但

单处理器缓存控制器中不会出现共享块的写入命中。

前面曾经提到，每个缓存只有一个有限状态机，由处理器和总线事件触发状态改变。为了理解这一协议为何能够正常工作，可以观察一个有效缓存块，它要么在一个或多个 CPU 私有缓存中处于共享状态，要么就在一个缓存中处于独占状态。只要转换为独占状态（处理器写入块时需要这一转换），就需要在总线上放置失效操作或写入缺失消息，从而使所有处理器的本地缓存都将这个块记为失效。另外，如果其他某个本地缓存已经将这个块设为独占状态，这个本地缓存会执行写回操作，提供相应的块。最后，对于处于独立状态的块，如果总线上出现对这个块的读取缺失，拥有其独占副本的本地缓存会将其状态改变为共享。

图 8.15（b）中的处理器处理总线上的读取缺失与写入缺失操作，实际上就是协议的监听部分。在这个协议及大多数其他协议中，还保留着另外一个特性：任何处于共享状态的数据块在其外层共享缓存（L2 或 L3，如果没有共享缓存就是指存储器）中总是最新的。这一特性简化了实施过程。事实上，CPU 私有缓存之外的层级是共享缓存还是存储器并不重要；关键在于来自处理器的所有访问都要通过这一层级。

尽管这个简单的缓存协议是正确的，但它省略了许多复杂因素，这些因素大大增加了实施过程的难度。其中最重要的一点是，这个协议假定操作具有原子性，也就是在完成一项操作的过程中，不会发生任何中间操作。例如，这里讨论的协议假定可以采用单个原子动作形式来检测写入缺失、获取总线和接收响应。但现实并非如此。事实上，即使读取缺失也可能不具备原子性；在多核处理器的 L2 中检测到缺失时，这个核心必须进行协调，以访问连到共享 L3 的总线。非原子性操作可能会导致协议死锁。

对于多核处理器，处理器核心之间的一致性都在芯片上实现，或者使用监听协议、简单的集中式目录协议。Intel Xeon 和 AMD Opteron 都支持多路处理器，这些多处理器可以通过连接高速接口（分别称为 QuickPath 或 HyperTransport）来构建。这些下一级别的互连并不只是共享总线的扩展，而是使用了不同方法来实现多核互连。用多个多核芯片构建而成的多处理器通常采用分布式共享存储器结构和某种形式的目录机制。

4. 扩展一致性协议

MSI 协议有许多扩展，通常是添加更多的状态和转换，这些添加内容对特定行为进行优化，从而改善性能。下面介绍两种最常见的扩展。

（1）MESI 协议在基本 MSI 协议中添加了独占（Exclusive）状态，用于表示缓存块仅在一个缓存中，而且是干净的。如果块处于独占状态，就可以对其进行写入而不会产生任何失效操作，也就是不会产生总线消息。当然，如果另一个处理器发射一个读取缺失，则状态会由独占改为共享。如果处理器知道这个块在这个本地缓存中是独占的；处理器只是将状态改为已修改。需要使用 1 位对一致状态进行编码，表示为独占状态，并使用重写标志位表示块已被修改。流行的 MESI 协议就采用了这一结构，这一协议是用它所包含的 4 种状态命名的，即已修改（Modified）、独占（Exclusive）、共享（Shared）和无效（Invalid）。Intel Core i7 使用了 MESI 协议的一种变体，称为 MESIF，它添加了一个转发（Forward）状态，用于表示应当由哪个共享处理器对请求进行回应。这种协议用来提高分布式共享存储器结构的性能。

（2）MOESI 协议在 MESI 协议基础之上添加了已拥有（Owned）状态，用于表示相关块由相应缓存拥有，在存储器中已经过时。在 MSI 和 MESI 协议中，如果尝试共享处于已修改状态的块，会将其状态改为共享（在原共享缓存和新共享缓存中都会做此修改），必须将这个块写回存储器中。而在 MOESI 协议中，会在原缓存中将这个块的状态由已修改改为拥有，不再将其写到存储器中。

（新共享这个块的）其他缓存使这个块保持共享状态；只有原缓存保持拥有状态，表示主存储器副本已经过期，指定缓存成为其拥有者。这个块的拥有者必须在发生缺失时提供该块，因为存储器中没有最新内容，如果替换了这个块，则必须将其写回存储器中。AMD Opteron 使用了 MOESI 协议。

8.4 同步

8.4.1 同步原语

下面介绍多处理机中的同步机制。在操作系统中，当多个进程或者线程需要并发执行时，需要考虑它们之间如何同步。同步机制通常是以软件例程实现的，这些例程依赖于硬件提供的同步指令。对于较小型的多处理器或低竞争解决方案，一种关键硬件功能是拥有不可中断的指令或指令序列，它们能以原子方式获取和修改一个值。软件同步机制就是利用这一功能实现的。本节内容的重点是同步操作的实现。可以利用锁和解锁来创建互斥，并实现更复杂的同步机制。在高竞争情景中，同步可能会成为性能瓶颈，会引入更多延迟。

1. 基本硬件原语

在多处理器中实施同步所需要的关键功能是一组能够以原子方式读取和修改存储器的硬件原语。单纯用软件实现基本同步原语的成本高，并随着处理器数目的增加而增加。基本硬件原语有许多可选方式，但都要以原子形式读取和修改一个共享数据，还需判断读取和写入是否以原子形式执行。这些硬件原语是基石，用于构建各种用户级别的同步操作，包括锁和屏障等。一般情况下，基本硬件原语用来构建同步库，例如 Java 和 C++的同步库，这个过程通常比较复杂，需要一些技巧。下面介绍几种典型的硬件原语，包括：①原子交换（Atomic Exchange）；②测试并设置（Test_and_Set）；③读取并加 1（Fetch_and_Increment）④条件载入和存储指令对（Load Reserved and Store Conditional）。

（1）原子交换的功能是将一个存储单元的值和一个寄存器的值进行原子交换。具体而言，首先建立一个锁，锁值为 0 表示未上锁可用；锁值为 1 表示已上锁不可用。处理器对这个锁进行置位，将寄存器中的 1 与这个锁的相应存储器地址进行交换。如果其他某个处理器已经申请了访问权，则这一交换指令将返回 1，否则返回 0。在后一种情况下，这个值也被改变为 1，以防止任意进行竞争的交换指令也返回 0。例如，考虑两个处理器，每个处理器都尝试同时进行交换：只有一个处理器会先执行交换操作，并返回数值 0，第二个处理器进行交换时将会返回 1，所以不会存在竞争问题。使用交换原语来实现同步的关键是这个操作具有原子性：这一交换是不可分的，两个同时交换将由写入串行化机制进行排序。

（2）测试并置定是指先测试一个存储单元的值，如果符合条件则修改其值。例如，可以定义一个操作，它会检测 0，并将其值设定为 1，其使用方式与原子交换的使用方式类似。

（3）读取并加 1 是指它返回存储单元的值并自动增加该值。若我们用 0 值来表示同步变量未被声明，可以像使用交换一样使用提取与递增。

RISC-V 提供一组原子内存操作（Atomic Memory Operation，AMO），在 Add、And、Or、Swap、Xor、Max 等指令前面加上 amo 标记就是相应的原子操作。例如 amoadd.w rd,rs2,(rs1)：内存地址 rs1 载入一个临时寄存器 t，并且写入内存地址 rd，同时 t 加上寄存器 rs2 的值写回源内存（rs1）。RISC-V 保证上述操作的原子性。

实现单个原子存储器操作会带来一些挑战，因为需要在单个不可中断的指令中进行存储器读

取与写入操作。这一要求增加了一致性实现的复杂性，因为硬件必须保证在读取与写入之间不会插入任何其他操作，而且不能死锁。

2. 条件载入和存储原语

一般利用一个指令对构造同步原语，通过第二条指令返回值判断这一指令对是否以原子形式执行。如果处理器执行的所有其他指令要么在这个指令对之前执行，要么在这个指令对之后执行，那就可以认为这个指令对具有原子性。因此，如果一个指令对具有原子性，那所有其他处理器都不能在这个指令对之间改变取值。

在 RISC-V 中，这种指令对包含一种名为链接载入（Load Reserved、Load Linked 和 Load Locked）的特殊载入指令和一种名为条件存储（Store Conditional，SC）的特殊存储指令。这些指令是按顺序使用的：对于链接载入指令指定的存储器位置，如果其内容在对同一位置执行条件存储之前发生了改变，那条件存储就会失败。如果在两条指令之间进行了上下文切换，那么条件存储也会失败。条件存储的定义是在成功时返回 1，失败时返回 0。由于链接载入返回了初始值，而条件存储仅在成功时才会返回 1，因此以下序列对内容指定的存储器位置 x1 实现了一次值为 x4 原子交换：

```
try:    mov     x3,x4       ; 移动交换值
        lr      x2,x1       ; 链接载入
        sc      x3,0(x1)    ; 条件存储
        bnez    x3,try      ; 分支存储失败
        mov     x4,x2       ; 将载入值放入 x4
```

在这个序列的末尾，x4 的内容和 x1 指定存储器位置的内容已经实现了原子交换（忽略了延迟分支的影响）。在任意时间，如果处理器介入 lr 和 sc 指令之间，修改了存储器中的取值，那么 sc 在 x3 中返回 0，导致此代码序列再次尝试。

链接载入/条件存储机制的好处之一就是它能用于构建其他同步原语。例如，下面是原子的“提取并递增”：

```
try:    lr      x2,x1       ; 被接载入 0(x1)
        addi x3,x2,1        ; 递增
        sc      x3,0(x1)    ; 条件存储
        bnez x3,try         ; 条件存储失败
```

这些指令通常是通过在寄存器中跟踪 lr 指令指定的地址来实现的，这个寄存器称为链接寄存器。如果发生了中断，或者与链接寄存器中地址匹配的缓存块失效（如另一条 sc 指令使其失效），链接寄存器将被清除。sc 指令只是核查它的地址与链接寄存器中的地址是否匹配。如果匹配，条件存储将会成功；否则就会失败。在再次尝试向链接载入地址进行存储之后，或者在任何异常之后，条件存储将会失败，所以在选择向两条指令之间插入指令时必须非常小心。具体来说，非访存指令才是安全的；否则，就有可能造成死锁情景，处理器永远无法完成条件存储。此外，链接载入和条件存储之间的指令数应当很小，以尽可能减少无关事件或竞争处理器导致条件存储频繁失败的情景。

8.4.2 自旋锁

在拥有原子操作之后，就可以使用多处理器的一致性机制来实现自旋锁（Spinlock），处理器持续用循环来尝试获取锁，直到成功为止。在以下两种情况下会用到自旋锁，一种情况是程序员

希望短时间获取这个锁，另一种情况是程序员希望当这个锁可用时，锁定过程的延迟较低。

1. 自旋锁实现

自旋锁会阻塞处理器，在循环中等待锁被释放，所以在某些情况下不适合采用。简单的实现方法是在存储器中保存锁变量，在没有缓存一致性时将会使用这种实现方法。处理器可能使用原子操作（如原子交换）持续尝试获得锁，测试这一交换过程是否返回了可用锁。为释放锁，处理器只需要在锁中存储数值 0 即可。Linux 内核就大量使用自旋锁。

下面的代码序列使用原子交换来锁定自旋锁，x1 中存放的是自旋锁的地址。首先将 x2 置为 1，第二句执行原子交换指令获取锁，并通过测试返回值确定锁的获取情况，如果不成功，则跳回重新执行原子交换指令。这种不使用 Cache 方式的代价是，每次循环都要进行一次内存操作。释放锁的时候，处理器只需简单地将锁置为 0。

```
        addi   x2,R0,#1              ;
lockit: EXCH  x2,0(x1)               ;原子交换
        bnez  x2,lockit              ;已经锁定
```

如果多处理器支持缓存一致性，就可以使用一致性机制将锁放在缓存中，保持锁值的一致性。将锁放在缓存中有两个好处。第一，仅通过循环针对本地缓存副本完成“自旋”过程（在一个紧凑循环中尝试测试和获取锁），不需要在每次尝试获取锁时都请求全局存储器访问。第二，利用了锁访问存在的局域性，也就是说，上次使用了一个锁的处理器，很可能会在近期再次用到它。在此类情况下，将锁存储在这个处理器的缓存中，从而减少为获得锁而花费的时间。

2. 自旋锁优化

上述循环中每次尝试进行交换时都需要一次写入操作。如果多个处理器尝试获取锁，在获取锁后，每个处理器都尝试修改锁为独占状态，产生一次写入操作。但只有一个处理器能够成功，导致其他处理器写缺失。

为了减少存取锁过程的总线操作，需要对这个简单的自旋过程进行一点修改。使用 lr/sc 原语实现上述自旋锁操作。这样的好处是 lr 命中不产生总线数据传输，下面给出相应的代码。第一个分支形成环绕的循环体，第二个分支解决了两个处理器同时看到锁可用的情况下的争用问题。

优化自旋锁的整体思路是：首先，只对本地 Cache 中锁的副本进行读取和检测，直到发现该锁已经被释放；然后，该程序立即进行交换操作，跟在其他处理器上的进程争用该锁变量。处理器首先读取锁变量，以检测其状态。处理器不断地读取和检测，直到读取的值表明这个锁被解开为止。这个处理器随后与所有其他正在进行“自旋等待”的处理器竞争，看谁能首先锁定这个变量。所有进程都使用一条交换指令，这条指令读取旧值，并将数值 1 存储到锁变量中。唯一的获胜者将会看到 0，而失败者将会看到由获胜者存放的 1。失败者会继续将这个变量设置到锁定值。获胜者在锁定之后执行代码，完成后将 0 存储到锁定变量中，以解锁，然后从头开始竞争。代码如下：

```
             ld x2,0(x1)             ;获取锁
lockit:      bnez x2,lockit          ;旋转锁不可用
             addi x2,R0,#1           ;载入锁值
             EXCH x2,0(x1)           ;交换
             bnez x2,lockit          ;是否锁成功
```

下面分析自旋锁机制如何使用缓存一致性机制。表 8.3 所示为 3 个处理器利用原子交换争用自旋锁的相应操作和过程。当多个进程尝试使用原子交换来锁定一个变量时的处理器和总线（或

目录）操作。也就是详细列出了，多个进程尝试使用原子交换来锁定一个变量时，所执行的处理器和总线（或目录）操作的完整过程。一个拥有锁的处理器将“0”存储到锁中后，导致其他处理器所缓存的该锁副本都将失效，必须提取新值以更新锁副本。

表 8.3　处理器争用自旋锁的操作与过程

步骤	处理器 P0	处理器 P1	处理器 P2	锁的状态	总线/目录操作
1	占有锁	环绕测试是否 lock=0	环绕测试是否 lock=0	共享	无
2	锁置为 0	（收到作废命令）	（收到作废命令）	专有（P0）	P0 发出对锁变量的作废消息
3		Cache 不命中	Cache 不命中	共享	总线/目录收到 P2 Cache 不命中；锁从 P0 写回
4		（因总线/目录忙而等待）	lock=0	共享	P2 Cache 不命中被处理
5		Lock=0	执行交换，导致 Cache 不命中	共享	P1 Cache 不命中被处理
6		执行交换，导致 Cache 不命中	交换完毕：返回 0 并置 lock=1	专有（P2）	总线/目录收到 P2 Cache 不命中；发作废消息
7		交换完毕：返回 1	进入关键程序段	专有（P1）	总线/目录处理 P1 Cache 不命中；写回
8		环绕测试是否 lock=0			无

初始时，3 个处理器 P0、P1、P2 的 Cache 和内存中，lock 值都为 1，表示已上锁。

第一步，处理器 P0 获得 lock，而处理器 P1 和 P2 一直在环绕测试 lock 是否为 0，也即不断执行上述程序的前两行。此时，总线上无操作。

第二步，处理器 P0 释放锁，将锁置为 0。回忆前面的 MSI 协议内容，此时，P0 中的相应锁 Cache 行状态变为已修改；P0 在总线上发出对锁变量的作废消息，从而导致 P1 和 P2 中的相应锁 Cache 行作废失效。

第三步，P1 和 P2 都不断执行读锁指令，由于该 Cache 行处于作废状态，因此都产生了读取缺失。这强制 P0 把 lock=1 写回内存之后，P1 和 P2 都读取 lock 的新值。本例中 P2 首先获得总线的控制权，读取 lock 新值 0 后，内存、Cache 中的该锁行状态都为共享。注意，总线是共享设备，每次只有一个处理器能够得到控制权。

第四步，P2 实际读到 lock 新值 0 到自己的 Cache 中，P1 接着获得总线的控制权，读取 lock 新值到自己的 Cache 中。

第五步，P2 执行原子交换上锁，lock 值更新为 1。此时 P2 的 lock 所在的 Cache 行标识为已修改状态，P2 在总线上发出对锁变量的作废消息。由于 lock=1 需要立刻写入内存，因此硬件执行 Cache 不命中事务时，强制把更新块写入内存。

第六步，P1 执行原子上锁操作，但是 lock 已经为 1，则上锁失败，并且通过总线自己 Cache 收到 lock 作废消息。当 P1 再次读 lock 值，由于 Cache 中 lock 已经作废，因此产生一次读取缺失。

第七步，总线处理 P1 的读取缺失，导致 P2 中 lock 的新值 1 写回内存，之后 P1 从内存中读取新值 1，此时 P2 正在关键程序段执行。

第八步，P1 获得锁值 1，环绕测试 lock 是否为 0，也就是解锁。在开始时，P0 独占这个锁（第一步），锁值为 1（即被锁定）。

这个例子显示了使用链接载入和存储原语的另一个好处：读取操作与写入操作是明确独立的。

链接载入不一定导致总线通信。这也允许采用以下简单代码序列，它的特性与使用交换的优化版本一样（x1 拥有锁的地址，lr 代替了 ld，sc 代替了 EXCH）：第一个分支构成了自旋循环，第二个分支化解了当两个处理器同时看到锁可用时的争用。

```
lockit:   lr x2,0(x1)          ;条件载入
          bnez x2,lockit       ;旋转锁不可用
          addi x2,R0,#1        ;锁值加 1
          sc x2,0(x1)          ;条件存储
          bnez x2,lockit       ;如果存储失败则分支
```

3. 同步性能

自旋锁的主要优点是当重复访问未变锁值时，总是 Cache 读命中，从而减少其内存访问。因此总线开销或网络开销比较低，而且当一个锁被同一个处理器重用时具有很好的性能。但是简单的自旋锁不具备很好的可扩展性。如果在大规模多处理器中，所有的处理器都同时争用同一个锁，则会导致大量锁争用和通信开销。

下面通过一个例子进行说明。

例题　假设某条总线上有 10 个处理器同时准备对同一变量加锁。如果每个总线事务处理（读不命中或写不命中）的时间是 100 个时钟周期，而且忽略对已调入 Cache 中的锁进行读写的时间以及占用该锁的时间。

（1）假设该锁在时间为 0 时被释放，并且所有处理器都在旋转等待该锁。问：所有 10 个处理器都获得该锁所需的总线事务数目是多少？

（2）假设总线是非常公平的，在处理新请求之前，要先全部处理好已有的请求，并且各处理器的速度相同。问：处理 10 个请求大概需要多少时间？

解答　使用 lr/sc 的自旋锁实现。当 i 个处理器争用锁的时候，它们都各自完成以下操作，每一个操作产生一个总线事务。

（1）由于每个处理器开始执行访问该锁的 lr 指令，则共有 i 个 lr 指令操作。

（2）然后每个处理器都试图占用该锁执行 sc 上锁操作，因此有 i 个 sc 指令操作。

（3）但是只有 1 个成功，从而有 1 个解锁的存操作指令。

因此对于 i 个处理器来说，一个处理器获得该锁，所要进行的总线事务的个数为 $2i+1$。

由此可知，对于 n 个处理器，总的总线事务个数为：

$$\sum_{i=1}^{n}(2i+1)=n(n+1)+n=n^2+2n$$

总结一下，当竞争不激烈且同步操作较少时，主要关心的是一个同步原语操作的延迟，即单个进程要花多长时间，才完成一个同步操作。基本自旋锁操作可在两个总线周期内完成：一个读锁，一个写锁。存在多种方法优化，使它在单个周期内完成操作。

在大规模并行处理中，同步操作最严重的问题是：进程进行同步操作的串行化。它大幅度地增加了完成同步操作所需要的时间。

8.5　存储顺序一致性

当多个处理器通过共享变量进行通信时，缓存视图一致性保证了多个处理器读到的存储器内

容是一致的，也就是读总是返回最新值。但是不同处理器上程序读写多个共享变量次序和内存看到的读写次序可能不一样。其原因在于现代处理器为了优化写性能，会使用存储缓存（Store Buffer，SB），如图 8.16 所示。如果一个共享变量 A 更新到 SB 后，但是没有立刻写入低层共享存储器或者 Cache，而该程序读后一个读 B 请求可以绕过 SB 从低层共享存储器读取，这会造成存储器看到的次序是先读 B 再写 A，也就是程序看到的读写次序和存储器看到的读写次序不一样。一个或多个处理器发出的读写次序与到达存储器的次序是相同的，称为存储顺序一致性。

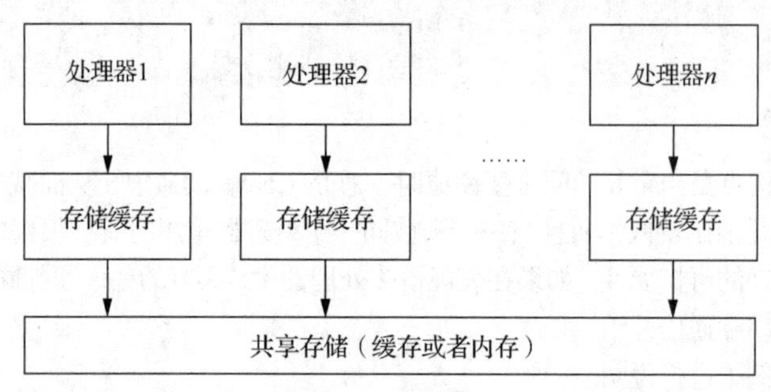

图 8.16　写缓存优化

1. 顺序一致性

下面通过一个例子讲解存储顺序一致性。来自处理器 P1 和 P2 的两段代码：

```
        A = 0;                              B = 0;
P1:     ...                         P2:     ...
        A = 1;                              B = 1;
L1:     if (B == 0)...              L2:     if (A == 0)...
```

假定 P1 和 P2 缓存（Cache）中都有 A 和 B，初始值为 0。如果写入存储器操作总是立刻生效，而且马上会被其他处理器看到，运行到 L1 时，A 已经被赋值为 1，L2 就不成真。因此两个 if 语句（L1 和 L2）不可能同时成真。总之，程序顺序到达 if 语句，说明 A 或 B 中必然已经被指定了数值 1。但如果 A（1）和 B（1）都写入被 SB，但并没写入存储器，L1 和 L2 有可能同时成真。因此，P1 和 P2 在它们尝试读取数值之前，可能还没有（分别）看到 B 和 A 的失效（视图一致性产生的失效）。现在的问题是，是否应当允许这一行为？如果应当允许，在何种条件下允许？

存储顺序一致性的简单模型称为顺序一致性（Sequential Consistency）模型。顺序一致性要求在不同处理器之间的访问任意交错时，存取内存的顺序都是一样的，就像每个处理器是按顺序执行存储器访问操作的。有了顺序一致性，就不可能再出现上述示例中的结果不确定，因为必须完成赋值操作之后才能启动 if 语句。

实现顺序一致性模型的简单方法是要求处理器立刻执行所有存储器访问，直到访问操作所导致的其他处理器缓存全部失效均完成为止。当然，如果推迟下一个存储器访问操作，直到前一访问操作完成为止，这种做法同样有效。注意，存储器一致性涉及不同变量之间的操作：两个访问不同的存储器位置的操作必须保持实际访问次序。在上述例子中，必须延迟对 A 或 B 的读取（A=0 或 B=0），直到上一次写入操作完成为止（B=1 或 A=1）。比如，根据顺序一致性，不能简单地将写入操作放在写缓冲区中，然后继续执行后续读操作。

尽管顺序一致性模型给出了一种简单的编程范例，但它可能会大幅度降低性能，特别是当多处理器数目很多或者互连延迟很长时，性能降低严重，如下例所示。

例题　假定有一个处理器，一次写入缺失需要 50 个时钟周期来确定拥有权，在确定拥有权之

后发射每个失效操作需要 10 个时钟周期。在发射之后，失效操作的完成与确认需要 80 个时钟周期。假定其他 4 个处理器共享一个缓存块，如果处理器保持顺序一致性，一次写入缺失会使执行写入操作的处理器停顿多长时间？假定必须明确确认失效操作之后，一致性控制器才能知道它们已经完成。假定在为写入缺失获得拥有者之后可以继续执行，不需要等待失效，该写入操作需要多长时间？

解答 在等待失效时，每个写入操作花费的时间等于拥有时间与完成失效所需要的时间之和。由于失效操作可以重叠，因此只需要为最后一项操心，它是在确定拥有权之后开始的 10+10+10+10=40 个时钟周期。因此，写入操作的总停顿时间为 50+40+80=170 个时钟周期，与之相比，确定拥有时间只有 50 个时钟周期。如果采用 SB，甚至有可能在确定拥有权之前继续极大地减小写入缺失的停顿时间。

为了获得更好的性能，可以采用两种不同方案。第一种方案能够保持顺序一致性，但使用延迟隐藏技术来降低代价。第二种方案开发了限制条件较低的存储器一致性模型，支持采用更快速的硬件，但这些模型可能会影响程序员能够看到的多处理器执行方式。

2. 程序顺序

顺序一致性模型有性能方面的不足，但从程序员的角度来看，是直观和简单的。一种更高效的编程模型是程序员通过显式地同步操作控制对共享数据的访问次序。具体而言，无论什么情况，一个处理器对某一变量的写入操作与另一个处理器对这个变量的访问（读取或者写入）之间由一对同步操作隔离开来，一个同步操作在写处理器执行写入操作之后执行，另一个同步操作在第二个处理器执行访问操作之前执行。如果变量可以在未由同步操作进行排序的情况下更新，就会产生数据竞赛（Data Race），因为操作的执行结果取决于处理器的相对速度，其输出结果是不可预测的。

给出一个简单的例子，变量由两个不同的处理器读取和更新。每个处理器用加锁和解锁操作将读取和更新操作包起来，这两种操作是为了确保更新的互斥和读取操作的一致性。显然，每个写入操作与另一个处理器的读取操作之间现在都由一对同步操作——一个是解锁（在写入操作之后），一个是加锁（在读取操作之前）隔离开来。当然，如果两个处理器正在写入一个变量，中间没有插入读取操作，那这些写入操作之间也必须由同步操作隔离开。

程序员可能尝试通过构造自己的同步机制来确保排序，但这种做法需要很强的技巧性，容易产生漏洞，而且在体系结构上可能不受支持，无法兼容其他处理器。因此，几乎所有的程序员都选择使用标准同步库（如 C++20 标准库）。采用标准同步库可以确保：即使体系结构实现了一种比顺序一致性模型更宽松的一致性模型，同步程序也会像硬件实现了顺序一致性一样运行。

本章附录

附录 H 进一步介绍了多处理器相关的扩展内容，并按照本章相关主题进行了分类。具体而言，附录 H 在 8.3 节的基础之上讲解了监听协议的局域性（附录 H.1.1）、对称共享存储器多处理器的性能（附录 H.1.2）和面向分布式共享存储器的目录式一致性协议（附录 H.1.3）；在 8.5 节的基础之上增加介绍宽松一致性模型（附录 H.5.1）和包含性及实现（附录 H.5.2）。

习　题

8.1　多核对称共享存储器处理器包含多个核，每个核有单个专用缓存，使用监听式一致性协议来保持一致性。每个核拥有的每个缓存都是直接映射缓存，共有 4 个块，每个块保存两个字。为了简化说明，缓存地址标签中包含完整的地址，每个字仅显示两个十六进制字符，最低有效字位于右侧。一致性状态表示为 M、S 和 I。假定初始缓存与存储器状态如图 8.17 所示。

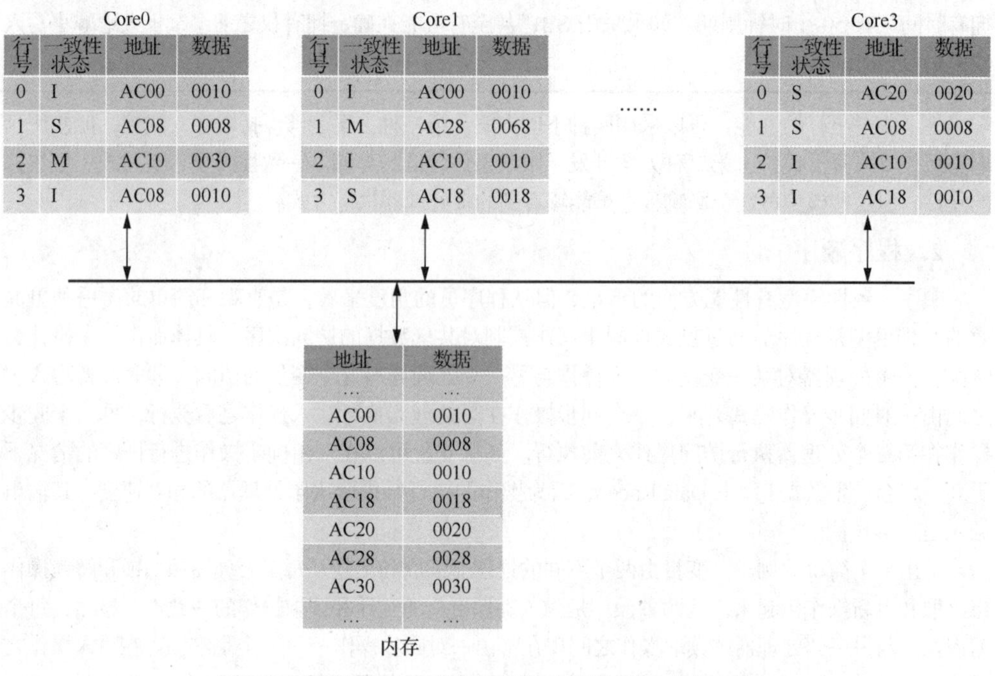

图 8.17　多核对称共享存储器处理器及其每个核的初始缓存状态

执行一个或多个 CPU 操作组成的序列：

```
P#:<op><address>[<value>]
```

其中，P#表示 CPU（例如 P0），<op>表示 CPU 操作（例如 00、01 读取 R 或写入 W），<address>表示存储器地址，<value>表示在写入操作时指定的新字。

读为：Core#: R, <address>。

写为：Core#: W, <address> <-- <value written>。

例如：C3: R, AC10 & C0: W, AC18 <-- 0018。

读写操作一次存取 1B，将以下操作看成图 8.17 所示状态之后的执行过程。在给定操作之后，请描述缓存和存储器的结果状态（即一致性状态、标签和数据）是怎样的。仅需要给出发生变化的块，例如 C0.L0: (I, AC20, 0001)表示核 C0 的第 0 行最终状态为 I，内存标签为 AC20，其值为 00 和 01。另外，每个读取操作返回什么样的值？

（1）C0: R, AC20

（2）C0: W, AC20 <-- 80

（3）C3: W, AC20 <-- 80

（4）C1: R, AC10

（5）C0: W, AC08 <-- 48

（6）C0: W, AC30 <-- 78

（7）C3: W, AC30 <-- 78

8.2 监听式缓存一致性多处理器的性能取决于具体实现方法，决定了缓存能够以何种速度处理独占或已修改状态的块。在一些实现中，当一个缓存块在另一个处理器的缓存中处于独占状态时，对这个缓存块的CPU读取缺失要快于存储器中一个缓存块的缺失。这是因为缓存小于主存储器，所以速度也就更快一些。与之相反，在某些实现中，由存储器提供数据的缺失要快于由缓存提供数据的缺失，这是因为缓存通常是针对“前端”或CPU引用进行优化的，而不是针对“后端”或监听式访问进行优化的。对于图8.17所示的多处理器，考虑在单个CPU上执行一系列操作，其中：

- CPU读取和写入命中不会产生停顿周期；
- CPU读取和写入缺失在分别由存储器和缓存提供数据时，生成*N*个存储器和*N*个缓存停顿周期；
- 生成失效操作的CPU写入命中导致存在*N*个失效停顿周期；
- 由于冲突或另一个处理器请求独占缓存块而造成写回缓存块时，会另外增加*N*个写回停顿周期。

考虑两种实现方式，它们的性能参数不同，汇总于表8.4中。考虑以下操作序列，假定其初始缓存状态如图8.17所示。简便起见，假定第二个操作在第一个操作完成之后开始（即使它们由不同处理器执行时也是如此）。

```
C1: R, AC10
C3: R, AC10
```

表8.4 监听一致性延迟参数

参数	实现方式1	实现方式2
$N_{\text{存储器}}$	100	100
$N_{\text{缓存}}$	40	130
$N_{\text{失败}}$	15	15
$N_{\text{缓写回}}$	10	10

对于实现方式1，由于第一次读取是由P0的缓存提供数据，因此它产生50个停顿周期。C1在等待缓存块时停顿40个周期，C0在回应P1的请求将其写回存储器时，停顿10个周期。之后，P3的第二次读取生成100个停顿周期，因为它的缺失由存储器提供数据，这个序列总共生成150个停顿周期。对于以下操作序列，每个实现方式生成多少个停顿周期？

（1） C0: R, AC20

C0: R, AC28

C0: R, AC30

（2） C0: R, AC00

C0: W, AC08 <-- 48

C0: W, AC30 <-- 78

（3） C1: R, AC20

C1: R, AC28

C1: R, AC30

（4） C1: R, AC00

C1: W, AC08 <-- 48

C1: W, AC30 <-- 78

8.3 许多监听一致性协议拥有更多的状态、状态转换或总线事务，以减少保持缓存一致性的开销。在习题 8.2 的实现方式 1 中，当缺失数据由缓存提供时，缺失导致的停顿周期要少于由存储器提供数据时的停顿周期。一些一致性协议尝试通过提高这一情况的出现频率来提高性能。一种常见的协议优化方法是引入已拥有（Owned）状态。在那些可能仅读取已拥有块的节点中，已拥有状态的表现类似于共享状态，但在某些节点中，必须在其他节点发生对已拥有块的读取和写入缺失时提供数据，已拥有状态的表现类似于已修改状态。对处于已修改状态或已拥有状态的块发生读取缺失时，将向发出请求的块提供数据，并转换为已拥有状态。处于已修改或已拥有状态的块发生写入缺失时，将向发出请求的节点提供数据，并转换为失效状态。仅当某个节点替换了处于已修改或已拥有状态的块时，这种经过优化的 MOSI 协议才会更新存储器。计算基本 MSI 协议和 MOSI 协议的总停顿周期。假设不需要总线事务的状态转换不会导致额外的停顿周期。

（1）C0: R, AC00 C0: W, AC00 <-- 40

（2）C0: R, AC20 C0: W, AC20 <-- 60

（3）C0: R, AC00 C0: R, AC20

（4）C0: R, AC00 C1: W, AC00 <-- 60

（5）C0: R, AC00 C0: W, AC00 <-- 60，C1: W, AC00 <-- 40

8.4 在大多数商用共享存储器中，自旋锁可能是最简单的同步机制。自旋锁依靠交换原语来自动载入旧值和存储新值。锁定例程重复执行交换操作，直到它发现未锁定的锁为止（即返回值为 0）：

```
         addi x2, x0, #1
lockit:  EXCH x2, 0(x1)
         bnez x2, lockit
```

要解一个自旋锁，只需要存储数值 0 到 x2 即可。自旋锁可以利用缓存一致性，并使用载入操作来检查这个锁，允许它以缓存中的共享变量进行自旋：

```
lockit:  ld x2, 0(x1)
         bnez x2, lockit
         addi x2, x0, #1
         EXCH x2,0(x1)
         bnez x2, lockit
```

假定处理器核 C0、C1 和 C3 都尝试获取位于地址 0xAC00 的一个锁（即寄存器 x1 保存着数值 0xAC00），假设缓存内容如图 8.17 所示，定时参数见表 8.4 中的实现方式 1。为简化操作，假定关键部分的长度为 1000 个时钟周期。

（1）使用简单自旋锁，判断每个处理器在获取该锁之前大约有多少个存储器停顿周期。

（2）使用优化自旋锁取代简单自旋锁，判断每个处理器在获取该锁之前大约有多少个存储器停顿周期。

（3）使用简单自旋锁，大约有多少个互连事务？

（4）使用"测试、测试并置位"自旋锁，大约有多少个互连事务？

8.5 顺序一致性要求所有读取和写入都是按某一总体顺序执行的，这就需要处理器在某些特定情况下，在提交读取或写入指令时停顿下来。考虑以下代码序列：

```
write A
read B
```

其中，write A 导致一次缓存缺失，read B 导致一次缓存命中。根据顺序一致性，处理器必须暂停 read B，直到它可以确定 write A 完成。顺序一致性的简单实现将使处理器停顿，直到 Cache 接收到数据，并可以执行写入操作为止。较弱的一致性模型放松了对读取和写入的排序约束条件，减少了处理器必须停顿的情况。总体存储顺序（Total Store Ordering，TSO）一致性模型要求所有写入操作都按某一总体顺序执行，但允许处理器的读取操作越过自己的写入操作。这就允许处理器实现 SB，其中包含已经提交的写入操作，但这些写入操作还没有针对其他处理器的写入操作进行排序。在 TSO 中允许读取操作跳过写缓冲区（这在 SC 中是不允许的）。假定每个时钟周期可以执行一次存储器操作，而且那些在缓存中命名或者可以由写入缓冲区提供数据的操作不会导致停顿周期。未能命中的操作将导致表 8.4 所示的延迟。假定有图 8.17 所示的缓存内容。对于 SC 和 TSO 一致性模型，在每个操作之前有多少个停顿周期？

（1）C1: R, AC10
C3: R, AC10
C0: R, AC10

（2）C1: R, AC20
C3: R, AC20
C0: R, AC20

（3）C0: W, AC20 <-- 80
C3: R, AC20
C0: R, AC20

（4）C0: W, AC08 <--88
C3: R, AC08
C0: W, AC08 <-- 98

8.6 假定有一个应用程序的多处理器使用函数，其形式为 $F(i,p)$，表示在总共提供 p 个处理器的情况下，恰好有 i 个处理器可供使用的时间比例，即 $\sum_{i=1}^{p} F(i,p)=1$。

假定在使用 i 个处理器时，应用程序的运行速度加快 i 倍。

（1）请改写 Amdahl 定律，将某一应用程序的加速比表示为 p 的函数。

（2）应用程序 A 在单个处理器上运行 Ts。如果使用更多的处理器，它的运行时间的不同部分可以得到改善。表 8.5 所示为不同处理器个数单个处理器上的运行时间。请问在 128 个处理器上时，A 将实现多少加速？

表 8.5 不同处理器个数单个处理器上的运行时间

T的比例	20%	20%	10%	5%	15%	20%	10%
处理器个数（p）	1	2	4	6	8	16	128

8.7 研究互连网络拓扑对程序的每条指令 CPI 的影响（这些程序运行在包含 64 个处理器的分布式存储器多处理器上）。处理器的时钟频率为 2.0GHz，应用程序的所有引用都在缓存中命中，其基础 CPI 为 0.75。假定有 0.2%的指令涉及远程通信引用。远程通信引用的成本为(100+10h)ns，其中 h 是指一次远程引用为到达远程处理器存储器并返回时必须在通信网络进行跳转的次数。假定所有通信网络都是双向的。

（1）当 64 个处理器分别排列形成一个环形网络、一个 8×8 网格形网络或者超立方体网络时，

计算在最糟情况下的远程通信成本。（提示：在一个超立方体网络中，最长的通信路径有 n 个链接。）

（2）给出采用上述 3 种网络时获得的最差 CPI。

8.8 与写回缓存相比，在采用直写缓存时不需要哪一项主要硬件功能？

8.9 如何更改应用程序的代码以避免假共享（False Sharing）？编译器可能会做什么以及可能需要程序员执行什么指令？

8.10 请使用链接载入/条件存储指令对，实现经典的“测试并置位”指令。

8.11 多核处理器实现链接载入/条件存储指令对的一种可能方式是为这些指令设置约束条件，使其使用未缓存的存储器操作。监听单元负责解读所有核心对该存储器的所有读取与写入操作。它跟踪链接载入指令的来源，以及检查在链接载入及其相应的条件存储指令之间是否发生了任何中间存储操作。监听单元可以防止任何发生失败的条件存储操作写入任何数据，并可以使用互连信号通知处理器：此次存储失败。请为支持四核心 SMP 的存储器系统设计这样一个监听器。考虑以下因素：读取请求和写入请求的数据大小（4、8、16、32B）通常是不同的。任何存储器位置都可能是链接载入/条件存储指令对的目标，存储器监听器应当假定：对任意位置进行的链接载入/条件存储引用都可能与同一位置的常规访问交错在一起。监听器的复杂性应当与存储器大小无关。

8.12 考虑在两个处理器上运行以下代码段 P1 和 P2。假设 M[X]和 M[Y]最初为 0。

```
P1:                              P2
li x1, 1                         li x1, 1
sw x1, X                         sw x1, X
lw x2, Y                         lw x2, Y
```

（1）如果处理器遵守顺序一致性，段末尾的 P1.x2 和 P2.x2 的可能值是多少？给出具体分析。

（2）如果处理器遵守 TSO 一致性模型，段末尾的 X 和 Y 的可能值是多少？给出具体分析。

8.13 在增加处理器的数目时，多处理器和集群的性能通常也会提高，理想情况下应当是增加 n 个处理器后性能提高 n 倍。这有个不公平基准测试的目标，是让程序在增加处理器时性能恶化。这就意味着当多处理器或集群仅有 1 个处理器时，程序的运行速度最快，有 2 个处理器时，程序的运行速度较慢，有 4 个处理器时的程序运行速度要比有 2 个处理器时还慢，以此类推。在每种组织结构中，有哪些关键的性能特性会导致反线性加速比？

9

第 9 章　数据中心

9.1　数据中心概述

数据中心（谷歌称其为 WSC）是许多人每日所用互联网服务的基础，这些服务包括搜索、社交网络、在线地图、视频共享、网上购物、电子邮件服务等。此类互联网服务深受大众喜爱，从而有了创建数据中心的必要，以满足公众迅速增长的需求。尽管数据中心看起来和超级计算机颇为相似，但它们的体系结构和操作方式有很大的不同，稍后我们将会看到。如今的数据中心像是一个巨型计算机，其成本大约为 1 亿 5 千万美元，包括机房、配电与制冷基础设施、服务器和联网设备，它们连接和容纳了 50000～100000 个服务器。此外，云计算的快速发展让每一个拥有在线支付账户的人都能使用数据中心。

9.1.1　数据中心的先驱

数据中心的早期形态，是被称作计算机集群（Cluster）的系统，最早出现于 20 世纪 60 年代，用以运行单机难以装载的大型计算任务，抑或需要在处理过程中以冗余备份机应对处理机的意外失效。Tandem 公司在 1975 年推出了一个包含 16 个节点的集群系统。Digital 公司则在 1984 年推出了 VAX 集群系统。此类系统最初采取的是一种由独立处理机共享 I/O 设备的设计，通过一种分布式操作系统来进行协调。随后，又给处理机提供了互连网络，以支持处理机在空间上的分布，实现容灾、提高可用性。在使用时，用户登录进集群系统，并不需要知悉其程序具体运行在哪台机器上。DEC 公司（已并入惠普）在 1993 年就已售出 25000 套以上的集群系统。在这个市场上，Tandem 公司（已并入惠普）和 IBM 公司等颇具实力的公司也很早就参与进来。迄今为止，甚至可以说，集群是几乎每一家系统集成商都会提供的产品。大多数集群产品主要的设计目标聚焦于可用性，同时兼顾性能上的横向扩展。

在科学计算领域，集群系统已成为 MPP 服务器的主要竞争对手。1994 年，贝奥武夫（Beowulf）项目启动，旨在实现国家航空航天局（National Aeronautics and Space Administration，NASA）的低成本 1 GFLOPS 算力计算机目标（成本在 50000 美元以内）。1994 年，基于 16 台 80486 个人计算机成功实现了这样一套集群系统。其关键在于实现一套软件生态，为任务提交、协同工作以及调试大型或大批程序提供支持。

随后，有不少研究工作聚焦于降低集群处理机之间的通信延迟，提高传输带宽。其中有一项成功的商业化成果，即虚拟接口（Virtual Interface，VI）标准，为集群处理机之间提供了低延迟的通信机制，在随后的工作中由 InfiniBand 发展壮大。低延迟通信技术随即在形形色色的应用中体现出了价值，例如，1997 年由加州大学伯克利分校基于 100 台 UltraSPARC 台式计算机组建的集群系统，使用由 Myrinet 提供的单链路 160MB/s 交换机连接，创造了数据库排序的世界纪录，也就是在 1min 之内完成存放于磁盘内 8.6GB 数据的排序，以及仅用 3.5h 破解由 40-bit DES 密钥加密的信息。

1995 年，搜索引擎 Inktomi 背后的同名初创公司启动了一个名为工作站网络（Network of Workstations，NoW）的项目，项目由加州大学伯克利分校的艾瑞克·布鲁尔（Eric Brewer）领导，展现了基于常规硬件构建互联网服务平台的潜力。标准化网络和常规机架式服务器让 Inktomi 构建的集群具备了优秀的可扩展性。与之形成鲜明对比的是，彼时领先的搜索引擎 Alta Vista 则是基于大规模 SMP 系统实现。和传统高性能计算架构相比，集群系统借助于相对更大规模的低成本节点和简洁的编程模型，走向了一条更经济的发展路线。于是，在随后的发展历程中，NoW 项目和 Inktomi 一般就被当作数据中心和云计算的基石，谷歌公司将这条技术路线发展壮大，如同 Inktomi 从 Alta Vista 手中接过最大搜索引擎桂冠一样，Google Chrome 取代 Inktomi 成为最成功的搜索引擎。被谷歌称作 WSC 的数据中心架构，在其著名的搜索结果排序算法 PageRank 之后被当作最关键的创新公之于众。经历多年考验至今，几乎所有互联网服务都基于集群技术来构建系统，以服务数以百万计的海量客户。

9.1.2　数据中心的出现

伴随着计算机集群系统规模的不断增长，计算机体系结构很自然地扩展到数据中心的设计中。例如，谷歌公司路易斯·巴罗索（Luiz Barroso）的论文就是关于计算机体系结构方面的研究。根据他的实践经验，架构师在设计过程中实现可扩展性、提高可靠性的技巧以及调试硬件的技巧，对于创建和操作数据中心都有很大的帮助。

当前数据中心的规模已经达到相当的水平，以至于不能继续依赖传统的供电、冷却和监控管理方法，需要在这些方面做出创新。数据中心也常常被认为是超级计算机的现代衍生物——后者使西摩·克雷（Seymour Cray）成为当今数据中心架构师的先驱。他研制的高端计算机可以完成几乎在其他所有机器上都无法运行的计算任务，但十分昂贵，只有很少几家客户可以承受得起。而现在的目标是为普罗大众提供信息技术，而不再是仅为科学家和工程师们提供高性能计算（High Performance Computing，HPC）。因此，相对于超级计算机在过去发挥的作用，数据中心在当今社会中具有更为普遍的意义。

毫无疑问，就用户数量来说，数据中心要比高性能计算多出好几个量级，其在信息技术（Information Technology，IT）市场占有的份额也要大得多。无论是用户数量，还是收入，谷歌公司都明显高于 Cray Research 公司，时至 2023 年，二者在市场价值上的差距已高达 1000 倍（谷歌公司 1.7 万亿美元，Gray 公司 14.5 亿美元）。

现在我们具体分析一下数据中心和高性能计算的异同。首先，数据中心架构师有许多目标和需求与高性能服务器架构师是一致的。

（1）成本与性能——单位资金能够完成的工作量是至关重要的，部分原因就是数据中心的规模太大了。只是将数据中心的资金成本降低 10%就可能节省 1500 万美元。

（2）能耗效率——配电成本与功率消耗具有函数关系，需要有充足的配电供给才能使数据中心按照额定功率运转。机械系统成本与功率具有函数关系，需要将热能排出去。因此，峰值功率和消耗功率推高了配电与制冷系统两项成本。另外，能耗效率也是环境管理的一个重要组成部分。因此，单位焦耳完成的工作对于数据中心和服务器来说都至关重要，对于数据中心来说，主要是因为建造电力与机械基础设施的成本很高，对于服务器来说，则是因为每月的公共供电账单费用很高。

（3）通过冗余提高可靠性——互联网服务的性质要求其必须长时间运行，这就意味着数据中心中的硬件和软件在整体上至少提供99.99%的可用性，也就是说，它每年的宕机时间必须小于1h。无论是对于服务器还是数据中心，冗余都是提高可靠性的关键，这一点在本书前面的章节中已经进行过论述。服务器架构师经常利用更多硬件来以高成本实现高可用性，而数据中心架构师则更重视兼顾成本与效率的设计，将常规服务器用低成本网络连接在一起，由软件实现冗余管理。另外，如果可用性目标远远超过“四个九”，还需要利用多个数据中心来预防可能摧毁整个数据中心的事件。对于广域部署的服务，还可以利用多个数据中心来降低延迟。

（4）网络I/O——服务器架构师必须提供一个有性能保证的外部网络接口，数据中心架构师也必须如此。不仅要保持多个数据中心之间的数据一致性，还要能有效响应与公众用户进行交互的需求。

（5）交互式与批处理工作负载——对于诸如搜索和社交网络等拥有海量用户的服务，人们期望其工作负载具有很强的交互性，与此同时，数据中心与服务器类似，还运行着大量并行批处理程序，用以处理支持此类服务的元数据。例如，可以执行MapReduce作业，将通过爬虫采集的页面转换为搜索索引（见9.2节）。

当然，数据中心也有一些不同于服务器体系结构的特性。

（1）足够的并行度——服务器架构师的一个顾虑是：目标应用是否有足够的并行度，以充分发挥大量并行硬件的功用，为实现这一目标，需要通信硬件提供足够的资源和性能，其成本是否过高？数据中心架构师则不关注应用内部的并行度。第一，批处理应用程序获益于大量可以分别处理的独立数据集，如爬虫网络采集的数十亿个Web页面。这一处理过程就是数据级并行，其适用于外存中的数据，而不是内存中的数据，我们在第6章介绍过。第二，强调交互性能的互联网应用程序（也称为SaaS）可获益于互联网服务架构。在SaaS中，海量独立用户的读取与写入很少是相关的，所以SaaS很少需要同步。例如，搜索服务使用的是只读索引，而电子邮件通常是读取与写入（即邮件收发）相互独立的信息。这种简单并行被称为RLP，这种场景中，有大量独立请求可以很自然地并发执行，其间几乎不需要通信或同步，例如，可在更新过程中采取日志方式以降低吞吐量需求。由于SaaS和数据中心所取得的成功，很多传统应用程序（如关系数据库）已经被转换，转而依靠RLP。为使所提供的存储能够扩展到现代数据中心的规模，甚至删除了一些读/写相关的特征（NoSQL）。

（2）运行成本计算——服务器架构师通常在成本预算内使设计的系统实现峰值性能，对于功率的主要顾虑是确保其不会超出机柜的冷却能力。对于服务器的运行成本，相对于其购买成本来说，一般不那么显著，因此一般会被忽略。数据中心的寿命明显要长于服务器——机房、配电和制冷基础设施通常要使用10年以上，所以运营成本也不可小视：以10年为单位，能源、配电和制冷方面的费用一般占数据中心成本的30%以上。

（3）规模、与规模相关的机会/问题——通常，高端计算机都异常昂贵，因其常常需要定制硬件，但又因为高端计算机的制造数量很少，所以就无法有效地分摊定制成本。不过，如果购买50000台常规服务器和相关基础设施，用来建造一个数据中心，那就容易节省总体成本。由于数据中心本身就非常庞大，因此即使没有太多数据中心，也可以实现规模经济效应。在9.4节将会介绍，这些规模经济导致了云计算的出现，这是因为数据中心的设施单位成本较低，也就是说，一些公司甚至可以向外租借这些设施，其收费依然低于租借者自行运维这些设施所需要的成本。将多达50000台服务器集中在一起的不利之处就是容易发生故障，具体情况我们将在附录I.5节中

进行详细介绍和分析。

在 9.1.1 节中介绍过，数据中心的“先驱”是计算机集群。集群是一组使用标准 LAN 和商用交换机连接在一起的独立计算机。对于不需要大量通信的工作负载，集群计算的成本效率要远高于共享存储器多处理器（共享存储器多处理器是第 5 章所讨论的多核处理器的“先驱”）架构。集群在 20 世纪 90 年代后期开始流行，先用于科学计算，后来又用于互联网服务。关于数据中心有这样一个观点：其正是过去数百个服务器组成的集群向今天数万台服务器所组成集群的逻辑延伸。

人们自然会问：数据中心是否与 HPC 使用的集群类似。尽管有一些数据中心和 HPC 的规模与成本相近（有些 HPC 设计拥有数百万个处理器，花费数亿美元），但 HPC 的处理器和节点之间的网络通常要比数据中心中快得多，这是因为 HPC 应用程序的关联性更强，计算过程普遍相互依赖，通信也因此更为频繁。HPC 设计还倾向于使用定制硬件（特别是在网络中），所以它们通常不能通过使用大众化商用芯片来降低成本。例如，单是 IBM Power 7 微处理器的成本和耗费的功率就高于谷歌数据中心中的一整台服务器节点。其编程环境还强调线程级并行或数据级并行（见第 1 章、第 7 章），通常强调完成单项任务的延迟，而不是通过 RLP 完成许多独立任务的带宽。HPC 集群往往还拥有很长时间运行的作业，这会使服务器满负荷运行，甚至能持续数周以上，而数据中心中服务器的利用率通常在 10%～50%，而且每天都会发生变化。

数据中心与传统服务器机房相比又怎么样呢？传统服务器机房的运营商通常会从其所服务的组织的多个部门收集机器和第三方软件，并集中运行和管理。他们的关注点通常是将许多信息服务整合到相对较少的机器中以节约成本、提高效率，即服务器整合（Server Consolidation），这些机器往往还要相互隔离，以保护敏感信息。因此，虚拟机的重要性日益增加。与数据中心不同的是，传统服务器机房往往拥有各种原本分属不同客户的各型硬件和软件，为一家组织中的各种客户分别提供服务。数据中心程序员则自行定制第三方软件或者专门开发软件，数据中心往往拥有更为同质化的硬件，数据中心的目标是让整个系统中的硬件、软件看起来就像是一台计算机，只是上面运行着各种不同的应用程序。传统数据中心的最大成本通常是人力成本，而在 9.4 节将会介绍，在设计良好的数据中心中，服务器硬件成本是最大的成本，人力成本从最大成本变得几乎可以忽略。传统机群系统也不具备数据中心的规模，所以它们无法获得上述的规模经济效益。因此，尽管你可能会将数据中心看作一种超级机群（因为计算机都分别放在具有特殊配电和制冷基础设施的空间内），但典型的机群系统通常没有数据中心面对的挑战和机遇，无论是体系结构方面还是运营方面都是如此。

由于一般很少有架构师了解数据中心中运行的软件，因此我们首先介绍数据中心的工作负载和编程模型。

9.2 数据中心的工作负载

一些面向公众的互联网服务，如搜索、视频共享和社交网络等，使数据中心有了名气。除了这些服务之外，数据中心还运行着一些批处理应用程序，如将视频转换为新格式的程序，或者通过网络爬虫生成搜索索引的程序。

今天，数据中心中最流行的批处理框架是 MapReduce 和它的开源孪生框架 Hadoop。表 9.1 显示了谷歌公司 MapReduce 的年度使用数据。受同名 Lisp 函数的启发，Map 首先将程序员提供的函数应用于每条逻辑输入记录。Map 在数千台计算机上运行，生成由键/值对组成的中间结果。Reduce 收集这些分布式任务的输出，并使用另一个由程序员定义的函数来分解它们。通过适当的软件支持，这两者都是高度并行的，而且其理解和使用都很容易。在 30min 之内，刚入行的程序员就可以在数千台计算机上执行 MapReduce 作业。

表 9.1　谷歌公司 MapReduce 的年度使用数据

统计日期	MapReduce 作业数	平均完成时间/s	每项作业平均使用的服务器台数	每台服务器的平均核数	作业所用核年数合计	输入数据/PB	中间数据/PB	输出数据/PB
2016-9	95775891	331	130	2.4	311691	11553	4095	6982
2015-9	115375750	231	120	2.7	272322	8307	3980	5801
2014-9	55913646	412	142	1.9	200778	5989	2530	3951
2013-9	28328775	469	137	1.4	81992	2579	1193	1684
2012-9	15662118	480	142	1.8	60987	2171	818	874
2011-9	7961481	499	147	2.2	40993	1162	276	333
2010-9	5207069	714	164	1.6	30262	573	139	37
2009-9	4114919	515	156	3.2	33582	548	118	99
2007-9	2217000	395	394	1.0	11081	394	34	14
2006-3	171000	874	268	1.6	2002	51	7	3
2004-8	29000	634	157	1.9	217	3.2	0.7	0.2

如表 9.1 所示，在 12 年的时间里，MapReduce 作业数增长了约 3300 倍。尽管高性能的设备可以更快地执行任务，但这些作业使用的核年数（使用一个 CPU 核一年）仍增长了约 1436 倍。

例如，用一个 MapReduce 程序计算一大组文档中每个英文单词的出现次数。下面是这个程序的简化版本，仅给出了内层循环，并假定所有英文单词仅在文档中出现一次：

```
map(String key, String value):
  // key: 文档名
  // value;: 文档内容
  for each Mord W in value:
     EmitIntermediate(w, "1");  // 为所有单词生成清单

reduce(String key, Iterator values):
  //key: 一个单词
  // values: 一个计数清单
  int result = 0;
  for each V in values:
     Tesult + ParseInt(v);  // 从键值对中取得整数
  Emint(AsString(result));
```

在 map 函数中使用 EmitIntermediate 函数给出文档中的每个单词，并取值 1。然后，在 reduce 函数中使用 ParseInt 对每个单词在每个文档中的所有取值求和，得出每个单词在所有文档中出现的次数。MapReduce 运行时环境将 map 任务和 reduce 任务调度到数据中心的节点中。

MapReduce 可以看作 SIMD 操作（见第 4 章）的推广（只有一点不同：我们向它传递了一个将应用于数据的函数），这一操作后面跟有一个函数，用于对 map 任务的输出进行归约（Reduction）操作。因为归约在 SIMD 程序中很常见，所以 SIMD 硬件经常会为它们提供专门指令。例如，Intel 的 AVX SIMD 指令包含横向（Horizontal）指令，用于将寄存器中相邻的操作数对相加。

为了适应数千台计算机的性能变化，MapReduce 调度程序根据各个节点完成先前任务的速度来分配新的任务。显然，哪怕只有一个速度缓慢的任务，也可能会阻挡大型 MapReduce 作业的完

成。在数据中心中，对缓慢任务的解决方法是提供一种软件机制，以应对如此规模的性能变化。这种方法与传统数据库中心中服务器采取的解决方案截然不同，在后一种解决方案中，任务缓慢通常意味着硬件损坏，需要替换，或者服务器软件需要调优或重写。对于数据中心中的 50000 台服务器来说，性能出现差异是正常现象。例如，当 MapReduce 程序快结束时，系统将开始在其他节点上备份那些尚未完成的任务，并从那些首先完成的任务中获取结果。在将资源利用率提高几个百分点之后，研究者发现一些大型任务的完成速度可以加快 30%。

另一个说明数据中心差异的例子是使用数据复制来应对故障。由于数据中心中的设备众多，经常发生故障并不是什么让人惊讶的事情，上个例子就证明了这一点。为了实现 99.99%的可用性，系统软件必须能够应对数据中心中的这一现实问题。为了降低运行成本，所有数据中心都使用自动监控软件，使一位操作员可以负责 1000 多台服务器。

编程框架（如用于批处理的 MapReduce）和面向外部的 SaaS（如搜索）依靠内部软件服务才能成功运行。例如，MapReduce 依靠谷歌文件系统（Google File System，GFS）向任意计算机提供文件，因此，可以将 MapReduce 作业调度到任意地方。

除了 GFS 之外，此类可伸缩存储系统的示例还包括 Amazon 公司的键值存储系统 Dynamo 和谷歌公司结构化数据存储系统 Bigtable。注意，此类系统经常是相互依赖的。例如，Bigtable 将其日志和数据存储在 GFS 中，就像是关系数据库可以利用操作系统提供的文件系统。

这些内部服务做出的决定经常不同于类似软件在单个服务器上运行时做出的决定。例如，这些系统并没有假定存储是可靠的（如使用 RAID 存储器系统来保证其可靠性），而是经常制作数据的完整副本。制作副本有助于提高读取性能和可用性，通过正确放置这些副本，可以解决许多其他系统故障。某些系统采用纠删码，而不是副本，但有一点是不变的，那就是实现跨服务器冗余，而不是实现服务器内部或存储阵列内部的冗余。因此，整台服务器或存储设备发生故障时，不会对数据可用性产生负面影响。

还有另外一个例子可说明数据中心中采用的不同方法：数据中心存储软件经常遵循宽松一致性，而不遵循传统数据库系统的所有 ACID（Atomicity Consitency Isolation Durability，原子性、一致性、隔离性和持久性）需求。这里的重点是：数据的多个副本最终一致才是最重要的，而对于大多数应用程序来说，它们并不需要在所有时间都保持一致。例如，视频共享只需要最终保持一致就行。最终一致性极大地简化了系统的扩展，而扩展绝对是数据中心必不可少的要求。

公共交互式服务的工作负载需求都会有大幅波动，即使是谷歌搜索这样流行的全球性服务，在一天中的不同时间也可能会有两倍的变化幅度。如果针对某些应用程序考虑周末、假日和一年中高峰时间等因素（如春节假期的红包服务，或者“双十一”的网上购物活动），将会看到提供互联网服务的服务器在利用率方面都波动较大。图 9.1 给出了谷歌公司 5000 多台服务器在 6 个月内的平均 CPU 利用率。不难发现，服务器很少是完全空闲或全负荷工作的，不到 0.5%的服务器的平均利用率达到 100%，在大多数时间里，服务器的利用率介于 10%至 50%之间。换句话说，利用率超过 50%的服务器仅占全部服务器的 10%。因此，对于数据中心的服务器来说，在工作负载很低时的良好表现要远比峰值负载时的高效运行重要得多，因为它们很少会在峰值状态下运行。

表 9.2 右侧第 3 列计算了百分比并加减 5%，以提供权重。因此，90%一行的 1.2%表示有 1.2%的服务器达到了 85%～95%的利用率。

总之，数据中心硬件和软件必须能够应对因为用户需求所造成的负载变化，以及因为硬件在这一规模的各种变化而造成的性能和可靠性的变化。

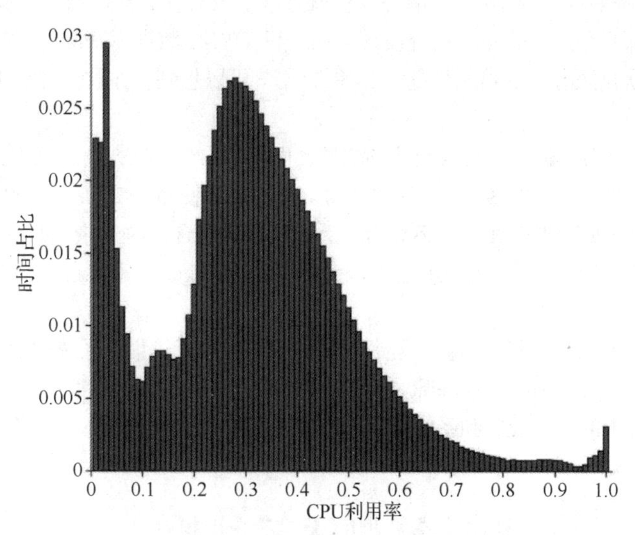

图 9.1 谷歌公司 5000 多台服务器在 6 个月内的平均 CPU 利用率

例题 针对不同的负载情况，利用 SPECpower 基准测试对功率和性能进行测试，负载变化范围为 0%～100%，每次递增 10%（见第 1 章），测试结果如图 9.1 所示。可以用一个整体度量来总结这一基准测试的结果，即将所有性能测试值（单位：服务器端每秒执行的 Java 操作数）之和除以所有功率测量值（单位：W）之和。因此，每个级别的可能性相等。如果利用图 9.1 中的利用率对这些级别进行加权，这一数字汇总数据将如何变化？

解答 表 9.2 给出了与图 9.1 匹配的原权重和新权重。这些权重将性能汇总值降低了 30%，由 3210 ssj_ops/W 降低到 2454 ssj_ops/W。

表 9.2 来自 SPEC Power 的测试结果（使用图 9.1 中的权重）

利用率	性能	功率/W	SPEC 权重	加权性能	加权功率/W	实际权重（基于图 9.1）	基于实际权重的加权性能	基于实际权重的加权功率/W
100 %	2889020	662	9.09 %	262638	60	0.80 %	22206	5
90 %	2611130	617	9.09 %	237375	56	1.20 %	31756	8
80 %	2319900	576	9.09 %	210900	52	1.50 %	35889	9
70 %	2031260	533	9.09 %	184660	48	2.10 %	42491	11
60 %	1740980	490	9.09 %	158271	45	5.10 %	88082	25
50 %	1448810	451	9.09 %	131710	41	11.50 %	166335	52
40 %	1159760	416	9.09 %	105433	38	19.10 %	221165	79
30 %	869077	382	9.09 %	79007	35	24.60 %	213929	94
20 %	581126	351	9.09 %	52830	32	15.30 %	88769	54
10 %	290762	308	9.09 %	26433	28	8.00 %	23198	25
0 %	0	181	9.09 %	0	16	10.90 %	0	20
合计	15941825	4967		1449257	452		933820	380
				ssj_ops / W	3210		ssj_ops / W	2454

因规模原因，软件必须能够应对故障，这就意味着没有什么理由再去购买那些降低故障频率的高端硬件，那只会提高成本。研究发现，在运行 TPC-C 数据库基准测试时，高端共享存储器多处理器与大众化服务器的价格性能比相差 20 倍。可以想到，谷歌公司购买的都是低端大众化服务器。

此类数据中心服务还倾向于开发自己的软件，而不是购买第三方商用软件，部分原因是为了应对这种庞大的规模，部分原因是为了节省资金。例如，即使是在 2011 年 TPC-C 的最佳性价比平台上，如果将 Oracle 数据库和 Windows 操作系统的成本包含在内，将会使 Dell Poweredge R710 服务器的成本加倍。相反，谷歌在其自己的服务器上运行 Bigtable 和 Linux 操作系统，无须为其支付版权费用。

回顾 9.1 节的介绍，不难发现这一发展过程和 30 年前计算机集群系统的发展如出一辙，其本质均建立在合理权衡成本和性能的基础之上。

在对数据中心中的应用程序和系统软件进行以上简单介绍后，现在可以开始研究数据中心的计算机体系结构了。

9.3 数据中心的计算机体系结构

网络是将 50000 台服务器连接在一起的中枢。类似于第 5 章介绍的存储层次结构，数据中心使用一种层次网络结构。图 9.2 给出了一个示例，其来自巴罗索和霍尔兹勒的论文。理想情况下，其性能应当接近于为 50000 台服务器定制的高端交换机，而每个端口的成本则接近于为 50 台服务器设计的大众化交换机。在现实系统中，性能与成本的兼顾则是一个巨大的挑战，数据中心的网络仍是一个活跃的探索领域。

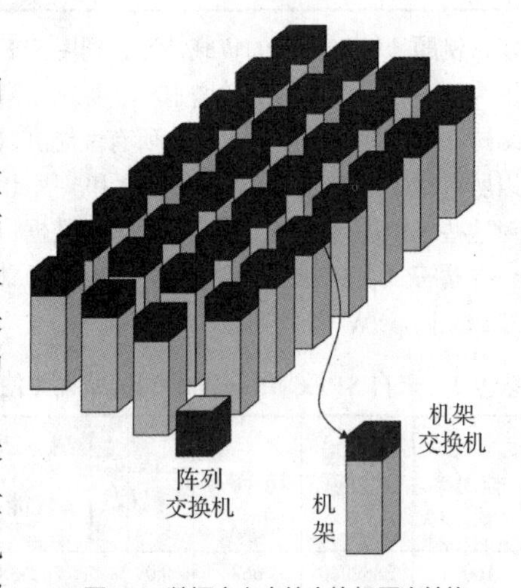

图 9.2　数据中心中的交换机层次结构

19in（1in=2.54cm）（约 48.26cm）机架仍然是容纳服务器的标准框架，尽管这一标准要追溯到 20 世纪 30 年代的铁路硬件。服务器的大小按照它们在机架内占用的机架单元（U）数计算。1U 高 1.75in（约 4.45cm），这是一个服务器可以占用的小空间。

7ft（约 213.36cm）的机架约提供 48U，因此，针对一个机架设计的流行交换机都是 48 端口以太网交换机不是巧合。这一产品已经大众化，2011 年，1 Gbit/s 以太网连接的每端口成本只有 30 美元。注意，机架内的速度对于每个服务器都是一样的，所以软件将发送器和接收器放在哪个位置都没关系，只要它们位于同一机架就行。从软件的角度来看，这种灵活性是很理想的。

这些交换机通常提供 2 至 8 条上行链接，它们离开机架，进入网络层次结构的下一层更高阶交换机。因此，离开机架的速度是机架内速度的 1/6 到 1/24（8/48 到 2/48）。这一比值称为超额认购率（Over Subscription）。当超额认购率很高时，程序员必须知道将发送机和接收机放在不同机架时导致的性能后果。这样会增大软件调度负担，这是支持数据中心专用网络交换机的另一个理由。

9.3.1 数据中心外存

一种很自然的设计是用服务器填充机架，当然要扣除大众化以太网机架交换机所需要的空间。这种设计带来一个问题：把存储（如磁盘）放在哪儿。从硬件构建的角度来看，最简单的解决方案是将磁盘包含在服务器中，通过以太网连接访问远程服务器磁盘上的信息。另一种替代方案是使用NAS，可以通过类似于InfiniBand的存储网络来连接集中部署的磁盘。NAS解决方案的每1TB存储容量成本通常要更高一些，但它提供了许多功能，包括用于提高存储器可靠性的RAID技术。

根据9.2节表达的思想，可以预计：数据中心通常会依靠本地磁盘，并提供用于实现连接性和可靠性的存储软件。例如，GFS使用本地磁盘，至少维护3个副本，以克服可靠性问题。这一冗余不仅可以应对本地磁盘故障，还能应对机架和整个集群的电源故障。最终一致性设计给GFS提供的灵活性降低了使副本保持一致所需的成本，还降低了存储系统的网络带宽需求。稍后将会看到，本地访问模式还意味着连向本地存储的高带宽。

注意，在讨论数据中心的体系结构时，对于集群一词略有混淆。根据9.1节的定义，数据中心就是一个超大型集群，而用集群一词来表示更大一级的计算机组，本例中大约为30个机架。在本章中，为了避免混淆，我们使用阵列一词来表示一组机架，使集群一词保持其最初含义，既可以表示一个机架内的联网计算机组，也可以表示整整一仓库的联网计算机。

9.3.2 数据中心存储层次结构

图9.3以谷歌数据中心为例给出了数据中心内部的存储层次结构，表9.3归纳了其存储层次结构中各层的延迟、带宽和容量，图9.4以可视化方式显示了同一数据。

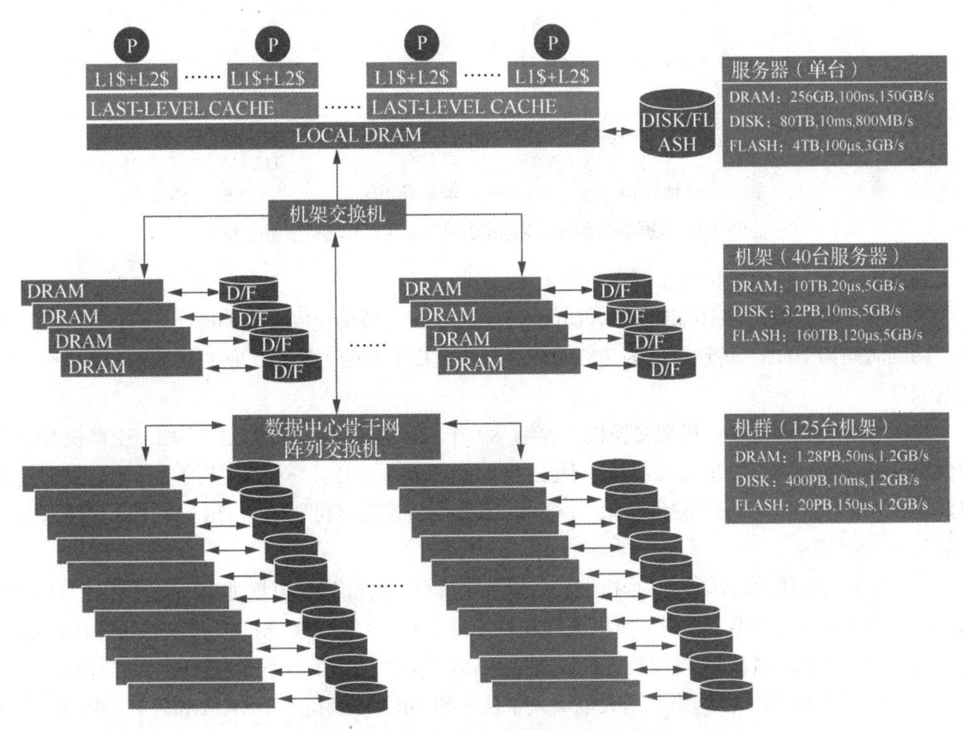

图9.3 谷歌数据中心内部的存储层次结构

表 9.3　数据中心存储层次结构中各层的延迟、带宽和容量

各级存储器性能参数	本地	机架	阵列
DRAM 延迟/μs	0.1	300	500
闪存延迟/μs	100	400	600
磁盘延迟/μs	10000	11000	12000
DRAM 带宽/（MB/s）	20000	100	10
闪存带宽/（MB/s）	1000	100	10
磁盘带宽/（MB/s）	200	100	10
DRAM 容量/GB	16	1024	31200
闪存容量/GB	128	20000	600000
磁盘容量/GB	2000	160000	4800000

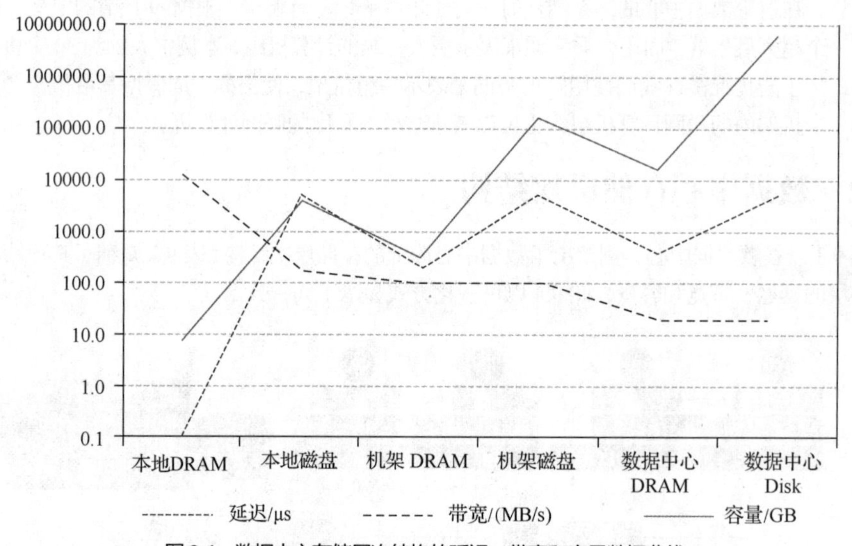

图 9.4　数据中心存储层次结构的延迟、带宽和容量数据曲线

谷歌数据中心内部结构的主要参数如下。

（1）每台服务器包含 16GB 内存，访问时间为 100ns，传输速度为 20GB/s，还有一个 2TB 磁盘，访问时间为 10ms，传输速度为 200MB/s。每块主板上有两个插槽，它们共享一个 1 Gbit/s 以太网端口。

（2）每对机架包括一台机架交换机，容纳 80 个 2U 服务器。联网软件再加上交换机开销将 DRAM 的延迟增加至 100ms，磁盘访问延迟增加到 11ms。因此，一个机架的总存储容量大约为 1TB（DRAM）加（160TB）磁盘存储。1 Gbit/s 以太网将连向该机架内的 DRAM 或磁盘的远程带宽限制为 100MB/s。

（3）阵列交换机可以承载 30 个机架，所以一个阵列的存储容量可增加 30 倍：DRAM 大小为 30TB，磁盘大小为 4.8PB。阵列交换机硬件和软件将连向阵列内 DRAM 的延迟增加到 300ms，磁盘延迟增加到 12ms。数据交换机将连向阵列 DRAM 或阵列磁盘的远程带宽限制为 10MB/s。

表 9.3 和图 9.4 显示：网络开销大幅增大了从本地 DRAM 到机架 DRAM 和阵列 DRAM 的延迟，但这二者的延迟性能仍然优于本地磁盘，不到其 1/10。网络消除了机架 DRAM 与机架磁盘之

间、阵列 DRAM 和阵列磁盘之间的带宽差别。

这个数据中心需要 20 台阵列交换机连接到 50000 台服务器，所以联网层次结构又多了一级。图 9.5 显示了这个结构，即一些数据中心使用独立的边界路由器将互联网连接到数据中心 L3 交换机。

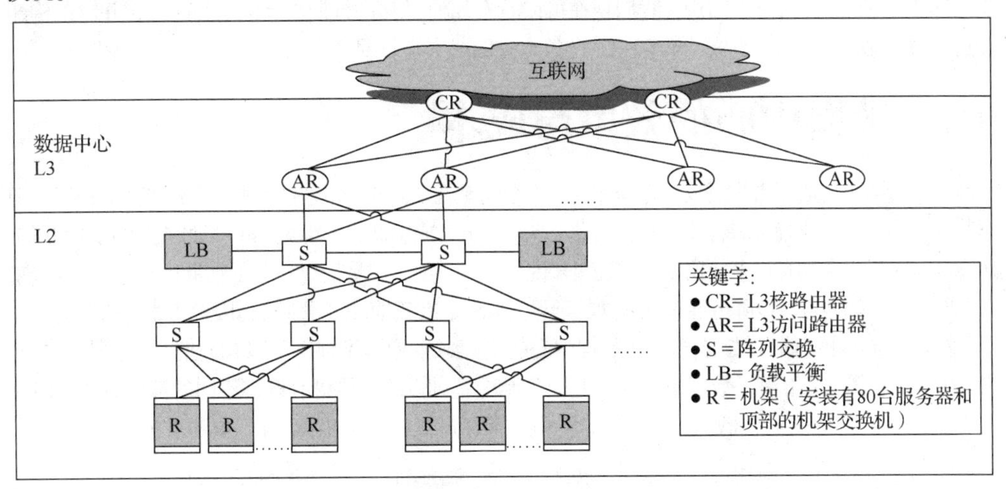

图 9.5 用于将阵列连接在一起并连接到互联网的 L3 网络

大多数应用程序可以放在数据中心中的单个阵列上。那些需要多个阵列的应用程序会使用分片或分区，也就是说，将数据集分为独立片段，然后分散到不同阵列中。对整个数据集执行的操作被发送到托管这些片段的服务器，其结果由客户端计算机结合起来。

例题 假定 90%的访问为服务器的本地访问，9%的访问超出服务器但在机架范围内，1%的访问超出机架但在阵列范围内，则平均存储器访问时间为多少？

解答 平均存储器访问时间：

$$(90\%\times0.1)+(9\%\times100)+(1\%\times300)=0.09+9+3=12.09\ (\mu s)$$

或者说，相较于 100%的本地访问，平均存储器访问时间将增加至 120 倍以上，显著降低了存储器访问性能。显然，实现一个服务器内的访问局域性对于数据中心性能来说是至关重要的。

下面通过一个例题比较分析网络传输和本地存储这两方面对数据中心性能的影响。

例题 在服务器内部的磁盘之间、在机架内的服务器之间、在阵列中不同机架内的服务器之间，传递 1000MB 数据需要多少时间？在这 3 种情况下，在 DRAM 之间传递 1000MB 数据需要多少时间？

解答 在磁盘之间传递 1000MB 数据需要的时间：

在服务器内部=1000/200=5（s）

在机架内部=1000/100=10（s）

在阵列内部=1000/10=100（s）

在内存之间传送块时需要的时间：

在服务器内部=1000/20000=0.05（s）

在机架内部=1000/100=10（s）

在阵列内部=1000/10=100（s）

不难看出，对于跨服务器的数据块传输而言，由于机架交换机和阵列交换机是瓶颈所在，因此数据是在存储器中还是磁盘中并不重要。这限制影响了数据中心软件的设计，并激发了更高性能交换机的需求。

知道了 IT 设备的体系结构，我们现在可以看看如何对其进行摆放、供电和冷却，并讨论构建和运行整个数据中心的成本，与其中 IT 设备本身的成本进行对比。

9.4 数据中心的效率与成本

要构建数据中心，首先需要建造仓库。第一个问题就是：在哪里建造？房地产代理强调位置，但对数据中心来说，位置意味着接近互联网骨干光纤、电力成本低、环境灾难（如地震、洪水和飓风）风险低。对于一个拥有许多数据中心的公司来说，另一个关注点是找到一个在地理上接近当前或未来互联网用户群的地方，以降低通过互联网的延迟。此外还有其他许多现实考虑因素，如不动产税率。

配电与制冷的基础设施成本会让数据中心的构建成本相形见绌，所以我们把主要精力放在前者。图 9.6 和图 9.7 给出了数据中心内的配电与制冷基础设施。尽管有许多不同的部署方式，但在北美洲，从 115kV 的电力塔高压线开始，电力通常经过大约 5 个步骤、4 级电压变换到达服务器。

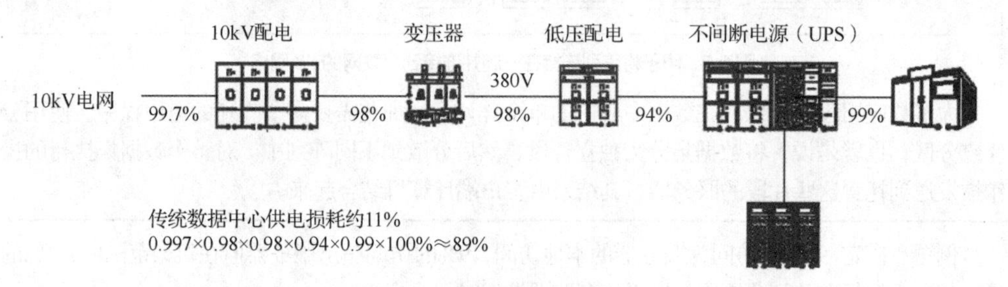

图 9.6 配电与发生损耗的地方

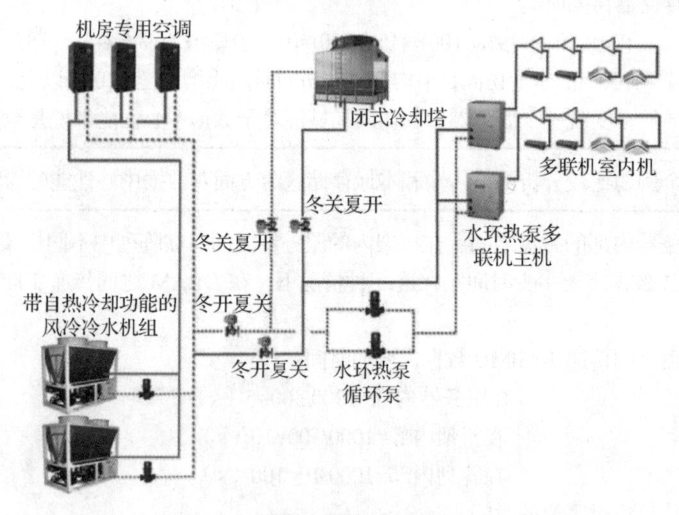

图 9.7 制冷系统设计

（1）变电站将 115000V 的高压线转换为 13200V 的中压线，效率为 99.7%。

（2）为防止整个数据中心在停电时离线，数据中心和一些服务器一样，配备有不间断电源（Uninterruptible Power Supply，UPS）。

在这种情况下，涉及大型柴油发电机，可以在发生紧急状况时将供电任务从电力公司接管过来，还会涉及电池或惯性轮，用于在电力服务中止但柴油发电机尚未准备就绪时维持供电。发电机和电池可能会占用很大的空间，通常将它们和 IT 设备放在不同的房间中。UPS 扮演着 3 个角色：电力调整（保持正常的电压和其他性能指标）、在发电机启动并正常供电时保持电力负载、在从发电机切换回公共用电时保持电力负载。超大型 UPS 的效率为 94%，所以使用 UPS 会损失 6%的电能。数据中心中 UPS 的成本可能占全部 IT 设备成本的 7%～12%。

系统中的下一个组件是电源分配单元（Power Distribution Unit，PDU），它将转换为 480V 的三相内部低压电源。这一转换效率为 98%。典型的 PDU 可以承载 75～225kV 的负载，相当于 10 个机架的负载。下一个步骤将其转换为服务器可以使用的 208V 两相电源，其效率也是 98%。在服务器内部，还有另外一些步骤，将电压降到芯片可以使用的级别。连接器、断路器和服务器供电连接的整体效率为 99%。北美洲之外的数据中心使用不同的变换值，但整体设计是类似的。

总而言之，将来自公共用电的 115kV 电源转换为服务器可以使用的 208V 电源，其效率为 89%：

$$99.7\%\times98\%\times98\%\times94\%\times99\%\approx89\%$$

这一效率仅留下 10%多一点的改进空间，但后面将会看到，工程师们仍然在尝试锦上添花。

制冷基础设施的改进空间要大得多。计算机机房空调（Computer Room Air Condition，CRAC）单元使用冷却水来冷却服务器室内的空间，类似于冰箱通过向外部释放热量来降低温度。当液体吸收热量时，它会蒸发。相反，当液体释放热量时，它会冷凝。空调机将液体注入低压螺旋管中，使其蒸发并吸收热量，然后将其发送到外部冷凝器，在这里释放热量。因此，在 CRAC 单元中，风扇吹动热空气，穿过一组装有冷水的螺旋管，水泵将加热后的水移到外部冷凝器进行冷却。服务器的冷却空气温度通常介于 18℃～22℃。图 9.7 显示了一大组风扇和水泵，使空气和水在整个系统中流动。

显然，提高能耗效率的简单方法之一就是让 IT 设备在较高温度下运行，降低冷却空气的需求。一些数据中心在远高于 22℃的温度下运行自己的设备。

除了冷凝器之外，一些数据中心还会利用冷却塔，先充分利用外部的较冷空气对水进行冷却，然后将初步冷却后的水发送给冷凝器。真正要紧的温度称为**湿球温度**。在测量湿球温度时，会向一个温度计沾有水的球形末端吹动空气。这是通过空气流动蒸发水分所能达到的最低温度。

温水流过冷却塔的一个大面积表面，通过蒸发将热传递给外部空气，从而使水冷却。这种技术被称为经济化供风。一种替换方法是使用冷水，而不是冷空气。谷歌公司在比利时的数据中心使用一种“水到水”中间冷凝器，从工业导管取得冷水，用于冷却来自数据中心内部的热水。阿里巴巴公司的千岛湖数据中心、腾讯公司的贵州六盘水数据中心也采用同样的方案。

设计人员对 IT 设备本身的空气流进行了仔细规划，有些设计甚至还使用了空气流仿真器。高效的空气流设计可以减少冷空气与热空气的混合机会，从而保持空气的温度。例如，在机架上摆放服务器时，可以让相邻行的服务器朝向相反方向，使排出的高温废气吹向相反方向，从而使数据中心的热空气通道和冷空气通道交替存在。

除了能量损耗之外，冷却系统还会因为蒸发或溢入下水道的原因而消耗大量冷却水。例如，8MW 设施每天可能使用 70000～200000 加仑的水。

在典型数据中心中，制冷系统与 IT 设备的相对功率成本如下。

（1）冷凝器的功率占 IT 设备功率的 30%～50%。

（2）CRAC 的功率占 IT 设备功率的 10%～20%，大多消耗在风扇上。

让人奇怪的是，在减去配电设备与制冷系统的开销之后，仍然不能很清楚地看出一个数据中

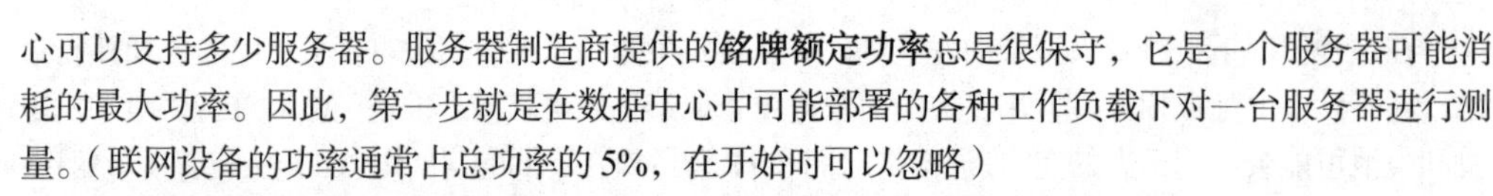

心可以支持多少服务器。服务器制造商提供的**铭牌额定功率**总是很保守，它是一个服务器可能消耗的最大功率。因此，第一步就是在数据中心中可能部署的各种工作负载下对一台服务器进行测量。（联网设备的功率通常占总功率的 5%，在开始时可以忽略）

为了确定数据中心的服务器数目，可以将 IT 设备的可用功率除以测得的服务器功率，但是，根据现有研究，由于很少有真正的工作负载可以让数千台服务器同时工作于峰值状态，因此数千台服务器理论上在最糟情况所做的工作与它们实际所做的工作之间有很大的差距。研究方向，根据单个服务器的功率，可以放心地将服务器数目超额认购 40%。因此，数据中心架构师应当做一些工作，提高数据中心内部的平均功率利用率。同时可以使用大量的监视软件和安全机制，当工作负载偏移时可以取消某些较低优先级的任务。

巴罗索等人对 IT 设备自身内部的功率利用进行了分解，据此给出了在 2012 年部署的谷歌数据中心的相关数据，具体如下：

（1）42%的功率用于处理器。

（2）12%的功率用于 DRAM。

（3）14%的功率用于磁盘。

（4）5%的功率用于联网。

（5）15%的功率用于制冷开销。

（6）8%的功率用于供电开销。

（7）4%的功率用于其他方面。

9.4.1 测量数据中心的效率

有一种广泛使用的简单度量可以用来评估一个数据中心或数据中心的效率，称为功率利用效率（Power Utilization Effectiveness，PUE）：

$$\text{PUE}=\frac{\text{总设施功率}}{\text{IT 设备功率}}$$

因此，PUE 总是大于或等于 1，PUE 越大，数据中心的效率就越低。

在 2021 年《数据中心能效限定值及能效等级》报告中收集统计了全国 53 个数据中心的全年实际运行能效水平，如图 9.8 所示。纵轴为 PUE，横轴为投产年份，圆形标记的大小代表数据中心的规模。这些数据中心的 PUE 最小为 1.26，最大为 2.00，分别来自全国 37 个城市和地区，所处气候带涵盖了我国大多数典型气候类型。注意，这些都是平均 PUE，可能会根据工作负载、外部空气温度而发生日常变化。

由于最终度量是每美元实现的性能，因此仍然需要测试性能。如前面的表 9.3、图 9.4 所示，距离数据越远，带宽越低，延迟越大。在数据中心中，服务器内部的 DRAM 带宽为机架内带宽的 200 倍，而后者又是阵列内带宽的 10 倍。因此，在数据中心内部放置数据和程序时，还需要考虑另一种局域性。

数据中心的设计人员经常关注带宽，而为数据中心开发应用程序的程序员还会关注延迟，因为这些延迟会让用户感受到。用户的满意度和生产效率都与服务的响应时间紧密联系在一起。在分时时代的几项研究表明：用户生产效率与交互时间成反比。交互时间通常被分解为人员输入时间、系统响应时间、人们在输入下一项时考虑回应的时间。试验结果表明：将系统响应时间削减 30%可以将交互时间减少 70%。这一令人难以置信的结果可以用人类自身的特性来解释：人们得到响应的速度越快，需要思考的时间越短，因为在这种情况下不太容易分神，头脑一直保持高速运转。

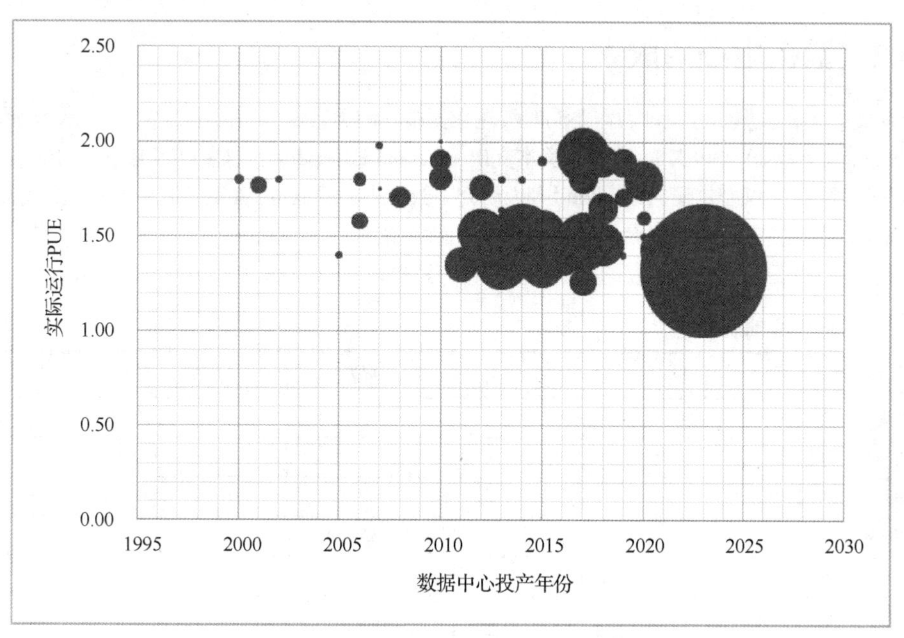

图 9.8　2021 年 53 个数据中心的功率利用效率

表 9.4 给出了对必应（Bing）搜索引擎进行这一试验的结果，在此试验中，搜索服务器端注入了 30ms～2000ms 的延迟。

表 9.4　Bing 搜索引擎中服务器的延迟对用户行为的负面影响

服务器延迟/ms	下一次单击之前的增加时间/ms	查询/用户	任意单击/用户	用户满意度	收益/用户
50	—	—	—	—	—
200	500	—	-0.3%	-0.4%	—
500	1200	—	-1.0%	-0.9%	-1.2%
1000	1900	-0.7%	-1.9%	-1.6%	-2.8%
2000	3100	-1.8%	-4.4%	-3.8%	-4.3%

和前面的预测一样，到下一次单击之前的时间差不多是这一延迟的两倍，也就是说，服务器端延迟为 200ms 时，下一次单击之前的时间会增加 500ms。收入随着延迟的增加而呈线性下降，用户满意度也是如此。对谷歌搜索引擎进行的另一项研究发现，这些影响在试验结束 4 周之后还没有消失。5 周之后，当用户体验到的延迟为 200ms 时，每天的搜索人员会减少 0.1%，当用户体验到的延迟为 400ms 时，每天的搜索人员会减少 0.2%。考虑到搜索产生的经济效益，即使如此之小的变化也是令人不安的。事实上，这些结果的负面影响非常严重，以致这项试验提前结束。

由于互联网服务十分看重所有用户的满意度，因此通常在指定性能目标时，不是提供一个平均延迟目标，而是给出一个很高的百分比，要求至少有如此比例的请求低于某一延迟门限。这种门限目标被称为 SLO 或者 SLA。某一 SLO 可能要求 99%的请求都必须低于 100ms。因此，Amazon Dynamo 键值存储系统的设计者决定：为使服务能够在 Dynamo 的顶层提供好的延迟性能，存储系统必须在 99.9%的时间内实现其延迟目标。

9.4.2 数据中心的成本

前文提到，数据中心设计者需要同时关注数据中心的运行成本和构建成本，前者是**运营成本**（Operating Expense，OPEX），后者是**资本支出**（Captial Expenditure，CAPEX）。为了正确、合理地看待能源成本，汉密尔顿（Hamilton）等人研究了数据中心的成本，确定了 8 MW 设施的 CAPEX 为 8800 万美元，大约 46000 台服务器和相应的网络设备向数据中心的 CAPEX 另外增加了 7900 万美元。表 9.5 给出了这一研究的其余预设条件，数值以 5000 美元为最小单位四舍五入。

表 9.5 数据中心的研究

评估项	单位	评估值
设施规模/临界负载	W	8000000
平均功率利用率		80%
功率利用效率（PUE）		1.45
电能成本	美元/（kW·h）	0.07
电力和制冷基础设施百分比（占总设施成本的百分比）		82%
设施的 CAPEX（不包括 IT 设备）	美元	88000000
服务器数	台	45978
服务器成本	美元/台	1450
服务器的 CAPEX	美元	66700000
机架交换机数	台	1150
机架交换机成本	美元/台	4800
阵列交换机数	台	22
阵列交换机成本	美元/台	300000
L3 交换机数	台	2
L3 交换机成本	美元/台	500000
边界路由器数	台	2
边界路由器成本	美元/台	144800
网络设备的 CAPEX	美元	12810000
数据中心的总 CAPEX	美元	167510000
服务器分摊期限	年	3
网络设备分摊期限	年	4
设施分摊期限	年	10
借款的年度利率		5%

考虑数据中心上部署的应用一般有不同的网络流量和服务质量需求，带宽成本将随应用变化而变化，所以这里未将其包含在内。总设施成本的其余 18%包括购买知识产权的费用和机房的建设成本。在表 9.6（数值同样以 5000 美元为最小单位四舍五入）中还加入了安全和设施管理的人力成本，此研究没有包括这一部分。注意，汉密尔顿的评估是在他加入 Amazon 公司之前完成的，并不以特定公司的数据中心为基础。

由于美国会计规则允许将 CAPEX 转换为 OPEX，因此现在可以为总能耗成本定价了。只需要将 CAPEX 分摊到设备有效寿命内的每个月份，使其为一个固定值。表 9.6 对这一研究的月度

OPEX 进行了分摊。注意，不同设备的分摊率有很大不同，设施的分摊期限为 10 年，网络设备为 4 年，服务器为 3 年。因此，数据中心设施以 10 年为单位持续运行，但需要每 3 年将服务器更换一次，每 4 年将网络设备更换一次。通过分摊 CAPEX，汉密尔顿计算出月度 OPEX，包括贷款支付数据中心款项的利率（每年 5%）。月度 OPEX 为 380 万美元，大约为 CAPEX 的 2%。

利用此表，可以得出一个很便捷的准则，在决定使用哪些与能源有关的组件时，一定要记住这一准则。在一个数据中心中，每年每瓦的全额成本（包括分摊电力和制冷基础设施的成本）：

$$\frac{\text{基础设施的月度成本+电力的月度成本}}{\text{设施规模（单位：瓦/年）}}\times 12=\frac{\text{76.5 万美元+47.5 万美元}}{\text{800 万瓦/年}}\times 12$$

$$=\text{1.86 美元/（瓦・年）}$$

此成本大约是 2 美元/（瓦・年）。因此，要想通过节省能源来降低成本，花费不应当超过 2 美元/（瓦・年）。

注意，有超过 1/3 的 OPEX 是与电力有关的，当服务器成本随时间下降时，这一部分反而会上升。网络设备的成本也很高，占总 OPEX 的 8%，占服务器 CAPEX 的 19%，网络设备成本不会像服务器成本那样快速下降。特别是对于那些在联网层次结构中高于机架的交换机来说，这一点尤其正确，大多数联网成本都花费在这些交换机上。关于安全与设施管理的人力成本大约为 OPEX 的 2%。将表 9.6 中的 OPEX 除以服务器的数目及每个月的小时数，可以得到其每台服务器每小时的成本大约为 0.11 美元/（台・时）。

表 9.6　表 9.5 的月度 OPEX

成本项目（占总成本的百分比）	类别	月度成本/美元	月度成本百分比
分摊 CAPEX（85%）	服务器	2000000	53%
	网络设备	290000	8%
	电力和制冷基础设施	765000	20%
	其他基础设施	170000	4%
OPEX（15%）	月度用电成本	475000	13%
	月度人员薪金与津贴	85000	2%
总 OPEX		3785000	100%

注意，服务器的 3 年分摊期限意味着需要每 3 年购买一次新服务器，而设施的分摊期限为 10 年。因此，服务器的分摊构建成本大约是设施的 3 倍。人力成本包含 3 个安保岗位，每天连续 24 小时，每年 365 天，每人每小时为 20 美元；1 个设施人员，每天连续 24 小时，每年 365 天，每人每小时为 30 美元；津贴为薪金的 30%。这一计算没有包含互联网带宽成本，因为它是随应用程序的变化而变化的，也没有包含供应商维护费用，因为它是随设备与协议的变化而变化的。

例题　美国不同地区的电力成本的变化范围为 0.03～0.15 美元/（kW・h）。这种极端费率对每小时的服务器成本有什么样的影响？

解答　我们将 8MW 的临界负载乘以表 9.5 中的 PUE 和平均功率利用率，以计算平均功率使用率：

$$8\times1.45\times80\%=9.28\text{（MW）}$$

于是，若费率为 0.03 美元/（kW・h），月度电力成本从表 9.6 中的 475000 美元变为 205000 美元，若费用为 0.15 美元/（kW・h），则变为 1015000 美元。电力成本的这些变化使服务器成本分别由 0.11 美元/（台・时）变为 0.10 美元/(台・时)和 0.13 美元/（台・时）。

例题 如果将所有分摊期限都改为相同的时间（如5年），那月度成本会发生什么变化？每台服务器每小时的成本会发生什么变化？

解答 将分摊期限改为5年，表9.6的前4行相应成本变为

类别	月度成本/美元	月度成本百分比
服务器	1260000	37%
网络设备	242000	7%
电力和制冷基础设施	1115000	33%
其他基础设施	245000	7%

月度总OPEX为3422000美元。如果我们每5年更换所有设备，成本将变为0.103美元/（台·时）。分摊成本的主体现在是设施，而不是服务器，如表9.6所示。

根据前面例题的计算，在数据中心内部，0.11美元/（台·时）的费率远低于许多公司拥有和运行自有（较小）传统数据中心的成本；在数据中心外部，通过合理选址和布局，整体权衡成本和收益，还可以进一步优化资源使用。数据中心的成本优势导致大型互联网公司都将计算功能当作一种公用设施来提供，和电力一样，用户只需要为自己使用的那一部分付费即可。今天，公用计算有一个更响亮的名字——云计算。

下面，我们再通过举例分析一下数据中心的地域和供电成本之间的关系。通过集中建设数据通信网络，可以转移供电压力，减少传输损耗，甚至可借助环境特点进一步改善能效。基于这个理念，在我们国家启动了"东数西算"工程，旨在帮助促进我国西部地区的数字经济发展，同时也在一定程度上缓解东部供电的压力。

假设为服务东部沿海地区快速发展的互联网业务，需要建设一个包含100万台服务器的数据中心，这个数据中心年均用电量约为30亿kW·h，这里有3种可能的场景。

场景1：数据中心选址在东部沿海地区，就近服务用户，但需要从2000km外运煤过来进行本地发电供电。

场景2：数据中心选址在东部沿海地区，就近服务用户，但需要从2000km外通过特高压电网输电。

场景3：数据中心选址在煤矿附近，本地发电供应，但是需要通过光纤网络实现与2000km外的东部沿海地区互联。

统一折算为每千瓦时电能的成本，输煤发电成本为0.142元/（kW·h），远距离高压输电成本为0.138元/（kW·h），可是远距离光纤网络的成本则仅需0.015元（kW·h），优势明显。而且这个数据是比较理想的估算，没有考虑运煤、输电的损耗，还有不同区域的电费差异（东西部地区可以达到3倍以上，即1.00元/（kW·h）和0.30元/（kW·h）左右）。这样一个拥有100万台服务器的数据中心，若建设在东部地区，年均电费可将突破30亿元；若建设在西部地区，年均电费则仅需10亿元外加光纤网络需要的年均不足1亿元的信息网络使用费。

那么，如果以绿色环保为重点，具体考虑用电量而非电费，从东部向西部迁移数据中心，实际用电成本有怎样的变化呢？

例题 在西部建数据中心有两方面的好处：一是西部的PUE值低一点，相对于在东部地区建数据中心，有可能节省20%的用电；二是传输线路的损耗，从西部地区向东部长距离输电，2000km的电能损耗在6%左右。试估计将数据中心从东部地区迁往西部地区之后可能节省的用电比例。

解答 将同等算力的数据中心建设在西部，实际使用的电能是建设在东部地区时的情况

将数据中心建设在西部地区的耗电量=东部数据中心耗电量×(1−电力输送损耗%)×(1−节省的电能%)
=东部数据中心耗电量×(1−6%)×(1−20%)
=东部数据中心耗电量×75.2%

那么，将数据中心从东部地区迁往西部地区，可能节省的用电量约为 1−75%=25%。而站在西部地区的角度，在西部地区建数据中心节省的用电量大约为东部数据中心用电量的(1−75%)/75%×100%≈33%。

放在全国的“大盘子”上，“东数西算”工程对全国节能减排只有一定比例的贡献，但也不能无限制地夸大。全国数据中心每年耗电 2000 亿 kW·h 左右，根据中国信息通信研究院统计的各省 2020 年的算力规模，贵州、甘肃、宁夏、新疆、重庆等西部各省算力总和还不到 5EFLOPS，只占我国数据中心算力总规模（140EFLOPS）的 4%左右。即使未来几年翻倍地增长，估计西部地区新建数据中心的算力 5 年内也难以超过全国的 20%。

未来西部数据中心最多用电量 2000 亿×20%=400 亿 kW·h 的 30%就是 120 亿 kW·h。能节省 120 亿 kW·h 电能是值得努力争取的大事，但与我国总用电量 8 万亿 kW·h 相比，只占 0.15%。与每年跨省输电量 2 万亿 kW·h 相比，也只占 0.6%。

不难看出，“东数西算”的意义不能简单地理解为省电，也不能把“东数西算”看作我国算力基础设施的整体战略和全部内容，这项计划实际上考虑的是国家东西部平衡发展、构建全国算力网络新基础设施的大局。目前，东部大城市建数据中心的需求很迫切，但没有用电指标，批地也很困难，东部向西部寻求算力资源，西部向东部寻求数字经济发展是基于通盘考虑的决策。在这个层面上，数据中心的成本内涵已经不仅局限于 IT 设备和供电，而是包含经济、社会等多方面的因素。

本章附录

附录 I 进一步介绍数据中心相关的扩展内容，并按照本章相关主题进行分类。具体而言，在 I.1 节介绍数据中心的可靠性，以数据中心常用的副本和纠删码技术为主，在附录 I.2 节介绍数据中心的可用性，以尾延迟问题和服务质量保障技术为主。

习　　题

9.1　推动数据中心发展的一个重要因素就是有大量的 RLP，而不是指令级或线程级并行。这个问题探讨不同类型的并行对计算机体系结构和系统设计有着什么样的影响。

（1）讨论一些情景，其中提高指令级或线程线并行所得到的好处可大于通过 RLP 所能得到的好处。

（2）增大 RLP 对软件设计有什么样的影响?

（3）提高 RLP 可能存在哪些缺点?

9.2　当一个云计算服务提供商接到一些包含多个 VM 的作业（如 MapReduce 作业）时，会有许多调度选项。可以用轮询方式来调度这些 VM，将其分散在所有可用处理器和处理器上，也可以对它们进行整合，以尽量减少所使用的处理器数目。利用这些调度选项，如果提交了一项拥有 24 台 VM 的作业，并且云中有 30 个处理器可供使用（每个处理器最多可以运行 3 个 VM），轮

询过程将使用24个处理器，合并后的调度过程将使用8个处理器。调度程序还可以在不同范围内寻找可用处理器核心，即插槽、服务器、机架和机架阵列。

（1）假定所提交的作业都是计算密集型工作负载，可能会有不同的存储器带宽需求，就电力与冷却成本、性能和可靠性而言，轮询与合并调度的优缺点都有哪些？

（2）假定所提交的作业都是 I/O 密集型工作负载，轮询与合并调度在不同范围内的优缺点有哪些？

（3）假定所提交的作业都是网络密集型工作负载，轮询与合并调度在不同范围内的优缺点有哪些？

9.3 MapReduce 在多个节点上运行没有数据相关的任务，因此可大规模并行，通常使用常规硬件实现。但是，对于并行级别也存在一些限制。例如，为实现冗余，MapReduce 会将数据块写到多个节点，占用磁盘，还可能占用网络带宽。假定数据集的总大小为300GB，网络带宽为1GB/s，map 函数以 10GB/s 速率吞吐、reduce 函数以 20GB/s 速率吞吐，还假定两者必须从远程节点读取30%的数据，每项输出文件被写到另外两个节点以实现冗余。所有其余参数采用表9.3中的数据。

（1）假定所有节点都在同一机架内。采用5个节点时的预期运行时间为多少？10个节点、100个节点、1000个节点呢？讨论每种节点大小的瓶颈。

（2）假定每个机架有40个节点，远程读取/写入任意节点的机会相等。100个节点的预期运行时间为多少？1000个节点呢？

（3）一个重要的考虑因素是尽可能减少数据移动。在从本地到机架再到阵列的访问速度大幅减缓时，必须对软件进行有效优化，尽量提高局域性。假定每个机架有40个节点，在 MapReduce 作业中使用了 1000 个节点。如果远程访问在 20%的时间内都不超出同一机架，则运行时间为多少？50%的时间呢？80%的时间呢？

（4）给定9.2节中的简单 MapReduce 程序，讨论一些可能的优化方法，使工作负载的局域性达到最强。

9.4 数据中心程序员经常使用数据复制来克服软件中的故障。比如，Hadoop 分布式文件系统（Hadoop Distributed File System，HDFS）采用3路复制（一个本地副本、机架内的一个远程副本、另一机架内的一个远程副本），值得研究一下何时需要这些副本。一个由 2400 台服务器组成的新集群在第一年的大致故障发生频率如表9.7所示。

表9.7 一个由2400台服务器组成的新集群在第一年的大致故障发生频率

第一年的近似事件数	原因	结果
1或2	电力设施故障	整个 WSC 失去供电，如果 UPS 和发电机正常工作（发电机的正常工作时间大约占总时间的99%），不会导致 WSC 系统中断
4	集群升级	计划内停用，用于升级基础设计，许多时间出于升级网络的需求，比如重新连接线缆、交换机固件升级等。每一次计划外停用大约会有9次计划内集群停用
1000	硬盘故障	2%～10%的年度磁盘故障率[Pinbeiro，2007]
	磁盘缓慢	仍然能够运行，但运行速度减缓至110～120
	存储器损坏	每年一次不可纠正的 DRAM 错误[Schroeder 等人，2009]
	机器配置错误	配置会导致大约30%的服务中断[Batroso 和 HÖlzlc，2009]
	脆弱的机器	大约1%的服务器每星期重启一次以上[Barroso 和 HÖlzle，2009]
5000	个别服务器崩溃	机器重启，通常需要大约5min

（1）Hadoop World 2010 参与者调查表明：超过半数 Hadoop 集群的节点数不超过10个，数据

集大小不超过 10TB。使用表 9.7 中的故障频率数据，在采用 1 路、2 路和 3 路复制时，10 节点 Hadoop 集群的可用性如何？

（2）使用表 9.7 中的故障频率数据，在采用 1 路、2 路和 3 路复制时，一个 1000 节点的 Hadoop 集群的可用性如何？

（3）复制的相对开销随每个本地计算机在每小时内写入的数据量变化。对于一个 1000 节点、1PB 数据进行排序的 Hadoop 作业，计算其额外的 I/O 流量和网络流量（机架内和跨机架），其中数据混洗的中间结果被写到 HDFS。

（4）利用表 9.7 中的数据，计算 2 路与 3 路复制的时间开销。使用表 9.7 中的故障频率数据，对比在没有进行 2 路及 3 路复制时的预测执行时间。

（5）现在考虑一个向日志应用复制操作的数据库系统，假定每个事务平均访问一次硬盘，生成 1KB 的日志数据。计算 2 路与 3 路复制的时间开销。如果该事务在存储器内执行，耗用 10μs，结果又会如何？

（6）现在考虑一个满足 ACID 需求的数据库系统，它需要两次网络往返进行两阶段确认。为保持一致性和进行复制所需要的时间开销为多少？

9.5　尽管 RLP 允许许多计算机并行处理同一问题，从而可以实现更高的整体性能，但它面对的一个挑战就是应避免将问题划分得过于精细。如果在 SLA 的上下文中来研究这一问题，通过进一步划分来降低问题规模，可能需要更多的工作量才能实现目标 SLA。假定一个 SLA 要求 95% 的请求在 0.5s 或更短时间内得到响应，那类似于 MapReduce 的并行体系结构可以启动多个冗余作业，以获得相同结果。对于以下问题，假定查询响应时间曲线如图 9.9 所示。此曲线根据每秒执行的查询数目，显示了基准服务器以及使用缓慢处理器模型的廉价服务器的响应延迟。

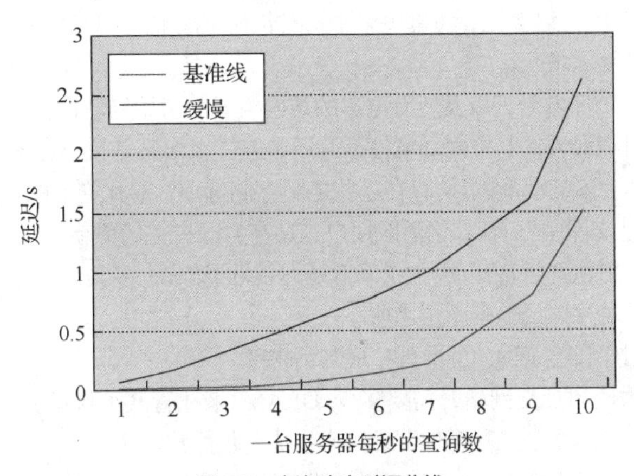

图 9.9　查询响应时间曲线

（1）假定数据中心每秒接收 30000 个查询，查询响应时间曲线如图 9.9 所示，那么需要多少台服务器来实现该 SLA？给定这一响应时间曲线，需要多少台廉价服务器来实现这一 SLA？如果仅关注服务器成本，对于目标 SLA 而言，廉价服务器必须比正常服务器便宜多少才能实现该成本优势？

（2）由于采用了价格更低的组件，因此廉价服务器的可靠性通常更差一些。使用图 9.7 中的数据，假定由于计算机廉价、存储器不良所导致的事件数提高了 30%，现在需要多少台廉价服务器？这些服务器的价格必须比标准服务器的价格低多少？

（3）现在假定有一个批处理环境。廉价服务器提供的性能为常规服务器的 30%。仍然基于

表 9.7 中的可靠性数据，需要多少廉价节点才能提供一个 2400 节点标准服务器阵列的同等预期吞吐量？假定阵列性能与节点规模之间具有完美的线性扩展关系，每个节点的平均任务长度为 10min。如果此比例为 80%或 60%呢？

（4）这一扩展关系通常不是线性函数，而是对数函数。一个很自然的想法可能是购买更大型的节点，使每个节点拥有更强的计算能力，从而使阵列最小。讨论这一体系结构的一些优缺点。

9.6　高端服务器中的一个趋势是在存储层次结构中包含 NVM、SSD 或者 PCIe 卡。典型 SSD 的带宽为 250MB/s，延迟为 75μs，而 PCIe 卡的带宽为 600MB/s，延迟为 35μs。

（1）根据图 9.4，让本地服务器层次结构中包含上述设备。假定在不同层次级别可以实现与 DRAM 相同的性能扩展因数，当跨机架访问时，这些闪存装置的性能如何？如果是跨阵列呢？

（2）讨论一些基于软件的优化方式，以利用存储层次结构的这个新级别。

（3）重复第（1）题，但这次假定每个节点有一块 32 GB 的 PCIe 卡，能够缓存 50%的磁盘访问。

（4）经典存储层次结构的分析告诉我们，用 SSD 代替所有磁盘并不一定是一种具有高成本效率的策略。假定有数据中心经营者使用 SSD 来提供云服务，讨论一些利用 SSD 或其他持久存储设备会有所帮助的情景。

9.7　存储层次结构：在某些数据中心设计中广泛使用缓存来降低延迟，有许多缓存可用于满足不同的访问模式和需求。

（1）考虑一些设计选项，用于以流式访问来自 Web 应用（例如 Netflix）的多媒体数据。首先，我们需要估计电影数、每部电影的编码格式数、当前正在观看的用户数。2010 年，Netflix 有 12000 部线上电影，每部至少有 4 种编码格式（分别为 500kb/s、1000kb/s、1600kb/s 和 2200kb/s）。我们假定整个网站同时有 10 万名观众，每部电影平均时长为 1h。估计总存储容量、I/O 与网络带宽以及与视频流相关的计算需求。

（2）每位用户、每部电影，以及所有电影的访问模式与引用局域性特性如何？（提示：是随机的还是顺序的，时间局域性与空间局域性是好还是差，工作集是较小还是较大。）

（3）利用 DRAM、SSD 和硬盘，存在哪些电影存储选项？对比它们的性能和 TCO。

9.8　考虑一个社交网站，有 1 亿活跃用户张贴与自己有关的更新（以文本和图片形式），他们在社交网络上浏览更新并进行互动。为了降低延迟，该网站和许多其他网站都使用了 Memcached 作为缓存层，放在后端存储或数据库层之前。

（1）估计每位用户和整个网站的数据生成与请求率。

（2）对于这里讨论的社交网站，需要多少 DRAM 来托管其工作集？使用容量为 96GB 的 DRAM，估计需要多少本地、远程存储器访问来生成一位用户的主页。

（3）现在考虑两种备选的 Memcached 服务器设计，一种使用传统的 Xeon 处理器，另一种使用较小的核心处理器，如 Atom 处理器。假定 Memcached 需要大容量的物理存储器，但 CPU 利用率很低，这两种设计有哪些优缺点？

（4）存储器模块和处理器紧密耦合在一起，通常需要增加 CPU 数，以支持更大容量的存储器。请列举其他一些设计，能够提供大容量物理存储器，但不会按比例增大服务器中的 CPU 插槽数目。对比这些设计的性能、功率、成本和可靠性。

（5）同一用户的信息可以存储在 Memcached 服务器和存储服务器中，可以采用不同方式对这些服务器进行物理托管。讨论数据中心中以下服务器布局方式的优缺点：Memcached 服务器与存储服务器是同一服务器；Memcached 服务器和存储服务器位于同一机架的不同节点上；Memcached 服务器位于同一机架上，存储器服务器位于其他机架上。

9.9　数据中心联网：MapReduce 和数据中心是一套有效的系统方案，可以应对大规模的数据处理；例如，2008 年，谷歌使用 4000 台服务器和 48000 个硬盘对 1PB 网页爬虫记录进行排序，只用了 6h 稍多一点的时间。

（1）根据表 9.7 和相关文本推断磁盘带宽，需要多少时间才能将数据读入主存储器并写回排序后的结果？

（2）假定每台服务器有两个 1Gb/s 的以太网网络接口卡（Network Interface Card，NIC），数据中心交换机基础设施的超额认购系数为 4，需要多长的时间才能将 4000 台服务器上的整个数据集混洗完毕？

（3）假定网络传输是 PB 级排序的性能瓶颈，能否估计谷歌数据中心中的超额认购率？

（4）现在研究使用 10Gb/s 以太网（没有超额认购）的好处，如使用 48 端口 10Gb/s 以太网（2010 年 Indy 排序基础测试获胜者 TritonSort 就采用这一配置）。需要多少时间才能将 1PB 数据混洗完毕？

（5）对比下面两种方法：采用高网络超额认购率的大规模扩展方法；采用高带宽网络的小规模系统。它们的潜在瓶颈是什么？就可伸缩性和 TCO 而言，它们有哪些优势和劣势？

（6）排序和许多重要的科学计算工作负载都是计算密集的，而许多其他工作负载并非如此。列举 3 种不会从高速联网中获益的工作负载示例。对于这两类工作负载，可使用哪种云主机实例？（参考 Amazon EC2/阿里云产品规格。）

9.10　由于数据中心的超大规模，根据需要运行的工作负载恰当地分配网络资源是极为重要的。不同的分配方法可能会对性能和 TCO 产生严重影响。

（1）利用表 9.5 给出的具体数据，每个访问层交换机的超额认购率为多少？如果超额认购率折半，对 TCO 有什么影响？加倍呢？

（2）如果工作负载受网络限制，那降低超额认购率可能会提高性能。假定一项 MapReduce 作业使用 120 台服务器，读取 5TB 数据。假定如表 9.1 中 2009 年 9 月的读取/中间输出数据比，并使用表 9.3 中的数据来确定存储层次结构的带宽。关于数据读取，假定有 50%的数据是从远程磁盘读取的；其中，80%从机架内读取，20%从阵列中读取。对于中间数据和输出数据，假定 30%的数据使用远程磁盘；其中，90%在机架范围内，10%在阵列范围内。将超额认购率折半时，整体性能提高多少？如果超额认购率加倍，性能又变为多少？计算每种情况下的 TCO。

（3）我们看到每个系统正在向更多个核心的趋势发展。我们还看到光纤通信的应用越来越多（其带宽可能更高，能耗效率也有改进）。你认为这些及其他一些新兴技术趋势将会如何影响未来数据中心的设计？

9.11　表 9.4 给出了用户感受的响应时间对收入的影响，引出了在保持低延迟的情况下实现高吞吐量的需求。

（1）以 Web 搜索为例，有哪些可以缩短查询延迟的方法？

（2）可以收集哪些监控统计数字以帮助理解时间花费在哪里，你计划怎样来实现这样一种监控工具？

（3）假定每个查询的磁盘访问数服从正态分布，其均值为 2，标准差为 3，需要哪种磁盘访问延迟使 95%的查询的延迟 SLA 为 0.1s？

（4）在存储器中进行缓存可以减少长延迟事件（如访问硬盘）的频率。假定稳态命中率为 4%，命中延迟为 0.05s，缺失延迟为 0.2s，进行缓存是否有助于满足 95%查询的延迟 SLA 为 0.1s 的要求？

（5）缓存内容什么时候过时，甚至变得不一致？发生这种情况的频繁程度如何？可以怎样检

测这种内容并使其失效？

9.12　在本练习中，考虑一个用于计算数据中心总运行功率的简化公式：

总运行功率=(1+冷却效率系数)×IT 设备功率

（1）假定一个 8MW 数据中心的功率利用率为 80%，电力费用为 0.1 美元/(kW • h)，冷却效率系数为 0.8。对比以下优化方式所能节省的成本：将冷却效率提高 20%；将 IT 设备的能耗效率提高 20%。

（2）IT 设备能耗效率提高百分之多少才能与冷却效率提高 20%节省的成本相匹配？

（3）从服务器能耗效率和冷却系统能耗效率来看，关于这些优化的相对重要性可以得出哪些结论？

9.13　从数据中心可靠性和可管理性方面思考以下问题。

（1）考虑一个服务器的集群，其中每台服务器的成本为 2000 美元。假定年故障率为 5%，每次修复的平均服务时间为 1h，每次故障更换零件时需要系统成本的 10%，每台服务器的年维护费用为多少？假定一个服务技师每小时收费为 100 美元。

（2）解释这一可管理性模型与传统企业数据中心可管理性模型的差别，在传统企业数据中心中，有大量中小型应用程序，分别运行在自己的专用硬件基础设施上。

10

第 10 章　专用加速器

10.1　专用领域计算加速

微课视频

10.1.1　专用领域计算加速概念

过去 50 年芯片内晶体管数量遵循摩尔定律，芯片内晶体管数量呈指数增加，这使得计算机系统设计者可以将充足的晶体管转化为提高性能的新机制。1980 年初，32 位 RISC 5 级流水线处理器只需要 25000 个晶体管，但是目前通用处理器的晶体管使用量增长了 100000 倍，这些晶体管主要用于实现下述硬件：①一级、二级、三级甚至四级缓存；②512 位 SIMD 浮点单元；③15 级以上流水线；④分支预测；⑤乱序执行；⑥推测性预取；⑦多线程；⑧多处理核心；等等。

通用 CPU 体系结构已经能够很好地支持百万行级应用程序运行，当前应用程序大部分是用 C++等高级语言编写的。计算机系统功能分层次架构使得程序员和系统架构师都把对方的系统作为黑盒，仅通过指令集进行交互，甚至跨层次进行整体设计都是困难的。这就是为什么编译器甚至无法弥合 C 语言或 C++和 GPU 之间的语义沟壑。

此外，登纳德缩放比例定律比摩尔定律结束得更早。因此，更多晶体管的开关意味着消耗更多的功率。由于芯片的电荷漂移、机械和物理散热限制有限，因此芯片整体的能耗预算并没有增加，不是所有晶体管都能同时工作，称为暗硅（Dark Silicon）现象。设计者不得不用多个高效处理核替换单个低效处理核。因此，没有办法持续改进通用 CPU 架构的性价比和能源效率。

表 10.1 描述了内存和硬件逻辑操作的相对能耗，一个 RISC 的逻辑运算消耗 125PJ，其中非运算开销（例如数据移动）占很大比例。鉴于这种额外开销，对现有计算部件进行优化也仅能够获得 10%的改进，但是如果想获得 10 倍以上的改进，需要让一条指令能够执行更多的算术运算，从而分摊额外取指和译码等公共开销，提高整体的处理器效率。

表 10.1　基本指令操作的能耗（90nm 制程情况下）

操作	能耗/pJ
RISC 指令完整执行	125
Load/Store	150
单精度浮点运算	15～20
32 位加法运算	7
8 位加法运算	0.2～0.5

为此，需要从通用处理器模式拓展到特定领域架构（Domain Specific Architecture，DSA），正如计算机体系结构在过去10年里，从强化单处理器性能到增加处理核数量。因此当前计算机将包含通用处理器和特定领域处理器，前者运行传统的大型程序，例如操作系统；后者仅能非常好地处理特定任务。二者相互补充使得当前计算机将比过去更加异构，例如苹果手机和华为手机的处理器普遍采用CPU+GPU的异物处理结构。

特定应用领域通常不需要一些通用处理器优化硬件（缓存、乱序执行部件等）。而优化硬件资源可以被利用起来，强化应用领域所需要的特定计算功能。例如，缓存非常适合通用架构，但不一定适合数据流式处理，或者有明确访存行为和访问数据集庞大的应用程序，如视频几乎没有数据重用需求，因此多级缓存是无用的。因此，DSA的优势在于提高晶体管资源利用效率和能源利用效率，当前后者通常是更重要的指标。

特定领域算法几乎总是用于计算密集型任务，例如物体识别或语音理解等。DSA应关注部分计算密集处理过程，而不是针对整个程序。这些需要架构师掌握应用领域计算逻辑及特定算法。此外，考虑芯片设计和生产初始成本巨大，关键的挑战是选择合适的特定领域作为设计目标，即需求量大到足以使得SOC，甚至定制芯片是值得的。定制芯片及其相应支撑软件的非经常性工程（Non-Recurring Engineering，NRE）成本可以根据制造的芯片数量进行分摊，如果只需要1000个芯片，就不太可能具有经济价值。对于使用量少的场景可使用可重新配置的FPGA等芯片，因为它们的NRE低于定制芯片，并且因为几个不同的应用程序可能能够重用相同的FPGA硬件来分摊其成本。

同指令集和通用编程环境一样，DSA也需要相适应的编程平台和开发工具链。C++编程语言和通用编译器很难用于开发DSA。本章为DSA设计提供了5个指南，然后针对深度神经网络（Deep Neural Network，DNN）的DSA示例。DNN应用广泛，正在彻底改变许多应用领域，包括语音、视觉、语言、翻译、搜索、排名等领域。

图10.1展示了领域专用计算模式的抽象结构，图中左边是基于指令集的通用CPU处理架构，右边为DSA专用处理抽象架构。软件和硬件系统不再有清晰的边界。软件处理和数据对象直接嵌入硬件结构之中。

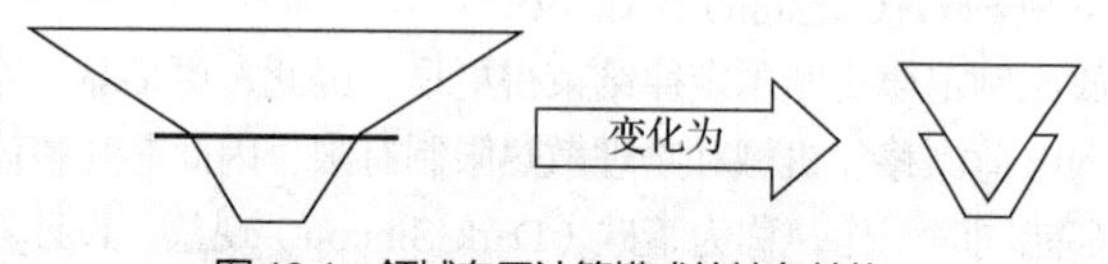

图10.1 领域专用计算模式的抽象结构

10.1.2 专用领域加速器

DSA设计可以考虑5个原则，它们不仅导致增加了面积和能源利用效率，还提供了两个有价值的额外效果。首先，它们导致更简单的设计，降低了DSA的NRE成本。其次，对于常见的面向用户的应用程序与传统处理器随时间变化的性能优化相比，遵循这些原则的DSA加速器更符合99%尾响应时间要求。表10.2显示了4种常用DSA和相应的设计原则。

（1）使用专用存储器来最小化数据移动。通用处理器中的多级缓存使用了大量芯片面积和能量为程序移动数据。例如，一个双路组相联缓存消耗的能量是软件控制的暂存器内存的2.5倍。编译器编写者和DSA的程序员了解它们的应用领域，因此不需要设计硬件大量缓存数据。相反，软件控制存储器专用于特定应用领域，能够量身定制相应的功能，从而减少整体数据移动。

（2）减少高级微架构优化，把节省下来的硬件资源投入更多算术单元或更大内存中。架构师将基于摩尔定律增加的晶体管转化为处理单元的计算资源。

表 10.2　4 种常用 DSA 和相应的设计原则

设计指南	TPU	Catapult	Crest	PixelVisualCore
设计目标	数据中心 ASIC	数据中心 FPGA	数据中心 ASIC	PMDASIC/SOCIP
专用内存	24MiB 统一缓存，4MiB 累加器	可变	没有	每个核：128KiB 线缓存，64KiB 处理单元内存
更多算术单元	65536 乘加器	可变	没有	每个核：256，乘加器（512 ALUs）
挖掘并行度	单线程化，SIMD，顺序执行	SIMD，MISD	没有	MPMD，SIMD，VLIW
更短数据类型	8 位和 16 位整型	8 位和 16 位整型，32 位定点浮点	21 位定点浮点	8 位、16 位和 32 位整型
领域专用编程语言	TensorFlow	Verilog	TensorFlow	Halide/TensorFlow

（3）使用 DSA 适配的最简单并行形式。DSA 的目标领域几乎总是具有固有的并行性。DSA 的设计关键是利用这种并行性，实现负载和应用并行性的匹配。围绕内在的并行性粒度设计 DSA，并简单地在编程模型中挖掘这种并行性。例如，关于数据级并行性，如果 SIMD 在 DSA 域中工作，它对程序员和编译器编写者来说，肯定比 MIMD 更容易。类似地，如果 VLIW 可以有效表达应用域指令级并行性，与乱序执行相比，代码规模可以更小、整体更节能。

（4）将数据大小和类型精简到应用域所需的最简单模式。许多领域中的应用程序通常都受内存限制，因此，可以通过使用更短的数据来增加有效内存带宽和片上内存利用率。使用更短、更简单的数据类型也可以在相同芯片面积内实现更多算术单元。

（5）使用特定领域的编程语言将代码移植到 DSA 中。DSA 需要让应用程序在新的架构上运行，但程序员也需要很大的学习代价去适应新开发平台，从而使用新硬件。幸运的是，特定领域的编程语言比 DSA 出现得更早。例如用于视觉处理的 Halide 和用于 DNN 的 TensorFlow。这样的语言使得移植应用程序到 DSA 中更加可行。此外，一个应用程序仅计算密集型部分需要在 DSA 上运行部分，这也简化了移植。

DSA 引入了许多新概念和术语，主要来自新领域及新架构。表 10.3 列出了 DSA 相关术语的缩写与解释。

表 10.3　DSA 相关术语

范围	术语	缩写	解释
通用领域	特定领域结构（Domain Specific Architecture）	DSA	专用处理器，为特定应用领域设计的。它依赖于处理应用领域之外的处理器
	知识产权模块（Intellectual Property block）	IP	可集成到 SoC 中的可移植硬件设计模块
	片上系统（System on a Chip）	SoC	芯片上的计算机系统，集成所有计算组件；常见于 PMD
深度神经网络	激活（Activation）	—	“激活”人工神经元的结果；通常具有非线性输出功能
	批次（Batch）	—	一起处理的数据集的集合，以降低获取权重的成本
	卷积神经网络（Convolutional Neural Network）	CNN	CNN 将前一层空间邻近区域的输出乘以权重，作为一组非线性函数作为的输入

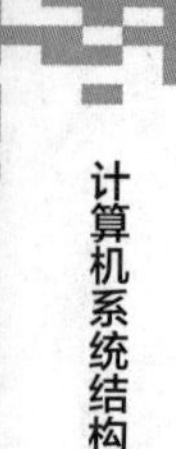

续表

范围	术语	缩写	解释
深度神经网络	深度神经网络（Deep Neural Network）	DNN	包含一系列非线性函数组成的人工神经元的层序列，非线性函数应用于前一层输出并乘以权重得到的乘积
	推导（Inference）	—	DNN 输出结果阶段，也称为预测
	长程的短期内存（Long Short-Term Memory）	LSTM	非常适合分类、处理和预测时间序列的 RNN。它是一种分层设计，由称为单元格的模块组成
	多层感知器（Multi Layer Perceptron）	MLP	一种 DNN，它将前一层的所有输出乘以权重的一组非线性函数作为输入。这些层称为全连接
	线性整流函数（Rectified Linear Unit）	ReLU	执行 $f(x)$=max(x,0)的非线性函数。其他热门非线性函数是 Sigmoid 和双曲正切（tanh）函数
	循环神经网络（Recurrent Neural Network）	RNN	一种 DNN，其输出由前一层和前一状态确定
	训练（Training）	—	一个 DNN 的生成阶段，也称为学习
	权重（Weight）	—	在训练过程中学习到的网络变量值
PU	累加器（Accumulator）	—	4096 个 256×32 位寄存器组（4MiB），用于收集 MMU 的值，输出到激活单元
	激活单元（Activation Unit）	—	执行非线性函数（ReLU、Sigmoid、tanh、最大池和平均池）。它的输入来自累加器，它的输出进入统一缓冲区
	矩阵计算单元（Matrix Multiply Unit）	MMU	执行乘加的 256×256 个 8 位算术单元的脉动阵列。它的输入是权重内存和统一缓冲区，它的输出是累加器
	脉动阵列（Systolic Array）	—	一组处理单元，它们以锁步方式输入来自上游邻居的数据，计算部分结果，并将一些输入和输出传递给下游邻居
	统一缓存（Unified Buffer）	UB	一个 24MiB 的片上存储器，用于保存激活值，为了避免在运行 DNN 时将激活值溢出到 DRAM
	权重内存（Weight Memory）	—	包含 MMU 权重的 8MiB 外部 DRAM 芯片。在进入 MMU 之前，权重被传输到一个权重 FIFO

10.2　深度神经网络加速

10.2.1　深度神经网络

2010 年以来，在大数据、神经网络（算法）和计算能力（硬件）的共同驱动下，人工智能重新成为热点，由神经科学启发而来的人工神经网络，已经成为一个极其重要的人工智能应用领域。人工智能通常基于符号模式和连接模式，前者构建大量的逻辑规则用于推理，后者构建复杂网络用于刻画因果关系，本轮人工智能的复兴机遇在于可以在大量标记数据中进行高性能机器学习。WSC 能够收集和存储来自数十亿用户的 PB 级数据。而处理器能够提供更强的计算能力进行处理。过去神经网络运行在 CPU 和 GPU 通用处理器上，但不是很高效，因为处理 DNN 并不会使用通用 CPU 硬件中的大部分功能部件（如分支预测和大量 Cache）。DSA 被认为是一个更高能效的解决方案。

1．深度神经网络简述

机器学习一个重要分支称为深度神经网络（DNN），是近年来人工智能领域的热点。DNN 把图像识别竞赛中的错误率从26%降到3.5%。2016年，基于DNN的Alphago在围棋中击败人类冠军。尽管许多大型DNN模型在云数据中心中运行，但很多DNN模型也能被裁剪到更小规模，从而能够在物联网设备和智能手机上运行。

DNN 的设计思想是模拟人类大脑神经元工作。神经网络中人工神经元计算一组权重/参数与数据值的乘积之和，然后通过非线性函数得到输出。每个人工神经元都有一个大的扇入连接（N 到 1 连接）和一个大的扇出连接（1 到 N 连接）。执行非线性函数称为激活，输出用于模拟神经元"激活"，也称为映射函数（Mapping Function）。在数学上，激活函数被用于将较大值域转换成较小值域，可以极大程度影响神经网络的性能。

对于图像处理DNN，输入数据将照片的像素和像素值乘以权重，输入非线性函数（如 ReLU $(x)=\max(x,0)$），如果 x 为负，则返回 0，如果为正或为 0，则返回原始值。

一簇人工神经元能够处理输入的不同部分，并且该簇的输出成为下一层人工神经元的输入，如图 10.2 所示。图 10.2（a）所示为 3 个输入、1 个输出神经元。输入层和输出层之间的层称为隐藏层，如图 10.2（b）所示。为了便于图像处理，每一层都有各自的处理特征，低级特征包括边缘和角度等，高层特征包括识别物体特征，如眼睛和耳朵。最后一层的输出可能是 0 和 1，或者可能是与物体识别相对应的概率表。

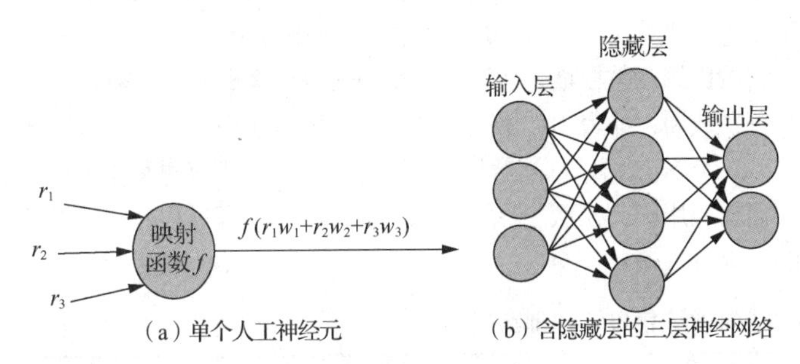

（a）单个人工神经元　　（b）含隐藏层的三层神经网络

图 10.2　神经网络示意

DNN 通常包含很多层，这也是其名称的来源。原始数据的缺失和计算能力的不足使大多数神经网络相对较浅。表 10.4 显示了几种流行的 DNN 的层数、权重，以及获取的每个权重的操作数。目前大型 DNN（如 GPT-3 模型）可能有上千亿（10^{12}）个参数。

表 10.4　几种流行的 DNN

名称	DNN 层数	权重/MB	操作数/权重
MLP0	5	20	200
MLP1	4	5	168
LSTM0	58	52	64
LSTM1	56	34	96
CNN0	16	8	2888
CNN1	89	100	1750

DNN 从定义神经网络架构开始，进而确定参数数量、层类型、每层维度和数据大小。虽然仍然在不断开发新的神经网络架构，但大多数从业者仅使用现有的网络架构，仅进行参数修改和训练。

2. 深度神经网络处理过程

在确定神经网络架构之后，下一步就是学习得到神经网络图中每条边相关的权重，例如图 10.2 中的 w，权重决定了模型的行为。单个神经结构模型中可以有数千到数千亿个权重。训练过程是调整这些权重从而让神经网络正确映射的长时间计算过程，因此 DNN 近似于由训练数据描述的复杂函数，用于实现从输入到输出之间的映射。

这个映射生成阶段通常被称为训练或学习，而映射使用阶段称为推理、预测、评分、实施、评估、运行或测试。大多数 DNN 使用监督学习，通过一个训练集来学习预处理数据，以获得正确的参数和权重。例如，ImageNet 的 DNN 竞赛中，训练集包含 120 万张照片，每张照片都被标记为 1000 个类别之一。其中有几个类别非常详细，例如特定品种的狗和猫照片。需通过评估一组单独的 50000 张照片来确定哪个 DNN 具有最低的错误率。

确定权重是一个迭代过程，需要不断使用训练集反向更新神经网络权重，这个过程称为反向传播。例如，因为已知训练集中狗照片的品种，每次训练可以得到 DNN 对照片的评价，然后调整权重改进答案。训练过程开始时的权重通常设置为随机数据，开始不断迭代，直到达到训练集要求的 DNN 正确率。

训练目标是找到输入到输出的正确映射（函数）。反向传播代表“错误的反向传播”，它计算出所有权重的梯度作为优化算法的输入，试图通过更新来最小化权重错误。流行的优化 DNN 算法是随机梯度下降。它按比例调整权重，从反向传播中获得梯度最大化下降。

训练过程可能花费数周，如表 10.5 所示。推理过程通常短于 100ms，可以比训练时间少 100 万倍。经过训练之后，DNN 就可以部署给用户进行推理使用。训练过程中需要对整个模型进行构建，而推理请求仅需要应用因此模型。尽管训练过程比单个推理过程时间长得多，但是推理需要能够支持高开发的请求。

表 10.5　几种 DNN 的训练集尺寸和训练时间

数据类型	问题领域	测试集的训练集	DNN 结构	硬件	训练时间
文本	文本预测（Word2vec）	1000 万词（Wikipedia）	2 层	1 个 NVIDIA TitanX GPU	6.2h
语音	语音识别	可变	11 层 RNN	1 个 NVIDIA K1200 GPU	3.5 天
图像	图像分类	可变	22 层 CNN	1 个 NVIDIA K20 GPU	3 周
视频	行为识别	可变	8 层 CNN	10 个 NVIDIA GPUs	1 个月
文本	聊天机器人	40TB 高质量数据训练集	175B GPT-3	1024 个 NVIDIA A100 GPU	1 个月

有些任务没有训练数据集，例如，尝试预测一些现实世界事件的未来。强化学习（Reinforcement Learning，RL）是适用于此类任务的流行算法。RL 不用训练集学习，而是通过奖励函数判定某行动是否使情况变得更好或更糟。

下面介绍 3 种流行 DNN，分别是 MLP、CNN 和 RNN。它们都采用监督学习，依赖于训练集。

图 10.3 所示为神经网络的单层连接。左侧的 Layer[i−1]和右侧的 Layer[i]。ReLU 是一种流行的 MLP 非线性函数。通常输入层维度和输出层是不同的，这样的层称为全连接层，因为它取决于前一层的所有输入，其中输入是 0，一项研究显示有 44%的输入是 0，这可能是因为 ReLU 将负数变为 0。

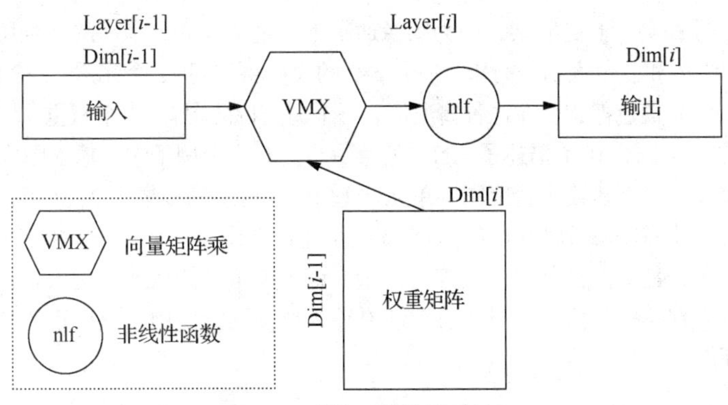

图 10.3 神经网络的单层连接

10.2.2 常见神经网络

1. 多层感知机

MLP 是最早使用的 DNN。其中每层计算前一层输出向量乘以权重矩阵的加权和，即 $y_n=f(wy_{n-1})$，然后输入一组非线性函数 f，得到本层的输出，如图 10.2 所示。如果每个输出神经元的结果取决于前一层的所有输入神经元，则这种层称为全连接层。

一旦 DNN 结构确定，就可以得到每层神经元数量、操作数和权重。MLP 是简单网络，因为它只需要将输入向量和权重矩阵相乘。通过参数和公式可以确定权重和推理操作数（两个操作乘法加）。

（1）Dim[i]：输出向量的维度，即神经元的数量。

（2）Dim[i-1]：输入向量的维度。

（3）权重：Dim[i-1]×Dim[i]。

（4）操作数：2×权重。

（5）操作数/权重：2。

最后一项是根据 Roofline 模型计算的运算强度。使用每个权重的操作数，因为可以有数百万个权重，通常不能完全载入芯片。例如，MLP 一个阶段的维度 Dim[i-1]=4096 和 Dim[i]=2048，所以对于那一层，神经元的数量是 2048，权重是 8388608，操作数是 16777216，计算强度是 2。Roofline 模型指出，低操作强度难以获得高性能。

2. 卷积神经网络

CNN 广泛用于计算机视觉领域。由于图像具有二维结构，相邻位置像素之间存在某种相关性。CNN 将来自前一输出层中相邻区域乘以权重，再输入一组非线性函数，这些权重在同一层中会被重复使用。CNN 使得每一层都提高了图片的抽象层次。例如，第一层可能只识别水平线和垂直线。第二层可能会构造它们来识别边角，下一步可能是识别矩形和圆形。在下一层可以使用该输入来检测更高级的结构，例如狗的一部分，如眼睛或耳朵。更高层将试图识别不同品种的狗的特点。

每层神经网络层产生一组二维特征图（Feature Map），二维特征图的每个单元用于识别一个输入区域的一个特征。

图 10.4 显示了从输入图像创建第一个特征图元素的 2×2 个模板计算。模板计算以固定模式使用相邻单元来更新数组的所有元素。输出特征图的数量将取决于有多少不同的特征和使用模

板的步长。这个过程实际上更复杂，因为图像通常不仅是单一的、扁平的二维层。通常，彩色图像使用红色、绿色和蓝色表示。例如，一个 2×2 的模板将访问 12 个元素：2×2 红色像素、2×2 个绿色像素和 2×2 个蓝色像素。在这种情况下，每个输出特征图有 12 个权重，用 2×2 个模板处理一个图像三维输入。图 10.4 描述了 CNN 的第一步。在这个例子中，输入图像每组 4 个像素乘以相同的 4 个权重以创建输出特征图的单元。这个模式描绘的步幅为 2，也可以设置为其他步长。与 MLP 相比，每个 2×2 卷积可以视为小规模全连接操作来产生一个输出点特征图。图 10.5 显示了在三维中多个特征图如何将点转换为向量。该图展示了任意数量输入和输出特征图的一般情况，它们发生在第一层之后。计算针对所有输入特征图，使用一组权重的三维模板，以产生一张输出特征图。

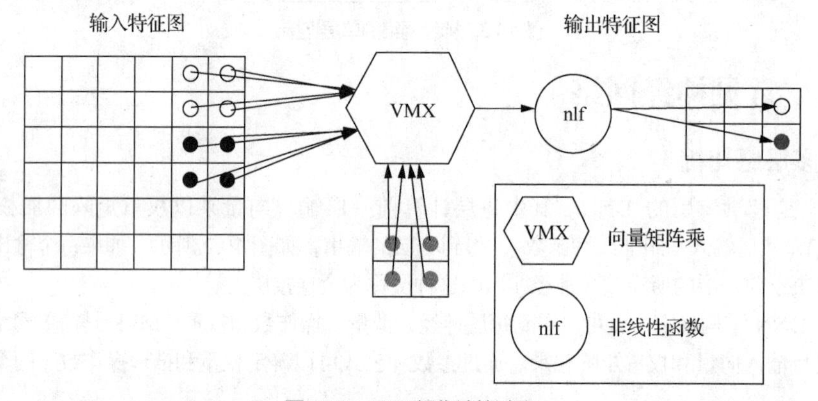

图 10.4　CNN 操作计算过程

从数学方面来看，如果输入特征图和输出特征图的数量都等于 1，并且步幅也是 1，那么一个二维 CNN 的单层与二维离散卷积的计算相同。正如图 10.4 所示的那样，CNN 比 MLP 更复杂。计算权重和操作数的参数和方程如下。

（1）DimFM[*i*−1]：（正方形）输入特征图的维度。

（2）DimFM[*i*]：（正方形）输出特征图的维度。

（3）DimSten[*i*]：（方形）模板的尺寸。

（4）NumFM[*i*−1]：输入特征图的数量。

（5）NumFM[*i*]：输出特征图的数量。

（6）神经元数量：NumFM[*i*]×DimFM[*i*]^2。

图 10.5 展示了 CNN 通常操作过程。图中左侧展示了 Layer[*i*−1]的输入特征图，右侧展示了 Layer[*i*]的输出特征图，以及一张 3 维模板输入特征图以生成单个输出特征图。每张输出特征图都具有自己独特的一组权重，并且向量矩阵乘法发生在每个权重上。图中虚线显示了其他维度的输出特征图。如图所示，输入特征图和输出特征图的维度和数量通常不同。其中使用 ReLU 函数作为 CNN 非线性函数。

（1）每个输出特征图的权重：NumFM[*i*−1]×DimSten[*i*]^2。

（2）每层总权重：NumFM[*i*]×每个输出特征图的权重。

（3）每个输出特征图的操作数：2×DimFM[*i*]^2×每个输出特征图的权重。

（4）每层操作总数：NumFM[*i*]×每特征输出层操作数=2×DimFM[*i*]^2×NumFM[*i*]×每特征输出层操作数=2×DimFM[*i*]^2×每层总权重。

（5）操作数/权重：2×DimFM[*i*]^2。

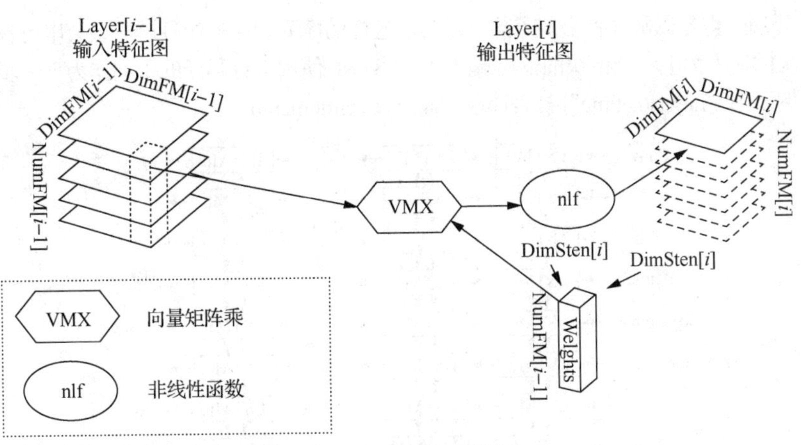

图 10.5 CNN 通常操作过程

一个 CNN 层，其中，DimFM[*i*−1]=28、DimFM[*i*]=14、DimSten[*i*]=3、NumFM[*i*−1]=64（输入特征图的数量）和 NumFM[*i*]=128（输出特征图的数量）。该层有 25088 个神经元，权重为 73728，共执行 28901376 次操作，操作强度为 392。CNN 层通常具有较小的权重和较大的权重运算强度，远大于 MLP 的完全连接层。

3. 循环神经网络

第三种 DNN 是 RNN，常用于语音识别或语言翻译领域。RNN 增加了显式模型连续输入的能力，它向 DNN 模型添加状态，以便 RNN 可以记住事件。这类似于组合逻辑和状态机之间的硬件差异。RNN 的每一层都是来自前一层和前一状态的输入的加权和集合。权重在时序上不断使用。

LSTM 是目前十分流行的 RNN。LSTM 缓解了以前 RNN 无法记住重要的长期信息的问题。与其他两个 DNN 不同，LSTM 采用分层设计。LSTM 由称为单元格的模块组成。可以将单元格视为连接在一起的模板或宏，它们一起构成完整的 DNN 模型，类似于 MLP 的层排列形成一个完整的 DNN 模型。

图 10.6 显示了 LSTM 单元链接示意。左边是输入，右边是输出，长期和短期记忆输入在顶部，长期和短期记忆输出在底部。每 5 次向量矩阵相乘单元使用 5 组独特的权重。输入端的矩阵乘法就像 MLP 一样，另外 3 个称为门，它们用来限制从一个来源传递多少信息量到标准输出或内存输出。每个门发送的信息量由它们的权重决定。如果权重大多为 0 或很小值，那么只有很少的信息能够通过；相反，如果它们很大，那么门会让大部分信息通过。这 3 个门分别称为输入门、输出门和遗忘门。前两个门用于过滤输入和输出，最后一个门决定了在长期记忆路径上要忘记什么。

图 10.6 中的 LSTM 单元有 3 个按位乘法、1 个按位加法和 6 个非线性函数。标准输入和短期记忆输入连接起来形成向量输入矩阵乘法的操作。标准输入、长时记忆输入和短时记忆输入被连接以形成用于其他 4 个向量矩阵乘法中的 3 个向量。3 个门的非线性函数是 Sigmoidsf(x)=1/(1+exp(x))；其他的是 tanh 函数。它们从左到右连接在一起，将一个单元的输出连接到下一个单元的输入。

算法在图 10.6 中自上而下运行。因此待翻译的句子是在展开循环的每次迭代中一次输入一个单词。赋予 LSTM 名称的长期和短期记忆名称，也是自上而下、从一次迭代到下一次传递。图 10.6 中 LSTM 单元连接在一起。输入在左侧（英文单词），输出在右侧（翻译的西班牙语单词）。LSTM 随着时间的推移，从上到下展开。因此短期和长期的记忆通过在展开过程中自上而下传递信息，

LSTM 单元展开得足以翻译整个句子甚至段落。这样的序列到序列的翻译模型会串行执行，因为下一个模块的输入为上一个模块的输出。此外，LSTM 使用最近翻译的单词作为下一步的输入。在下面的例子中“nowisthetime”被翻译成“ahora es elmomento”。

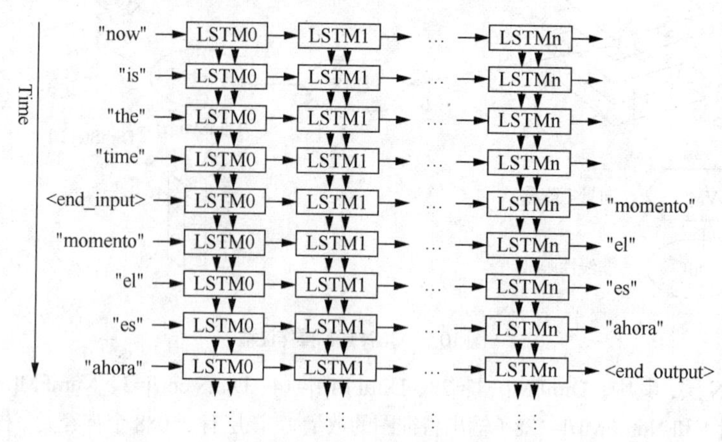

图 10.6 LSTM 单元链接示意

短期记忆输出是使用短期权重的向量矩阵乘此单元格的输出。短期意味着它不直接使用单元格的任何输入。

因为 LSTM 单元的输入和输出都连接在一起，所以 3 个输入输出对的大小必须相同。LSTM 单元内部有足够的依赖关系，所有输入和输出通常都是相同的大小。假设它们的大小都相同，称为 Dim。除此之外，向量矩阵乘法的大小也有不同。因为 LSTM 连接了所有 3 个输入，用到的参数维度为 3×Dim。因为 LSTM 将输入与短期内存输入连接起来作为向量，输入乘法的向量维度为 2×Dim。最后的按位乘法向量的维度为 1×Dim。

现在可以计算权重和操作数了。

（1）每个单元格的权重：$3\times(3\times Dim\times Dim)+(2\times Dim\times Dim)+(1\times Dim\times Dim)=12\times Dim^2$。

（2）每个单元格的 5 个向量矩阵乘法的运算次数：2×Number 每个单元格的权重=$24\times Dim^2$。

（3）3 次按位乘法和 1 次加法运算次数（向量都是输出的大小）：4×Dim。

（4）每个单元格的操作总数（5 个向量矩阵乘法和 4 个按元素操作）：$24\times Dim^2+4\times Dim$。

（5）操作数/权重：2。

设 LSTM 6 个单元之一的 Dim 是 1024。它的权重为 12582912，其运算次数为 25169920，操作强度为 2.0003。因此，LSTM 类似于 MLP，因为它们通常具有更多权重和比 CNN 更低的操作强度。

4. 批次

因为 DNN 可以有很多权重，重用权重作为性能优化，一旦它们从一组输入内存中获取，就可以提高有效操作强度。例如，图像处理 DNN 可以一次处理 32 张图像，以降低重复读取权重 31 次。一次处理的数据集个数称为批量或小批量。除了提高推理性能外，训练过程中的反向传播也需要批量处理，而不是一次一个，以便更好地训练。

MLP 可以将批处理视为行向量的输入序列，将其视为具有匹配批量大小的高维度矩阵。图 10.7 中 LSTM 的 5 个矩阵乘法的行向量输入序列也可以被视为一个矩阵。在这两种情况下，将它们作为矩阵而不是作为顺序多个独立向量，从而提升计算效率。

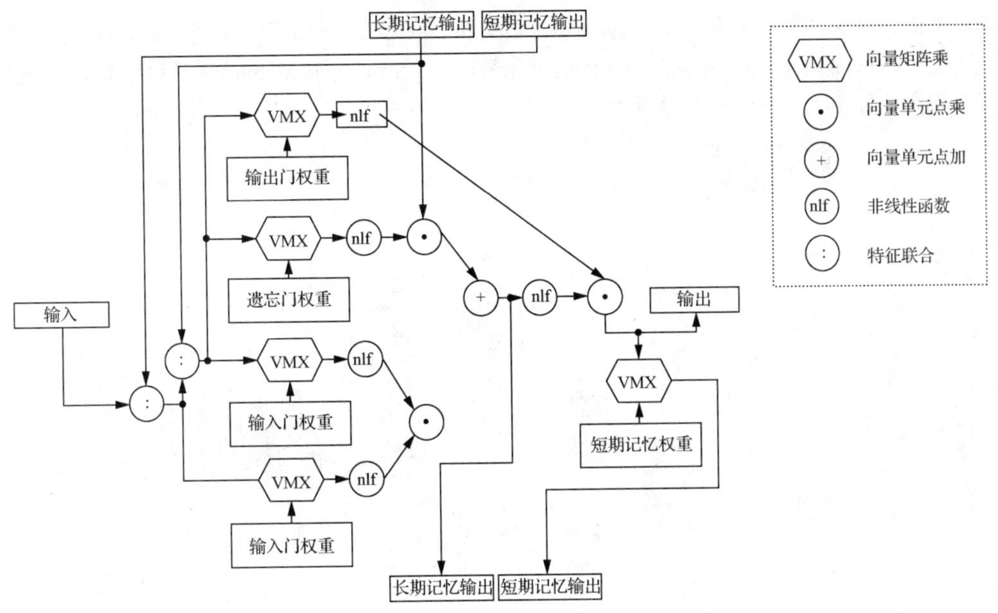

图 10.7 LSTM 单元连接 5 个向量乘和 3 个位乘法器

5. 量化

与许多应用相比，数据精度对 DNN 来说没有那么重要。例如，不需要双精度浮点运算，甚至不需要 IEEE 754 浮点标准精度。为了利用数据精度的灵活性，一些开发人员在推理阶段使用定点数据而不是浮点数据。这种转换称为量化。定点数据宽度通常为 8 位或 16 位，标准乘加运算以两倍的宽度累加乘数。训练几乎总是需要浮点运算。量化通常发生在训练之后，DNN 精度依然在可接受范围内。

上述描述表明面向 DNN 的 DSA 需要优化矩阵操作：向量-矩阵乘法，矩阵-矩阵乘法和模板计算。它们还需要支持非线性函数，其中至少包括 ReLU、Sigmoid 和 tanh 函数。这些要求仍然具有非常大的设计空间。

10.3 寒武纪神经网络处理器

本节将介绍由中国科学院计算技术研究所设计并实现的神经网络（Neural Network，NN）加速处理器——寒武纪神经网络处理器（后简称寒武纪处理器）。根据前面对 DNN 算法的介绍，其向量和矩阵的数据级并行比标量的并行度更高效；并且代码密度也更高。所以，寒武纪神经网络处理器的设计重点在于使用硬件来表示、挖掘数据级并行，具体而言：①分解大数据块操作为一组处理规模较小的专用矩阵/向量处理，提高灵活性；②采用类 RISC 的指令格式设计可以降低设计验证的复杂性、译码器的功耗和面积。

10.3.1 寒武纪处理器结构

图 10.8 所示为寒武纪处理器的结构，其结构类似于标准 RISC 流水线结构，采用 Load-Store 架构，流水线由取指、译码、发射、寄存器访问、执行、写回结果、提交等 7 级流水组成。指令被顺序发射，一旦操作数（标量、向量和矩阵地址）被准备好，就根据指令类型发射到不同单元。控制指令和标量计算/逻辑指令将被发送到标量直接执行的功能单元，执行后写入重新排序缓冲

区，在成为最早的指令时提交，写回标量寄存器文件。寒武纪处理器提供 64 个 32 位的标量通用寄存器（General Purpose Registers，GPR），使用暂存器（Scratchpad Memory）的地址提供“寄存器间接寻址”，也可以临时缓存标量数据。

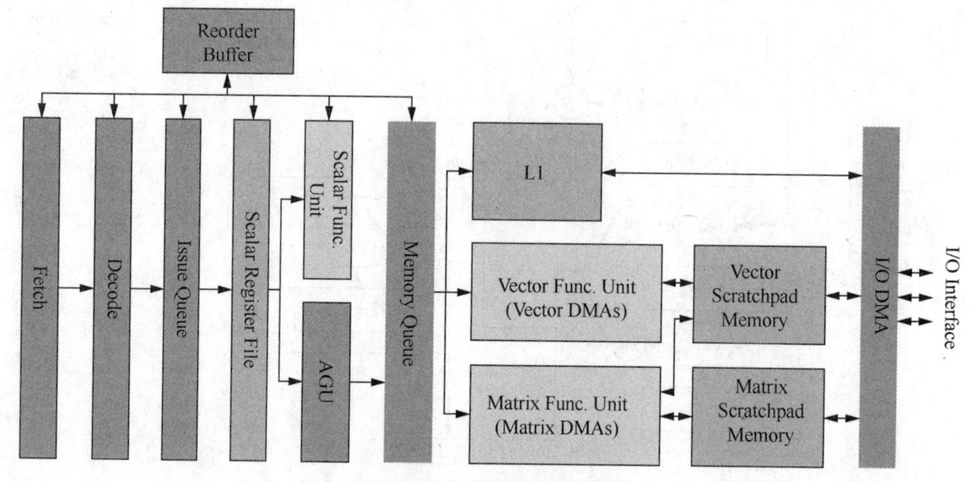

图 10.8　寒武纪处理器的结构

为了优化数据存取路径，在暂存器和矩阵/向量计算部件之间通过 DMA 来加速数据传输的效率，并设计了一个 L1，主要用于缓存标量数据。考虑到标量操作在神经网络中的整体操作里占比不高，所以 Cache 的控制逻辑也可以适当简化。

寒武纪处理器把数据存储在暂存器里，对编译器和开发者都是可见的，暂存器类似于传统指令集里的向量寄存器组，不过向量操作数的宽度不再受限于固定位宽的向量寄存器组。所以，寒武纪处理器指令里的向量和矩阵的大小是可变的，需要注意的是，同一个指令里的向量和矩阵的大小不能超过暂存器的容量。如果超过，编译器会把向量/矩阵切分成小块，分别用多条指令来处理。

和 Intel AVX-512 中有 32×512 位的向量寄存器一样，寒武纪处理器里的向量和矩阵的片上存储大小也是固定的。更特别的是，寒武纪处理器把向量指令的存储空间固定为 64KB，把矩阵指令的存储空间固定为 768KB。然而，寒武纪处理器并没有限制暂存器的存储体数量，具有可扩展性。

在 DNN 中，主要算术运算（如加、乘和算术运算）可以归为向量操作，根据对流行神经网络的定量分析，这类操作的比例高达 99.992%，其中 99.791%的向量操作可以归为矩阵操作。简言之，NN 类运算可以分解为标量、矢量和矩阵运算，指令集设计应该充分发挥数据并行和数据局域化的优势。

10.3.2　寒武纪处理器指令集

寒武纪处理器设计了一个简洁、灵活、高效的指令集，如表 10.6 所示。寒武纪处理器提供 4 类通用指令：计算指令、逻辑指令、控制指令和数据传输指令。指令长度都是 64 位，这有利于内存对齐以及 Load/Store 指令译码逻辑的简化。控制和数据传送指令类似于相应的 RISC 指令，仅为 NN 做了少许改动。运算指令（包括矩阵指令、向量指令和标量指令）和逻辑操作指令是特有的。

具体特点包括以下几点。

（1）自定义向量/矩阵指令。尽管有很多线性代数库（如BLAS）已经覆盖了大部分科学计算，但是对于 NN，那些库提供的基本运算不是高效的，并且这些库没有包括部分常用运算，例如基础线性代数子程序库（Basic Linear Algebra Subprograms，BLAS）不支持对一个向量进行每个元素的指数操作、突触初始化的随机向量。所以，要为NN定制一组向量和矩阵运算指令。

（2）采用片上的暂存器。NN 需要密集、连续、变长的访问向量和矩阵数据，所以并没有采用定长、耗能的向量寄存器组，而是使用片上的暂存器取代。为每一次数据访问提供灵活的位宽，这在NN数据并行计算中是一个高效设计。

表 10.6　寒武纪处理器指令集

指令类型		示例	操作数
控制指令		jump, conditional branch	register (scalar value), immediate
数据传输指令	矩阵指令	matrix load/store/move	register (matrix address/size, scalar value), immediate
	向量指令	vector load/store/move	register (vector address/size, scalar value), immediate
	标量指令	scalar load/store/move	register (scalar value), immediate
计算指令	矩阵指令	matrix multiply vector, vector multiply matrix, matrix, multiply scalar, outer product, matrix add matrix, matrix subtract matrix	register (matrix/vector address/size, scalar value)
	向量指令	vector elementary arithmetics (add, subtract, multiply,divide), vector transcendental functions (exponential,logarithmic), dot product, random vector generator, maximum/minimum of a vector	register (vector address/size, scalar value)
	标量指令	scalar elementary arithmetics, scalar transcendental functions	register (scalar value), immediate
逻辑指令	向量指令	vector compare (greater than, equal), vector logical operations (and, or, inverter), vector greater than merge	register (vector address/size, scalar)
	标量指令	scalar compare, scalar logical operations	register (scalar), immediate

寒武纪处理器有两类控制指令：跳转指令和条件分支指令。跳转指令的偏移量为立即数或者通用寄存器值和程序计数器值之和。条件分支指令定义了预测器（存储在GSR中）和偏移，分支目标（是PC+offset，还是PC+1）由预测器与0的比较决定。

为了灵活地支持矩阵和向量的运算及逻辑操作，寒武纪处理器中的数据传输指令支持可变大小数据，从而在内存和暂存器及暂存器和GPR之间传送可变大小的数据块。向量载入（VLOAD）指令用于把一个大小为Vsize的向量从内存载入暂存器中，数据在内存中的源地址由保存在GSR中的基地址与立即数求和得到。VSTORE、MLOAD和MSTORE的格式与VLOAD相似。

10.3.3　向量/矩阵指令

寒武纪处理器一共设计了6条矩阵指令。下面以MLP为例，描述矩阵指令是如何支持它的。MLP通常包括多层，每一层通过一些已知神经元（如输入神经元）的值计算一些未知的神经元的值（如输出神经元）。前向计算中，一个这样的层可以表示如下：$Y=f(\boldsymbol{WX}+b)$。

```
// $0 表示输入尺寸，$1 表示输出尺寸，$2 表示矩阵尺寸，$3 表示输入地址，$4 表示权重地址，$5 表示偏差地址，$6 表示输出地址，$7-$10 表示临时变量地址
VLOAD          $3, $0, #100          //从地址 100 载入向量
MLOAD          $4, $2, #300          //从地址 300 载入权重矩阵
```

```
MMV            $7, $1, $4, $3, $0    // Wx
VAV            $8, $1, $7, $5        // tmp=Wx+b
VEXP           $9, $1, $8            // exp(tmp)
VAS            $10, $1, $9, #1       // 1+exp(tmp)
VDV            $6, $1, $9, $10       // y=exp(tmp)/(1+exp(tmp))
VSTORE $6, $1, #200                  // 存储输出向量到地址 200
```

关键一步是计算 ***WX***，这将由寒武纪处理器里的矩阵与向量相乘（Matrix Multiply Vector，MMV）指令完成。reg0 是输出向量在暂存器中的基地址，reg1 是输出向量的大小，reg2、reg3、reg4 分别是输入矩阵的基地址、输入向量的基地址和输入向量的大小。该指令可以支持任意大小的矩阵、向量相乘，只要输入输出数据都可以同时放在暂存器中。我们选择用专用指令进行矩阵、向量相乘，而不是分解成多个向量相乘，因为后一种方法需要做额外的工作（如同步处理、多次读写同一地址）来重用向量 ***X***，这不是很高效。

与前向计算不同，MMV 指令并不能高效支持 NN 训练中的反向传播计算。特别地，反向传播计算是关键一步，要计算梯度向量，它可以表示为一个向量被一个矩阵乘。如果用 MMV 指令来实现，那需要一个额外指令来进行矩阵的转置，这个代价是比较大的。为了避免这些，寒武纪处理器实现了一个向量与矩阵相乘指令（Vector Multiply Matrix，VMM），它可以直接用于反向训练操作。VMM 的位域与 MMV 完全一样，除了指令码以外。

更多地，在训练 NN 的过程中，权重矩阵 ***W*** 经常需要以递增的方式增加，如 $\boldsymbol{W}=\boldsymbol{W}+r\times \boldsymbol{dw}$，$r$ 是学习率（Learning Rate），***dw*** 是两个向量的矢量积。寒武纪处理器提供了一个矢量积指令（输出是一个矩阵）、一个矩阵乘以标量指令以及一个矩阵加矩阵指令来实现权重的更新。此外，寒武纪处理器也提供了一个矩阵相减指令来支持受限玻尔兹曼机（Restricted Boltzmann Machine）中的权重更新。

以 $f(\boldsymbol{WX}+b)$为例，可以发现要用前面定义的矩阵指令来进行所有的计算还是比较低效。我们还需要把 ***WX*** 和 b 相加，然后对 $\boldsymbol{WX}+b$ 的每一个元素进行激活操作。寒武纪处理器直接提供了一个向量加向量指令（Vector Add Vector，VAV），但是它需要多个指令来进行元素级的激活。不失一般性，我们以广泛使用的 Sigmoid 函数 $f(t)=1/(1+e^{-t})$为例进行说明。一个向量的元素级 Sigmoid 激活可以分成 3 个步骤，每个步骤都由一条指令来支持。

（1）计算输入向量的每一个元素的指数。寒武纪处理器提供了一个向量指数指令。

（2）把常数 1 加到向量的每一个元素。寒武纪处理器提供了一个向量加标量指令，标量可以是立即数或者来源于 GSR。

（3）计算=$1/(1+e^{-t})$，寒武纪处理器提供了一个向量对应元素相除的向量除向量指令。

然而，Sigmoid 并不是唯一的激活函数。为了实现一系列元素级的激活函数，寒武纪处理器提供了一系列的向量运算指令，如向量乘向量指令、向量减向量指令，以及向量对数指令。在硬件设计中可以使不同的超越函数相关的指令共用一些功能单元。更多地，有些激活函数会部分依赖逻辑操作（如比较）。

此外，随机向量生成在很多 NN 中是一个重要的操作，但是传统的为科学计算准备的库并没有把它纳入考虑。寒武纪处理器提供了一个专门的指令，它可以用于生成随机向量，在[0,1]区间服从均匀分布。有了服从均匀分布的随机向量，可以用金字塔算法（Ziggurat Algorithm）和向量运算比较指令进一步生成服从其他分布（如高斯分布）的随机向量。

下面这段代码，通过寒武纪处理器指令集实现了一个池化（Pooling）逻辑。

```
// $0 表示特征图尺寸，$1 表示输入数据尺寸，$2 表示输出数据尺寸，$3 表示 pooling 窗口尺寸，$4 表示 x-axis 循环数，$5 表示 y-axis 循环数，$6 表示输入地址
// $7: 输出地址， $8: y-axis 输入步长
```

```
VLOAD                 $6, $1, #100            //从地址 100 载入神经元数据
SMOVE                 $5, $3                  // 初始化 y
L0: SMOVE             $4, $3                  // 初始化 x
L1: VGTM              $7, $0, $6, $7

//特征图 m, output[m]=(input[x][y][m]>output[m])? input[x][y][m]:output[m]

SADD                  $6, $6, $0              // 升级输入地址
SADD                  $4, $4, #-1             // x--
CB                    #L1, $4                 // if(x>0) goto L1
SADD                  $6, $6, $8              //升级输入地址
SADD                  $5, $5, #-1             // y--
CB                    #L0, $5                 // if(y>0) goto L0

VSTORE $7, $2, #200                           //存储输出神经元到地址 200
```

当今 NN 还需要一些比较等逻辑运算。max-pooling 就是其中之一，它要找出一个池化窗口里面响应最大的神经元，同样的操作要在所有的特征图上遍历。寒武纪处理器通过 VGTM（Vector Greater Than Merge）指令来支持 max-pooling。VGTM 通过比较两个输入向量对应元素来产生输出向量。逻辑类指令主要针对向量或矩阵数据，完成逻辑判断操作。比如用于支持 max-pooling 的条件合并指令就可以对多组特征图，通过条件赋值，实现 max-pooling。

除了向量计算指令之外，寒武纪处理器还提供了 VGT（Vector Greater Than）、VE（Vector Equal）、向量与、向量或、向量非、标量比较、标量逻辑运算等指令。比如，用来为条件分支指令计算预测器的值。尽管 GooleNet 中只有 0.008%的运算不能被寒武纪处理器的矩阵指令和向量指令支持，标量运算对于 NN 类的运算依然是必不可少的，比如基本算术运算和标量的超越函数运算。

所以，寒武纪处理器的设计原则总结为以下几点。

（1）采用基于 Load-Store 访存模式的 RISC 指令集。根据负载类型的计算操作抽象得出的具体基本操作。对于深层神经网络来说，主要的计算和控制任务有几种：向量计算、矩阵计算、标量计算和分支跳转。其中，向量计算、矩阵计算、标量计算属于标准的计算任务。寒武纪处理器形式上看起来与通用处理器没有区别，主要的区别在于细节的支撑上。比如，对于神经网络计算任务中的高频操作，可以直接提供硬件指令集的支持，典型的例子就是应用于 drop-out 的 Random-Vector 指令，用于在一条指令内部为一个向量进行快速随机初始化，以及应用于激活层的 Vector-Expotential 指令，用于在一条指令内部为一个向量进行快速的非线性变换。针对神经网络的计算任务类型，在硬件层面，还可以为指数运算这样的高耗时操作进行特定优化，比如通过高阶泰勒展开来近似逼近指数运算，因为神经网络往往对于一定程度的数值误差表现出较强的容忍度，这也是一系列模型压缩技术得以有效运转的关键。而分支跳转的逻辑在神经网络计算任务里，并不像常规计算任务那么复杂，所以指令集的设计上并不需要提供丰富的分支跳转逻辑的支持。

（2）不使用复杂的 Cache 体系和相关控制逻辑。对于人工智能（Artificial Intelligence，AI）算法来说，数据局域性并不强，Cache 对性能的影响不像通用计算任务那么大，所以把用于实现 Cache 层次性的控制逻辑精简掉，对于提升芯片的计算功耗比会有很大的助益。

（3）不使用复杂的 Cache 体系和相关控制逻辑，使用暂存器而不是寄存器组来作为计算数据的内存储。因为 AI 算法的计算任务与通用的多媒体计算任务不同，指令所操作的数据长度往往是不定的，所以应用于 SIMD 的寄存器组就不如暂存器灵活。

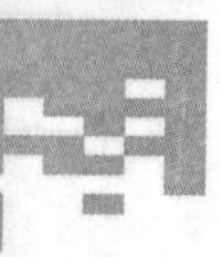

10.4 达芬奇专用处理架构

达芬奇架构（Da Vinci Architecture）是华为面向计算密集型人工智能应用研发的计算新架构，构成了昇腾处理器（第 7.5 节）的 AI Core。

10.4.1 达芬奇架构

达芬奇 AI Core 架构图如图 10.9 所示，采用典型的专用领域加速结构，从控制上可以看成是一个相对简化的现代微处理器的基本架构。

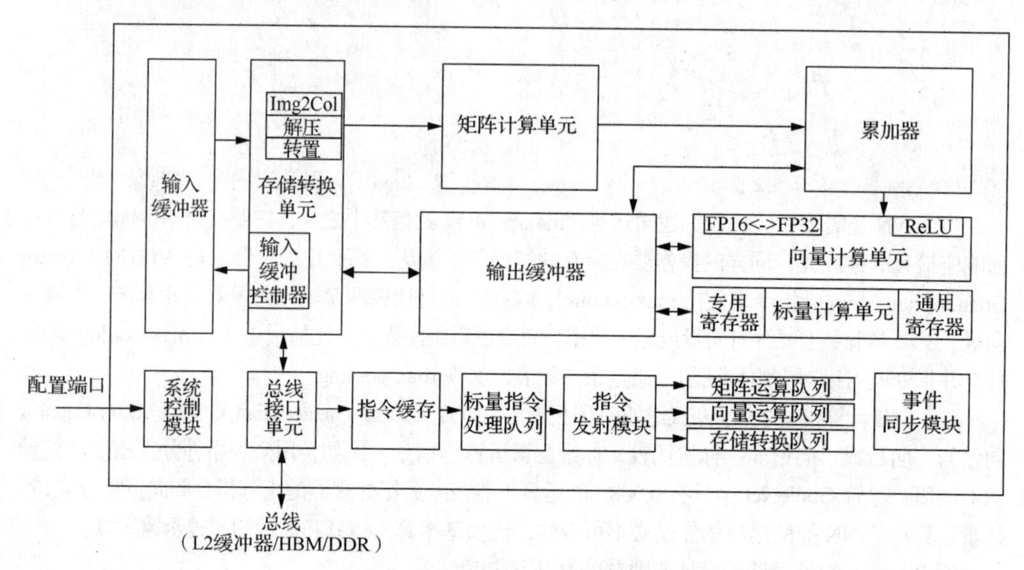

图 10.9 达芬奇 AI Core 架构图

AI Core 负责执行标量、向量和张量相关的计算密集型算子，包括 3 种基础计算资源，即矩阵计算单元（Cube Unit）、向量计算单元（Vector Unit）和标量计算单元（Scalar Unit）。3 种计算单元分别对应了张量、向量和标量这 3 种常见的计算模式，在实际的计算过程中它们各司其职，形成了 3 条独立的执行流水线，在系统软件的统一调度下互相配合达到优化的计算效率。此外，在矩阵计算单元和向量计算单元内部还提供了不同精度、不同类型的计算模式。目前，AI Core 中的矩阵计算单元可以支持 8 位整型数和 16 位浮点数的计算，向量计算单元可以支持 16 位和 32 位浮点数的计算。

为了配合 AI Core 中数据的传输和搬运，围绕着 3 种计算资源还分布式地设置了一系列位于矩阵计算单元中的存储资源，称为张量缓冲器。张量缓冲器分别是放置整体图像特征数据、网络参数、中间结果的输入缓冲器（Input Buffer，IB）和输出缓冲器（Output Buffer，OB），以及提供一些临时变量的高速寄存器单元。其中的高速寄存器单元位于各个计算单元中。这些存储资源的设计架构和组织方式不尽相同，但都是为了更好地适应不同计算模式下格式、精度和数据排布的需求。这些存储资源和相关联的计算资源相连，或者和总线接口单元（Bus Interface Unit，BIU）相连从而可以获得外部总线上的数据。

在 AI Core 中，输入缓冲器之后设置了一个存储转换单元（Memory Transfer Unit，MTE）。这是达芬奇架构的特色之一，主要目的是以极高的效率实现数据格式的转换。比如，GPU 要通过矩阵计算来实现卷积时，首先要通过 Img2Col 方法把输入的网络和图像数据重新以一定的格式排列起来。这一步在 GPU 中是通过软件来实现的，效率比较低。达芬奇架构采用了一个专用的存储转换单元来完成这一过程，将这一步完全固化在硬件电路中，可以在一个时钟周期内完成整个转置过程。由于类似转置的计算在深度神经网络中出现得极为频繁，这样定制化电路模块的设计可以大幅度提升 AI Core 的执行效率，从而实现不间断的卷积计算。

AI Core 中的控制单元主要包括系统控制模块、标量指令处理队列、指令发射模块、矩阵运算队列、向量运算队列、存储转换队列和事件同步模块。系统控制模块负责指挥和协调 AI Core 的整体运行模式，配置参数和实现功耗控制等。标量指令处理队列主要实现控制指令的译码。当指令被译码并通过指令发射模块顺次发射出去后，根据指令的不同类型，将会分别被发送到矩阵运算队列、向量运算队列和存储转换队列。三个队列中的指令依据先进先出的方式分别输出到矩阵计算单元、向量计算单元和存储转换单元进行相应的计算。不同的指令阵列和计算资源构成了独立的流水线，可以并行执行以提高指令的执行效率。如果指令执行过程中出现依赖关系或者有强制的时间先后顺序要求，则可以通过事件同步模块来调整和维护指令的执行顺序。事件同步模块完全由软件控制，在软件编写的过程中可以通过插入同步符的方式来指定每一条流水线的执行时序，从而达到调整指令执行顺序的目的。

在 AI Core 中，存储转换单元为各个计算单元提供转置过并符合要求的数据，各计算单元将运算结果返回给存储转换单元，系统控制模块为计算单元和存储转换单元提供指令控制，三者相互协调合作完成计算任务。

AI Core 计算单元主要包含矩阵计算单元、向量计算单元、标量计算单元、累加器、专用寄存器和通用寄存器，如图 10.10 中的虚线框所示。矩阵计算单元和累加器主要完成与矩阵相关的运算；向量计算单元负责执行向量运算；标量计算单元主要用于各类型的标量数据运算和程序的流程控制。

由于常见的深度神经网络算法中大量地使用了矩阵计算，达芬奇架构中特别对矩阵计算进行了深度优化并定制了相应的矩阵计算单元来支持高吞吐量的矩阵处理。

AI Core 中的向量计算单元主要负责完成和向量相关的运算，能够实现单向量或双向量之间的计算，功能覆盖各种基本的和多种定制的计算类型，主要包括 FP32、FP16、int32 和 int8 等数据类型的计算。

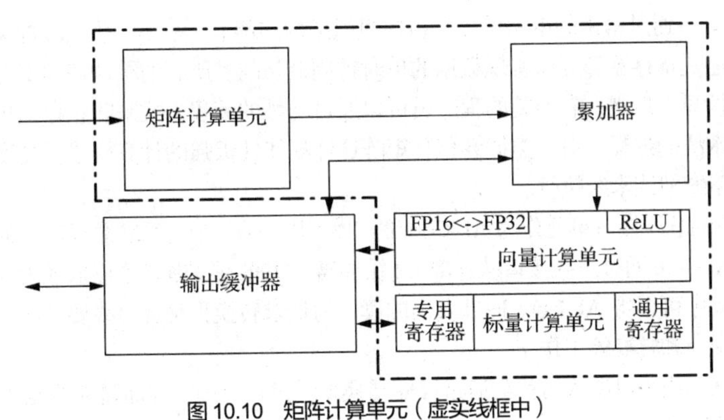

图 10.10　矩阵计算单元（虚实线框中）

10.4.2　达芬奇存储系统

AI Core 的片上存储单元和相应的数据通路构成了存储系统。众所周知，几乎所有的深度学习

算法都是数据密集型的应用。对于昇腾 AI 处理器芯片来说，合理设计的数据存储和传输结构对于最终系统运行的性能至关重要。AI Core 通过各种类型分布式缓冲器之间的相互配合，为深度神经网络计算提供了大容量和及时的数据供应，为整体计算性能消除了数据流传输的瓶颈，从而支撑了深度学习计算中所需要的大规模、高并发数据的快速有效提取和传输。

芯片中的计算资源要想发挥强劲算力，必要条件是保证输入数据能够及时、准确地出现在计算单元中。达芬奇架构通过精心设计的存储单元为计算资源保证了数据的供应，相当于 AI Core 中的后勤系统。AI Core 中的存储单元由存储控制单元、缓冲器和寄存器组成，如图 10.11 中的虚线框所示。存储控制单元通过总线接口可以直接访问 AI Core 之外的更低层级的缓存，并且也可以直通到 DDR 或 HBM 从而可以直接访问内存。存储控制单元中还设置了存储转换单元，其目的是将输入数据转换成 AI Core 中各类型计算单元所兼容的数据格式。缓冲器包括用于暂存原始图像特征数据的输入缓冲器、用于矩阵计算单元的张量缓冲器，以及处于中心的输出缓冲器暂存各种形式的中间数据。AI Core 中的各类寄存器资源主要是使用的是标量计算单元。

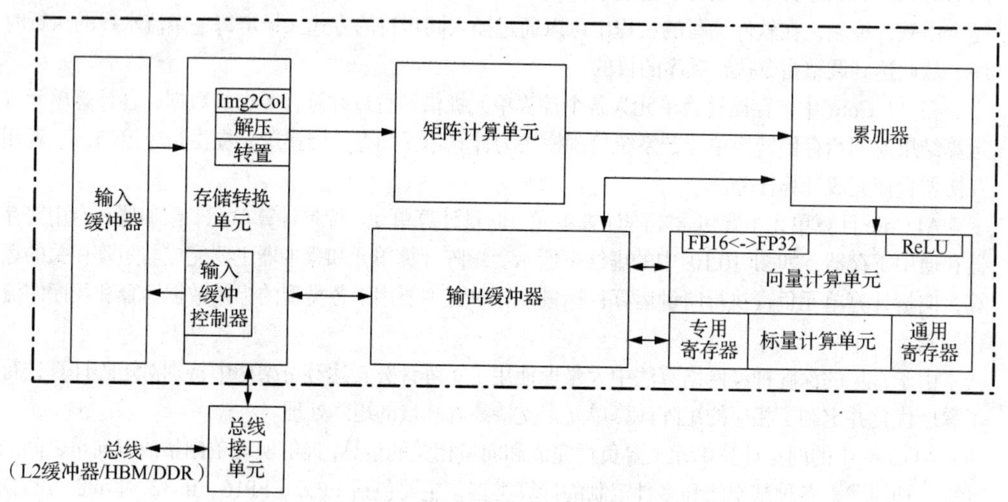

图 10.11　存储单元结构（见虚实线框）

在 AI Core 中通过精密的电路设计和板块组织架构的调节，在不产生板块冲突的前提下，无论是缓冲器，还是寄存器都可以实现数据的单时钟周期访问。所有的缓冲器和寄存器的读写都可以通过底层软件显式控制，有经验的程序员可以通过巧妙的编程方式来防止存储单元中出现板块冲突而影响流水线的进程。对于类似卷积和矩阵这样规律性极强的计算模式，高度优化的程序可以实现全程无阻塞的流水线执行。

图 10.11 中的总线接口单元作为 AI Core 的“大门”，是一个与系统总线交互的窗口，并以此与外部相连。AI Core 通过总线接口从外部 L2 缓冲器、DDR 或 HBM 中读取或者写回数据。总线接口在这个过程中可以将 AI Core 内部发出的读、写请求转换为符合总线要求的外部读写请求，并完成协议的交互和转换等工作。

输入数据从总线接口读入后就会通过存储转换单元进行处理。存储转换单元作为 AI Core 内部数据通路的传输控制器，负责 AI Core 内部数据在不同缓冲器之间的读写管理，以及完成一系列的格式转换操作，如补零、Img2Col、转置、解压等。存储转换单元还可以控制 AI Core 内部的输入缓冲器，从而实现局部数据的核内缓存。

在深度神经网络计算中，由于输入图像特征数据通道众多且数据量庞大，往往会采用输入缓冲器来暂时保留需要频繁重复使用的数据，以达到降低功率损耗、提高性能的效果。当输入缓冲器被用来暂存使用率较高的数据时，就不需要每次通过总线接口单元接到 AI Core 的外部读取，从而在减少总线上数据访问频率的同时也降低了总线上产生拥堵的风险。在神经网络中往往可以把每层计算的中间结果放在输入缓冲器中，从而在进入下一层计算时方便地获取数据。由于通过总线读取数据的带宽低，延迟大，通过充分利用输入缓冲器就可以大幅度提升计算效率。另外，当存储转换单元进行数据格式的转换操作时，会产生巨大的带宽需求，达芬奇架构要求源数据必须存放于输入缓冲器中，才能够进行格式转换。输入缓冲器的存在有利于将大量用于矩阵计算的数据一次性地搬移到 AI Core 内部，同时利用固化的硬件极高地提升了数据格式转换的速率，避免了矩阵计算单元的阻塞，消除了由于数据转换过程缓慢带来的性能瓶颈。

正如前面介绍 AI Core 中的计算单元时提到的，矩阵计算单元中的张量缓冲器的设立就是专门为矩阵计算提供服务的。其中，矩阵相乘的左矩阵数据、右矩阵数据及矩阵运算的最终结果或者过往计算的中间结果都存放在张量缓冲器中。

在矩阵计算单元还包含直接供数的寄存器，提供当前正在进行计算的大小为 16×16 的左、右输入矩阵。在矩阵计算单元之后，累加器也含有结果寄存器，用于缓存当前计算的大小为 16×16 的结果矩阵。累加器配合结果寄存器可以不断地累积前次矩阵计算的结果，这在卷积神经网络的计算过程中极为常见。在软件的控制下，当累积的次数达到要求后，结果寄存器中的结果可以被一次性传输到输出缓冲器中。矩阵计算单元中供数寄存器和累加器中结果寄存器的设计目的就是满足矩阵计算的高并发数据读写的要求，通过和张量缓冲器互相配合，在计算过程中为矩阵计算单元提供高速的数据流。

AI Core 中采用了片上张量缓冲器设计，从而为各类型的计算带来了更大的速率和带宽。存储系统为计算单元提供源源不断的数据，高效适配计算单元的强大算力，综合提升了 AI Core 的整体计算性能。与谷歌张量处理器（Tensor Processing Unit，TPU）设计中的统一缓冲区设计理念相类似，AI Core 采用了大容量的片上缓冲器设计，通过增大的片上缓存数据量来减少数据从片外存储系统搬运到 AI Core 中的频率，从而可以降低数据搬运过程中所产生的功率损耗，有效控制了整体计算的能量损耗。

达芬奇架构通过存储转换单元中内置的定制电路，在进行数据传输的同时，就可以实现如 Img2Col 或者其他类型的格式转换操作，不仅节省了格式转换过程中的能量消耗，而且节省了数据转换的指令开销。这种能将数据在传输的同时进行转换的指令称为随路指令。硬件单元对随路指令的支持为程序设计提供了便捷性。

10.4.3 达芬奇数据通路

数据通路是指 AI Core 在完成一个计算任务时，数据在 AI Core 中的流通路径。图 10.12 展示了达芬奇架构中一个 AI Core 内完整的数据传输路径，其中包含 DDR 或 HBM，以及 L2 缓冲器，这些都属于 AI Core 核外的数据存储系统。图 10.12 中其他各类型的数据缓冲器都属于核内存储系统，包括多个通用和专用的寄存器。

核外存储系统中的数据可以通过 LOAD 指令被直接搬运到矩阵计算单元中的张量缓冲器中进行计算，输出的结果也会被保存在张量缓冲器中。除了直接将数据通过 LOAD 指令存到张量缓冲器中之外，核外存储系统中的数据也可以通过 LOAD 指令先行进入输入缓冲器，再通过其他指令传输到张量缓冲器中。这样做的好处是利用大容量的输入缓冲器来暂存需要被矩阵计算单元反复使用的数据。

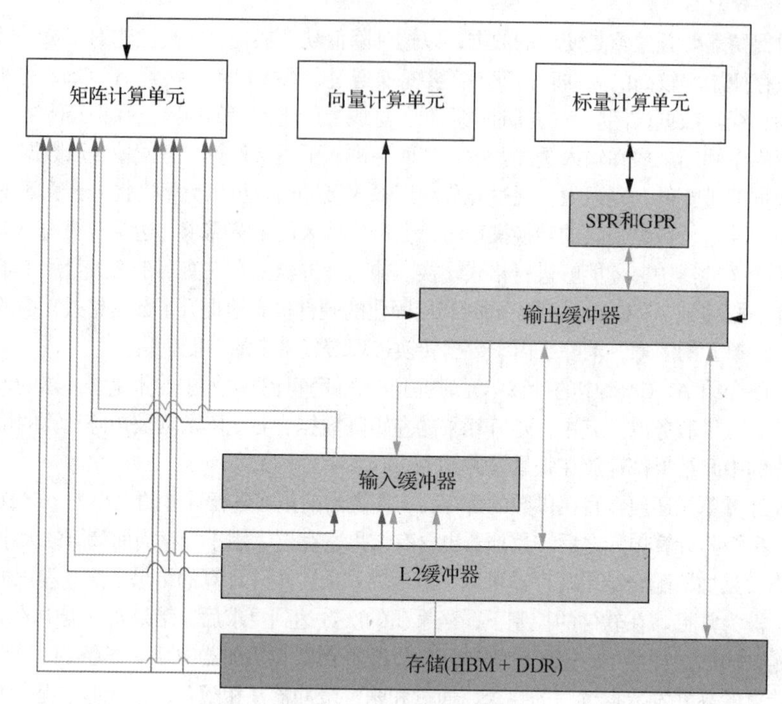

图 10.12　基本数据通路图

矩阵计算单元和输出缓冲器之间是可以相互传输数据的。由于矩阵计算单元中的张量缓冲器容量较小，部分矩阵运算结果可以写入输出缓冲器中，从而提供充裕的张量缓冲器空间容纳后续的矩阵计算结果。当然也可以将输出缓冲器中的数据搬入矩阵计算单元的张量缓冲器中作为后续计算的输入。输出缓冲器和向量计算单元、标量计算单元，以及核外存储系统之间都有一个独立的双向数据通路。注意，AI Core 中的所有数据如果需要向外部传输，都必须经过输出缓冲器才能够被写回到核外存储系统中。例如，输入缓冲器中的图像特征数据如果需要被输出到系统内存中，则需要先将数据输入矩阵计算单元中的张量缓冲器中，经过矩阵计算单元处理后存入输出缓冲器中，最终从输出缓冲器写回到核外存储系统中。在 AI Core 中并没有一条从输入缓冲器直接写入输出缓冲器的数据通路。因此输出缓冲器作为 AI Core 数据流出的闸口，能够统一控制和协调所有核内数据的输出。

达芬奇架构数据通路的特点是多进单出，数据流入 AI Core 可以通过多条数据通路，也可以从外部直接流入矩阵计算单元、输入缓冲器和输出缓冲器中的任何一个，流入路径的方式比较灵活，在软件的控制下由不同数据流水线分别进行管理。而数据输出则必须通过输出缓冲器，最终才能输出到核外存储系统中。这样设计的理由主要是考虑到了深度神经网络计算的特征。神经网络在计算过程中，往往输入的数据种类繁多，例如，多个通道、多个卷积核的权重和偏置值，以及多个通道的特征值等，而 AI Core 中对应这些数据的存储单元可以相对独立且固定，可以通过并行输入的方式来提高数据流入的效率，满足海量计算的需求。AI Core 中设计多个输入数据通路的好处是对输入数据流的限制少，能够为计算源源不断地输送源数据。与此相反，深度神经网络计算将多种输入数据处理完成后往往只生成输出特征矩阵，数据种类相对单一。根据神经网络输出数据的特点，在 AI Core 中设计了单输出的数据通路，一方面节约了芯片硬件资源，另一方面可以统一管理输出数据，将数据输出的控制硬件降到最低。综上所述，达芬奇架构中的各存储单元之间的数据通路，以及多进单出的核内外数据交换机制是在深入研究了以卷积神经网络为代表的主流深度学习算法后开发出来的，目的是在保障数据良好的流动性前提下，降低芯片成本、提升计算性能、减少系统功耗。

10.4.4 达芬奇控制单元

在达芬奇架构下，控制单元为整个计算过程提供了指令控制，相当于 AI Core 的司令部，负责整个 AI Core 的运行，起到了至关重要的作用。控制单元的主要组成部分为系统控制模块、指令缓存、标量指令处理队列、指令发射模块、矩阵运算队列、向量运算队列、存储转换队列和事件同步模块，如图 10.13 所示。

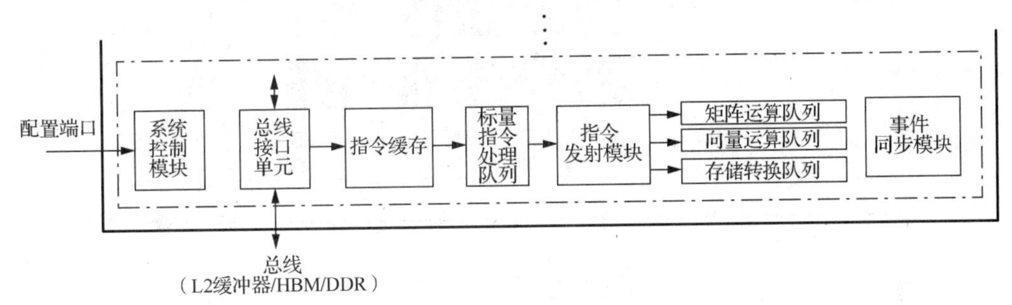

图 10.13　控制单元逻辑图

在指令执行过程中，可以提前预取后续指令，并一次读入多条指令进入缓存，提升指令的执行效率。多条指令从系统内存通过总线接口进入 AI Core 的指令缓存中并等待后续硬件快速自动解码或运算。指令被解码后便会被导入标量队列中，实现地址解码与运算控制。这些指令包括矩阵计算指令、向量计算指令及存储转换指令等。在进入指令发射模块之前，所有指令都作为普通标量指令被逐条顺次处理。标量指令处理队列将这些指令的地址和参数解码配置好后，由指令发射模块根据指令的类型分别发送到对应的指令执行队列中，而标量指令会驻留在标量指令处理队列中进行后续执行，如图 10.13 所示。指令执行队列由矩阵运算队列、向量运算队列和存储转换队列组成。矩阵计算指令进入矩阵运算队列，向量计算指令进入向量运算队列，存储转换指令进入存储转换队列，同一个指令执行队列中的指令是按照进入队列的顺序执行的，不同指令执行队列之间可以并行执行，通过多个指令执行队列的并行执行可以提升整体执行效率。

当指令执行队列中的指令到达队列头部时就进入真正的指令执行环节，并被分发到相应的执行单元中，如矩阵计算指令会被发送到矩阵计算单元，存储转换指令会被发送到存储转换单元。不同的执行单元可以并行地按照指令进行计算或处理数据，同一个指令队列中指令执行的流程称为指令流水线。

对于指令流水线之间可能出现的数据依赖，达芬奇架构的解决方案是通过设置事件同步模块统一自动协调各个流水线的进程。事件同步模块时刻控制每条流水线执行状态，并分析不同流水线的依赖关系，从而解决数据依赖和同步的问题。例如，矩阵运算队列的当前指令需要依赖向量计算单元的结果，在执行过程中，事件同步模块会暂停矩阵运算队列的执行流程，要求其等待向量计算单元的结果。而当向量计算单元完成计算并输出结果后，事件同步模块会通知矩阵运算队列需要的数据已经准备好，可以继续执行。在事件同步模块允许放行之后矩阵运算队列才会发射当前指令。

如图 10.14 所示，这是 4 条流水线的执行流程，首先标量指令处理队列先执行标量指令 0、标量指令 1 和标量指令 2 三条指令，由于向量运算队列中指令 0 和存储转换队列中指令 0 与标量指

令 2 存在数据的依赖性，需要等到标量指令 2 完成后才能发射并启动；由于指令发射口资源限制的影响，一次只能发射两条指令，因此只能在时刻 4 时发射并启动矩阵运算指令 0 和标量指令 3，这时 4 条指令队列可以并行执行；直到标量指令处理队列中的全局同步标量指令 7 生效后，由事件同步模块对矩阵流水线、向量流水线和存储转换流水线进行同步控制，需要等待矩阵运算指令 0、向量运算指令 1 和存储转换指令 1 都执行完成后，才得到执行结果，事件同步模块控制作用完成，标量流水继续执行标量指令 8。

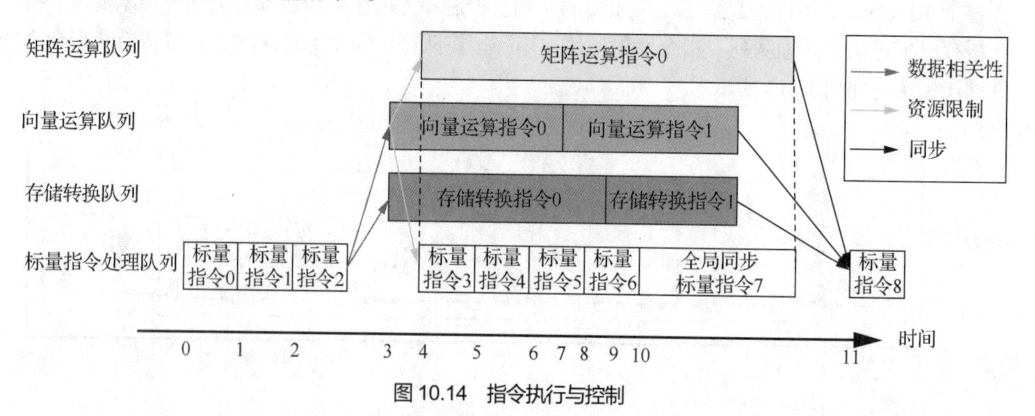

图 10.14　指令执行与控制

对于同一条指令流水线内部指令之间的依赖关系，达芬奇架构是通过事件同步模块自动实现同步的。在遇到同一条流水线间需要处理关系时，事件同步模块阻止同一指令执行队列中后续指令的放行，直到能够满足某些条件之后才允许恢复执行。在达芬奇架构中，无论是流水线内部的同步，还是流水线之间的同步，都是通过事件同步模块进行软件控制的。

在控制单元中还存在一个系统控制模块。在 AI Core 运行之前，需要外部的任务调度器也就是一个独立 CPU 来控制和初始化 AI Core 的各种配置接口，如指令信息、参数信息及任务块信息等。这里的任务块是指 AI Core 中的最小计算任务粒度。在配置完成后，系统控制模块会控制任务块的执行进程，同时在任务块执行完成后，系统控制模块会进行中断处理和状态申报。如果在执行过程中出现了错误，系统控制模块将会把执行的错误状态报告给任务调度器，进而将当前 AI Core 的状态信息反馈给整个昇腾 AI 处理器芯片系统。

本章附录

附录 J 进一步介绍了专用加速器相关知识的扩展内容，并按照本章相关主题进行了分类。具体而言，附录 J 额外描述了谷歌张量处理加速器（附录 J.1）

习　　题

矩阵乘法是 DSA 硬件支持的关键。一种常见的矩阵乘法算法使用三重嵌套循环。

```
float a[M][K], b[K][N], c[M][N]; // M、N、和 K 是常数
for (int i = 0; i < M; ++i)
    for (int j = 0; j < N; ++j)
        for (int k = 0; k < K; ++k)
            c[i][j] += a[i][k] * b[k][j];
```

（1）假设 ***M***、***N*** 和 ***K*** 都相等。这个算法的时间复杂度是多少？空间复杂度是多少？当 ***M***、***N*** 和 ***K*** 变大时，这对矩阵乘法的运算强度意味着什么？

（2）假设 ***M***=3，***N***=4，***K***=5，那么每个维度都是素数。写出访问每个内存位置的顺序 3 个矩阵 ***A***、***B*** 和 ***C*** 中的一个（可以从二维索引开始，然后将它们转换为内存地址或从每个开始的偏移量矩阵）。哪些矩阵的元素是顺序访问的？哪些不是？假设行优先（C 语言）内存排序。

（3）假设有转置矩阵 ***B***，交换它的索引，使它们代替 ***B***[***N***][***K***]。所以，现在最内层循环：

```
c[i][j]+=a[i][k]*b[j][k];
```

现在，哪些矩阵的元素是顺序访问的？

（4）原始例程的最内层循环（k 索引）执行一个点积运算。假设给定的硬件单元，它可以比原始 C 语言代码更有效地执行 8 元素点积，其功能类似于以下 C 语言函数：

```
void hardware_dot(float *accumulator,
  const float *a_slice, const float *b_slice) {
     float total = 0.;
     for (int k = 0; k < 8; ++k) {
            total += a_slice[k] * b_slice[k];
     }
     *accumulator += total;
}
```

如何使用（3）中的转置 ***B*** 矩阵将例程重写为使用这个功能？

（5）假设给一个硬件单元，它执行 8 元素 saxpy 操作，其功能类似于以下 C 语言函数：

```
void hardware_saxpy(float *accumulator,
  float a, const float *input) {
    for (int k = 0; k < 8; ++k) {
          accumulator[k] += a * input[k];
    }
  }
```

编写另一个例程，使用 saxpy 原语将等效结果传递给原始循环，无须为 ***B*** 矩阵的转置内存排序。

参考文献

［1］约翰·L．亨尼西，戴维·A．帕特森．计算机体系结构：量化研究方法[M]．贾洪峰，译．6版．北京：人民邮电出版社，2019.

［2］约翰·L．亨尼西，戴维·A．等．计算机体系结构：量化研究方法[M]．贾洪峰，译．5版．北京：人民邮电出版社，2013.

［3］艾尔弗雷德·V．阿霍，莫尼克·S．拉姆，拉维·塞西，等．编译原理[M]．赵建华，郑滔，戴新宇，译．2版．北京：机械工业出版社，2011.

［4］张晨曦，王志英，沈立，等．计算机系统结构教程[M]．3版．北京：清华大学出版社，2021.

［5］路易斯·安德烈·巴罗索，乌尔斯·霍尔兹勒，帕塔萨拉蒂·兰加纳坦．数据中心一体化最佳实践：设计仓储级计算机[M]．3版．徐凌杰，译．北京：机械工业出版社，2020.

［6］Jeffrey Dean, Luiz André Barroso. The tail at scale. Communications of the ACM, 2013, 56(2):74-80.

［7］Christina Delimitrou, Christos Kozyrakis. Amdahl's law for tail latency. Communications of the ACM, 2018, 61(8):65-72.

［8］Jing Guo, Zihao Chang, Sa Wang et al. Who limits the resource efficiency of my datacenter: an analysis of Alibaba datacenter traces. Proceedings of the International Symposium on Quality of Service, 2019, 1-10.

［9］Dennis Abts, Michael R. Marty, Philip M. Wells et al. Energy proportional datacenter networks. Proceedings of the 37th annual International Symposium on Computer Architecture, 2010, 338-347.

［10］乔治·戴森．图灵的大教堂：数字宇宙开启智能时代[M]．盛杨灿，译．杭州：浙江人民出版社，2015.

［11］Norman P. Jouppi, Doe Hyun Yoon, Matthew Ashcraft, Mark Gottscho, Thomas B. Jablin, George Kurian, James Laudon, Sheng Li, Peter Ma, Xiaoyu Ma, Thomas Norrie, Nishant Patil, Sushma Prasad, Cliff Young, Zongwei Zhou, and David Patterson, Ten Lessons From Three Generations Shaped Google's TPUv4i, 2021 ACM/IEEE 48th Annual International Symposium on Computer Architecture (ISCA).

［12］Shaoli Liu, Zidong Du, Jinhua Tao, Dong Han, Tao Luo, Yuan Xie, Yunji Chen, Tianshi Chen, Cambricon: An Instruction Set Architecture for Neural Networks, 2016 ACM/IEEE 43rd Annual International Symposium on Computer Architecture (ISCA), 2016, Pages: 393-405.

［13］曹强，谢长生，黄建忠，等．海量网络存储系统原理与设计[M]．武汉：华中科技大学出版社，2010.

［14］谭志虎．计算机组成原理（微课版）[M]．北京：人民邮电出版社，2022.